Ralf Heidelberg **Praxishandbuch Brandschutz im Bestand**

Hiermit löse ich meinen Gutschein ein:

- ☐ FeuerTRUTZ Magazin: ein kostenloses Probeheft des Sprachrohrs der Branche
- ☐ FeuerTRUTZ Brandaktuell: der kostenlose E-Mail-Newsletter mit aktuellen Themen aus der Branche
- ☐ FeuerTRUTZ – Fachmesse für vorbeugenden Brandschutz: Gratis-Eintrittskarte für den Branchentreff (ca. 1 Monat vor der Veranstaltung erhältlich)
- ☐ FeuerTRUTZ Brandaktuell: der kostenlose E-Mail-Newsletter mit aktuellen Themen aus der Branche

E-Mail-Adresse (geschäftlich)

Meine Geschäftsadresse:

Firma*

Name,Vorname des Bestellers*

Straße, Nr.* PLZ, Ort*

Telefon (geschäftlich)* Fax (geschäftlich)

E-Mail-Adresse (geschäftlich)*

***Felder sind Pflichtangaben**

☒ Ich bin damit einverstanden, dass mich die Unternehmen der Verlagsgruppe Rudolf Müller per Telefax und Telefon über ihre Zeitschriften, Bücher, CD-ROM/DVD, Online-Dienste und Veranstaltungen informieren.

Datum, Unterschrift

F0337

Datenschutzhinweis: Erteilen Sie uns keine weitergehende Einwilligung, verwenden wir Ihre persönlichen Daten, um Ihre Bestellung abzuwickeln, Sie per Post/E-Mail über unsere Fachmedienangebote sowie die anderer Unternehmen der Verlagsgruppe Rudolf Müller zu informieren. Der Verwendung und Übermittelung Ihrer Daten zu Werbezwecke können Sie jederzeit widersprechen an: Feuertrutz GmbH, Stolberger Str. 84, 50933 Köln oder service@feuertrutz.de. Dadurch entstehen Ihnen ausschließlich Übermittlungskosten nach den Basistarifen.

Per Post
oder faxen an:
0221 5497-130

ANTWORT

Feuertrutz GmbH
Verlag für Brandschutzpublikationen
Stolberger Str. 84

50933 Köln

Praxishandbuch Brandschutz im Bestand

Bewertung – Planung – Konzepte – Maßnahmen

mit 269 Abbildungen und 36 Tabellen

+www mit digitalen Arbeitshilfen auf
www.feuertrutz.de

Ralf Heidelberg VDI
Beratender Ingenieur und Sachverständiger für Brandschutz, Gebäudeschäden und Feuerschutzabschlüsse sowie Fachplaner für Brandschutz. Er ist außerdem Master of Engineering für vorbeugenden Brandschutz sowie Referent und Autor zahlreicher Fachbeiträge.

FEUERTRUTZ

Bibliografische Information der Deutschen Nationalbibliothek
Die Deutsche Nationalbibliothek verzeichnet diese Publikation in der Deutschen Nationalbibliografie; detaillierte bibliografische Daten sind im Internet über http://dnb.d-nb.de abrufbar.

Herausgegeben vom FeuerTRUTZ Magazin.

Wiedergabe von DIN-Normen mit Erlaubnis des DIN Deutsches Institut für Normung e. V. Maßgebend für das Anwenden von Normen ist deren Fassung mit dem neuesten Ausgabedatum, die bei der Beuth Verlag GmbH, Burggrafenstraße 6, 10787 Berlin, erhältlich ist. Maßgebend für das Anwenden von Regelwerken, Richtlinien, Merkblättern, Hinweisen, Verordnungen usw. ist deren Fassung mit dem neusten Ausgabedatum, die bei der jeweiligen herausgebenden Institution erhältlich ist. Zitate aus Normen, Merkblättern usw. wurden, unabhängig von ihrem Ausgabedatum, in neuer deutscher Rechtschreibung abgedruckt.

Das vorliegende Werk wurde mit größter Sorgfalt erstellt. Verlag und Autor können dennoch für die inhaltliche und technische Fehlerfreiheit, Aktualität und Vollständigkeit des Werkes und seiner elektronischen Bestandteile (Internetseiten) keine Haftung übernehmen.

Wir freuen uns Ihre Meinung über dieses Fachbuch zu erfahren. Bitte teilen Sie uns Ihre Anregungen, Hinweise oder Fragen per E-Mail: lektorat@feuertrutz.de oder Telefax: 0221 5497-140 mit.

Lektorat: Bernd Kuschmann, Speyer
Umschlaggestaltung: Designbüro Lörzer, Köln
Satz: Hackethal Producing, Christiane Hackethal, Asbach
Druck und Bindearbeiten: M. P. Media-Print Informationstechnologie GmbH, Paderborn
Printed in Germany

ISBN 978-3-86235-109-1 (Buch-Ausgabe)
ISBN 978-3-86235-148-0 (E-Book als PDF)

Vorwort

Während bis vor einigen Jahren vor allem der Neubau das Haupttätigkeitsfeld des Brandschutzes war, nimmt aufgrund fehlender Bauflächen der Umbau oder die Nutzungsänderung von Bestandsgebäuden einen immer größeren Anteil ein.

Fachliteratur zum *Brandschutz im Bestand* gibt es in Deutschland und Europa noch immer wenig. Wer sich mit dem Umbau oder der Nutzungsänderung eines Bestandsgebäudes befasst, wird früher oder später mit Problemen des vorbeugenden Brandschutzes in Berührung kommen. Bisher musste man für bestimmte Anforderungen zu dem Thema *Brandschutz im Bestand* in einer Vielzahl von Verordnungen und Regelwerken mit zahlreichen Querverweisen nachschlagen. Das Verständnis für den Sinn der Bestimmungen soll mit diesem Praxishandbuch vereinfacht werden, auch wenn sie wegen ihrer Vielzahl und Detaillierung nicht einzeln behandelt werden können, da die baurechtlichen Bestimmungen in erheblichem Umfang auf den Brandschutz abgestellt sind. Selbst für den Brandschutzplaner oder Architekten sind diese nicht immer durch- und überschaubar.

In diesem Handbuch sind die notwendigen Anforderungen zusammengetragen, um technische und rechtliche Hintergründe des vorbeugenden Brandschutzes in Bestandsbauten zu erläutern und darzustellen. Es dient als Planungshilfe für Bestandsgebäude und richtet sich an Behörden, Brandschutzplaner, Architekten und Bauingenieure sowie an Sachverständige und das Versicherungswesen.

In der Praxis zeigt sich, dass der vorbeugende Brandschutz umfangreiche Kenntnisse in Architektur, gesetzlichen Regelungen, Normen, Verordnungen und Richtlinien erfordert. Darüber hinaus ist umfangreiches Fachwissen in Bezug auf die Auswahl geeigneter Baustoffe, Bauteile und technischer Systeme erforderlich. Dabei wird das Wissen des Planers über die Brandentwicklung, den Brandverlauf und das Abbrand- und thermische Verhalten der Bauteile in bestehenden Gebäuden vorausgesetzt. Vertiefend wird im Weiteren das Wissen über die Anforderungen aus dem Wärmeschutz, dem Feuchteverhalten und dem Schallschutz vorausgesetzt, die eng mit dem Brandschutz verbunden sind.

Oberste Priorität hat die Schaffung von Rettungswegen zur Sicherstellung einer schnellen und gefahrlosen Evakuierung aus einem Gebäude. Darüber hinaus sollen Brände und ihre schädigenden Auswirkungen für die Umwelt vermindert und Sachwerte geschützt werden. Es wird deutlich, dass sich Problemfelder aufzeigen, die ohne eine fachkundige Planung und Klärung der Brandschutzbelange in Bestandsprojekten nicht Erfolg versprechend gelöst werden können.

Das vorliegende Werk entstand neben meinem Weiterbildungsstudium zum Master of Engineering (M. Eng.) „Brandschutz" bei EIPOS an der Technischen Universität Dresden in Verbindung mit der Hochschule Zittau-Görlitz. Ich möchte mich gerne für die hierbei erworbenen Kenntnisse und Erfahrungen bei den Verantwortlichen bedanken. Leider hat sich dann die Veröffentlichung des Handbuchs etwas verzögert.

Mein besonderer Dank gilt meinem Kollegen und Mitarbeiter Herrn Dipl.-Ing. (BA) und M. Eng. Brandschutz Sebastian Liebers, meiner Mitarbeiterin Frau Dipl.-Ing. Architektin Anne Rohé sowie Herrn Brandoberinspektor Markus Sturm (Berufsfeuerwehr Stadt Dormagen), die mir bei der Ausarbeitung zur Seite standen. Außerdem möchte ich mich bei Frau Yvonne Engels, Herrn Dipl.-Ing. Günter Ruhe, beide Feuertrutz Verlag, und bei Herrn Bernd Kuschmann (Lektorat) für deren hervorragende Unterstützung, Betreuung und Hilfe zu diesem Werk ganz herzlich bedanken.

Zum Schluss gilt ein ganz großes Dankeschön meiner lieben Frau Jana, die ich im Rahmen der Erstellung dieses Buches mit meiner zeitlichen Planung das eine oder andere Mal zur Verzweiflung gebracht haben dürfte.

Der vorbeugende Brandschutz ist eine überaus wichtige Aufgabe für alle Beteiligten am Bau, für den Bauherrn, den Nutzer, die Bauaufsicht, die Feuerwehr und die Versicherer. Es würde mich sehr freuen, wenn dieses Buch Sie bei Ihrer täglichen Arbeit hilfreich unterstützt.

Köln, München, Stuttgart im Sommer 2012

Dip.-Ing./Dipl.-Wi.-Ing. (FH) Ralf Heidelberg VDI
M. Eng. Brandschutz
Beratender Ingenieur
Sachverständiger für vorbeugenden Brandschutz
Sachverständiger für Bauelemente und Feuerschutzabschlüsse

+WWW. – Hinweis zu digitalen Arbeitshilfen

Die in Kapitel 8 bis 10 abgedruckten Checklisten stehen auf der Internetseite *www.feuertrutz.de* des Feuertrutz Verlags zur Verfügung.

Zum Download benötigen Sie einen Zugangscode, den Sie exklusiv mit Erwerb des vorliegenden Fachbuchs erhalten.

Nach Eingabe der Webadresse *http://www.feuertrutz.de/bib-checklisten* in Ihrem Internetbrowser werden Sie nach Ihrem Benutzernamen und einem Passwort gefragt. Geben Sie diese wie unten angegeben ein. Nach dem Login erhalten Sie den Zugang zu den Checklisten.

Ihre persönlichen Zugangsdaten lauten:
Benutzername: BiB_Checklisten
Passwort: r2Hy603

pROTect
✔ Brandschutz
✔ Wärmeschutz
✔ Schallschutz
✔ Umweltschutz
Vertrauen Sie Rot.
Rot brennt nicht! Die nichtbrennbare original Rockwool Steinwolle schützt Menschen und Gebäude im Brandfall. Aber Rot leistet noch mehr. Die intelligenten Dämmsysteme von Rockwool bieten neben zuverlässigem Wärme-, Schall- und Umweltschutz eine hohe Langlebigkeit. Setzen Sie auf Steinwolle, vertrauen Sie Rot.
ROCKWOOL®
DÄMMT PERFEKT & BRENNT NICHT
www.rockwool.de
CREATE AND PROTECT®

Inhalt

1 Einleitende Grundsätze

1.1 Wozu wird Brandschutz benötigt?

Jeder Staat besitzt gegenüber seinen Bürgern eine Fürsorgepflicht, die er in Gesetzen formuliert. Im Bauwesen werden die Freiheiten beim Bauen zum Schutz der Bürger und zur Gefahrenabwehr durch die erlassenen Gesetze eingeschränkt. Dabei gibt es rechtliche Unterscheidungen in der Schärfe der Bestimmungen. Das bedeutet, dass innerhalb der baurechtlichen Vorschriften mal weniger hohe und mal höhere Anforderungen, z. B. die unterschiedlichen Feuerwiderstandsdauern, die öffentliche Sicherheit regeln.

Baumaßnahmen und damit verbundene Brandschutzanforderungen im Bestand werden immer häufiger und bilden mittlerweile den Großteil der Bauprojekte in Deutschland sowie in Europa. Diese Bau- und Brandschutzmaßnahmen im Bestand setzen sich aus der Umgestaltung und Ergänzung sowie der Nutzungsänderung eines Bauwerkes zusammen.

Abb. 1.1: Beispiel einer weiterentwickelten Nutzung am Leipziger Bahnhof (Foto: Hengl, „Übersicht", CC-Lizenz (BY 2.0), http://creativecommons.org/licenses/by/2.0/de/deed.de, Quelle: www.piqs.de)

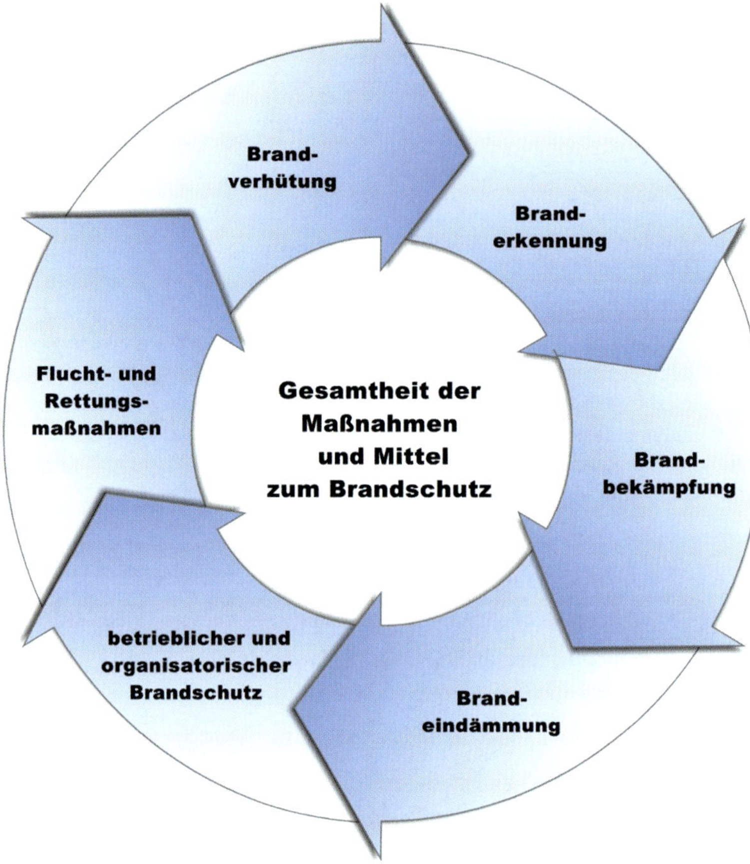

Abb. 1.2: Maßnahmen und Mittel zum Brandschutz

Oftmals handelt es sich um Denkmäler und Objekte aus der Gründerzeit, deren brandschutztechnische Maßnahmen aus der Zeit ihrer Errichtung nicht mehr den heutigen Anforderungen an den Brandschutz entsprechen oder die durch geplante Maßnahmen an die geänderte oder erweiterte Nutzung angepasst werden müssen. In diesem Zusammenhang ist festzustellen, dass sich ein Trend entwickelt hat, immer komplexere Gebäude, sogenannte Sonderbauten, herzustellen, für deren Erstellung es in der Regel keine oder nur unzureichende baurechtliche Vorschriften bzw. Grundlagen zum Erstellungszeitpunkt gab. Und dieser Trend hat sich verstärkt, je mehr die Brandkatastrophen des letzten Krieges in Vergessenheit geraten sind. Es ist daher erforderlich, diesem psychologisch begründeten Trend technisch und/oder wissenschaftlich nachzugehen sowie durch moderne Brandschutzkonzepte eine vernünftige und wirtschaftliche Darstellung der brandschutztechnischen Rahmenbedingungen für diese Bauwerke aufzuzeigen.

Der Begriff *Brandschutz* umfasst damals wie heute die Gesamtheit aller Maßnahmen, Mittel und Methoden, die in der Abb. 1.2 dargestellt werden.

Meist haben Veränderungen im konstruktiven Bereich auch Auswirkungen auf die Ausführung von Flucht- und Rettungswegen sowie auf die Brandbekämpfung bzw. wirksame Löscharbeiten. Diese Auswirkungen müssen systematisch erfasst werden, um eine Auslegung dieser Gebäude angemessen nach heutigen Kriterien der modernen Brandschutzbeurteilung darstellen zu können.

Im Brandschutz gehen die allgemeinen bauaufsichtlichen Anforderungen davon aus, dass eine öffentliche Feuerwehr eine ausreichende Stärke und Schlagkraft im Einsatzfall vor Ort aufweist. Aus Erfahrungen und der allgemeinen Literatur zum Brandschutz sowie aus Statistiken ist abzuleiten, dass die öffentlichen Feuerwehren, ggf. zusammen mit den Bewohnern und Gebäudenutzern, etwa 8–14 % aller Entstehungsbrände löschen können. Das heißt, die Löschung gelingt, noch bevor es einen Feuerübersprung, einen sogenannten „flash-over“ (dt. Durchzündung), gibt, durch den der Brand zu einem *gefährlichen Brand* werden könnte, der eine *konkrete* Gefahr für Leib und Leben darstellt.

Tabelle 1.1: Brandschäden und -opfer in 13 Ländern Europas (siehe Wilmot, 1979)

Land	**direkte Brandschäden in % des Bruttosozialprodukts**	**Index in %**	**Brandopfer pro 106 Einwohner[1)]**	**Index in %**
Belgien	0,45	146	19,6	148
Dänemark	0,39	142	14,6	110
Deutschland	0,19	69	13,9	98
Großbritannien	0,24	88	19,4	146
Finnland	0,19	69	22,0	166
Frankreich	0,26	95	15,7	118
Niederlande	0,20	73	6,4	48
Italien	0,15	55	7,8	59
Luxemburg	0,53	194	9,0	68
Norwegen	0,34	124	17,0	128
Österreich	0,16	58	6,9	52
Schweden	0,21	77	15,8	119
Schweiz	0,25	91	5,2	39
Mittelwert	0,27	100	13,3	100

[1)] Die Berechnungsgrundlagen sind in den Ländern ggf. unterschiedlich.

Der Tabelle und den ihr zugrunde liegenden Auswertungen lässt sich entnehmen, dass Brände in der Bundesrepublik Deutschland in den 1970er Jahren einen Schaden von ca. zwei bis drei Milliarden Euro anrichteten, das sind etwa 0,2 % des inländischen Bruttosozialprodukts.

Meldungen über hohe, vermeidbare Menschenverluste bei Bränden infolge von Fahrlässigkeit (Rauchen im Bett fordert z. B. jährlich mehrere 100 Tote) oder Tote aufgrund

- fehlender zweiter Rettungswege bei hohen bzw. bestehenden Gebäuden,
- einer schnellen Brandausbreitung in Gebäuden in Holzbauart,
- verstellter oder fehlender Rettungswege sowie
- von Unfällen etc.

werden meist als ganz normale und gewöhnliche Schreckensmeldungen hingenommen. Lediglich spektakuläre Brände, die zu größeren Menschenverlusten führen, wie Hotelbrände, Brände in Altenheimen und Krankenhäusern oder Brände mit großen Sachschäden in automotiven Fertigungseinrichtungen oder bei Logistikdienstleistern, sorgen kurzzeitig für Gesprächsstoff, geraten bei nicht direkt betroffenen Personen jedoch schnell wieder in Vergessenheit. Dieser Umstand mag auch darauf zurückzuführen sein, dass das individuelle Brandrisiko um mehrere Zehnerpotenzen geringer ist als das Risiko, im Straßenverkehr von einem Fahrzeug erfasst zu werden oder im Haushalt von einer Leiter zu fallen.

Aus Behördensicht hingegen sorgen diese „spektakulären" Brände, z. B. der Flughafenbrand in Düsseldorf 1996, für eine Verschärfung der Rechtsvorschriften den Brandschutz betreffend.

„Die Wiederherstellung des Flughafens sollte auf der Basis des Standes von Wissenschaft und Technik im Brandschutz erfolgen." (Unabhängige Sachverständigenkommission beim Ministerpräsidenten des Landes Nordrhein-Westfalen [Hrsg.], 1997, S. 6–16)

Insbesondere im Bereich des Industriebaus ist es auch auf die Forderungen der Sachversicherer zurückzuführen, dass sich die Anforderungen an den Brandschutz in den vergangenen Jahrzehnten stark erhöht haben. Gerade in Deutschland zeigen die Statistiken (vgl. Tabelle 1.2), dass Meldungen über Verletzte und Tote, die auf einen Brand zurückzuführen sind, mit ca. 800–900 Opfern wesentlich unter denen vergleichbarer Industrienationen in Europa liegen.

Tabelle 1.2: Jährliche Anzahl von Bränden mit Todesfolge (siehe Heidelberg, Risikomanagement, 2011)

Gebäude/ Nutzung	**Land**	**Quelle**	**Po** [$m^{-2} \cdot a^{-1}$]	**Po · A** [a^{-1}]
Industrie-gebäude	England	Thomas-Baldwin	$2 \cdot 10^{-6}$	0,006
	England	Rutsein/Clarke	–	$0{,}0017 \cdot A^{0{,}53}$
	Niederlande	Witteveen/Twilt	–	0,006
	Deutschland	DIN 18230 (vereinbart)	$2 \cdot 10^{-6}$	0,005 (für A = 2.500 m^2)
Bürogebäude	England	Thomas-Baldwin	$1 \cdot 10^{-6}$	0,0008
	England	Rutsein/Clarke	–	$0{,}00006 \cdot A^{0{,}9}$
	Niederlande	Witteveen/Twilt	–	0,0008
	USA	BOMAIGDA	$1 \cdot 10^{-6}$ bis $5 \cdot 10^{-6}$	–
Wohngebäude	England	Thomas-Baldwin	$2 \cdot 10^{-6}$	0,0004
	Niederlande	Witteveen/Twilt	–	0,0004
	USA	Lie	$5 \cdot 10^{-8}$ bis $1 \cdot 10^{-6}$	–
	Deutschland	Landesamt für Brand- und Katastrophen-schutz (Bayern)	$< 1 \cdot 10^{-6}$	0,00011

Obwohl in der Regel in gewerblich genutzten Objekten eine hohe Anzahl Beschäftigter bzw. Personen und/oder Besuchergruppen vorzufinden ist, kann das Sicherheitsrisiko heute als sehr niedrig angesehen werden (siehe auch Schneider et al., 2011), wie die geringe Zahl Toter belegt, die durch Brände in Industriebauten zu beklagen sind. Dies ist u. a. darauf zurückzuführen, dass Brände gerade in industriell bzw. gewerblich genutzten Objekten meist sehr früh entdeckt werden und die im Gebäude befindlichen Personen sehr früh für eine gezielte Evakuierung alarmiert werden können. Es verbleibt somit genügend Zeit, das Objekt bzw. den betroffenen Gefahrenbereich, den Brandabschnitt oder den Brandbekämpfungsabschnitt (BBA) sicher zu verlassen. Aufgrund betrieblicher Maßnahmen sowie der guten Ortskenntnisse, die Flucht- und Rettungswege betreffend, sind in der Regel zur Evakuierung keine aufwändigen Zusatzmaßnahmen erforderlich.

Aufgrund wechselnder und flexibler Anforderungen an ein Gebäude kommen heute auch immer mehr ingenieurtechnische Nachweisverfahren als alternative Methoden gerade in Bestandsgebäuden zum Einsatz. Im Bereich der Industrie- und Sonderbauten ist dies bei komplexen Gebäuden ein Normalfall.

1.1.1 Die Entstehung der Brandschutzvorschriften

Feuer war schon immer eine der faszinierendsten und gleichzeitig gefahrvollsten Naturerscheinungen. Und seine Nutzung, zum Heizen, Beleuchten, Kochen und für das Handwerk, stellt eine der wichtigsten Voraussetzungen für die Entwicklung der menschlichen Zivilisation dar.

Aus den Überlieferungen der Antike ist bekannt, dass das Feuer ein von den Göttern gut gehüteter Schatz war, der eigentlich nicht für die Menschheit bestimmt war (siehe auch Werner, 2004).

Im siebten Jahrhundert wurde das sogenannte *griechische Feuer* (auch *flüssiges Feuer* oder *Seefeuer*) entwickelt, ein Brandmittel, das vorwiegend im Seekampf eingesetzt wurde. Brandmittel sind chemische Verbindungen, die bei der Verbrennung sehr hohe Temperaturen erzeugen und sich dadurch schnell ausbreiten. Das *griechische Feuer* war besonders effektiv, da es mit den damals zur Verfügung stehenden Mitteln nur sehr schwer gelöscht werden konnte.

In den folgenden Jahrhunderten wurden weitere Brandmittel entwickelt. Im Zweiten Weltkrieg setzten die Engländer und Amerikaner z. B. Bomben mit Brandmitteln ein, die im Gegensatz zu Spreng- und Minenbomben eine dreimal größere Zerstörung anrichteten. Die hierdurch entstehenden Feuerstürme töteten unzählige Menschen.

Bereits die Römer führten zur Bekämpfung von Bränden unter Kaiser Augustus eine Art „Feuerwehr“ ein, die aus Sklaven bestand. Um die Löscharbeiten zu erleichtern, wurden damals Vorschriften für die Bebauung der Millionenstadt Rom erlassen (z. B. die Breite der Straßen oder Höhe der Gebäude betreffend). Beispielhaft hierfür ist Abb. 1.3.

Brandschutzvorschriften sind also keine Erfindung unserer heutigen Baubehörden.

1.1.2 Stand der Brandschutzvorschriften im Mittelalter

Bereits im Mittelalter gibt es Anordnungen zum vorbeugenden Brandschutz in den Kommunen (vgl. Tabelle 1.3). So ist im Sachsenspiegel, einem Rechtsbuch aus dem 13. Jahrhundert, zu lesen:

„Es darf niemand seine Traufe in anderen Mannes Hof hängen, noch soll man ein Fenster nach eines anderen Mannes Hof haben. Jeder soll auch seinen Teil des Hofes einfriedigen, wer das nicht tut, geschieht Schaden davon, er soll ihn büßen; geschieht im selbst Schaden, bleibt dessen Nachteil on Buße. Backofen und Abtritt und Schweinekoben sollen drei Fuß von dem Zaune stehen.

Abb. 1.3: Abbildung der Bebauung Roms (Foto: © tieseb, „Vista zona Prati, Roma, Italy. In primo piano i cortili dei palazzi Vaticani", CC-Lizenz (BY 2.0), http://creativecommons.org/licenses/by/2.0/deed.de, Quelle: www.wikipedia.org)

[...] jeder soll auch abdecken seinen Backofen und seine Mauer, daß die Funken nicht in eines anderen Mannes Hof fliegen, jenem Schaden. Abtritte die nach eines anderen Mannes Hof hin stehen, soll man einfriedigen bis an die Erde." (Eike von Repgow, 1220–1235, Cod. Pal. germ. 164, fol. 2r:)

Selbst die Raumordnung hat man in dem mittelalterlichen Gesetzeswerk berücksichtigt:

„Man darf keinen Markt dem anderen auf eine Meile nahe bauen." (Eike von Repgow, 1220–1235, Cod. Pal. germ. 164, fol. 2r:)

Die Gebäudeabstände wurden durch folgende Vorschrift bestimmt:

„Des Königs Straße soll so breit sein, daß ein Wagen dem anderen ausweichen kann." (Eike von Repgow, 1220–1235, Cod. Pal. germ. 164, fol. 2r:)

Und zur Sicherheit bzw. zum Schadensersatz heißt es:

„Der Mann soll den Schaden bezahlen, der anderen Leuten infolge seiner Unachtsamkeit geschieht, sei es durch Brand oder durch einen Brunnen, den er einfriedigt kniehoch über der Erde." (Eike von Repgow, 1220–1235, Cod. Pal. germ. 164, fol. 2r:)

Im Wesentlichen ging es in diesen Vorschriften um Schadenverhütung und Haftung. Es ist allerdings zu erkennen, dass gegenüber den heutigen Vorschriften seinerzeit der Sach- und Nachbarschutz regelungsbedürftiger erschien als der Personenschutz.

Im späteren Mittelalter, gewarnt durch Brandkatastrophen und Flächenbrände, ging man dazu über, neue Baustoffe und Bauarten zu entwickeln. Man hatte erkannt, dass beim Hantieren mit offenem Feuer oder durch einen

Abb. 1.4: Darstellung eines Löschangriffs im 18. Jahrhundert (Foto: © Salomon de Caus, Quelle: www.wikimedia.org, Deutsche Fotothek)

Krieg die Dachdeckungen einem Brand nicht standhielten und in der Regel eine Brandkatastrophe nach sich zogen. Als Konsequenz wurden die Dachdeckungen aus Stroh, Reet oder Holzschindeln durch Schweinsblasen oder mit Ölpergament bespannte Fenster ersetzt. Im weiteren Verlauf der Entwicklung wurden diese dann gegen Dachziegel aus Lehm und später aus Ton ausgetauscht.

1.1.3 Brandschutzvorschriften bis zum Ende des 19. Jahrhunderts

Die Entwicklung am Bau schritt weiter fort, Verkleidungen aus Holzschindeln wurden weitgehend vermieden, das Gleiche gilt für Holzfachwerke, Holzbalken und Holzwände, die nun mit Lehm o. Ä. verputzt oder durch Mauerwerk ersetzt wurden. Darauf erfolgte ein Verbot von Holzkaminen und die Einführung größerer Abstände der Gebäude untereinander.

Tabelle 1.3: Kommunale Regelungen zum vorbeugenden Brandschutz seit dem Mittelalter (siehe auch Usemann, 1991)

Jahr	Kommune	Brandschutzregelung
1342	München	Dacheindeckung mit Ziegeln
1366	Esslingen	Mindestbreite von Gassen
1388	Flensburg	Dacheindeckung mit Ziegeln
1427	Ulm	Prüfung von Bauvorhaben
1558	Hessen	Schornsteine mit Lehm ausgeschmiert
1680	Lübeck	Einführung der Brandmauer

Fortsetzung Tabelle 1.3

Jahr	Kommune	Brandschutzregelung
1689	Köln	Einführung einer Brandordnung
1715	Karlsruhe	Fluchtlinienplanung
1729	Oldenburg	Einführung einer Feuerordnung
1735	Wuppertal	Verbot von Holzkaminen
1814	Köln	Einführung der Baupolizei

Buchtipp

Brandschutz im Bestand
Bestandsschutz auf Basis historischer Bauordnungen – BAYERN.
Von Dipl.-Ing. (FH) Lutz Battran und
Dipl.-Ing. (FH) Thomas Kruszinski
ISBN 978-3-939138-82-2

Auch diese vorbeugenden Sicherheitsmaßnahmen konnten die Brandkatastrophen in den folgenden Jahrhunderten nicht verhindern, denen ganze Städte und Tausende von Familien zum Opfer fielen.

Im Jahre 1843 forderte der königliche Universitätsbauinspektor zu Greifswald, C. A. Menzel, vernünftige gesetzliche Regelungen zum Brandschutz, die auch heute noch weitgehend gelten. In einem Schreiben an seinen Dienstherrn führte er sinngemäß Folgendes aus:

- Wenn kein feuerfangendes Material zu Bauten verwendet wird, kann kein Gebäude brennen!
- Je weniger brennbare Konstruktionen bei einem Bau angewandt werden, umso weniger ist Feuergefahr und deren Verbreitung möglich.

In dieser Zeit waren die Innungen und Zünfte zur Gefahrenabwehr verpflichtet, sie mussten im Brandfall eingreifen und Feuer und Rauch eindämmen.

Zum Löschen von Bränden wurde im 17. Jahrhundert der erste aus Leder angefertigte Schlauch erfunden. Mitte des 18. Jahrhunderts ging man zu Schläuchen aus Hanf über. Doch erst im 19. Jahrhundert, nachdem die Schläuche mit einer Gummieinlage ausgestattet worden waren, konnten sie zuverlässig zum Löschen von Bränden eingesetzt werden.

Feuerwehren, wie wir sie heute kennen, entstanden erst Mitte des 19. Jahrhunderts. In Berlin wurde im Jahre 1851 die erste Berufsfeuerwehr gegründet (siehe auch Schwenk, 1998) Der Grund für die Schaffung von Feuerwehren lag u. a. in der damals großen Anzahl von Theaterbränden, die viele Menschenleben kosteten.

Abb. 1.5: Abbildung des Hamburger Großbrandes im Jahre 1842 (Quelle: The Illustrated London News, Vol. 1, From May 14 to December 31, 1842, Seite 1)

1.1.4 Stand der Brandschutzvorschriften zu Beginn des 20. Jahrhunderts

Mit dem Fortschreiten des Industriezeitalters wurden in den Bauvorschriften der Jahrhundertwende erstmals Begriffe wie *feuersicher*, *feuerfest* oder *feuerhemmend* verwandt. Man wollte Großbrände, wie in Abb. 1.5 dargestellt, frühzeitig vermeiden.

Für das *Baurecht* waren im 19. Jahrhundert in Preußen die Polizeibehörden zuständig und in Sachsen wurde durch den Erlass einer sächsischen Bauordnung um 1900 gefordert, dass bestimmte Bauteile in feuerbeständiger oder feuerhemmender Bauart herzustellen sind. Die Definition der Bauteile selbst wurde z. B. in Sachsen wie folgt angegeben:

„*Was unter feuerbeständiger und feuerhemmender Herstellung zu verstehen ist, wird durch Ausführungsverordnung bestimmt.*“ (Sächsische Bauordnung, 1900, § 107 Abs. 4)

Man erkennt, dass bereits zu jener Zeit ein Weg zur Bestimmung bzw. Regelung von gesetzlichen Brandschutzvorschriften beschritten wurde, der den heute eingeführten Vorschriften nahe kommt. In der Bayerischen Bauordnung von 1901 wurde z. B. folgende Forderung umgesetzt:

„*Die Wahl des Materials ist dem Bauherrn anheim gegeben; das gewählte Material muss jedoch diejenigen Dimensionen und jene Beschaffenheit haben, welche eine feste und feuersichere sowie den gesundheitspolizeilichen Anforderungen entsprechende Bauausführung, insbesondere die Herstellung trockener Wände ermöglichen. […]*

Welche weiteren Materialien und Konstruktionen als den in nachstehenden Bestimmungen genannten gleichwertig zum Ersatz der selben verwendet werden dürfen, wird durch ministeriale Vorschrift bestimmt.“ (Bayerische Bauordnung, 1901, § 13)

Schon zum damaligen Zeitpunkt wurde also die Problematik von Abweichungen und Befreiungen beschrieben. Durch die Fixierung der gesetzlichen Regelung wurde auch seinerzeit die heute übliche Gleichberechtigung der Lösung zu Bauordnungstatbeständen offengehalten.

Im Laufe der Zeit entstand so eine Vielzahl verschiedener Verordnungen und es dauerte bis zum Ende des Ersten Weltkrieges, bis durch eine staatliche Regelung eine gewisse Einheitlichkeit geschaffen wurde: In Preußen wurde 1919 die „Einheitsbauordnung der Städte" veröffentlicht. (vgl. Preußische Einheitsbauordnung, 1919, Hintergebäude, Abstände, Bauwerk, Hygiene) Aus dieser Zeit sind auch erste Sonderbauordnungen für bestimmte Nutzungen bekannt.

Diese als Muster für die preußischen Polizeibehörden herausgegebene Einheitsbauordnung (PrEBO) ist als Vorläufer der 1960 mit § 3 Musterbauordnung (MBO) eingeführten Grundnorm des vorbeugenden baulichen Brandschutzes anzusehen. Bereits in der PrEBO sind allgemeine Anforderungen an die Beschaffenheit der baulichen Anlage umgesetzt:

„Bauliche Anlagen sind in allen wesentlichen Teilen feuerbeständig herzustellen, sofern nicht in den Vorschriften dieser Bauordnung ein geringerer Feuerschutz – feuerhemmende Bauweise – zugestanden oder überhaupt kein besonderer Feuerschutz gefordert wird.

Die Anforderungen, die an die feuerbeständige oder feuerhemmende Bauweise zu stellen sind, müssen denjenigen entsprechen, die im Regierungsamtsblatt öffentlich bekannt gegeben werden." (PrEBO, 1919, § 10)

Der Begriff der Bauweise kommt dem heute im Bauordnungsrecht verwendeten Begriff Bauart gleich und darf nicht mit dem Begriff im Sinne des §§ 22 Baunutzungsverordnung (BauNVO) verwechselt werden.

Vergleicht man die nach dem Ersten Weltkrieg entstandene PrEBO mit den späteren Landesbauordnungen (LBOs), so findet man damals wie heute die Begriffe *feuerhemmend* und *feuerbeständig* sowie *brennbar* und *nichtbrennbar.*

1.1.5 Einfluss der Weltkriege auf die Brandschutzvorschriften

Nach den Erfahrungen des Krieges und den dort vorgefundenen Brandrisiken bei unterschiedlichen Baustoffen und Bauarten in den einzelnen Ländern wollte man nun einheitliche Verordnungen und Gesetze umsetzen. Das „Reichsstädtebaugesetz", in dem alle Gesetze und Verordnungen zusammengefasst werden sollten, wurde 1931 vom Reichstag wegen verfassungsrechtlicher Bedenken abgelehnt (siehe Abb. 1.6).

Trotz der Ablehnung einheitlicher Bauvorschriften war man sich darüber einig, dass die Anforderungen an Baustoffe und Bauarten einer einheitlichen Regelung unterzogen werden sollten, die separat von den Bauvorschriften anzusehen war. Aus diesem Grund wurde 1934 die erste DIN 4102 „Widerstandsfähigkeit von Baustoffen und Bauteilen gegen Feuer und Wärme" eingeführt. In dieser Ausführung der Norm DIN 4102 wurden außer den aus den damaligen Bauvorschriften bekannten Begriffsbestimmungen *brennbar*, *schwerbrennbar* und *nichtbrennbar* für Baustoffe sowie *hochfeuerhemmend*,

Abb. 1.6: Eröffnungsverhandlung im Reichstag 1931 (Foto: Bundesarchiv, Bild 102-10549 /CC-BY-SA)

feuerbeständig und *hochfeuerbeständig* für Bauteile auch die zugehörigen Prüfverfahren sowie die Anforderungen geregelt. Im Laufe der Jahre wurde die Norm 4102 ständig aktualisiert.

Eine Anpassung der Begrifflichkeit *schwer brennbar* in *schwer entflammbar* erfolgte im Rahmen der Überarbeitung in den 40er Jahren nach dem Zweiten Weltkrieg und die Ausgaben 1960 und 1965 behandeln erstmalig das Brandverhalten von Baustoffen und Bauteilen in der bekannten, umfassenden Form (siehe auch Bub/Kordina, 1982).

Auch nach dem Zweiten Weltkrieg konnte in der Bundesrepublik Deutschland ein geplantes umfassendes Baugesetz aus verfassungsrechtlichen Gründen nicht durchgesetzt werden. In dem Baurechtsgutachten des Bundesverfassungsgerichts vom 16. Juni 1954 wurde geklärt, dass dem Bund verfassungsrechtlich keine umfassende Gesetzgebungskompetenz für das gesamte Baurecht zusteht. Daher wurden die Zuständigkeiten 1954 aufgeteilt: Dem Bund wurde das *Planungsrecht* und den Ländern das *Bauordnungsrecht* hoheitlich zugeordnet. (BVerfGE 3, 407, 423 f.)

Die Anforderungen an Bauteile zielten bereits damals darauf ab, die Gefahr der Brandentstehung sowie der Ausbreitung eines Feuers weitgehend zu behindern. Auch wurde die Rettung von Menschen und Tieren sowie die Durchführung von wirksamen Brandbekämpfungsmaßnahmen durch eine ausreichend lange Standsicherheit der Bauteile sowie kurze, sichere Rettungs- und Angriffswege in den Vordergrund der Bauvorschriften gestellt. Auch der Nachbarschaftsschutz wurde durch die Einhaltung der geschaffenen Gebäudeabstände sowie die Auslegung von trennenden Bauteilen nach den Anforderungen der DIN 4102 gewährleistet.

1.1.6 Wandel der Bauvorschriften unter dem Einfluss der DIN 4102

Bereits zum damaligen Zeitpunkt wurde in den LBOs unter Berücksichtigung der DIN 4102 festgelegt, dass für kleinere Gebäude sowie freistehende Einfamilienhäuser, die in der Regel über große Gebäudeabstände verfügen, ein Feuerwiderstand von 30 Min., was der Anforderung *feuerhemmend* entspricht, ausreichend ist. Hierbei war jedoch zu beachten, dass ein nichtbrennbarer Putz oder massiv aufgefüllte Holztragwerksteile verwendet werden mussten. Für Gebäude mit einer größeren Brandgefahr oder höhere Gebäude war es ausreichend, wenn diese einen Feuerwiderstand von 90 Min. aufweisen, was der Anforderung *feuerbeständig* entspricht. Man hatte damals die mittlere Zeitdauer abgeschätzt, die vom Bekanntwerden eines Brandes über das Erreichen des Brandherdes bis zum Beginn der Löscharbeiten zur Kontrolle des Brandes vergeht. Die Zeit von der Detektion bis zur Aufnahme der wirksamen Löscharbeiten bei einem Brand vor Ort wird als Hilfsfrist deklariert. Grundsätzlich ist jedoch die Zeit entscheidend, bis zu der sich Personen aus einem brennenden Gebäude retten bzw. gerettet werden können und wie lange die Flucht- und Rettungswege „standsicher" zur Verfügung stehen.

1.1.7 Gründung der ARGEBAU und Einführung der ersten Musterbauordnung 1960

1955 gründete die Arbeitsgemeinschaft der für das Bau-, Wohnungs- und Siedlungswesen zuständigen Minister der Länder (ARGEBAU) eine Kommission, deren Aufgabe es war, eine MBO auszuarbeiten, die den Ländern bei der Erstellung ihrer LBO als Vorlage dienen sollte. 1959/1960 wurde die MBO erstmals vorgelegt. Hierbei wurden die Erfahrungen der katastrophalen Brandereignisse aus dem Zweiten Weltkrieg und die daraus resultierende Verordnung zur Behebung der baulichen Feuersicherheit weitgehend berücksichtigt. Die MBO besitzt keine Gesetzeskraft und wurde auch nicht gleichermaßen in allen Ländern umgesetzt, wird aber seit ihrem Erscheinen von der ARGEBAU ständig aktualisiert.

Mit Einführung der MBO 1960 wurde festgelegt, dass für Gebäude mit mehr als zwei Vollgeschossen feuerbeständige Wände aus nichtbrennbaren Baustoffen und Massivdecken (heutige Bezeichnung *feuerhemmend* – in den wesentlichen Teilen aus nichtbrennbaren Baustoffen) umzusetzen sind. Treppen in diesen Objekten mussten aus nichtbrennbaren Baustoffen hergestellt werden und im Weiteren mussten bereits Brandabschnitte durch Brandwände ausgebildet werden. Dazu musste die Dachkonstruktion schwer entflammbar hergestellt werden, und zur Prüfung von deren Beanspruchung wurde eine Stabbrandbombe im Lattenschlotverfahren verwendet, was einem Entstehungsbrand gleichkommt. Die MBO 1960 basierte noch weitgehend auf den Nachkriegsvorschriften, bildete aber im Wesentlichen die Basis aller anderen LBOs. Sie fasste erstmals die Grundziele zum Brandschutz (heute bezeichnet als Schutzziele) im § 19 wie folgt zusammen:

„Bauliche Anlagen müssen so beschaffen sein, dass der Entstehung und Ausbreitung von Schadenfeuer vorgebeugt wird und bei einem Brand wirksame Löscharbeiten und die Rettung von Menschen und Tieren möglich sind."

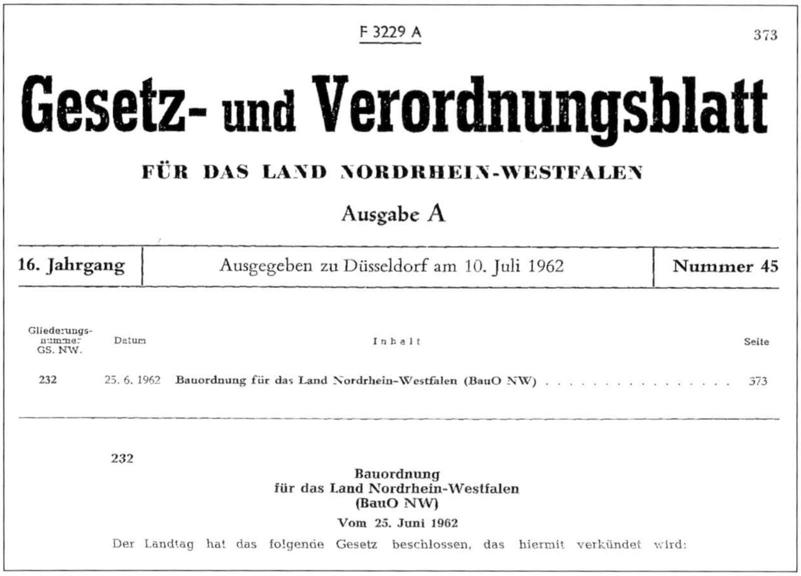

F 3229 A 373

Gesetz- und Verordnungsblatt

FÜR DAS LAND NORDRHEIN-WESTFALEN

Ausgabe A

16. Jahrgang	Ausgegeben zu Düsseldorf am 10. Juli 1962	Nummer 45

Gliederungs-nummer GS. NW.	Datum	Inhalt	Seite
232	25. 6. 1962	Bauordnung für das Land Nordrhein-Westfalen (BauO NW)	373

232

**Bauordnung
für das Land Nordrhein-Westfalen
(BauO NW)
Vom 25. Juni 1962**

Der Landtag hat das folgende Gesetz beschlossen, das hiermit verkündet wird:

Abb. 1.7: Titelseite der ersten BauO NRW von 1962

1.1.8 Einführung der ersten Landesbauordnung auf der Basis der Musterbauordnung 1960

Als erstes Bundesland erließ Nordrhein-Westfalen am 25. Juni 1962 eine eigene Landesbauordnung, die Bauordnung für das Land Nordrhein-Westfalen (BauO NW), worauf am 16. Juli 1962 eine dazugehörige Verordnung (Erste Verordnung zur Durchführung der Bauordnung für das Land Nordrhein-Westfalen vom 16. Juli 1962) zur Durchführung der Bauordnung, bei der es sich um eine frühe Verwaltungsvorschrift handelt, eingeführt wurde (siehe Abb. 1.7). Die anderen Bundesländer folgten mit dem Erlass eigener, ähnlicher LBOs auf der Basis der MBO.

In der folgenden Zeit wurde sowohl in den LBOs als auch in der DIN 4102 detaillierter zwischen den vorhandenen Baustoffen und Bauteilrisiken unterschieden. Zum Baustoffrisiko gehört zum einen der Beitrag der Baustoffe zum Entstehungsbrand und zum anderen die Feuer- und/oder Brandweiterleitung zur jeweiligen Brandlast. Das Bauteilrisiko geht dagegen in erster Linie aus dem Vollbrand (gemäß DIN 4102) hervor und stellt damit einen möglichen Brandschutz dar.

So enthält z. B. die DIN 4102-2 „Brandverhalten von Baustoffen und Bauteilen“ in der Ausgabe von 1977 keine Anforderungen mehr, die sich auf das Brandstoffrisiko konzentrieren, sondern aus ihr geht lediglich die Anforderung hervor, dass die Baustoffart angegeben wird. Bis heute wird diese wie folgt in der DIN 4102-2 angegeben:

- F 30-B/F 90-B für feuerhemmend/feuerbeständig aus brennbaren Baustoffen
- F 30-AB/F 90-AB für feuerhemmend/feuerbeständig und in wesentlichen Teilen aus nichtbrennbaren Baustoffen
- F 30-A/F 90-A für hochfeuerhemmend/feuerbeständig und aus nichtbrennbaren Baustoffen

Den bauaufsichtlichen Anforderungen ist es überlassen, ob es sich um ein feuerhemmendes oder feuerbeständiges Bauteil handelt und dieses Bauteil entweder über 30 bzw. 90 Min. dem Feuer widerstehen muss und eine Feuerübertragung auf andere Bereiche während dieser Zeit ausreichend behindert wird.

1.1.9 Weiterentwicklung der Musterbauordnung und der DIN 4102 in den 1980er Jahren

Im Rahmen der wachsenden Erkenntnisse und wissenschaftlichen Forschungen der 1980er Jahre folgte eine Weiterentwicklung sowohl der MBO als auch der DIN 4102-2, in die aus formalen Gründen entsprechende Erleichterungen überführt wurden, ohne Zusatzanforderungen an das Baustoffrisiko zu berücksichtigen.

In DIN 4102 Blatt 3 „Brandversuche“ wurden die Temperaturen im Brandraum für durchzuführende Brandversuche mithilfe einer einheitlichen Temperaturkurve, dem Vorläufer der heutigen Einheitstemperaturzeitkurve, beschrieben und die maximal zulässigen Abweichungen davon festgelegt. Hinzu kommen die Festlegungen zu den Prüfverfahren zum Nachweis der jeweiligen Bauteileigenschaften.

Man hatte aber offensichtlich vergessen, dass die für die Brandprüfung in der DIN 4102-2 festgelegte Einheitstemperaturkurve (ETK) lediglich die Brandlast des Inventars von Wohngebäuden wiedergibt und nicht den Brandlastanteil von evtl. brennbaren Stoffen berücksichtigt.

Auf diesen Umstand ist es zurückzuführen, dass es zum damaligen Zeitpunkt möglich war, mehrgeschossige bzw. vielgeschossige Reihenhäuser auf mehreren Grundstücken zu errichten, und deren trennende und sonstige Bauteile lediglich aus F 30-B – also eigentlich aus brennbaren Baustoffen – bestehen. Hinzu kommt, dass aufgrund der Anforderungen aus der Bauordnung lediglich alle 40 m Brandwände als F 90-AB oder F 90-B (Gebäude mit maximal zwei Wohnungen) auszubilden waren. Es musste allerdings beachtet werden, dass die Brüstungen von zum Anleitern bestimmter Fenster im zweiten Rettungsweg höchstens 8 m über der festgelegten Geländeoberfläche liegen durften. Ein weiteres Problem resultiert daraus, dass nichttragende Wände im Verlauf von Rettungswegen zum Teil ohne Anforderungen sogar der Baustoffklasse B 2 – normal entflammbar – angehören durften. Im Lauf der Zeit hat man aufgrund einiger fataler Brände erkannt, dass die Feuerwehren bei einem Löschangriff oftmals diesen nur noch auf den Schutz der Nachbargebäude beschränken mussten. Auch wurde hier erstmals die F 180-Brandwand nach DIN 4102-3 dargestellt, die der häufig von Versicherungen geforderten Komplextrennwand entspricht.

Im Rahmen des weiteren technisch-wissenschaftlichen Fortschritts Ende der 1970er und Anfang der 1980er Jahre wurden neben der DIN 4102 die ingenieurtechnischen Nachweisverfahren fortentwickelt. Insbesondere z. B. das Bemessungsverfahren nach der DIN 18230 „Baulicher Brandschutz im Industriebau" mit seinem zugrunde gelegten Sicherheitskonzept, das man auch in die Normungsarbeit der Eurocodes übernommen hat, wurde ergänzt und verbessert.

In den damaligen Vorschriften der MBO von 1981 wurde auch nicht die Gesamtheit der Anforderungen an Bauteile (tragende und aussteifende Bauteile, Decken) im Zusammenhang bzw. aufeinander abgestimmt berücksichtigt. Dies ist erstmals in der Bayerischen Bauordnung (BayBO) von 1982 erfolgt, wonach z. B. für ein drei- bis fünfgeschossiges Gebäude eine F 60-AB-Ausführung der Bauteile (tragende und aussteifende Bauteile und Decken) ausreichend ist. Im Vergleich hierzu fordert die MBO von 1980 tragende Bauteile in F 90-AB, wobei die Deckenausführung in F 30-B z. B. aus Holz ausreichend sein soll.

Das Gleiche gilt für andere Gebäude mit sehr hoher Brandlast oder Hochhäuser. Für diese Gebäude können andere Anforderungen, z. B. an deren Feuerwiderstandsdauer, in Betracht kommen. In § 51 der MBO von 1980 werden diese baulichen Anlagen als solche mit besonderer Art und Nutzung beschrieben und in § 67 (Befreiung) die Möglichkeit des Nachweises auf andere Art eröffnet.

Der Grund für die Schaffung der Sonderbauverordnungen besteht im Wesentlichen darin, die LBOs um die Forderungen zu ergänzen, die die Besonderheiten eines bestimmten Gebäudetyps berücksichtigen. Es wird hierdurch eindeutig geregelt, dass für Sachverhalte, die in den Sonderbauverordnungen nicht umgesetzt sind, die Forderungen der jeweiligen LBO eingehalten werden müssen.

Es ist festzustellen, dass die bauaufsichtlichen Vorschriften bis dahin keine konkreten Anforderungen an den Brandschutz, die Gesamtkonstruktion betreffend, stellten. Die eingeführten „herkömmlichen" Tragsysteme boten also scheinbar im Allgemeinen ausreichende „versteckte" Sicherheiten und eine Überbemessung von Einzelbauteilen war als sehr gering einzustufen und konnte im Rahmen des Gesamtsicherheitsniveaus vernachlässigt werden. Die in den 1980er Jahren entstandenen empfindlichen Tragsysteme erforderten nunmehr eine exaktere brandschutztechnische Bemessung bei der Ausbildung der Gesamtkonstruktion eines Gebäudes. Zum Beispiel waren Angaben über Fugenbreiten zur Vermeidung von Dehnungen und gefährlichen Verformungen beim Brand lediglich in der DIN 1045 „Tragwerke aus Beton, Stahlbeton und Spannbeton" sowie ein geringer Teil in der DIN 4102-4 angegeben.

Diese detaillierte brandschutztechnische Bemessung wäre für die seinerzeit üblichen Wohngebäude wirtschaftlich durchführbar gewesen. Nicht zuletzt deshalb, weil bereits eine 11,5 cm dicke gemauerte Wand als feuerbeständig (F 90) einstufbar ist.

1.1.10 Einführung der Bauproduktenrichtlinie 1988

Im Jahre 1988 erließ die Europäische Gemeinschaft die Bauproduktenrichtlinie (BPR), die das In-Verkehr-Bringen und die Verwendung von Bauprodukten regelt. Die Umsetzung dieser Richtlinie in nationales Recht erfolgt in Deutschland bezüglich Handel und In-Verkehr-Bringen von Bauprodukten durch das Bauproduktengesetz (BauPG) und bezüglich der Verwendung von Bauprodukten durch die jeweiligen LBOs.

Die nachfolgende Übersicht veranschaulicht, stellvertretend für alle Bauordnungen, am Beispiel von Nordrhein-Westfalen den Weg vom erstmaligen Erlass der LBO im Jahre 1962 bis zur jüngsten Änderung der Bauordnung zur BauO NRW. Der Wechsel der amtlichen Abkürzung von NW in NRW wurde 1998 beschlossen.

BauO NW 1962

vom 25.06.1962 (GV. NRW. S. 373) in Kraft getreten am 01.10.1962

geändert durch Gesetz vom 02.12.1969 (GV. NRW. S. 860) aufgrund Artikel III neu gefasst als

BauO NW 1970

vom 27.01.1970 (GV. NRW. S. 96, ber. 1971 S. 331) in Kraft getreten am 01.07.1970

1. Änderung vom 15.07.1976 (GV. NRW. S. 264)
2. Änderung vom 11.07.1978 (GV. NRW. S. 290)
3. Änderung vom 27.03.1979 (GV. NRW. S. 122)
4. Änderung vom 06.04.1982 (GV. NRW. S. 170)
5. Änderung vom 18.05.1982 (GV. NRW. S. 248)

BauO NW 1984

vom 26.06.1984 (GV. NRW. S. 419, ber. S. 532) in Kraft getreten am 01.01.1985

1. Änderung vom 18.12.1984 (GV. NRW. S. 803)
2. Änderung vom 21.06.1988 (GV. NRW. S. 319)
3. Änderung vom 20.06.1989 (GV. NRW. S. 432)
4. Änderung vom 24.11.1992 (GV. NRW. S. 467)

BauO NW 1995

vom 07.03.1995 (GV. NRW. S. 218, ber. S. 982) in Kraft getreten am 01.01.1996

1. Änderung vom 24.10.1998 (GV. NRW. S. 687)
2. Änderung vom 09.11.1999 (GV. NRW. S. 622)

aufgrund Artikel III Abs. 4 neu gefasst als

BauO NRW 2000

vom 01.03.2000 (GV. NRW. S. 256) in Kraft getreten am 01.06.2000

1. Änderung vom 09.05.2000 (GV. NRW. S. 439)
2. Änderung vom 22.07.2003 (GV. NRW. S. 434)
3. Änderung vom 16.12.2003 (GV. NRW. S. 766)
4. Änderung vom 04.05.2004 (GV. NRW. S. 259)
5. Änderung vom 05.04.2005 (GV. NRW. S. 332)
6. Änderung vom 12.12.2006 (GV. NRW. S. 615)
7. Änderung vom 13.03.2007 (GV. NRW. S. 133)
8. Änderung vom 11.12.2007 (GV. NRW. S. 708)
9. Änderung vom 28.10.2008 (GV. NRW. S. 644)
10. Änderung vom 17.12.2009 (GV. NRW. S. 863)

Die BauO NW 1995 folgte weitgehend den Inhalten der MBO von 1993, wobei die mit der BauO NW 1984 übernommenen liberalen Vorschriften des Vorgängerrechts beibehalten wurden und nur eine gewisse Rechtsbereinigung erfolgte. Die Neuordnung der Verfahrensvorschriften sowohl durch die BauO NW 1995 sowie der anderen LBOs hat allerdings zu einer unübersichtlichen Vielfalt der Regelungen in den Bundesländern geführt.

1.1.11 Novellierung der Musterbauordnung 1997 und 2002

Die BauO NRW 2000 übernahm weitgehend die Neuregelungen der MBO 1997, womit wiederum das Verfahrensrecht fortentwickelt wurde. Des Weiteren wurde das vereinfachte Genehmigungsverfahren, vergleichbar dem bayerischen Bauordnungsrecht, durch Einbeziehung *kleiner* Sonderbauten zum Regelverfahren aufgewertet. Im Vergleich kann hinsichtlich des Verfahrensrechts der MBO 1993 bzw. 1997 zu der Entwicklung des Bauordnungsrechts der Länder festgestellt werden, dass diese trotz Abweichungen untereinander doch viele Gemeinsamkeiten aufwiesen.

Diese Entwicklung führte zur MBO 2002, die wiederum unterschiedliche Reformansätze aufgriff und auch das Verfahrensrecht neu strukturierte, um ihrer Vorbildfunktion als *Musterbauordnung* wieder gerecht zu werden. Ein großes Augenmerk kam den Belangen des Brandschutzes zu, die umfangreich angepasst wurden. Unter anderem übernahm man die im europäischen Ausland gebräuchliche Klassifizierung *hochfeuerhemmend* sowie die Zulässigkeit der Verwendung brennbarer Baustoffe, wobei die Regelungen der MBO noch nicht von allen Bundesländern in die jeweilige LBO übernommen wurden.

Im Gegensatz zu den Inhalten der einzelnen LBOs ist die MBO nicht auf bestimmte Brandsicherheits- bzw. Brandrisiken abgestellt, sondern regelt diese in sogenannten Schutz- und Sicherungszielen, die allgemein benannt werden. Die Erfüllung entspricht auch hier den bauordnungsrechtlichen Einzelvorschriften, die wiederum in den einzelnen LBOs enthalten sind, worauf an späterer Stelle noch eingegangen wird.

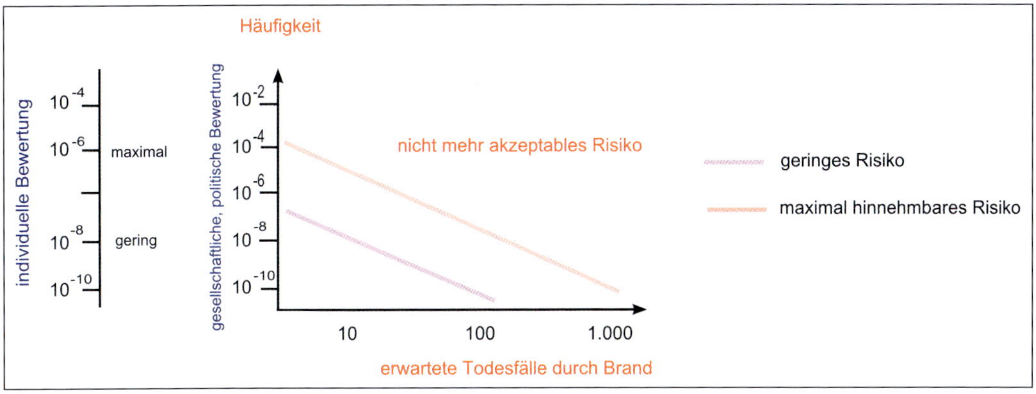

Abb. 1.8: Eintrittswahrscheinlichkeit von Bränden mit Todesfolge (siehe Heidelberg, Risikomanagement, 2011)

1.2 Brandschutztechnische Risiken

1.2.1 Erläuterungen zu den brandschutztechnischen Risiken

Um ein Risiko bewerten zu können, müssen alle Parameter, die eine Gefahr ergeben, bekannt sein. In der Literatur findet sich eine Vielzahl von Ansätzen, die den theoretischen Begriff *Risiko* mathematisch ausdrücken. In Industriebauten existiert eine große Streubreite an Gefahrenpotentialen, welche die nachfolgenden Brandrisiken bzw. Risiken nach sich ziehen können:

- hohe Sachschäden durch eine schnelle Brandausbreitung in den großflächigen Brand- und Brandbekämpfungsabschnitten (und/oder Räumen)
- geringe Personenschäden, da in der Regel nur orts-, anlagen-, betriebskundige Personen anwesend sind
- hohe Abbrand- bzw. Brandraumtemperaturen durch den Abbrand von sehr großen Brandlasten in den einzelnen Bereichen
- sehr starke und gewaltige Brandrauchentwicklung durch Verbrennung von z. B. Starkrauch entwickelnden Hilfs- oder Rohstoffen (Kunststoff), die größtenteils mit toxischen Inhaltsstoffen versetzt sind
- Risiken für die Feuerwehr bei der Brandbekämpfung durch eine schnelle Brandausdehnung, Flash-over-Gefahr durch hohe Brandraumtemperaturen und das Problem, dass Bauteile (ungeschützter Stahl) versagen können, sowie durch erhebliche Brandrauchbildung und Sichtbehinderung
- durch Pyrolyseprodukte der verbrennenden Stoffe und das Vorhandensein von Gefahrstoffen, z. B. kontaminiertes Löschwasser, das zurückgehalten werden muss, starke Gefahr für die Umwelt

Dieses Sicherheitsniveau lässt sich semiprobabilistisch derzeitig mittels der Versagenswahrscheinlichkeit von 1×10^{-7} bei sehr hohen Risiken pro Ereignis (z. B. bei Tunnelbränden) bis 1×10^{-5} (z. B. normale Wohn- und Standardgebäude) pro Gebäude oder Bauwerk beschreiben.

Die nachfolgende Tabelle zeigt die Wahrscheinlichkeiten der Brandentwicklung hinsichtlich unterschiedlicher Nutzungen der Gebäude.

Tabelle 1.4: Wahrscheinlichkeit der Brandentwicklung zum Vollbrand (siehe auch Schleich/Cajot, 2001)

Gebäude/Nutzung	Brandrisiko	p_1 [10^{-7}/m² Jahr]	$p_1/p_{1,\,normal}$
Museum, Galerie	gering	0,4	0,1
Wohnungen	gering – normal	4	1
Hotel	normal	4	1
Schule	normal	4	1
Büro	normal	4	1
Fabrik, Produktion	hoch	40	10
Lackiererei	sehr hoch	400	100
Chemielabor	sehr hoch	400	100
Farbenherstellung	ultrahoch	4.000	1.000
Feuerwerk	ultrahoch	4.000	1.000

1.2.2 Grundsätzliche Sicherheitsbetrachtungen zum Brandrisiko

Die akzeptierte Gesamtversagenswahrscheinlichkeit (bzw. das vereinbarte Risiko) für Tragwerke wird z. B. nach DIN 18230-1 derzeit mit $\leq 10^{-5}$ angegeben.

Mit diesen Annahmen lassen sich die zulässigen Flächen für Gebäude (Brandabschnitte) ableiten, die dem bauaufsichtlich akzeptierten Sicherheitsniveau entsprechen. Es wird somit davon ausgegangen, dass die Bauteile jeweils so minimal bemessen sind, dass sie bei Eintritt eines gefährlichen Brandes gerade versagen. (siehe auch Mehl, 2009/2010) Daraus folgt für das Nichtversagen im Brandfall:

Formel 1.1: Bedingte Versagenswahrscheinlichkeit für das Tragwerk

$$p_{fb} = \frac{zul.\ p_f}{p_o \cdot A \cdot p_1} \leq 1{,}0$$

mit

p_{fb} bedingte Versagenswahrscheinlichkeit für die Tragwerksbemessung ($0 \leq p_{fb} \leq 1{,}0$, wobei bei $p_{fb} = 1{,}0$ das Tragwerk im Brandfall „planmäßig" versagt)

zul. p_f akzeptierte Versagenswahrscheinlichkeit pro Jahr, typisch 10^{-5} für Tragwerke
p_o Auftretenswahrscheinlichkeit von Entstehungsbränden bezogen auf die jeweilige Nutzung pro Jahr, flächenbezogen
p_1 Wahrscheinlichkeit, dass ein Entstehungsbrand ein fortentwickelter (gefährlicher) Brand wird, auch abhängig von der brandschutztechnischen Infrastruktur
A betrachtet Fläche in m² (Geschoss, Brandabschnitte)

Berücksichtigt man hierzu den allgemeinen Bemessungsansatz für Tragwerke mit einem vorhandenen Feuerwiderstand, so wird die hierfür erforderliche zulässige Betrachtungsfläche wie folgt ermittelt:

Formel 1.2: Zulässige Betrachtungsfläche

$$zul.\,A = \frac{zul.\,p_f}{p_{fb} \cdot p_o \cdot p_1}$$

Die Formel 1.2 kann nun nach der zulässigen Betrachtungsfläche A, der erforderlichen brandschutztechnischen Infrastruktur p_1 oder gemäß DIN 18230-2 aufgelöst werden nach:

Formel 1.3: Erforderliche Feuerwiderstandsdauer

$$erf.\,t_F = f\,(p_m)$$

mit der Bemessung

Formel 1.4: Vorhandene Feuerwiderstandsdauer

$$erf.\,t_F \leq vorh.\,F$$

mit

erf. t_F erforderliche Feuerwiderstandsdauer in Min.
vorh. F vorhandene Feuerwiderstandsdauer in Min.

Formel 1.1 nimmt hier eine Stellvertreterfunktion für das Gesamtsystem ein.

Eine formelmäßige Darstellung der bauordnungsrechtlichen Vorgaben, die auf der Grundlage des bauordnungsrechtlichen Bezugsgebäudes basieren kann, unter Berücksichtigung der Inhalte aus dem Sicherheitskonzept der Industriebaurichtlinie, lautet wie folgt (siehe auch Schneider, 2009):

Formel 1.5: Bauordnungsrechtlich maximal zulässige Fläche unter Bezug der erforderlichen Feuerwiderstandsdauer der Tragkonstruktion

$$max.\ A = \frac{300.000 \cdot k}{erf.\ t_F \cdot \sqrt{n_g \cdot n_{gi}}}$$

mit

$max.\ A$ zulässige Geschossfläche in m² (Fläche je Geschoss)
$erf.\ t_F$ erforderliche Feuerwiderstandsdauer in Min.
n_g Anzahl der Geschosse des Gebäudes (Brandabschnitt)
n_{gi} Anzahl der Geschosse, die in offener Verbindung stehen
k Faktor zur Berücksichtigung der brandschutztechnischen Infrastruktur

Analysiert man nun die Werte, ergibt sich daraus die Fläche des zulässigen bauordnungsrechtlichen Brandabschnittes von maximal $A = 1.666$ m².

Das bauordnungsrechtliche Bezugsgebäude bzw. der bauordnungsrechtlich zulässige Brandabschnitt von 1.600 m² ergibt sich wie folgt:

- Versagenswahrscheinlichkeit von 10^{-5}
- Brandbelastung $qR = 300$ kWh/m²
- Anzahl der Geschosse $n = 4$
- tragende aussteifende Bauteile F 90 (DIN 4102) (R 90 [DIN EN 13501-2 „Klassifizierung von Bauprodukten und Bauarten zu ihrem Brandverhalten“])

Die unterschiedlichen Ergebnisse, die man bei der Berechnung zur Ermittlung der zulässigen Fläche mit den variablen Parametern erhält, unterstreichen die Aussage, dass die Anordnung von brandschutztechnischen Anlagen anstatt baulicher Brandschutzmaßnahmen geeignet ist und das Risiko einer Versagenswahrscheinlichkeit hierdurch nicht erhöht wird. Das Brandrisiko im Allgemeinen für ein Gebäude wird mit folgender Formel beschrieben:

Formel 1.6: Brandrisiko eines Gebäudes

$$R = P_o \cdot L_x \leq R_{grenz}$$

mit

R vorhandenes Risiko
R_{grenz} Grenzrisiko bzw. allgemein akzeptiertes Risiko
P_o Eintretenswahrscheinlichkeit eines Brandes
L_x wahrscheinlicher Schadenumfang bei einem Brand

Für Gebäude ist das vorhandene Risiko *R* somit größer als null. Ihr Niveau des akzeptierten Risikos bzw. des Grenzrisikos hängt von der Nutzung ab, d. h. von der Personenzahl und den Rettungsmöglichkeiten im Objekt sowie den voraussehbaren Sachschäden (siehe auch Schneider, 2011). In Kurzform ist damit die Kombination von Schutzzielen mit der Risikoeinstufung gemeint.

Die Sicherheit im Brandschutz wird gegenüber der Gefährdung durch geeignete Maßnahmen auf ein akzeptiertes Restrisiko minimiert, eine absolute Sicherheit gibt es jedoch nicht.

Es soll vielmehr im Rahmen der Optimierung im Brandschutznachweis in Kombination mit der jeweiligen Sicherheitsbetrachtung in ein ausgewogenes sicherheitstechnisches und wirtschaftliches Verhältnis gesetzt werden.

Gerade im Bestand ist festzustellen, dass die Vorschriften bzw. Vorgaben aus den Bestimmungen zum Erstellungszeitpunkt nun in der Regel nicht mehr den aktuellen Vorschriften entsprechen. Es muss daher eine Bewertung des Bestandes unter Wahrung des Bestandsschutzes mit dem Ziel des Personenschutzes wirtschaftlich sinnvoll umgesetzt werden. Insofern wird bei der Bestandsermittlung auf eine qualifizierte Risikoanalyse (siehe Kapitel 4.7) verwiesen.

1.3 Was bedeutet „Bauen im Bestand"?

In den letzten Jahrzehnten haben mehrere Brandkatastrophen die Verantwortlichen aufgeschreckt. Brände wie z. B. am Düsseldorfer Flughafen, in der Herzogin-Anna-Amalia-Bibliothek in Weimar, einem Wohnhaus in Ludwigshafen sowie der Gletscherbahn in Kaprun haben die zuständigen Behörden veranlasst, die Sicherheit von Gebäuden und Liegenschaften u. a. in Bezug auf den vorbeugenden Brandschutz auch in bestehenden Objekten zu überprüfen. In der Folge sind sowohl bei öffentlichen wie auch privaten Gebäuden vielfach Notwendigkeiten für Brandschutzsanierungen festgestellt worden. Dabei geht es in erster Linie darum, Vorgaben aus geänderten Bestimmungen und Richtlinien im Bestand umzusetzen.

Baumaßnahmen an bestehenden Gebäuden sind sehr anspruchsvoll. Das Bauen im Bestand beinhaltet aus architektonischer Sicht immer eine nachträgliche Veränderung und einen Eingriff in die Gebäudestruktur. Aufgrund der vielfältigen individuellen Voraussetzungen kann dies nicht allein auf der Basis von gesetzlichen und normativen Vorschriften geschehen. Durch die Einführung neuer Bauordnungen hat sich die Kontrolltätigkeit des Staates im Brandschutz reduziert und es wurde dem Bauherrn eine höhere Eigenverantwortung übertragen.

Die praktische Umsetzung von Baumaßnahmen stellt bei denkmalgeschützten Bauwerken sicher die größte Anforderung an Brandschutzmaßnahmen dar. Hier zeigen sich planerische, methodische und organisatorische Beson-

Abb. 1.9: Ansicht eines Industriedenkmales in Köln

derheiten, die neben dem architektonischen Wissen berücksichtigt werden müssen, bevor in die Struktur eines Gebäudes eingegriffen wird – sei es zum Schutz, zur Reparatur, zur Änderung oder zur Erweiterung des Bauwerkes.

Grundsätzlich gelten sinngemäß der Bauordnungen bei bestehenden Bauwerken die gleichen Anforderungen an den Brandschutz wie bei neu zu errichtenden Gebäuden. Der Bestandsschutz des Baudenkmales z. B. in Abb. 1.9 lässt jedoch kaum Spielraum für Eingriffe oder Veränderungen an der Gebäudehülle, um die Anforderungen an den Brandschutz bei bestimmten Nutzungen zu erfüllen.

Die MBO und die Bauvorschriften der Länder fordern, dass bei Baumaßnahmen die aktuellen Technischen Baubestimmungen und technischen Regeln zu beachten sind. Der heute hohe technische Installationsgrad in Gebäuden und die Vielfalt der verwendeten Baustoffe, Bauteile, technischen Anlagen und Anlagenkomponenten erfordern daher umfassende technische Spezialkenntnisse. Hierzu gehört auch die Vertrautheit der Verantwortlichen mit den einschlägigen Gesetzen, Verordnungen, Normen und Richtlinien, denn nachträgliche Veränderungen und Eingriffe in die Gebäudehülle führen immer öfter zu der Problemstellung, welche der zahlreichen Vorschriften für das relevante Objekt anzuwenden sind. Dies wird durch die Vielzahl der in den letzten Jahren im Zuge der EU-Harmonisierung erschienenen neuen Vorgaben noch erhöht.

Hinweis

Bei der Beurteilung von Gebäuden stellt sich also grundsätzlich die Frage, wann die alten Vorschriften aufgrund des Bestandsschutzes noch gültig sind und ab wann der Bestandsschutz aufgehoben und die neuen Gesetze und Normen mit ihren weitreichenden und teilweise kostenintensiven Folgen anzuwenden sind.

Abb. 1.10: Fassade eines Geschäftshauses in Wien

Aussagen zum Bestandsschutz direkt findet man in den LBOs eher selten. Ob und inwieweit ein Gebäude, Teile davon oder benachbarte Gebäude dem Denkmalschutz unterliegen, ist bei der zuständigen Baubehörde zu erfragen. Auskunft hierzu geben auch Denkmallisten oder Denkmalbücher. Diese sind entweder öffentlich zugänglich oder können bei berechtigtem Interesse eingesehen werden. Doch auch wenn ein entsprechender Eintrag nicht vorliegt, kann im Zuge eines Genehmigungsverfahrens die Schutzwürdigkeit eines Gebäudes festgestellt werden.

1.3.1 Die Aufgabe des Brandschutzplaners im Bestand

Für den Architekten oder Brandschutzfachplaner sind die anzuwendenden Vorschriften, Gesetze und Normen maßgeblich. Hierdurch entstehen bei der Bewertung eines Gebäudes in Bezug auf den Brandschutz eine Vielzahl von gegenseitigen Abhängigkeiten, aber auch Kompensationsmöglichkeiten zwischen den einzelnen Komponenten eines ganzheitlichen Brandschutzes. In Kapitel 2 wird dies für die wichtigsten Interdependenzen genauer dargestellt.

Die Aufgabe von Brandschutzfachleuten ist es, durch eine möglichst optimale Abstimmung der einzelnen Komponenten ein ganzheitliches Brandschutzkonzept zu entwickeln, das sowohl den Sicherheitsanforderungen des Nutzers als auch den ökonomischen Vorgaben des Bauherrn entspricht. Dabei sollen zum einen die Belange des Bestandes und zum anderen die der Nutzung berücksichtigt werden. Hierauf wird in Kapitel 4.5 noch detaillierter eingegangen.

Auch die Anforderungen der Feuerwehr im Falle eines Brandes müssen in die Planung mit einbezogen werden. Daher bedarf es beim Brandschutz einer konstruktiven Zusammenarbeit zwischen Bauherr, Behörde, Feuerwehr und Brandschutzplaner, um ein für alle zufriedenstellendes Ergebnis zu erhalten.

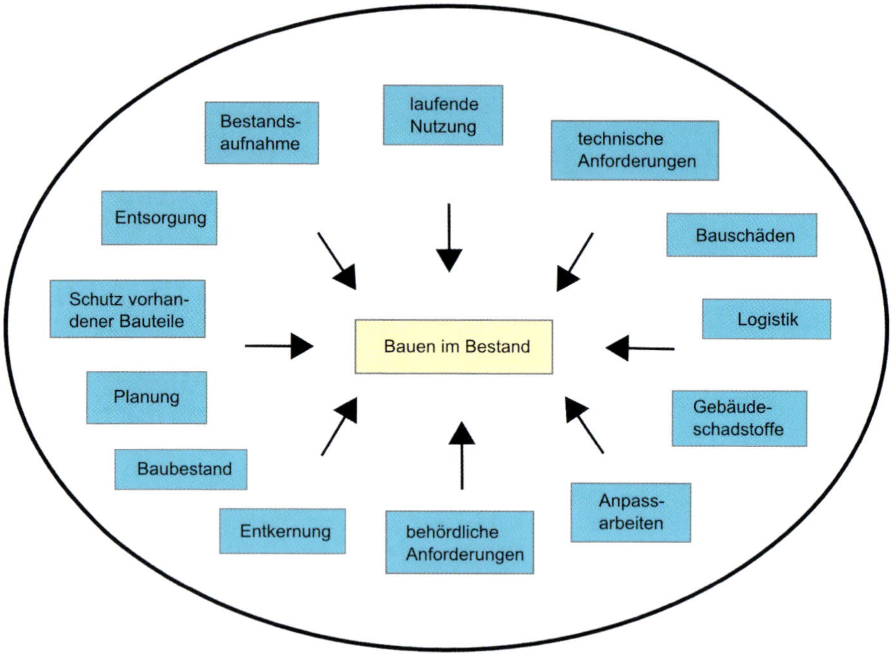

Abb. 1.11: Planungsaufgaben beim Bauen im Bestand

Der Brandschutz wird von Architekten, Bauingenieuren, Fachplanern und Fachingenieuren allgemein noch zu wenig berücksichtigt und ist somit bei bestehenden Gebäuden immer schwieriger zu beurteilen. Dies mag auch daran liegen, dass die Ausbildung an deutschen Universitäten und Hochschulen in diesem Bereich bisher kaum umgesetzt wird.

Doch Brandschutzkenntnisse im Bereich von Bestandsgebäuden werden auch im Hinblick auf den zunehmenden Rückzug der Behörden aus dem Genehmigungsverfahren immer wichtiger. Auch durch den europäischen Zusammenschluss kommen ständig neue und nicht immer einfachere Regelungen auf die am Bau Beteiligten zu.

In diesem Zusammenhang sei auf die Haftungsfrage des Brandschutzplaners nach dem Strafgesetzbuch, insbesondere auf § 319 StGB, verwiesen. Der Fachplaner wird inhaltlich mit folgender Formulierung zur Baugefährdung im Rahmen seiner Leistungserbringung konfrontiert (siehe auch Schneider, 2011):

„(1) Wer bei der Planung, Leitung oder Ausführung eines Baues oder des Abbruchs eines Bauwerks gegen die allgemein anerkannten Regeln der Technik verstößt und dadurch Leib oder Leben eines anderen Menschen gefährdet, wird mit Freiheitsstrafe bis zu fünf Jahren oder mit Geldstrafe bestraft.

(2) Ebenso wird bestraft, wer in Ausübung eines Berufs oder Gewerbes bei der Planung, Leitung oder Ausführung eines Vorhabens, technische Einrichtungen in ein Bauwerk einzubauen oder eingebaute Einrichtungen dieser Art zu

Abb. 1.12: Beispiel einer Kombination von alt und neu

ändern, gegen die allgemein anerkannten Regeln der Technik verstößt und dadurch Leib oder Leben eines anderen Menschen gefährdet.

(3) Wer die Gefahr fahrlässig verursacht, wird mit Freiheitsstrafe bis zu drei Jahren oder mit Geldstrafe bestraft.

(4) Wer in den Fällen der Absätze 1 und 2 fahrlässig handelt und die Gefahr fahrlässig verursacht, wird mit Freiheitsstrafe bis zu zwei Jahren oder mit Geldstrafe bestraft." (StGB, § 319, Abs. 1–4)

1.3.2 Bestandsbau in der Zukunft

Die meisten Gebäude, die in den kommenden Jahrzehnten in Deutschland und Europa benötigt werden, sind längst gebaut. Die baulichen Aufgaben der Zukunft werden somit v. a. in der geschickten Nutzung und Veränderung von bestehenden Objekten liegen. Stadtviertel oder Altstädte werden saniert, Wohnhäuser um- oder angebaut, öffentliche Gebäude erweitert und ganze Industrieareale so umgenutzt werden müssen, dass der Bestand erkennbar bleibt (siehe Abb. 1.12).

Das Bauen im Bestand erfordert ganz spezifische Vorgehensweisen bei der Planung, Bauausführung und Kalkulation. Neben der architektonischen Seite des Bauens sind bei bestehenden Bauwerken auch Aspekte wie Kultur, Nachhaltigkeit, Ökologie und wirtschaftliche Gesichtspunkte von Bedeutung.

Abb. 1.13: Aufgaben des Brandschutzes

Daher erfordert das Planen und Bauen im Bestand von allen am Bau Beteiligten besondere Fähigkeiten. Sowohl der Architekt bzw. Fachplaner als auch die beteiligten Bauunternehmen und Handwerker sollten dabei nicht nur die eigene Ausführungsleistung im Vordergrund sehen, sie müssen sich auch am und im Bestehenden orientieren.

1.3.3 Brandschutz und Bestand im Überblick

Beim Bauen im Bestand steht nicht zuerst die Frage nach der Erweiterung, Umnutzung oder dem Umbau eines Gebäudes im Vordergrund, sondern die Analyse und Bewertung der bestehenden Nutzung. Erst aus dieser Analyse heraus folgt die Entwicklung und Festlegung von neuen Nutzungen nach den vorgeschriebenen Sicherheitsaspekten und den Anforderungen an den bautechnischen Brandschutz. Die Aufgaben des Brandschutzes auch im Bestand sind wie in Abb. 1.13 definiert.

Daraus resultiert als erste Priorität die Schaffung von Rettungswegen zur Sicherstellung einer schnellen und gefahrlosen Evakuierung des Objektes. Darüber hinaus sollen Brände vermieden bzw. bekämpft, ihre schädigenden Auswirkungen für die Umwelt vermindert und Sachwerte geschützt werden (vgl. MBO 2008).

Der Brandschutz umfasst folglich *vorbeugende* und *abwehrende* Maßnahmen, wobei das Augenmerk besonders auf die bestehenden bzw. neu zu entwickelnden Raum- oder Gebäudeprogramme im Rahmen des Denkmal- und Bestandsschutzes zu richten ist. Die notwendigen Brandschutzmaßnahmen sollen möglichst ohne eine Zerstörung des Gesamtkontextes „Bauwerk" herbeigeführt werden.

Der *vorbeugende Brandschutz* beinhaltet sowohl die baulichen und technischen Anlagen als auch die betrieblichen Brandschutzmaßnahmen. Die Aufgabe des *abwehrenden Brandschutzes* besteht hauptsächlich in der aktiven Brandbekämpfung. Deren Maßnahmen reichen von der Entdeckung und Meldung von Bränden über die Personenrettung bis hin zu den Löscharbeiten. Die Wirksamkeit von Schutzmaßnahmen für Leben und Sachwerte ist somit ganzheitlich zu betrachten.

Der bauliche und technische Brandschutz ist dem organisatorischen Brandschutz gegenüber in hohem Maße zuverlässig, da auch im Brandschutz die größte Schwachstelle der Faktor Mensch ist. Menschen müssen zur Einhaltung der organisatorischen Maßnahmen durch regelmäßige Übungen und Prüfungen trainiert werden. Der Brandschutz stellt also in vielfacher Hinsicht eine Investition zum Schutz von Leben und Sachwerten dar. Er muss deshalb so gut wie möglich geplant, durchgeführt und erhalten werden.

Brandschutzmaßnahmen sollen bei optimaler Wirtschaftlichkeit höchstmögliche Sicherheit bieten. Effektiver Brandschutz besteht also aus mehreren Teilen, die in ihrer Gesamtheit zum gewünschten Ziel führen. Welche verschiedenen Brandschutzaspekte miteinander zusammenwirken und welche Rahmenbedingungen einzuhalten sind, wird durch das Brandschutzkonzept dargestellt. Hierin werden Risiken bewertet und mögliche Schutzmaßnahmen zu Paketen zusammengefasst, um das Gebäude möglichst optimal zu schützen.

Zu einer qualifizierten Beurteilung der Chancen für eine Umnutzung von Gebäuden unter Berücksichtigung des Brandschutzes gelangt man nur durch fachliche Fähigkeiten und eine geeignete Herangehensweise unter Beachtung aller notwendigen Kriterien. Durch den in den folgenden Kapiteln aufgezeigten Ablauf der brandschutztechnischen Maßnahmen soll eine ganzheitliche Brandschutzplanung im Bestand für Planer, Architekten, Behörden und Bauausführende ermöglicht werden (siehe auch Wesche, 1996; Wesche, 1991).

1.4 Begriffe und Definitionen

Brandschutzmaßnahmen im Bestand erfordern umfangreiche Maßnahmen, bei denen eine Vielzahl von Begriffen aus dem Bauwesen verwendet wird. Obwohl wir einige dieser Begriffe täglich anwenden, ist uns die Bedeutung oft nicht klar, da sie nicht in Normen, Vorschriften oder Regelwerken festgelegt sind. Die wichtigsten Begriffe und ihre Definitionen werden im Folgenden erklärt (siehe auch Bundesarbeitskreis Altbauerneuerung [Hrsg.], 2008; VDI-Richtlinie 3822, 2004; Hankammer, 2008):

- **Bauschadenquelle** Ereignis/Umstände, die den bauphysikalisch/technisch begründbaren Schaden eintreten lassen → Planungsfehler
- **Bauschadenursache** bautechnische und bauphysikalische Bedingung, die unmittelbar auf die Baumaßnahmen wirkt und zum Schadenereignis führt → Einsturz
- **Erhaltung** Maßnahmen zur Sicherung des Sollzustandes
- **Erweiterung** Ergänzung eines vorhandenen Objektes
- **Instandhaltung** Maßnahme zur Erhaltung des Sollzustandes

- **Instandsetzung** Maßnahme zur Wiederherstellung des bestimmungsgemäßen Gebrauchs mit seiner Nutzung → Sollzustand
- **Rekonstruktion** Nachbau eines größtenteils zerstörten Bauwerkes
- **Renovierung** Maßnahme zur Wiederherstellung des ursprünglichen Gebrauchswertes bei Schäden oder Mängeln durch gewöhnlichen Gebrauch → Schönheitsreparaturen
- **Restaurierung** Erhaltung eines Bauwerkes/Kunstwerkes; Maßnahme zur Wiederherstellung des Ursprungs
- **Sanierung** allumfassende Instandsetzungsmaßnahme mit Eingriff in die Bausubstanz
- **Schaden** Veränderung an einem Bauteil, durch die seine ursprüngliche Funktion wesentlich beeinträchtigt wird
- **Translokation** Ab- und Wiederaufbau eines Gebäudes an einem anderen Ort
- **Umbau** Umgestaltung eines vorhandenen Objektes

1.5 Problemstellung Bestand

Brandschutzmaßnahmen für neue und bestehende Gebäude sollen grundsätzlich dem baurechtlichen Ziel, Personen- und Nachbarschaftsschutz, Umweltschutz dienen wie in den entsprechenden Bauvorschriften fixiert. Ein absoluter Schutz vor einem Brand ist nicht möglich und infolgedessen sind tolerierbare Risiken festzulegen, um im Bestand Brandschutzanforderungen an Tragwerke und Bauteile abzuleiten. Diese sind auch im Bestand wesentlich aus den öffentlich-rechtlichen Vorschriften zum Erstellungszeitpunkt ergänzt, durch Normen und Richtlinien festgelegt und können diesen entnommen werden. Dazu sind in den früheren Jahren häufig Bedingungen privatrechtlicher Art, z. B. Auflagen der Brandversicherer oder Bedingungen der darlehensgewährenden Institute, in die Baugenehmigungen eingeflossen. Hierbei wurde allerdings bereits eine Abstufung der Anforderungen an die Feuerwiderstandsdauer der Einzelbauteile bzw. an das Brandverhalten der verwendeten Baustoffe gestellt. Die Abstufung wurde in der Regel auf langjährigen Erfahrungen aus Brandfällen abgestellt und orientiert sich somit intuitiv an den möglichen Folgen im Falle eines Versagens und an dem von der Öffentlichkeit tolerierten Risiko an ein Bauwerk. In der Regel sollten diese Anforderungen, um auf der sicheren Seite zu sein, qualitativer Art sein.

Anhand der Zuordnung von einfachen Bestimmungen und Vorschriften soll es möglich sein, eine den Anforderungen des Gebäudes gerecht werdende Bewertung im Bestand bei gleichem bzw. unverändertem Risiko vorzunehmen. Beurteilt man nun Einzel- bzw. Sonderfälle (Sonderbauten), ergeben sich in der Regel hierbei Schwierigkeiten, bei denen die unterschiedlichen brandschutztechnischen Gegebenheiten durch die qualitative Bewertung unter Umständen nicht richtig erfasst werden können.

Dabei sind insbesondere Entscheidungen zulasten der Wirtschaftlichkeit nicht auszuschließen und müssen deshalb bei einem Anpassungsverlangen beachtet werden. Sowohl die einzelnen LBOs wie auch die MBO (§ 83, nur bis Fassung 1996) verweisen hier auf Anpassungsregelungen bzw. ein Anpassungsverlangen lediglich in dem Fall, in dem Leib oder Gesundheit bedroht sind, wobei im Weiteren die Kosten im Rahmen der auszuführenden Anpassung des Gebäudes stehen müssen. Auch für den Sonderbau bestehen Anpassungsregelungen, die auf rechtmäßig bestehende bauliche Anlagen ihrer Anwendung finden. Diese findet man z. B. in der Verordnung über Bau und Betrieb von Sonderbauten (SBauVO) in NRW vom 17. November 2009:

- § 45, Teil 1: Versammlungsstättenverordnung
- § 57, Teil 2: Beherbergungsstätten
- § 86, Teil 3: Verkaufsstätten
- § 115, Teil 4: Hochhäuser
- § 138, Teil 5: Garagen

Die Anpassungsregelungen stellen zum einen direkte Anpassungen dar, z. B. bei Ausgängen und Rettungswegen, bei Sitzplätzen oder bei Lautsprecheranlagen in Versammlungsstätten, zum anderen betriebliche Belange wie z. B. bei den Vorschriften in Hochhäusern. Insofern sind diese Vorschriften bei der Bestandsbewertung zu beachten.

Buchtipp

Brandschutz und Baurecht
Rechtssichere Beurteilung von Neubau und Bestand.
Von Stefan Koch
ISBN 978-3-939138-99-0

2 Gesetzliche Grundlagen, Normen und Vorschriften

2.1 Vorschriftenhierarchie im öffentlichen Baurecht

Die heutige Bedeutung des Rechts unterscheidet sich vom Gewohnheitsrecht aus früherer Zeit. Die Rechtssetzung selber ist das übliche Mittel der Politik, die Auffassung der Parlamentsmehrheit im Rahmen der Wertmaßstäbe des Grundgesetzes in verbindliche bzw. bestimmte Normen zu fassen. Im Vorfeld soll darauf hingewiesen werden, dass sich das materielle subjektive Recht zum Bauen, die sogenannte Baufreiheit, aus dem Eigentumsrecht des Art. 14 des Grundgesetzes (GG) ableitet (siehe auch Prütting/Wegen/Weinreich, 2010).

Das Interesse der Gefahrenabwehr für die Menschen liegt aber primär darin, das Sicherheitsniveau immer weiter anzuheben. Daher müssen die Vorschriften, auch in Bezug auf den *vorbeugenden* Brandschutz, durch den Gesetzgeber den aktuellen Erfordernissen ständig angepasst werden. Die Hierarchie des Rechtssystems in Deutschland ist in der nachfolgenden Abbildung vereinfacht dargestellt.

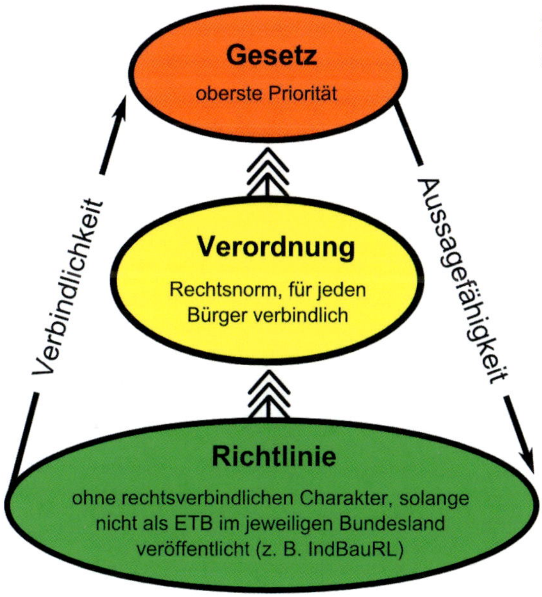

Abb. 2.1: Hierarchie im Baurecht und in den bauaufsichtlichen Vorschriften

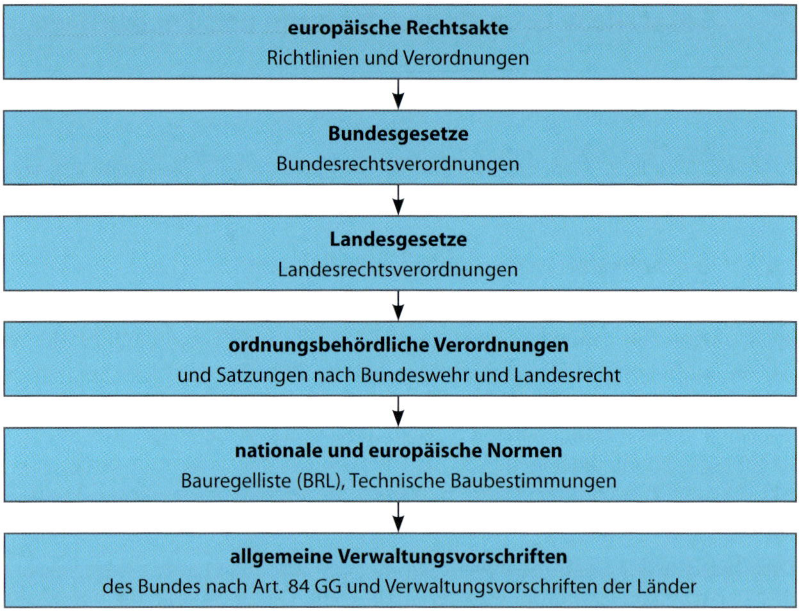

Abb. 2.2: Vorschriftenhierarchie im öffentlichen Baurecht (siehe Battis, 2006)

Mit der fortschreitenden europäischen Integration wird auch die Entwicklung des deutschen Rechts immer stärker von europäischen Vorschriften geprägt. Unter Berücksichtigung der Kompetenzen des europäischen Systems und den Satzungsbefugnissen der Gemeinden wird dieses System als Ganzes zusammengestellt.

Die Verwaltung ist somit an Rechts- und Verwaltungsvorschriften gebunden, die ein tragendes Element der durch das Grundgesetz geschaffenen staatlichen Ordnung darstellen. Hierbei ist zu beachten, dass den Verwaltungsvorschriften keine Allgemeinverbindlichkeit zukommt, da diese mit wenigen Ausnahmen lediglich *Innenrecht* darstellen.

Die allgemein anerkannten Regeln der Technik (a. a. R. d. T.) werden in diesem Hierarchiesystem vorwiegend von den Normenorganisationen erarbeitet (z. B. DIN-Normen). Auch die von der obersten Bauaufsichtsbehörde eingeführten Technischen Baubestimmungen gelten als technische Regeln. Den in Einführungserlassen oder der Bauregelliste (BRL) bekannt gemachten Regeln kommt hingegen eine Allgemeinverbindlichkeit zu, obwohl diese keine Rechtsvorschriften darstellen.

2.1.1 Unterscheidung zwischen öffentlichem und privatem Recht

In früheren Rechtsverordnungen findet man das Baurecht noch als eigene Einheit wieder. Unter Baurecht versteht man die Gesamtheit öffentlicher und privater Vorschriften, welche die Rechtsverhältnisse der in einem Bauwerk Beteiligten untereinander sowie die Ordnung der Bebauung und des Bebauungsvorgangs regeln.

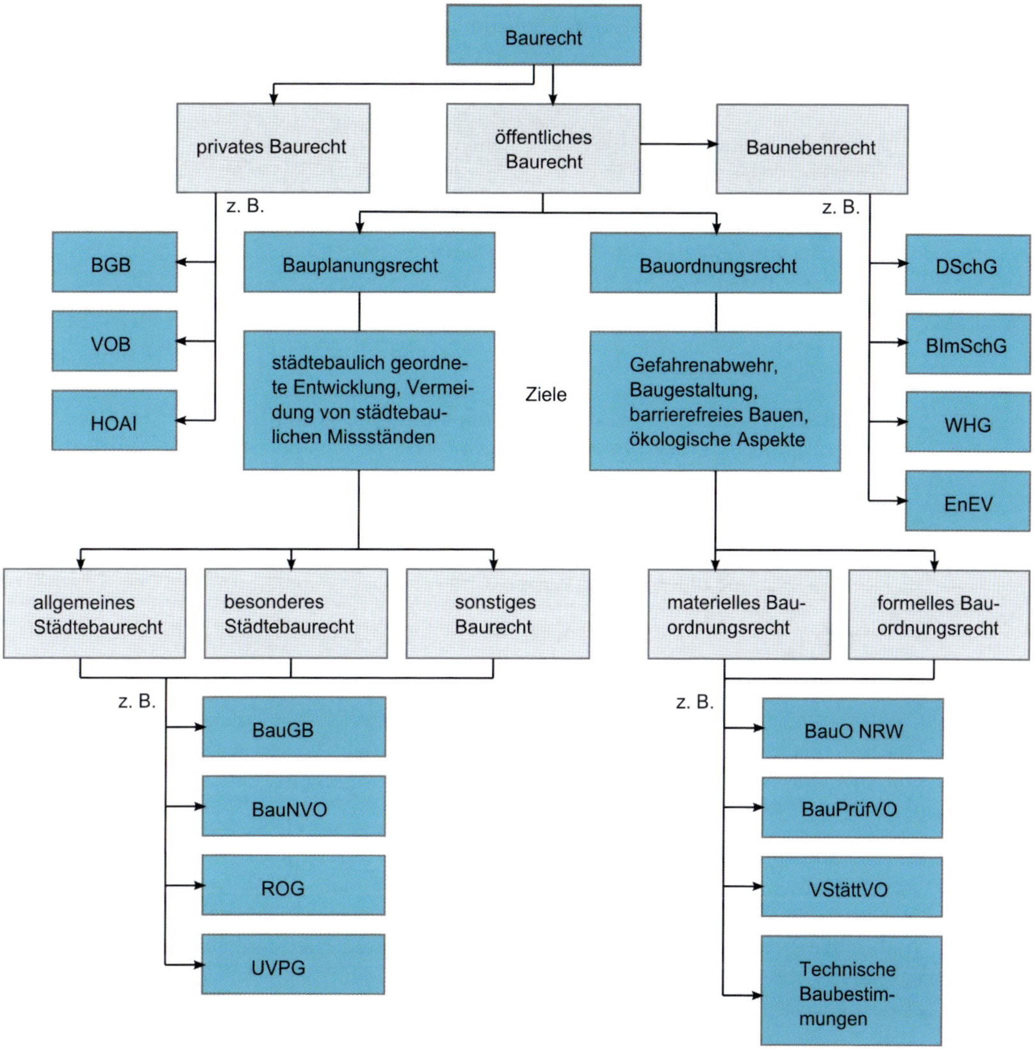

Abb. 2.3: Schematische Übersicht über das Baurecht am Beispiel Nordrhein-Westfalens (NRW)

Unter den am Bau Beteiligten werden grundsätzlich der Grundstückseigentümer, die Bauherren, die Entwurfsverfasser (Architekten und Ingenieure), Fachplaner (Vermessungsingenieure, Statiker, Brandschutzplaner etc.), Unternehmer (Bauunternehmer, Fachunternehmer) und Bauleiter verstanden.

Das Baurecht liegt in Deutschland im Verantwortungsbereich der Länder, d. h., jedes Bundesland hat dieses selbst umzusetzen. Vereinfacht lässt sich privates und öffentliches Baurecht wie folgt unterscheiden (siehe auch Brenner, 2009):

- Das *private Baurecht* zielt auf die Koordination der Interessen der an einem Bauvorhaben beteiligten Partner (überwiegend aus Vorschriften des Bürgerlichen Gesetzbuches [BGB]).
- Das *öffentliche Baurecht* zielt auf Subordination der Bauwünsche unter die im öffentlichen Interesse erlassenen Bauvorschriften.

Eine Verbindung zwischen den beiden Komplexen ergibt sich nur in manchen Fällen. Zum Beispiel dann, wenn Vorschriften des öffentlichen Baurechts nicht nur der Allgemeinheit, sondern auch dem Schutz Einzelner dienen, wie es z. B. bei Vorschriften über Gebäudeabstände oder Brandwände der Fall ist. In diesem Fall können die öffentlich-rechtlichen Vorschriften als Schutzgesetze im Sinne von § 823 Abs. 2 BGB ausgelegt werden (siehe auch Peine, 2003).

Das öffentliche Baurecht wird weiter in *Bauplanungsrecht* und *Bauordnungsrecht* unterteilt. Das *Bauplanungsrecht* regelt die Bebaubarkeit von Grundstücken und wird in Deutschland wesentlich durch das Baugesetzbuch (BauGB) dargestellt.

2.1.2 Bauplanung und Bauordnungsrecht

Das im BauGB enthaltene Bauplanungsrecht ist flächenbezogen und gehört somit zum Recht der Raumplanung und bezieht sich im Wesentlichen auf die Raumnutzung und Raumgestaltung innerhalb von Gemeinden nach den städtebaulichen Gesichtspunkten. Das Bauplanungsrecht ist also Bestandteil des allgemeinen Städtebaurechts (erstes Kapitel BauGB) und wird durch das besondere Städtebaurecht (zweites Kapitel BauGB) ergänzt (siehe auch Dolderer, 1998).

Das Bauordnungsrecht hat sich aus dem Baupolizeirecht entwickelt und lässt sich im Wesentlichen als das Sicherheitsrecht beschreiben, das auf spezifische Gefahrenabwehr bei baulichen und sonstigen Anlagen zielt. Es dient daher in erster Linie der Wahrung der öffentlichen Sicherheit und Ordnung auf dem Gebiet des Bauwesens. Im Weiteren sind darin Bestandteile sozialpolitischer, bau- und energiewirtschaftlicher Art verankert. Das Bauordnungsrecht kann somit als objektbezogenes, allgemeines Sicherheitsrecht tituliert werden. Es unterteilt sich in das *formelle* und *materielle* Bauordnungsrecht (siehe auch Jäde, 2004; Schulte, 2004; Ortloff, 2004).

Das *formelle Bauordnungsrecht* betrifft die Befugnisse und die Zuständigkeit der Behörden sowie das Verfahren zur Erteilung einer Baugenehmigung.

Das *materielle Bauordnungsrecht* hingegen enthält insbesondere inhaltliche Anforderungen an das Bauwerk. Hierbei handelt es sich zum einen um Anforderungen an die Konstruktion und zum anderen an die Gestaltung des Bauwerkes.

Bauplanung und Bauordnungsrecht können also nicht separat voneinander betrachtet werden. Beide Materien regeln unterschiedliche Inhalte mit verschiedenen Ansatzpunkten und fallen auch in unterschiedliche Zuständigkeitsbereiche. Der Zusammenhang zwischen den beiden Rechtsformen wird sehr schnell klar, wenn man bedenkt, dass eine Baugenehmigung nach Maßnahme der Landesbauordnung (LBO) nur erteilt werden darf, wenn die bauliche Anlage bzw. die baurechtlich relevante Maßnahme auch den Vorgaben des öffentlichen Rechts entspricht (siehe auch Brenner, 2009). Beide Komplexe weisen somit materiell-rechtliche Überschneidungsbereiche auf und sind verfahrensrechtlich miteinander verbunden.

2.1.3 Grundlegende Regelungen der Landesbauordnungen

Sowohl die Musterbauordnung (MBO), die LBOs und die Muster-Sonderbauverordnungen behandeln grundsätzlich zuerst einmal nur den Fall der Errichtung neuer baulicher Anlagen. Sie regeln im Weiteren auch die Frage, ob ein Vorhaben einer Genehmigung bedarf und welches Verfahren dabei Anwendung findet. Hierfür kann es u. a. notwendig sein, dass für gewerbe-, denkmal- oder umweltschutzrechtliche Belange weitere Genehmigungen einzuholen sind, wobei es im Regelfall nicht zur Eröffnung eines Bebauungsplanverfahrens kommt. Somit behandeln die Bauordnungen in erster Linie die Abwehr von Gefahren und die Wahrung der öffentlich-rechtlichen Belange gegenüber den jeweiligen Risiken.

Im Wesentlichen regeln sowohl die MBO wie auch die LBOs folgende Themen:

- Anwendungsbereich und Begriffsbestimmungen
- Abstandsflächen, Verkehrsflächen
- Standsicherheit
- Wärme- und Schallschutz
- Brandschutz
- Rettungswege, barrierefreies Bauen
- Baugenehmigungsverfahren
- Bauüberwachung

Bei Änderungen an bestehenden Gebäuden wird in deren Struktur eingegriffen. Hierzu werden Bauteile verwendet, die aus Baustoffen bestehen und in einer bestimmten Weise zueinander angeordnet werden. Dies hat Einfluss auf den baulichen Brandschutz. Berücksichtigt werden müssen

- die Baustoffe,
- die Bauteile
- und die Grundrissgestaltung.

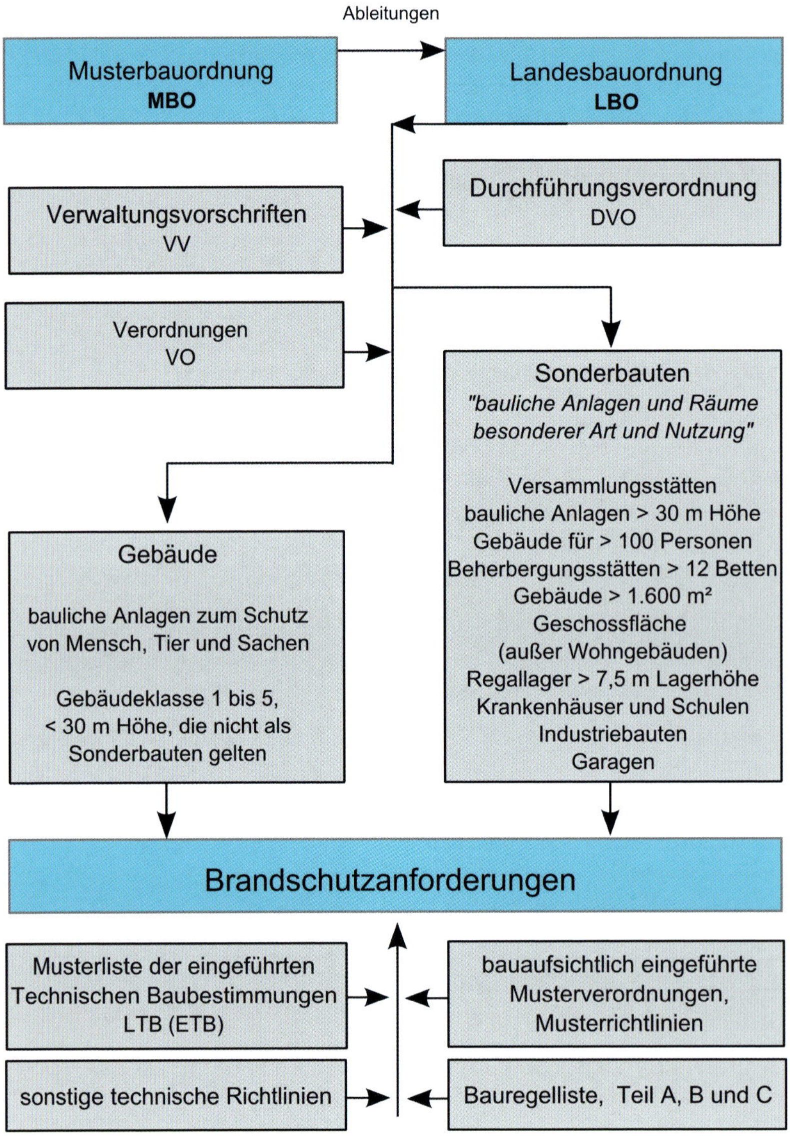

Abb. 2.4: Übersicht über die bauaufsichtlichen Vorschriften für den Brandschutz

Die Abb. 2.4 zeigt einen Gesamtüberblick über die heute relevanten bauaufsichtlichen Vorschriften zum Brandschutz. Im Vergleich mit den Vorschriften der MBO 1984 bzw. 1960 sind diese wesentlich umfangreicher.

Da die Gesetzestexte der LBOs nicht ständig aktualisiert werden können, wurde die Möglichkeit geschaffen, durch Verwaltungsvorschriften bzw. zusätzliche Verordnungen schneller auf neue Anforderungen zu reagieren und die Gesetze so an aktuelle Erfordernisse anzupassen. Insbesondere betrifft das z. B. die Umsetzung von Rechtsverordnungen, die auf Mustervorschriften der Bauministerkonferenz (ARGEBAU) basieren. Die Verwaltungsvorschriften sollen das Gesetz bzw. die Bauordnung hinsichtlich detaillierter Vorschriften über Sonderbauten (bauliche Anlagen und Räume besonderer Art und Nutzung) entlasten und bieten somit die Möglichkeit, das Recht dem technischen Wandel anzupassen.

Im Rahmen der turnusmäßigen Anpassung der MBO wird für das Ende des Jahres 2012 bzw. für 2013 die nächste Überarbeitung der MBO 2002 erwartet, die mit Beschluss vom Oktober 2008 zum letzten Mal geändert wurde. Bis heute ist die MBO nicht in allen Bundesländern umgesetzt und verfügt auch nicht über Gesetzeskraft.

Die Bauaufsichtsbehörden sind allerdings nicht gehindert, im Rahmen ihrer Entscheidungen zur Ausfüllung unbestimmter Rechtsbegriffe auch auf nicht eingeführte a. a. R. d. T. zurückzugreifen. Dies gilt im Umkehrschluss auch für den Brandschutzplaner. Europäische „Bau"-Bestimmungen enthalten normalerweise keine Regelungen für die Planung, Bemessung und Konstruktion baulicher Anlagen sowie ihrer Teile, in die Bauprodukte eingebaut werden. Die hierzu erforderlichen Anwendungsregelungen sind in Teil II Abschnitt 1 bis 4 der Liste der Technischen Baubestimmungen (LTB) aufgeführt.

Die Musterliste der Technischen Baubestimmungen wird vom Deutschen Institut für Bautechnik (DIBt) erarbeitet und den Bundesländern zur Umsetzung vorgeschlagen. Damit wird – obwohl die Bauordnung Ländersache ist – das technische Regelwerk für das Bauen weitgehend bundeseinheitlich.

2.2 Brandschutzanforderungen

Damit Brandschutzanforderungen allgemein länderübergreifend dargestellt werden können, wird hier, wie auch in anderen Veröffentlichungen üblich, so weit wie möglich auf die Inhalte der relevanten MBO Bezug genommen.

Gerade beim Bauen im Bestand ist es wichtig, eine sorgfältige und umfassende Grundlagenermittlung durchzuführen. Dabei ist zwischen der technischen und der rechtlichen Bestandsaufnahme zu unterscheiden. Vor der Bewertung eines Objektes stellt sich grundlegend zuerst einmal die Frage, welche Bauvorschrift (Jahrgang) anzuwenden ist und wie das Gebäude in diese eingestuft werden kann.

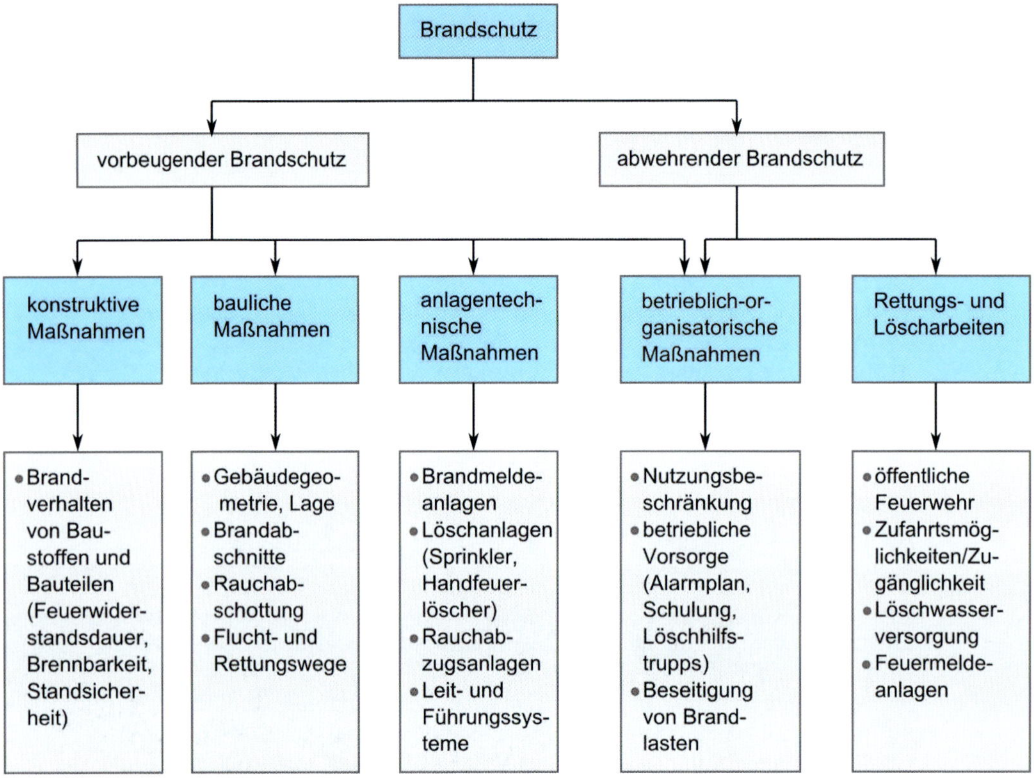

Abb. 2.5: Übersicht über die Brandschutzmaßnahmen

Auch bei den brandschutztechnischen Maßnahmen im Bestand lassen sich diese, wie im Neubau, grundsätzlich in zwei Gruppen einteilen. Zuerst stehen hier die Maßnahmen aus dem *vorbeugenden Brandschutz*, der sich wiederum unterteilt in konstruktive, bauliche, anlagentechnische sowie organisatorische Brandschutzmaßnahmen, die in ihrer Gemeinsamkeit die Entstehung bzw. Ausbreitung eines Brandes verhindern sollen.

In gleicher Weise wie beim Neubau ist auch der *abwehrende Brandschutz* im Bestand zu gewährleisten. Hierbei handelt es sich in der Regel ebenso um die notwendigen Rettungs- und/oder Löscharbeiten im Brandfall.

Unter *konstruktivem Brandschutz* wird die Tragstruktur des Gebäudes verstanden, die in einem Brandfall die Standsicherheit des Bauwerkes über den definierten Zeitraum gewährleisten soll. Hierbei ergibt sich die Brennbarkeit der Baustoffe und die Feuerwiderstandsfähigkeit aus der Beschaffenheit der tragenden Elemente wie z. B. der Bauteildicke oder Bauart der Baustoffe (§§ 26–39 MBO 2002).

Hingegen zählen zum *baulichen Brandschutz* solche Maßnahmen, die in der Gebäudeplanung zu berücksichtigen sind. Dazu zählen in erster Linie z. B. die Maßnahmen, die der Ausbildung der horizontalen und vertikalen Erschließung sowie der Abschottung dienen. Des Weiteren auch die innere Abschottung sowie die äußere Abschottung (§ 6, §§ 26–39 MBO 2002).

Die *anlagentechnischen Brandschutzmaßnahmen* sollen den konstruktiven baulichen Brandschutz ergänzen und bei beschränkten baulichen Möglichkeiten im Rahmen von z. B. Kombinationen bei Abweichungen unterstützend zur Erfüllung der Schutzziele dienen. In der Regel gehören zu den ortsfesten anlagentechnischen Maßnahmen Brandmelde-, Branderkennungssysteme sowie Brandunterdrückungs- und Löschanlagen und Entrauchungsanlagen. Des Weiteren verfügt jedes Gebäude in der Regel über bewegliche Löschanlagen, z. B. Feuerlöscher.

Diese Maßnahmen sind gerade auch im Bestand von besonderer Bedeutung, da oftmals Abweichungen dadurch kompensiert werden. Die amtliche Zuordnung der Baustoff- und Bauteilklassen nach den Normen DIN 4102 „Brandverhalten von Baustoffen und Bauteilen" und DIN EN 13501 „Klassifizierung von Bauprodukten und Bauarten zu ihrem Brandverhalten" zu den bauordnungsrechtlichen Bezeichnungen ist in der BRL A Teil 1 in den Anlagen 01 und 02 veröffentlicht (siehe auch Kapitel 2.2.1). Hierbei ist die geforderte Feuerwiderstandsfähigkeit immer mindestens zu erreichen, wobei eine höhere selbstverständlich zulässig ist, sie schließt die geringere Anforderung (feuerbeständig ist immer auch feuerhemmend oder hochfeuerhemmend) also ein.

Hinweis

Die tragenden und aussteifenden Bauteile, die die Tragkonstruktion des Gebäudes bilden, müssen auch im Brandfall für eine bestimmte Zeit standsicher bleiben. Bauteile, die wiederum im Brandfall einen Widerstand gegen die Brandausbreitung bilden müssen, werden als raumabschließend bezeichnet.

Weiterhin ist im Bestand auch der *betrieblich-organisatorische Brandschutz* von großer Bedeutung, der oft ebenfalls als Kompensation für Abweichungen von materiellen bzw. technischen Regeln verwendet wird. Die betrieblich-organisatorischen Maßnahmen stellen zum einen die Wirksamkeit der anlagentechnischen Brandschutzmaßnahmen sicher und zum anderen regeln sie das Verhalten der Nutzer in einem Gebäude im Gefahrenfall. Hierzu gehören u. a.

- Brandschutzbeauftragte, Sicherheitsfachkräfte,
- Schulung der Mitarbeiter sowie Notfall- und Evakuierungsübungen,
- Verringerung oder Beseitigung von Brandlasten,
- Aufstellung von Notfall- und Evakuierungsplänen sowie Brandschutzordnungen,
- Instandhaltung von brandschutztechnischen Einrichtungen,
- Freihaltung der Rettungswege und Flächen für die Feuerwehr,
- Haus-, Betriebs- oder Werksfeuerwehr.

Der *abwehrende Brandschutz* fällt dagegen in die Zuständigkeit der öffentlichen Feuerwehren und umfasst die Rettungs- und Brandbekämpfungsarbeiten im Brandfall.

2.2.1 Entwicklung der Bauproduktenrichtlinie

Anfang des 19. Jahrhunderts wurden vermehrt neue Baustoffe zur Erstellung von Gebäuden und Bauwerken verwendet. Da man zum damaligen Zeitpunkt weder auf Erfahrungen noch weitere Informationen über deren Brauchbarkeit (Verwendbarkeit) und die damit verbundenen Gefahren für den Bestand und Neubau zurückgreifen konnte, führte dies zur Bildung einer Art Sachverständigenausschuss der Länder des Deutschen Reiches. Dessen Aufgabe bestand darin, sich mit der Verwendung und dem Einsatz dieser neuen Baustoffe und den damit verbundenen Gefahren auseinanderzusetzen.

Im Jahre 1968 erfolgte die Gründung des Instituts für Bautechnik (IfBt, heute DIBt), das neben den Regelungen von Baustoffen und Bauteilen in der MBO 1960 die Güteüberwachung und Prüfzeichenverordnung übernahm. Davor war die Verwaltungsvereinbarung für die einheitliche Regelung des Verfahrens der allgemeinen Zulassung neuer Baustoffe und Bauarten im Bereich der Bundesrepublik Deutschland und des Landes Berlin vom 14. Februar 1951 in der Fassung vom 23. Dezember 1958, die sogenannte Bopparder Vereinbarung, in Kraft. Dadurch wurden bereits die sachverständigen Ausschüsse der Länder des Deutschen Reiches abgelöst, die bis zu diesem Zeitpunkt die Brauchbarkeit von Baustoffen und Bauteilen begutachtet hatten.

Bis in die Mitte der 1980er Jahre wurde in diversen Fassungen der MBO und der LBOs folgende Formulierung verwandt: *Eine bauliche Anlage besteht aus Baustoffen und Bauteilen.* Unter *Baustoffen* versteht man natürliche oder künstliche Stoffe, die zur Herstellung von Bauteilen verwendet werden, wie z. B. Schiefer, Glas, Naturstein. *Bauteile* sind aus Baustoffen hergestellte Teile, die dazu bestimmt sind, allein oder zusammen mit Baustoffen oder anderen Bauteilen ein Bestandteil der baulichen Anlage zu werden, wie z. B. Wände, Treppen, Türen.

Mit der Einführung der Bauproduktenrichtlinie (BPR) im Jahre 1988 wurde das In-Verkehr-Bringen und die Verwendung von Bauprodukten geregelt. Die Umsetzung der Richtlinie erfolgte in Deutschland durch das Bauproduktengesetz (BauPG). Der Begriff Bauprodukte ersetzte die bisherigen Begriffe Baustoffe und Bauteile in der MBO und den LBOs.

Für neue Baustoffe, Bauteile und Bauarten verlangte das Bauordnungsrecht gemäß MBO 1981 nunmehr entweder

- eine Zustimmung im Einzelfall (ZiE), § 21,
- eine allgemeine bauaufsichtliche Zulassung (abZ), § 22,
- ein Prüfzeichen, § 23.

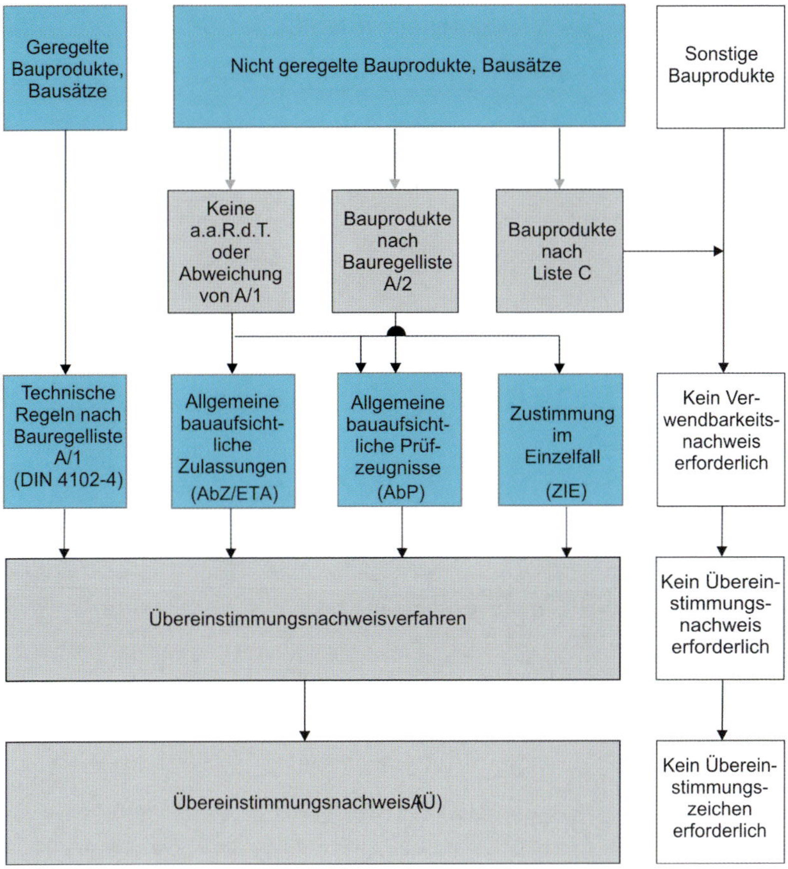

Abb. 2.6: Übersicht über die Nachweisführung für Bauprodukte (siehe auch Mayr/Battran, Brandschutzatlas, 2012)

Die allgemeinen Anforderungen an Bauprodukte sind in Abb. 2.6 dargestellt.

Circa 1995 erfolgte eine Neuregelung des Bauproduktenrechts, das auch zur Anpassung des § 20 ff. MBO von 1996 führte und die Einführung einer BRL zufolge hatte. Die BRL ist bei der Planung und Ausführung von Bauvorhaben im Bestand zu beachten. Gerade auch deshalb, weil älteren BRL entsprechende Hinweise zur Beurteilung und Einstufung von Bauprodukten im Bestand entnommen werden können.

Grundsätzlich werden Baustoffe nach fest vorgegebenen Prüfverfahren geprüft, bei denen man nationale und europäische Verfahren unterscheidet. Das nationale Verfahren ist in der DIN 4102-1 geregelt, die das Brandverhalten von Baustoffen und Bauteilen festlegt sowie einige ergänzende Prüfgrundsätze für nationale Prüfstellen.

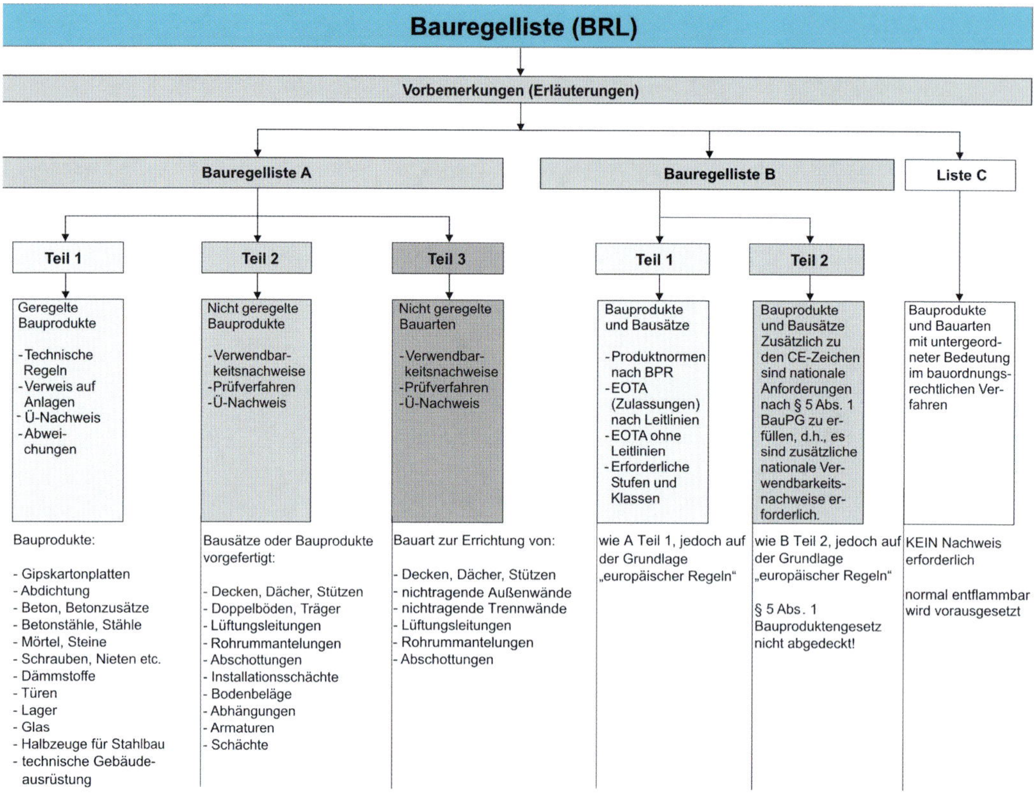

Abb. 2.7: Übersicht über die Inhalte der Bauregelliste

Die BPR verfolgt insofern nicht das Ziel, die bauordnungsrechtlichen Vorschriften der europäischen Mitgliedstaaten zusammenzufassen. Dies dürfte sich auch aufgrund der verschiedenen Strukturen und Gegebenheiten in den einzelnen Ländern nur schwer durchsetzen lassen. Vielmehr ist das Ziel der BPR, auch für das Bauen im Bestand, die Regelung von

- wesentlichen Anforderungen an die Brauchbarkeit von Bauprodukten,
- Verfahren zur Erarbeitung harmonisierter technischer Spezifikationen,
- dem Inverkehrbringen und den Verwendungsrichtlinien bauordnungsrechtlich konformer Bauprodukte,
- der Pflicht der Umsetzung der EU-Richtlinie der Mitgliedstaaten in nationales Recht.

In Bezug auf Bauwerke sind die BPR im Art. 3 Abs. 1 in Verbindung mit Anhang eins somit sechs wesentliche Anforderungen, die die technischen Merkmale eines Bauproduktes beeinflussen können. Dies sind:

- mechanische Festigkeit sowie Standsicherheit
- Brandschutz
- Hygiene, Gesundheit, Umweltschutz
- Nutzungssicherheit
- Schallschutz
- Energieeinsparung und Wärmeschutz

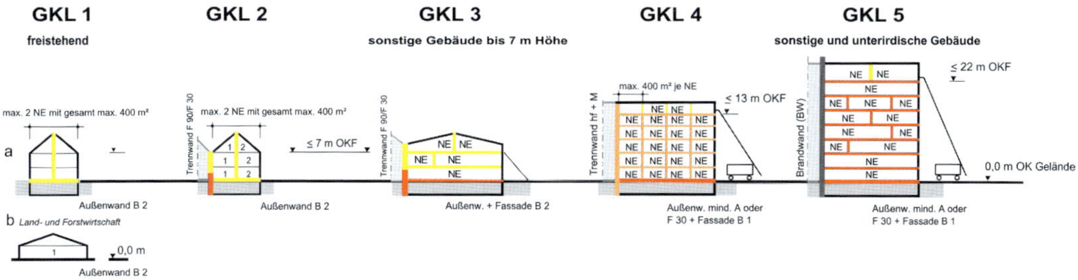

Abb. 2.8: Gebäudeklassen der MBO 2002

Unter Betrachtung dieses Sachverhaltes kann also davon ausgegangen werden, dass Bauprodukte dann brauchbar sind, wenn das mit ihnen errichtete Gebäude den wesentlichen Anforderungen genügt.

Wie in der Abb. 2.7 dargestellt besteht die BRL aus den Teilen A, B und C. Sie ist im Sinne des § 3 MBO in Verbindung mit § 17 MBO (Brandschutz) als Technische Baubestimmung zu bewerten. Leider ist es sowohl im Bestand als auch im Neubau meist so, dass zum einen die Bekanntheit und zum anderen die Bedeutung der BRL den meisten am Bau Beteiligten weitgehend unbekannt ist. Dass es eine solche BRL gibt und wie man sie anwendet, sollten zumindest die am Bau Beteiligten wissen, auch wenn die BRL in erster Linie lediglich das Inverkehrbringen und das Verwenden von Baustoffen und Bauteilen regelt. Gerade im Bestand sind alte BRL oftmals eine hilfreiche Unterstützung bei der Bewertung bzw. Einstufung von Bauprodukten.

Hinweis

Die BRL ist erhältlich beim DIBt, wird kostenlos zur Verfügung gestellt und zweimal im Jahr aktualisiert.

2.2.2 Entstehung der Gebäudetypen

Die materiellen Anforderungen zum Brandschutz der Bauordnungen von 1960 bis zum Ende der 1970er Jahre richteten sich weitgehend nach der Anzahl der Vollgeschosse eines Gebäudes. Mit der Einführung der MBO 1984 erfolgte eine Änderung dieser Verknüpfung zu den Vollgeschossen, nämlich eine Zuordnung der Brandschutzvorschriften nach Gebäudetypen in Abhängigkeit von der Anleiterbarkeit der Geschosse im § 2 Abs. 3 MBO. Durch diese Verknüpfung wurde indirekt erstmals das Schutzziel *Personenschutz* (§ 3 Abs. 3 MBO) nach der Möglichkeit der Rettung von Menschen definiert.

Bei der Bewertung eines Gebäudes im Bestand muss nach der Zuordnung der korrekten Vorschriften zur Bewertung im Rahmen der Einstufung des Objektes festgelegt werden, ob es sich z. B. um die Gebäudeklasse 1 bis 5 nach der MBO 2002 o. a. handelt, oder muss das Gebäude womöglich nach einer der älteren LBOs als Gebäude geringer bzw. mittlerer Höhe (die Bezeichnung „mittlere Höhe" schließt z. B. in der Bauordnung Nordrhein-Westfalen [BauO NRW] sowie in der Bayerischen Bauordnung [BayBO] indirekt die Lücke zwischen dem Gebäude geringer Höhe und dem Hochhaus) eingestuft werden bzw. ist es ein sonstiges Gebäude außer Hochhäusern nach z. B. MBO 1981 oder 1996.

Aus den nun entstandenen Gebäudetypen nach der MBO 1981 ergeben sich zwei Legaldefinitionen für die Gebäudehöhen, nämlich 7 m und 22 m. Hiermit wurde die Regel zur Bestimmung verbunden, nach der der Mittelwert des Abstands zwischen Fußboden und Geländeoberfläche zur Bestimmung der Gebäudehöhe heranzuziehen ist. Die Bauordnung stellt somit indirekt klar, dass von einem Gebäude für den Nutzer Gefahren ausgehen, die in direktem Zusammenhang mit seiner Höhe zu sehen sind. Aufgrund dieser Feststellung steigert das Bauordnungsrecht die Anforderungen an den Brandschutz mit zunehmender Gebäudehöhe.

Man hat schnell erkannt, dass die Brandschutzvorschriften nicht allein auf die Gebäudetypen abzustellen sind und neben der Höhe auch Kriterien wie die Anzahl der Wohnungen und sonstigen Nutzungseinheiten sowie die Anordnung der Gebäude zueinander von entsprechender Bedeutung für die Möglichkeit der Rettung von Menschen im Gefahrenfall sind. Es ist also festzustellen, dass die abstrakte Gefahrenlage umso größer wird und die hierfür erforderlichen Anforderungen des Baurechts gesteigert werden,

- je schwieriger der zweite Rettungsweg über Rettungsgeräte der Feuerwehr zu erbringen ist,
- je größer die Zahl der Geschosse und die Höhe der Lage ist,
- je größer die Fläche bzw. die Anzahl der Nutzungseinheiten je Geschoss ist.

Am Beispiel der BauO NRW 1995 und 2000 unter Bezugnahme der Begriffsbestimmungen des § 2 Abs. 3 in Verbindung mit § 29 ff. BauO NRW ist hier eine Unterteilung in fünf Gefahrenklassen festzustellen. Diese sind, abweichend von der MBO, wie folgt beschrieben:

- **Gefahrenklasse 1** – freistehende Gebäude geringer Höhe mit einer Wohnung
- **Gefahrenklasse 2** – Gebäude geringer Höhe mit höchstens zwei Wohnungen
- **Gefahrenklasse 3** – Gebäude geringer Höhe unabhängig von der Nutzung und der Zahl der Nutzungseinheiten
- **Gefahrenklasse 4** – Gebäude mittlerer Höhe
- **Gefahrenklasse 5** – Hochhäuser

2.2.3 Abstandsflächen im Bestand

Für jedes oberirdische Gebäude, sowohl im Neubau als auch im Bestand, müssen in der Regel Abstandsflächen zur Grundstücksgrenze oder zu anderen Gebäuden eingehalten werden. Eine Ausnahme besteht bei Gebäuden, die ohne Grenzabstand errichtet werden durften, z. B. in einer geschlossenen Bebauung, wie es oft vor allem in bestehenden Bebauungen der Altstädte von Großstädten der Fall ist.

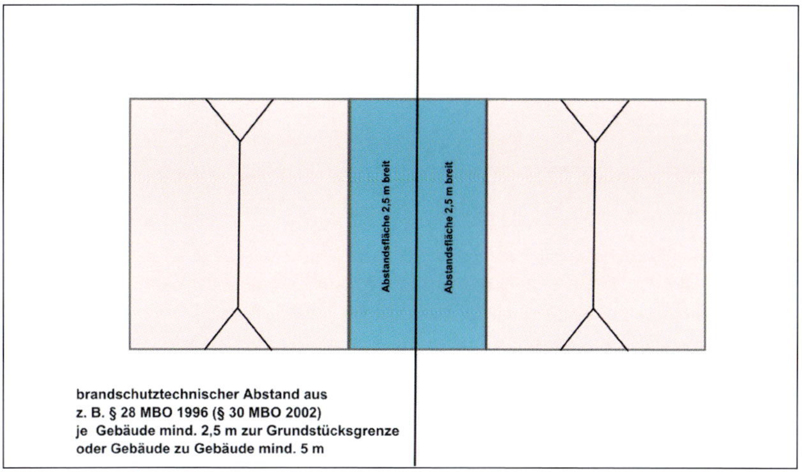

Abb. 2.9: Brandschutztechnisch erforderliche Abstandsfläche nach MBO

Der Zweck der Abstandsflächenregelung besteht in erster Linie im Nachbarschaftsschutz, was bedeutet, dass ein Brandüberschlag auf die Nachbarbebauung weitgehend vermieden werden soll.

Die Tiefe und Lage der Abstandsflächen in bauordnungsrechtlicher Hinsicht wird in § 6 der MBO 2002 geregelt. Auch wenn Abstände, gerade die des Brandschutzes, in die Regelung mit einbezogen werden, beruht das Grundsystem des § 6 MBO 2002 nicht auf Gebäude- und Grenzabständen, sondern auf dem Begriff der Abstandsfläche, die vor den Außenwänden von Gebäuden bzw. von einer Bebauung freizuhalten ist. Die Abstandsflächen sind nicht nur vor den seitlichen, sondern vor allen Außenwänden einzuhalten. Die Abstandsflächen sollen grundsätzlich auf dem Baugrundstück selbst liegen. Diese Regelungen sind jedoch im Bestand meist nicht eingehalten.

Allerdings unterliegen auch die Abstandsflächenregelungen im Bestand grundsätzlich dem Bestandsschutz. Sie sind, wenn nicht gravierende Änderungen, Nutzungsänderungen oder Erweiterungen stattfinden, erst einmal nicht weiter von Belang.

Für die brandschutztechnischen Belange sind andere Abstände von Gebäuden mit jeweils einem Abstand von mindestens 2,5 m zur Grundstücksgrenze einzuhalten. Dies ist jedoch nicht erforderlich, wenn ein Abstand von mindestens 5 m zu bestehenden oder nach baurechtlichen Vorschriften zulässigen künftigen Gebäuden gesichert ist. Damit zielt der Gesetzgeber die Vorschrift auf einen immer einzuhaltenden Mindestabstand von 5 m zwischen Gebäuden ab. Das heißt, entweder beide Nachbarn bleiben jeweils 2,5 m von der Grenze entfernt oder der Abstand von 5 m zwischen den (künftigen) Gebäuden ist einzuhalten, um einen Brandüberschlag auszuschließen. Diese Vorschrift bezieht sich grundsätzlich auf den § 30 MBO 2002 (bzw. § 28 MBO 1996, 1981 und § 36 MBO 1960, 1974) und darf nicht mit der Abstandssicherung künftiger Gebäude durch die Mindestabstandsflächen von 3 m nach § 6 MBO (§ 8 MBO 1996, 1974) verglichen werden.

Des Weiteren bestehen geringere Anforderungen bei kleineren Gebäuden ohne Aufenthaltsräume und ohne Feuerstätten, wenn diese nicht über mehr als 50 m³ brutto Rauminhalt (gem. DIN 277 „Grundflächen und Rauminhalte von Bauwerken im Hochbau“) verfügen. Bei diesen sind Gebäudeabschlusswände, die als Brandwand ausgebildet werden müssen, gesetzlich nicht vorgeschrieben. Unter dieser Definition sind Nebengebäude wie z. B. Geräteschuppen, Garagen, Lagerschuppen oder Verbindungsgänge zu verstehen.

Insofern also die Verwirklichung der Abstandsflächen bzw. Gebäudeabstände nicht umsetzbar ist und die Gebäudegröße mehr als 50 m³ brutto (nach DIN 277) beträgt, sind Gebäudeabschlusswände herzustellen, deren Ausführung als Brandwand nach DIN 4102-3 umzusetzen ist.

Wenn aber das bestehende Gebäude baulich verändert wird, kann dies sowohl für die planungsrechtliche als auch für die brandschutztechnische Abstandsflächenregelung Auswirkungen haben. Planungsrechtlich z. B. dann, wenn für die Berechnung der Abstandsflächen durch eine Aufstockung oder Änderung der Dachform neue Parameter oder Abstandsflächen erforderlich sind.

So kann diese Baumaßnahme zu einer Art Neubeurteilung des gesamten Gebäudes inklusive seiner Abstandsflächen führen. Genauso können sich erforderliche Abstandsflächen nach z. B. § 6 MBO 2002 unter Umständen auf andere Grundstücke erstrecken, wenn diese z. B. durch die Übernahme einer Baulast gesichert sind. Bei geringeren Tiefen der Abstandsfläche kann aber auch eine Ausnahme von § 6 MBO gestattet werden. Dies ist dann der Fall, wenn die Baumaßnahme z. B. einer Verbesserung (z. B. der Sicherheit oder des Wärmeschutzes des gesamten Gebäudes) dient. Hierbei sind allerdings die Belange des Brandschutzes in der Form zu beachten, dass ein Brandüberschlag von diesem geänderten Gebäude auf die Nachbarbebauung auch durch die Wahl der Baustoffe weiter ausgeschlossen ist.

Die Nutzungsänderung eines bestehenden Gebäudes ist eine genehmigungspflichtige Änderung, die vom Bestandsschutz meist nicht mehr gedeckt wird. Sowohl in diesem Fall wie auch bei geringfügigen baulichen Änderungen kann von der Einhaltung der Abstandsflächen abgewichen werden, wenn Länge und Höhe der den Nachbargrenzen zugekehrten Wände nicht verändert werden und aus Gründen des Brandschutzes keine Bedenken bestehen.

2.2.4 Die bauordnungsrechtliche Generalklausel

Seit Entstehung der MBO 1960 ist die als Generalklausel gefasste materielle Grundnorm im § 3 vorhanden. Sie ist die wichtigste allgemeine Vorschrift für das materielle Bauordnungsrecht. Eine vergleichbare Vorschrift bildet das verfahrensrechtliche Gegenstück: Aufgaben und Befugnisse der Bauaufsichtsbehörden, z. B. in § 58 MBO 2002 bzw. § 59 MBO 1996 u. a.

Die allgemeinen Anforderungen und Schutzbestimmungen aus der Entstehungszeit des Baurechts wurden hier z. B. zu den natürlichen Lebensgrundlagen in Bezug auf die Unterhaltung und Instandhaltung von Objekten sowie gemäß der Anpassung an die EG-BPR etc. ergänzt.

Die Generalklausel findet sich auch in den übrigen LBOs ähnlich unter § 3/ Art. 3 wieder.

Diese materiellen Anforderungen bilden den gesetzlichen Rahmen, den Rechtsverordnungen der oberen Bauaufsichtsbehörde, Satzungen der Gemeinde sowie Einzelanforderungen der Bauaufsichtsbehörde einhalten müssen, soweit nicht andere Bestimmungen der MBO bzw. der jeweiligen LBO diesen Rahmen um besondere Schutzziele erweitern.

Besondere Bedeutung kommt der Generalklausel auch zu, wenn es um besondere Anforderungen und Erleichterungen für z. B. Sonderbauten oder Ausnahmen und Befreiungen bzw. nach heutigen Vorschriften um Abweichungen geht.

In der Generalklausel des § 3 MBO wird auch geregelt, wie z. B. von einer a. a. R. d. T. bzw. einer Technischen Baubestimmung abgewichen werden kann. Es muss sich um technische Regeln handeln, die das Bauwesen betreffen. Als solche kommen insbesondere in Betracht:

Beispiele

- DIN-Normen des Normenausschusses Bauwesen (NABau)
- Technische Baubestimmungen (ETB)
- Normen des Deutschen Ausschusses für Stahlbeton
- europäische Normen
- Eurocodes zur Tragwerksbemessung im Brandfall (werden zunehmend wichtiger)
- technische Regeln, die vom DIBt entsprechend in der BRL bekannt gemacht werden
- Vertrauen durch Sicherheit(VdS)-, Verein Deutscher Ingenieure(VDI)- und Verband der Elektrotechnik(VDE)-Richtlinien
- technische Vorschriften des Deutschen Vereins des Gas- und Wasserfaches (DVGW) und Technische Vorschriften und Richtlinien(TVR)-Gas
- Vorschriften der Berufsgenossenschaften

Es werden nur solche Abweichungen zugelassen, die die Gleichwertigkeit der allgemeinen Anforderungen des § 3 MBO (LBO) erfüllen. Es ist also auch festzustellen, ob es sich um eine wesentliche oder nicht wesentliche Abweichung handelt. Hierbei ist durchaus vorstellbar, dass die Begründung der Gleichwertigkeit zu einer a. a. R. d. T. auch z. B. anhand der Normengesetze anderer Mitgliedstaaten der EU (z. B. österreichisches Normgesetz von 1971) erfolgt.

Oftmals ist es schwierig, festzustellen, ob es sich um eine wesentliche oder eine nicht wesentliche Abweichung handelt. Die gleichen Schwierigkeiten bestehen im Hinblick auf die in diesem Zusammenhang benutzten Begriffe, wie neu bzw. gebräuchlich, bei deren Begründung. Der Sinn der Vorschrift besteht nach wie vor darin, zu vermeiden, dass gefährliche Bauprodukte bzw. Bauarten umgesetzt werden. Infolgedessen ist auch eine Begründung der Gleichwertigkeit dann unproblematisch und unwesentlich, wenn die Abweichung ungefährlich ist. In jedem Fall ist eine Abweichung schriftlich niederzulegen und zu begründen.

Hinweis

In § 3 MBO wird eine gewisse Dauerhaftigkeit gefordert, insbesondere im Interesse des Brandschutzes und der Standsicherheit. Die zweckentsprechend angemessene Dauerhaftigkeit orientiert sich dabei an der gewöhnlichen Lebensdauer der baulichen Anlagen und Einrichtungen oder an deren geplanter Nutzungsdauer. Die Vorstellungen über die Lebensdauer baulicher Anlagen und damit über die ihrem Zweck entsprechende Dauerhaftigkeit sind heutzutage in einem Wandel begriffen. Sind heute auch noch die meisten bestehenden Bauten auf eine technische und wirtschaftliche Lebensdauer von 50 bis 100 Jahren abgestellt, so sind doch bauliche Anlagen, Bauprodukte und Bauarten im Vormarsch, die für eine kürzere Lebensdauer berechnet oder hinsichtlich ihrer Lebensdauer noch nicht erprobt sind.

Öffentlich eingeführte Technische Baubestimmungen und a. a. R. d. T. und Baukunst haben keinen Rechtsnormcharakter, sie können deshalb keine selbstständigen Schutzvorschriften begründen, wohl aber Vorschriften des Baurechts ausfüllen.

2.2.5 Grundnorm des vorbeugenden baulichen Brandschutzes

Auf dieser Grundnorm *Brandschutz* (stellvertretend hierfür z. B. § 14 MBO 2002 bzw. § 17 MBO 1996) basieren alle den vorbeugenden baulichen Brandschutz regelnden Anforderungen des Gesetzes (z. B. in der MBO 2002 die §§ 27–46, 51 sowie Regelungen zu bestehenden baulichen Anlagen), der Feuerungsverordnung, der Sonderbauverordnung sowie der bauaufsichtlich eingeführten Technischen Baubestimmungen (technischen Regeln zum Brandschutz der LTB).

Unter der Überschrift Brandschutz (§ 17) enthalten die MBOs von 1981 bis 1996 neben der bedeutsamen *Schutzziel*-Formulierung folgende weitere, allgemeine Anforderungen:

- Im Abs. 1 werden vier Schutzziele benannt, die erfüllt sein müssen, um von einer ausreichenden Sicherheit im Brandfalle für die Benutzer baulicher Anlagen ausgehen zu können.
- Im Abs. 2 wird die Verwendung von leicht entflammbaren Baustoffen verboten.
- Im Abs. 3 wird festgelegt, dass feuerbeständige Bauteile im Wesentlichen aus nichtbrennbaren Baustoffen bestehen müssen, was jedoch nicht für deren Abschlüsse gilt.
- Im Abs. 4 wird das Erfordernis zweier voneinander unabhängiger Rettungswege geregelt, von denen im Gefahrenfall wenigstens einer benutzbar sein muss.
- Im Abs. 5 wird das Erfordernis von Blitzschutzanlagen geregelt.

Mit der MBO 2002 wurde diese Auslegung der Anforderung verändert, insofern erhält § 14 MBO 2002 jetzt nur noch vier Schutzziele. Somit regelt diese Grundnorm auch den Rahmen für besondere Anforderungen und

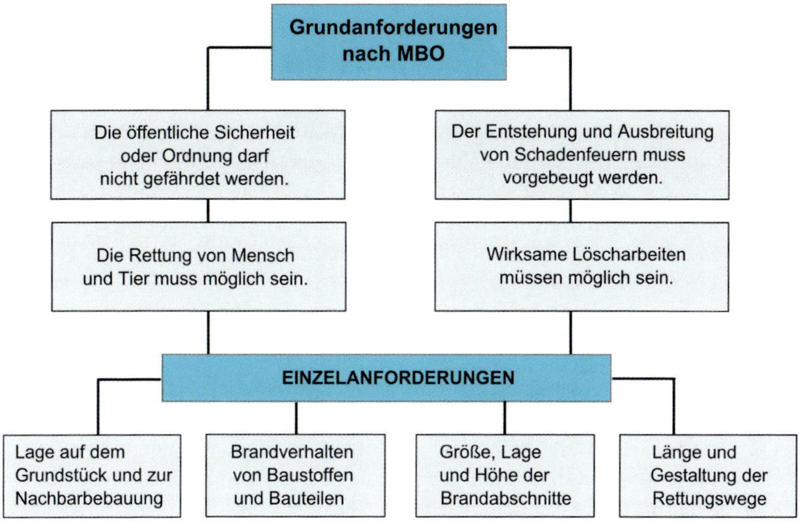

Abb. 2.10: Grund- und Einzelanforderungen nach der MBO

Erleichterungen, die aus dem § 51 (Sonderbau) zur Verwirklichung der allgemeinen Anforderungen nach § 3 an Sonderbauten gestellt werden können. Des Weiteren können aus dieser Grundnorm bauaufsichtliche Maßnahmen zur Gefahrenabwehr getroffen werden, die aus den Ermächtigungen in § 58 Abs. 1 und Abs. 3 (Aufgaben und Befugnisse der Bauaufsichtsbehörden) resultieren oder gemäß § 85 (Rechtsvorschriften) bzw. aus der Regelung zu bestehenden baulichen Anlagen (§ 83 MBO 1996).

Die Grundnorm des vorbeugenden baulichen Brandschutzes entspricht nach ihrem materiellen Inhalt dem Grundsatz der vorbeugenden Gefahrenabwehr, der das gesamte Bauordnungsrecht beherrscht. Infolgedessen müssen bauliche Anlagen so beschaffen sein, dass

- der Entstehung eines Brandes vorgebeugt wird,
- der Ausbreitung von Feuer und Rauch (Brandausbreitung) vorgebeugt wird,
- die Rettung von Menschen und Tieren möglich ist
- und wirksame Löscharbeiten möglich sind.

Der Umfang und die Schutzziele des vorbeugenden Brandschutzes werden durch die Einzelvorschriften der Grundnorm konkretisiert, die grundsätzliche Anforderungen stellen an

- die Erschließung und Löschwasserversorgung,
- die Zugänge und Zufahrten sowie die Aufstell- und Bewegungsflächen für die Feuerwehr,
- die Lage und Anordnung der Rettungswege im Gebäude,
- die Brennbarkeit bzw. Entflammbarkeit der Baustoffe und die Feuerwiderstandsdauer der Bauteile,
- die Lage und Anordnung der Bauteile sowie die Dichtheit von Verschlüssen in diesen Bauteilen.

Hinweis

Soweit ein Bauvorhaben den konkreten Brandschutzanforderungen im Gesetz und in den ggf. zu beachtenden Verordnungen bzw. den Einzelfallentscheidungen zu Sonderbauten (§ 51 MBO 2002, 1996 u. a.) und den relevanten technischen Regeln entspricht, gelten damit die in § 14 MBO 2002 bzw. § 17 MBO 1996 genannten Schutzziele als eingehalten. Für weitergehende bauaufsichtliche Anforderungen, gestützt auf z. B. § 14 MBO 2002 bzw. § 17 MBO 1996 o. a., besteht kein Raum.

2.2.5.1 Schutzziele „damals wie heute"

Die Definition der Schutzziele für eine *schutzzielorientierte Brandschutzplanung* steht insbesondere in unmittelbarem Zusammenhang mit den Festlegungen für die Brandentwicklung und mit dem angewendeten *Sicherheitskonzept*, mit dem das Erreichen der erforderlichen Brandsicherheit (einem Sicherheitsabstand zwischen der Leistungsfähigkeit des Brandschutzsystems und der zu erwartenden Brandwirkung) gewährleistet werden soll.

Aus der Grundnorm § 14 MBO 2002 bzw. § 17 MBO 1996 und den Einzelvorschriften lassen sich dem Gesetz stichpunktartig, wie in Abb. 2.11 dargestellt, vier Schutzziele entnehmen. Insofern sind bauliche Anlagen so anzuordnen, zu errichten, zu ändern und instand zu halten, dass

- der Entstehung eines Brandes,

  In der Regel entstehen Brände durch Verhaltensfehler, technische Defekte an Geräten oder technische Anlagen, allerdings auch durch Blitzeinschlag oder ähnliche Ereignisse. Mit einer materiellen Vorschrift kann man deshalb der Brandentstehung nur sehr eingeschränkt begegnen. In keiner Weise kann allerdings die Gefahr einer Brandentstehung durch Straftaten (Brandstiftung, terroristische Akte) berücksichtigt werden.

- der Ausbreitung von Feuer und Rauch vorgebeugt wird,

  Die Ausbreitung von Feuer und Rauch innerhalb eines Gebäudes wird vor allem durch entsprechende Bauteile gefordert, die so ausgeführt sind, dass sie auch unter Brandbeanspruchung einen Raumabschluss (§ 26 MBO 2002, § 17 MBO 1996 in Verbindung mit Abschnitt 4) bilden. Solche Bauteile sind z. B. Trennwände (§ 29 MBO 2002), Brandwände (§ 28 MBO 2002), Decken (§ 31 MBO 2002). Sie sollen somit die Ausbreitung von Feuer und Rauch geschossübergreifend (durch Decken) in andere Nutzungseinheiten (durch Trennwände) und in andere Brandabschnitte (durch Brandwände) für eine festgelegte Zeitdauer verhindern.

- bei einem Brand die Rettung von Menschen und Tieren sowie

  Hierbei bedeutet Rettung sowohl die Eigenrettung (Flucht aus dem Gefahrenbereich) als auch Rettung durch die Feuerwehr, von z. B. hilflosen Personen. Neben dem System der zwei Rettungswege (§ 33 MBO 2002), den Vorschriften über die Lage an öffentlichen Verkehrsflächen

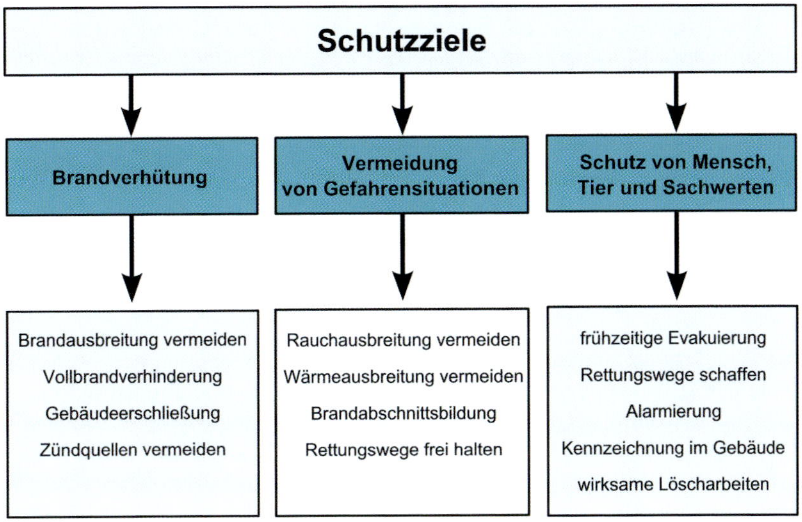

Abb. 2.11: Schutzziele im Brandschutz

(§ 4 MBO 2002) und über die Zugänge und Flächen für die Feuerwehr (§ 5 MBO 2002) dienen diesem Schutzziel insbesondere die Anforderungen an die Ausbildung der Rettungswege: notwendige Treppen (§ 34 MBO 2002), notwendige Treppenräume und Ausgänge (§ 35 MBO 2002), notwendige Flure (§ 36 MBO 2002), Fenster, die der Personenrettung dienen (§ 37 MBO 2002).

- wirksame Löscharbeiten möglich sind.

  Bauliche Anlagen müssen so angeordnet und beschaffen sein, dass wirksame Löscharbeiten möglich sind (dient nicht dem Sachschutz). Hierdurch wird die Abwehr von Gefahren für Leben und Gesundheit und dem Schutz der natürlichen Lebensgrundlagen gefordert. Die MBO enthält also keine direkten Anforderungen für die Durchführung von Löscharbeiten (z. B. Löschanlagen, Wandhydranten, Löschwasserbereitstellung); für bauliche Anlagen, die keine Sonderbauten sind, ist das Schutzziel somit bei Einhaltung der Bauvorschriften des Gesetzes (jeweilige Bauordnung) erreicht.

Diese Schutzziele sind im Bauordnungsrecht jedoch keineswegs gleichrangig und bilden den Rahmen für Ermessensentscheidungen bzw. Abweichungen, z. B. § 67 MBO, und für Brandschutzkonzepte von Sonderbauten sowie für jene, für die es keine Sonderbauverordnungen gibt. Dabei ist zu berücksichtigen, dass ein absoluter Brandschutz nicht möglich ist und deshalb auch nicht vorgeschrieben werden kann.

Hinweis

Die MBO (Gesetz) verlangt, dass der Entstehung von Feuer und Rauch und deren Ausbreitung vorgebeugt wird. Dass sie ausgeschlossen ist und dass Rettung und wirksame Löschmaßnahmen möglich sind, kann sie jedoch nicht garantieren.

Die Bauordnung bzw. das Baurecht macht eine Bebaubarkeit grundsätzlich nicht vom ausreichenden Nachweis der Löschwasserversorgung abhängig, auch nicht im Außenbereich. Insofern sind die Gemeinden verpflichtet, die für einen ausreichenden Brandschutz erforderlichen Löschwasserversorgungsanlagen bereitzustellen und zu unterhalten, sodass auf eine besondere Regelung hierfür in der Bauordnung (MBO/LBO) verzichtet werden konnte. Es ist somit Pflichtaufgabe der Gemeinden, ausreichendes Löschwasser für die wirksame Brandbekämpfung bereitzuhalten (vgl. VGH, Urteil vom 11.05.1977, Bayerische Verwaltungsblätter [BayVBl.] 77, 767).

Aus den allgemeinen Vorschriften zum Bauordnungsrecht und der Entstehung der MBO geht hervor, dass das der vorbeugenden Gefahrenabwehr dienende Ordnungsrecht den Sachgüterschutz nachrangig zum Personenschutz mit einbezieht. Die Grundnorm im § 3 MBO *Leben und Gesundheit* geht als das wichtigste der zur öffentlichen Sicherheit gehörenden Rechtsgüter hervor.

Es ist festzuhalten, dass eine absolute Sicherheit auch bei Beachtung der Brandschutzvorschriften nicht zu erreichen ist und ein *Restrisiko* verbleibt. Die Entstehung eines Brandes sowie die Ausbreitung von Feuer und Rauch sind weder im Bestand noch bei einem Neubau zu verhindern, beides kann nur behindert werden. Dass mit der Entstehung eines Brandes jederzeit zu rechnen ist, bestätigt auch die allgemeine Rechtsprechung (siehe OVG NRW, Urteil vom 28.08.2008 – 10 A 3051/99, Baurecht [BauR] 2002, 763 = Baurechtssammlung [BRS] 64 Nr. 201 sowie Beschluss vom 08.05.2007 – 10 B 2555/06, BauR 2007, 1720 = Zeitschrift für deutsches und internationales Bau- und Vergaberecht [ZfBR] 2007, 703). Daher dienen die Brandschutzvorschriften sowohl beim Neubau als auch im Bestand dazu, die Brandentstehung weitgehend zu verhindern bzw. zu behindern und die Brandfolgen zu mindern.

Hinweis

Die LBOs haben nur für Regelbauarten in sogenannter Zellenbauweise Gültigkeit, wie sie bei der Erstellung von Wohnungen oder vergleichbaren Nutzungen gegenständlich sind. Sonderbauten (Anlagen und Räume besonderer Art oder Nutzung) unterliegen den Regelungen und Tatbeständen z. B. des § 3 MBO 1996/2002 u. a.

Dies beinhaltet nun auch die Möglichkeit von ingenieurtechnischen Brandschutznachweisen, z. B. nach der Normenreihe zur DIN 18230 „Brandschutz im Industriebau" und/oder den Bemessungsregeln in den Eurocodes 1 bis 9. In diesen ingenieurtechnischen Maßnahmen ist weiterhin die Festlegung der konkreten Schutzziele und deren Risiken formuliert und gemeinsam mit der Behörde und/oder dem Bauherrn abzustimmen.

Im Folgenden werden einige Beispiele für die Konkretisierung bauordnungsrechtlicher Schutzziele aufgeführt:

Beispiele

- Funktionale Anforderung: Konkretisierung durch Angabe einzuhaltender Leistungskriterien
- Begrenzung der Ausbreitung von Feuer und Rauch: Rauchfreihaltung für die eigenständige Flucht der Personen (objektbezogen, z. B. mindestens zehn Min.)
- Rettung von Menschen: sicherer Aufenthalt in gesicherten Bereichen bis zur Rettung durch die Feuerwehr (objektbezogen, z. B. mindestens 30 Min.)
- Ermöglichen wirksamer Löscharbeiten innerhalb eines Gebäudes: Standsicherheit der Konstruktion mehrgeschossiger Bauten (objektbezogen z. B. mindestens 90 Min.), Rauch- und Wärmeabzug über Zeitraum x bei maximaler Rauchschichtdicke y

2.2.5.2 Vorkehrungen gegen die Entstehung von Feuer und Rauch

Zuerst ist zu bedenken, dass das menschliche Verhalten nicht kontrollierbar ist und in der Regel immer mit entsprechenden Reaktionen wie Unachtsamkeit oder Bedienungsfehlern an technischen Anlagen oder Geräten bzw. mit unsachgemäß ausgeführten Arbeiten bzw. Brandstiftung gerechnet werden muss. Deshalb kann auch die Entstehung von Feuer und Rauch durch bauliche oder vorbeugende Maßnahmen nur bedingt begrenzt werden. Infolgedessen dienen als vorbeugende Maßnahmen zuallererst einmal die Anforderung an die Brennbarkeit bzw. die Entflammbarkeit der Baustoffe selber. Das heißt, leicht bzw. normal entflammbare Baustoffe, z. B. als Verkleidung von Wand und Decken in Rettungswegen oder in gesicherten Bereichen, sollten vermieden werden. Denn Baustoffe ohne Zündquelle können nicht zu einer Entstehung von Feuer und Rauch führen. Weiter ist zu berücksichtigen, dass als Zündquellen in Betracht kommende Anlagen (Feuerübertragung durch Hitzestrahlung, infolge einer Überhitzung oder durch Kurzschluss) möglichst nicht verwendet werden sollten.

Werden also in Gebäuden Transformatoren, Schaltanlagen oder Haupt- bzw. Unterverteilungen mit Netzspannungen über 1 kV oder auch Zentralbatterien für sicherheitstechnische Anlagen verwendet, sollte z. B. die Verordnung über den Bau von Betriebsräumen für elektrische Anlagen beachtet werden. Des Weiteren sind die Bestimmungen des VDE, der Betriebssicherheitsverordnung (BetrSichV), insbesondere §§ 5 und 6 für elektrische Anlagen in explosionsgefährdeten Bereichen mit den dort festgelegten Maßnahmen gegen die Brandentstehung, zu beachten. Zusätzlich sollten sowohl das Arbeitsschutzgesetz (ArbSchG) als auch die Unfallverhütungsvorschriften (UVV) für die Grundsätze der Prävention im Rahmen der betrieblichen Belange berücksichtigt werden. Gerade im Bestand führen immer wieder unsachgemäße Schweiß- oder Lötarbeiten oder andere Umbauten, bei denen mit heißen Dingen hantiert wird, zu Brandfällen, die verheerende Ausmaße haben oder gar zum Totalverlust eines Gebäudes führen können.

Abb. 2.12: Verschiedene Gefahrenquellen für eine Brandentstehung

Eine weitere Gefahrenquelle bei bestehenden Gebäuden ist die Vielzahl der dort verwendeten Gefahrstoffe, sowohl in der industriellen Nutzung wie auch in der Büro- und Verwaltungsnutzung. Hilfreich sind hier z. B. die technischen Regeln für Gefahrstoffe (TRGS) und die technischen Regeln für Betriebssicherheit (TRBS) – gerade bei der Beurteilung der Brandgefährdung, der Vorgehensweise bei der Zuordnung von Maßnahmen zu deren Zündquellen und der Festlegung von geeigneten Maßnahmen sowie der Prüfung der Wirksamkeit dieser Maßnahmen. In der Praxis ist allerdings festzustellen, dass weder der Betreiber einer Anlage noch der Planer diese technischen Regeln bei einer Beurteilung berücksichtigt, obwohl sie als Stand der Technik anzusehen sind und daher bei der Beurteilung in einem Brandschutzkonzept von Belang sind.

Werden die oben genannten Belange berücksichtigt und erfüllt, kann man im Sinne des § 3 MBO davon ausgehen, dass man die dortigen Vorgaben eingehalten hat.

Hinweis

Verhaltenssteuernde Betriebsvorschriften zur Brandverhütung enthält die MBO nicht, sie sind jedoch in Sonderbauverordnungen möglich und üblich (z. B. Rauchverbot, Beschränkungen für die Verwendung von offenem Feuer, Anforderungen an Ausschmückungen).

2.2.5.3 Vorkehrungen gegen die Ausbreitung von Feuer und Rauch

Um die Ausbreitung von Feuer und Rauch durch bauliche Maßnahmen zu behindern, sollte ein System der äußeren und inneren Abschottung eines Gebäudes umgesetzt werden. Dies ist auch ein wichtiges Schutzziel des Bauordnungsrechts. Gerade im Bestand ist diese Umsetzung oftmals ein Problem, da man zum einen die bestehenden Bauteile und Wände aufgrund fehlender Unterlagen nicht klassifizieren kann und zum anderen die bestehende Nutzung meist so umgesetzt ist, dass keine Abschnittsbildung mehr besteht bzw. diese durch die Entfernung von Bauteilen (Wänden und Türen) umgangen wurde.

Das System der inneren und äußeren Abschottung eines Gebäudes entsteht aus mehreren Anforderungen aus der MBO. Als Erstes ist die Anforderung an die Lage mit der entsprechenden Anordnung des Gebäudes sowie den hierzu gehörenden Gebäudeabständen und Abstandsflächen (§ 6 MBO 2002, 1996 u. a.) sowie zu Gebäuden untereinander umzusetzen. Ist das nicht möglich, sind entsprechende Gebäudeabschlusswände (als äußere Abschottung) herzustellen.

Im Bestand trifft man oft auf Wände, die nicht den Anforderungen an eine Gebäudeabschlusswand gleichkommen, und es stellt sich die Frage, wie diese Wände im Rahmen der Beurteilung ertüchtigt bzw. nach den geltenden Vorschriften erneuert werden können oder inwieweit eine Kompensationsmaßnahme zur Einhaltung der entsprechenden Anforderung aus z. B. § 28 MBO 1996 nachträglich umgesetzt werden kann.

In einem Gebäude geht die MBO von einem System der inneren Abschottungen aus, die sich prinzipiell in Brandabschottungs- und Rauchabschottungseinheiten darstellen. In der MBO findet man Anforderungen an

- die Lage und Anordnung der abschottenden Bauteile,
- die Brennbarkeit bzw. Entflammbarkeit der Baustoffe
- und den Feuerwiderstand der abschottenden Bauteile sowie die Dichtheit der Verschlüsse von Öffnungen in diesen abschottenden Bauteilen.

Hierzu wird innerhalb der MBO weiter unterschieden, um welche brandabschottenden Einheiten es sich handelt, hier am Beispiel der MBO 1996:

- § 2 ff. - Geschoss
- § 28 - Brandabschnitte zwischen den Gebäudeabschlusswänden bzw. den Gebäudetrennwänden (innere Brandwand)
- § 32 - notwendiger Treppenraum
- § 33 - notwendiger Flur
- § 34 - Aufzugsschacht
- § 45 - Wohnung oder ähnliche Nutzungseinheit gleicher Größe

Der Brandbekämpfungsabschnitt (BBA) innerhalb von Industriebauten sowie die Bezeichnungen in den Sonderbauverordnungen gehören ebenso zu den abschnittsbildenden Einheiten. Im Gegensatz zu den brandabschnittsbildenden Einheiten sind die Rauchabschottungen in der Regel in notwendigen Fluren zu finden, die alle 30 m gemäß § 32 MBO in Rauchabschnitte unterteilt werden müssen.

Abb. 2.13: Flurtrennwand in einem Gebäude der 1980er Jahre

Im Rahmen der Fortentwicklung der Bauordnungen hat man im Laufe der 1990er Jahre viele Flurtrennwände hergestellt, die nach seinerzeitiger Auffassung als feuerhemmende (F 30-B) Flurtrennwände eingestuft bzw. hergestellt worden sind.

Bei einer heutigen Beurteilung dieser Wände stellt man oft fest, dass diese zum einen die Anforderung *feuerhemmend* nicht erfüllen und zum anderen in der Regel hierfür weder Zulassungen noch eine Herstellerbescheinigung über den ordnungsgemäßen Einbau vorliegen. Des Weiteren erfüllen meist weder die Wände selber noch die verwendeten Baustoffe in ihrer Kombination die Anforderung F 30-B. Außerdem besteht meist das gleiche Problem bei den Anschlüssen dieser Wände an z. B. Decken, die oft mangelhaft sind.

Im Bestand findet man meist Brandabschnitte, die länger sind als 40 m. Bei der Beurteilung einer Genehmigungsfähigkeit solcher vergrößerter Brandabschnitte bzw. zur Prüfung der Abweichungsvoraussetzungen nach § 67 MBO 2002 (bzw. § 67 MBO 1996, Ausnahme und Befreiung) bzw. Erleichterungsvoraussetzungen nach § 51 MBO (1996, 2002) für Sonderbauten sind insbesondere zu berücksichtigen:

- der Personenschutz (Lage und Anordnung der Rettungswege)
- die Geschossigkeit des Gebäudes
- die Feuerwiderstandsdauer der Bauteile
- die brandschutztechnische Infrastruktur (Brandmelde- bzw. Löschanlagen)

Für gewerbliche und industrielle Gebäude zusätzlich:

- die Brandlasten und ihr Abbrandverhalten
- die Ventilationsverhältnisse bzw. die Zu- und Abluftführung
- betriebliche Brandschutzmaßnahmen

Abb. 2.14: Wiederhergestellte Brandwand im Bestand einer Industriehalle

Fazit

Abschottende Bauteile haben grundsätzlich zwei unterschiedliche Funktionen, die in der Regel zusammenwirken. Die eine Funktion ist der Schutz der Gebäude vor Feuer und die andere, wichtigere Funktion ist der Schutz der Nutzer in Gebäuden.

Insoweit ermöglicht die Standfestigkeit der abschnittsbildenden Bauteile, z. B. die Brandwände (bei Gebäuden der Gebäudeklasse 4 und 5) der Feuerwehr, in der zur Verfügung stehenden Zeit von ca. 90 Min. (Normbrandszenario gemäß Einheitstemperaturkurve [ETK]) die auf der brandabgewandten Seite der Brandwand stehenden Gebäude oder bei einer Trennwand die Bereiche zu schützen bzw. den Brand so weit einzudämmen, dass bis zu dem Versagen der Brandwand oder Trennwand ein Brandüberschlag nicht mehr zu befürchten ist.

Für den Nutzer werden durch abschnittsbildende Bauteile grundsätzlich die beiden folgenden Schutzgedanken unterschieden:

- Der Gebäudenutzer soll vor einem ihn überraschenden Brand bzw. einer Brandausbreitung aus einem anderen Gebäudeteil geschützt werden. (Diese Form des Nutzerschutzes kann noch z. B. durch eine frühzeitige Brand- und Rauchfrüherkennung positiv beeinflusst werden.)
- Der Gebäudenutzer soll sich vor Brand und Rauch in einem ausreichend lange standsicheren und rauchfreien Gebäudeteil aufhalten können. (Diese Fallkonstellation tritt insbesondere in Pflegeheimen sowie Krankenhäusern auf, in denen die hauptsächliche Nutzerklientel nicht in der Lage ist, sich selbstständig zu retten.)

2.2.5.4 Abschlüsse in abschnittsbildenden Bauteilen

Bei der Beurteilung im Bestand findet man oft innerhalb dieser brand- und rauchabschnittsbildenden Bauteile Öffnungen, die aufgrund der Nutzung erforderlich sind. In der Regel finden sich Verglasungen oder Durchführungen/Abschottungen oder bewegliche Abschlüsse. Bei den beweglichen Abschlüssen handelt es sich um unterschiedliche Arten von dichtschließenden Türen über Rauchschutztüren bis zu selbstschließenden Feuerschutztüren mit der Feuerwiderstandsklasse T 30 bzw. T 90 (Feuerwiderstandsdauer 30 bzw. 90 Min. nach DIN 4102) mit und ohne Rauchschutzfunktion sowie Tore, die früher und auch heute noch eingebaut werden.

Als vollwandig dichtschließende Türen gelten Türen mit stumpf einschlagendem oder gefalztem, vollwandigem Türblatt mit einer mindestens dreiseitig umlaufenden Dichtung. In diesen Türen sind Verglasungen zulässig. Die Türen müssen weder über eine Feuerwiderstandsklasse verfügen noch müssen sie nach § 33 MBO 1996 selbstschließend sein. Es wird somit lediglich gefordert, dass diese Türen dicht schließen (der Wind darf nicht hindurchpfeifen) und sich bei Hitzebeaufschlagung nicht verziehen und insoweit dichtschließend bleiben (auch mit integrierter Verglasung). Verfügen diese Türen im Weiteren über die Anforderung selbstschließend, sind sie im Regelfall mit einem Türschließer (Scheren- oder Gleitschienentürschließer o. a.) ausgerüstet.

Rauchschutztüren nach DIN 18095 „Türen; Rauchschutztüren“ entsprechen in jedem Fall der Anforderung dicht- und selbstschließend; sie sind jedoch nicht immer auch vollwandig.

Vorab wird darauf hingewiesen, dass sowohl Feuerschutztüren bzw. bewegliche Feuerschutzabschlüsse als auch Rauchschutztüren grundsätzlich eine selbstschließende Funktion aufweisen.

Feuerschutztüren hingegen sind klassifizierte Feuerschutzabschlüsse (FSA), die bis zur Einführung der DIN EN 1634-1 „Feuerwiderstandsprüfungen und Rauchschutzprüfungen für Türen, Tore, Abschlüsse, Fenster und Baubeschläge“ nach der Norm DIN 4102-5 geprüft wurden. Rauchdichte und selbstschließende Türen, sogenannte Rauchschutztüren, sind keine FSA.

Im Bestand findet man oft eine unzulässige Kombination der Feuerschutz- oder Rauchschutzabschlüsse mit feststehenden lichtdurchlässigen Seitenteilen und Oberlichten. Diese dürfen in der Regel insgesamt höchstens 2,50 m breit sein. Die Höhe ist nicht beschränkt. Für die Seitenteile und Oberlichte genügt die Anforderung, die an den jeweiligen Abschluss gestellt ist; sie müssen zusammen mit der Tür als Element geprüft sein.

Breitere Elemente schwächen die Eigenschaft z. B. von Treppenraumwänden. Sie stellen in Treppenraumwänden, die feuerbeständig oder hochfeuerhemmend sein müssen, auch mit einer feuerwiderstandsfähigen Verglasung der Klassen F 90 oder F 60 (nach DIN 4102) eine Abweichung dar, da sie die geforderte Feuerwiderstandsfähigkeit unter zusätzlicher mechanischer Belastung nicht erreichen können.

Abb. 2.15: Abschluss im Bestand mit Drahtspiegelglas zum Treppenraum

Abb. 2.16: Tür zum Treppenraum mit mehr als 2,5 m breiter Verglasung (Foto: Hörmann KG)

Rauchschutzabschlüsse mussten bis zur Einführung der DIN EN 1364-3 „Feuerwiderstandsprüfungen für Türen und Abschlusseinrichtungen – Rauchschutzabschlüsse" (DIN: Feuerwiderstandsprüfungen für nichttragende Bauteile) die Anforderungen nach DIN 18095 erfüllen.

DIN 18095-1 bis -3 sagt weiter aus, dass eine absolute Rauchdichtheit bzw. Rauchschutz nur mit hohem technischem Aufwand erfüllt werden kann und die Tür lediglich den bauaufsichtlich geforderten Rauchdurchtritt behindern soll. Das heißt, es ist ein vertretbares angemessenes Maß von Undichtigkeit bei dieser Tür zugrunde gelegt. Es soll somit gewährleistet werden, dass der hinter der Tür liegende Raum für ca. 10 Min. ohne Atemschutz für die Entfluchtung genutzt werden kann. Bei der Bewertung von Bestandstüren kann man mittels dieser Informationen oftmals eine Gleichwertigkeit zur Erfüllung der Schutzziele herbeiführen.

Die bekannt gemachten technischen Regeln sind auch in der BRL aufgeführt. Die früheren Normen für Feuerschutztüren wurden weitgehend zurückgezogen, sind aber für die Bewertung im Bestand meist zwingend erforderlich. Die nachfolgende Aufführung der Normen stellt einen Überblick dar.

Die DIN 18095 unterteilt sich wie folgt:

- Teil 1 (Oktober 1988, zuletzt geändert im Mai 2009) – Türen; Rauchschutztüren; Begriffe und Anforderungen
- Teil 2 (März 1991) – Türen; Rauchschutztüren; Bauartprüfung der Dauerfunktionstüchtigkeit und Dichtheit
- Teil 3 (Juni 1999) Rauchschutzabschlüsse, Anwendung von Prüfergebnissen

FSA hingegen sind beschrieben in

- DIN 18081-1 bis -3 (1969) – Feuerbeständige Stahltüren, T 90-a,
- DIN 18082-1 und -3 (Dezember 1991 und 1984) – Feuerschutzabschlüsse, Stahltüren T30-1,
- DIN 18084 (1969) – Feuerhemmende zweiflüglige Stahltüren, T 30-2,
- DIN 18090 (Januar 1977) – Aufzüge; Fahrschacht-Dreh- und Falttüren für Fahrschächte mit Wänden der Feuerwiderstandsklasse F 90,
- DIN 18091 (Juli 1993) – Aufzüge; Schacht-Schiebetüren für Fahrschächte mit Wänden der Feuerwiderstandsklasse F 90,
- DIN 18092 (April 1992) – Aufzüge; Vertikal-Schiebetüren für Kleingüteraufzüge in Fahrschächten mit Wänden der Feuerwiderstandsklasse F 90,
- DIN 18093 (Juni 1987) – Feuerschutzabschlüsse; Einbau von Feuerschutztüren in massive Wände aus Mauerwerk oder Beton, Ankerlagen, Ankerformen, Einbau,
- DIN 18105 (1984) – Einbruchhemmende Türen.

Die Normen sind teilweise zurückgezogen und die DIN 18082 wurde auch aus der BRL A gestrichen. Die abZ oder allgemeinen bauaufsichtlichen Prüfzeugnisse (abP) haben nicht den gleichen Charakter wie DIN-Normen, besitzen aber Gültigkeit über den darin befindlichen Inhalt und die Umsetzungen hieraus.

Wie beschrieben müssen FSA die Anforderungen an die zugehörige Produktnorm erfüllen und werden hierzu verschiedenen Prüfungen unterzogen. Die Ergebnisse dieser Prüfung sind nach den vorgegebenen Klassifizierungsregeln zu bewerten. Gegenüber der DIN 4102-5 wird in der europäischen Prüfpraxis zwischen Prüf- und Klassifizierungsnormen unterschieden. Die einfache Normung, die DIN 4102-5, gibt es in Zukunft deshalb nicht mehr. In Zukunft sind hierfür verschiedene Normen zuständig und es finden neue Begrifflichkeiten Anwendung.

Für die Prüfung der FSA ist nunmehr die DIN EN 1364-1 zuständig, wobei die Klassifizierung nach dem Ergebnis der Brandprüfung nach DIN EN 13501-1/2 erfolgt. Der Nachteil der europäischen Prüfverfahren besteht darin, dass diese nur den direkten Anwendungsbereich der Prüf- und Zulassungsverfahren vorsehen und die Übertragung von Prüfergebnissen in Form von z. B. gutachterlichen Stellungnahmen nicht vorsehen. Dieser erweiterte Anwendungsbereich, die Vorgaben zur Übertragbarkeit von Prüfergebnissen, wird nunmehr in der Normenreihe DIN EN 15269 „Erweiterter Anwendungsbereich von Prüfergebnissen zur Feuerwiderstandsfähigkeit und/oder Rauchdichtigkeit von Türen, Toren und Fenstern einschließlich ihrer Baubeschläge“ geregelt. Hier ist im Rahmen der zukünftigen Prüfungsarbeit noch erheblicher Nachholbedarf erforderlich.

Hinweis

Aufgrund der erfolgten Harmonisierung der europäischen Regeln und Normen im Verhältnis zu den alteingesessenen nationalen DIN-Normen und unabhängig von der Anerkennung durch die Allgemeinheit oder Fachwelt sind die europäischen Regeln und Normen nun verbindlich bei Änderungen im Bestand umzusetzen.

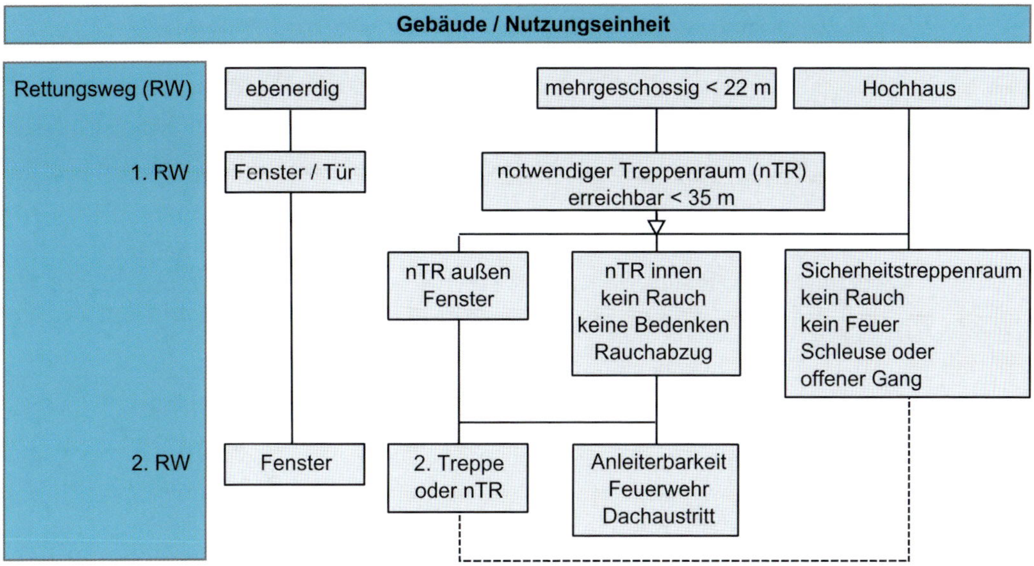

Abb. 2.17: System der Rettungswege nach der MBO

2.2.6 Erster und zweiter Rettungsweg

2.2.6.1 Grundanforderungen

Die Bauvorschriften der MBO sowie der LBOs gehen grundsätzlich auch im Bestand von einem System (horizontal und vertikal) der äußeren und inneren Rettungswege aus. Bereits zu Zeiten der Preußischen Einheitsbauordnung (PrEBO) bestand der Grundsatz, dass den Nutzern eines Gebäudes jederzeit zwei voneinander unabhängige Rettungswege zur Verfügung stehen müssen. Diese Regelungen finden sich auch in den Bauvorschriften der MBO sowie der LBOs wieder. Dies beruht auf der Tatsache, dass sowohl baurechtliche Vorschriften als auch die Bewertung in einem Brandschutzkonzept immer nur zum Schutz vor zufällig entstandenen Brandursachen dienen können. In der Systematik wird in den baurechtlichen Vorschriften von einem gedachten und regelbaren Brand- und Rauchereignis ausgegangen, das nur auf einer Entstehungsbrandquelle (Einbrandherdszenario) beruht, von der sich Feuer und Rauch ausbreiten.

Man geht also von der Annahme aus, dass im Gefahrenfall mindestens zwei Rettungswege vorhanden sein müssen und mindestens einer dieser Rettungswege im Gefahrenfall der Selbstrettung der Nutzer bzw. den Rettern hilfloser Person zur Verfügung steht.

Der erste Rettungsweg in Nutzungseinheiten, die nicht zu ebener Erde liegen, muss mindestens eine notwendige Treppe sein. Die Einzelanforderungen *notwendige Treppe* und *notwendige Treppenräume* sind aus Gründen der Verkehrssicherheit und des Brandschutzes in den MBOs und LBOs seit jeher getrennt geregelt (z. B. §§ 31 und 32 MBO 1981 bzw. §§ 34 und 35 MBO 2002).

Grundsätzlich sind notwendige Treppen in notwendigen Treppenräumen nur in Geschossen mit Aufenthaltsräumen erforderlich. Eine Erschließung von Geschossen ohne Aufenthaltsräume muss aber trotzdem über eine Treppe erfolgen. Allerdings sind die allgemeinen Anforderungen an notwendige Treppen und notwendige Treppenräume aufgrund der fehlenden Aufenthaltsräume nicht zu berücksichtigen (siehe auch Sauter, 1997, Bd. 1, § 28, Rdnr. 16).

Weiterhin ist zu beachten, dass die Anforderungen an den zweiten Rettungsweg geringer sind als an den ersten. Für den zweiten Rettungsweg ist zum einen die Längenbeschränkung von 30 bzw. 35 m nicht gefordert und zum anderen kann dieser z. B. für Nutzungseinheiten, die nicht zu ebener Erde liegen, über eine mit dem Rettungsgerät der Feuerwehr erreichbare Stelle oder über eine weitere notwendige Treppe führen. Somit steht die Regelung des zweiten Rettungsweges, die erreichbare Stelle, in Korrespondenz z. B. mit den Zugängen, Zufahrten und Aufstellflächen für die Feuerwehrfahrzeuge im § 5 MBO 2002/1996, die für den zweiten Rettungsweg über dieses Rettungsgerät erbracht werden müssen. Über die Art der Rettungsgeräte (tragbare Leitern oder Hubrettungsgeräte) werden in den Bauvorschriften keine direkten Aussagen getroffen (siehe auch Gädtke et al., 2011).

Der Begriff *ins Freie* bedeutet im baurechtlichen Sinne eine Stelle, die nicht Teil der baulichen Anlage ist, aus der die Rettungswege führen, und auch nicht von ihr umhüllt ist. Außerdem müssen von dieser Stelle aus Rauch und Wärme ungehindert in die Atmosphäre abziehen können, sodass die sich Rettenden dadurch nicht gefährdet werden. So ist ein offener Innenhof, z. B. in einer Blockrandbebauung, erst dann als Stelle im Freien anzusehen, wenn dieser so bemessen ist, dass die auf die Rettungskräfte Wartenden ohne Gefahr von Hitzeeinstrahlung und durch herunterfallende Bauteilen (z. B. von Balkonen oder Fassaden) hier verweilen können. Insbesondere muss bedacht werden, dass ein Flüchten von diesen Flächen während eines Brandes möglich sein muss.

Es muss also grundsätzlich berücksichtigt werden, ob es sich um gefangene Hinterhöfe und Teile der baulichen Anlage wie Dachterrassen, Flachdächer von Vorbauten usw. handelt, da diese nach der Bewertung oftmals nicht als sichere Stellen umgesetzt sind.

Hinweis

Der im Arbeitsstättenrecht (ArbStätt) verwendete Begriff „Fluchtwege“ entspricht dem der bauordnungsrechtlich erforderlichen Rettungswege, soweit sie selbstständig begangen werden können. Somit sind Rettungsgeräte der Feuerwehr als Rettungswege ausgeschlossen.

Für jede Nutzungseinheit müssen aus jedem Geschoss mindestens zwei Rettungswege führen. Je nach deren Lage und Anordnung können sich verschiedene Gestaltungsmöglichkeiten ergeben.

Abb. 2.18: Beim Staatstheater in Mainz führen die Rettungswege ins Freie

Beispiele

Fall 1: In einem Kellergeschoss befinden sich nur Nebenräume, die den Nutzern der verschiedenen Nutzungseinheiten eines Gebäudes zur Verfügung stehen. Hier handelt es sich z. B. um Abstellräume für die Mieter in einem Wohngebäude. Diese Nebenräume bilden weder eine eigene Nutzungseinheit noch sind sie Teile davon. Aus dem Kellergeschoss muss insofern nur ein Ausgang in einen notwendigen Treppenraum oder ins Freie führen.

Fall 2: Im Kellergeschoss befinden sich Räume, die zu einer Nutzungseinheit im Erdgeschoss gehören und mit dieser räumlich direkt verbunden sind, z. B. einzelne Behandlungsräume einer Arztpraxis oder Besprechungsräume einer Anwaltskanzlei. Für diese Räume müssen im Kellergeschoss zwei Rettungswege ins Freie zur Verfügung stehen. Gegebenenfalls kann die interne Verbindungstreppe als notwendige Treppe ohne Treppenraum nach § 34 Abs. 1 MBO 2002 bzw. § 32 Abs. 1 MBO 1996 als einer der beiden Rettungswege gelten.

2.2.6.2 Gestaltungsgrundsätze für Rettungswege und Treppenraum

Das System der Rettungswege umfasst den gesamten Weg von jeder Stelle eines Raums bzw. eines Raums in einer Nutzungseinheit bis zur öffentlichen Verkehrsfläche. Die Bemessung muss daher von der jeweils ungünstigsten Stelle aller Aufenthaltsräume in einem Geschoss einer Nutzungseinheit bzw. von der ungünstigsten Stelle in einem Kellergeschoss erfolgen.

Abb. 2.19: Unsanierter Treppenraum im Bestand (Foto: © Filip Makowski/Fotolia.com)

Die Rettungswege bestehen grundsätzlich in Neubauten sowie im Bestand aus den gleichen Bestandteilen:

- aus Wegen innerhalb des Raums oder der Nutzungseinheit
- dem Flur
- dem Treppenraum mit seinem Ausgang ins Freie

Die Rettungswege führen somit horizontal innerhalb einer Geschossebene von jeder Stelle eines Aufenthaltsraums durch den Raum selbst, evtl. über Flure zum Ausgang ins Freie oder in einen notwendigen Treppenraum oder in einen anderen Brandabschnitt, sofern dieser jederzeit zugänglich ist. Der horizontale Rettungsweg ist nach der MBO auf 35 m, jeweils in der Lauflinie gemessen, begrenzt. Die Lauflinie entspricht annähernd dem tatsächlich zurückzulegenden Weg. Innerhalb von Räumen üblicher Größe wird die Inneneinrichtung dabei vernachlässigt und in Luftlinie, nicht jedoch durch Bauteile (z. B. Stützen) hindurch gemessen.

Diese Messmethode über die Luftlinie erlaubt jedoch lediglich die Kontrolle der Rettungsweglänge, z. B. mithilfe eines Zirkelschlags (Radius ist die höchstzulässige Länge) um die Ausgänge, und ist vorteilhaft für die Planung großer Räume in Sonderbauten wie z. B. Verkaufsräume oder Industriehallen. Die tatsächlich zurückzulegende Wegstrecke ist somit deutlich größer als die Luftlinie. In Sonderbauvorschriften wird insofern zusätzlich zur Luftlinie auch die Lauflinie begrenzt, z. B. auf die maximal 1,5-fache Länge der Luftlinie (z. B. nach Nr. 5.5.7 Industriebaurichtlinie [IndBauR]).

Hinweis

Der Endpunkt der Rettungsweglänge ist grundsätzlich der Ausgang aus dem Geschoss in einen notwendigen Treppenraum (hier bis zur Türöffnung) oder für ein ebenerdig liegendes Geschoss der Ausgang (bis zur Ausgangstür) ins Freie.

Abb. 2.20: Vorbildlich gestalteter Treppenraum aus den 1980er Jahren

An Bauteile im Verlauf von Rettungswegen (Flurwände, Türen und Leitungsanlagen) werden in Abhängigkeit von der Gebäudenutzung sowie der Größe des Gebäudes besondere Anforderungen gestellt. Diese beziehen sich auf die Lage und Anordnung, den Raumabschluss (Wände, Decken, Türen), die Beschränkung von Brandlasten und die Forderung von Fenstern oder Öffnungen ins Freie zur Rauchableitung im Brandfall.

Der vertikale Rettungsweg hingegen führt über Treppen, die geschützt in einem belichteten und belüfteten Treppenraum liegen, in der Regel in einem Zuge bis in die Ebene, in der ein Ausgang ins Freie liegt (meist im EG).

Hier werden im Rahmen der MBO besondere Anforderungen an die Ausbildung der Treppenräume einschließlich ihrer Erweiterungen bis zum Ausgang ins Freie in Abhängigkeit von der Gebäudehöhe (Gefahrenklasse – Gebäudeklasse) gestellt.

Im Bestand findet man oft außen liegende Treppenräume (mit mindestens einer Außenwand). Diese Treppenräume müssen auch im Bestand über eine ausreichende Lüftung und Beleuchtung, die aus Sicherheitsgründen erforderlich sind, verfügen. Diese Forderung wird grundsätzlich durch die Anordnung von öffenbaren Fenstern mit einer Größe von mindestens 0,5 m^2 lichter Öffnung, die je Geschoss in der Außenwand angeordnet sind, erfüllt. Dieses vorgegebene Öffnungsmaß dient ausschließlich der ausreichenden Lüftung und Beleuchtung des Treppenraums in jedem Geschoss.

Hinweis

In manchen LBOs wie z. B. der Bauordnung für Berlin (BauO Bln) § 35 Abs. 8 besteht eine erweiterte Zielsetzung an diese Treppenraumfenster, wonach diese auch zum Einbringen von Geräten der Feuerwehr dienen. An diese Fenster werden weitere Anforderungen an ihre Größe (60 × 90 cm) sowie an die maximale Brüstungshöhe (1,20 m) vor diesen, ähnlich wie bei Fenstern im zweiten Rettungsweg aus Nutzungseinheiten, verlangt.

Treppenräume dienen im Brandfall den Nutzern als erster Rettungsweg zur Selbstrettung sowie der Feuerwehr als Angriffsweg und zur Rettung und Bergung hilfloser Personen, die auf fremde Hilfe angewiesen sind. Insofern sind Treppenräume im Verlauf von Rettungswegen so anzulegen und zu erhalten, dass flüchtende Personen darin in sichere Bereiche bzw. zu einem Ausgang ins Freie gelangen.

Insbesondere gilt dies für das Eindringen bzw. den Schutz vor Feuer und Rauch. Die baurechtlichen Vorschriften unterstellen, dass Rauch nur in geringen Mengen in den Treppenraum eintritt. Man geht also davon aus, dass Treppenräume von Menschen ohne Beeinträchtigung trotz des geringen Raucheintritts gefahrlos nutzbar bleiben, weil sie bis zu einer Höhe von fünf Geschossen über der Geländeoberfläche (§ 32 MBO 1996) bzw. bis zu einer Höhe von 13 m des Fußbodens über Geländeoberfläche (§ 2 Abs. 3 GKL 4 MBO 2002) ausreichend gelüftet sind und somit begehbar bleiben. Bei Gebäuden, die über mehr als fünf Geschosse oberhalb der Geländeoberfläche verfügen, sowie bei innen liegenden Treppenräumen ist deshalb an oberster Stelle des Treppenraumes ein Rauchabzug anzubringen.

Dieser Rauchabzug muss über eine Rauchabzugsöffnung im freien Querschnitt von mindestens 5 % der Grundfläche des Treppenraums verfügen, die mindestens jedoch 1 m² aufweisen muss (§ 32 Abs. 12 MBO 1996 bzw. § 32 Abs. 10 MBO 1981). Nach den Regelungen des § 35 Abs. 3 MBO 2002 ist für Gebäude, die in deren Regelungsbereiche fallen, grundsätzlich nur noch eine Öffnung mit einem freien Querschnitt von 1 m² erforderlich.

Hinweis

Wenn der Treppenraum bis zur Dachfläche reicht, sind z. B. Dachflächenfenster geeignet. Reicht der Treppenraum nicht bis zur Dachfläche, ist die Rauchableitung auch über Schächte möglich, die zu Rauchableitungsöffnungen ins Freie führen; die Schächte müssen einen vergleichbaren Querschnitt wie die Öffnungen zur Rauchableitung aufweisen und über Feuerwiderstandsfähigkeit der Treppenraumwände verfügen.

Es kann auch ein Fenster an der obersten Stelle der Außenwand genügen, wenn das Fenster noch oberhalb der obersten Treppenraumöffnung zum Dachgeschoss liegt und ein sogenannter Rauchsack nur oberhalb zu befürchten ist.

Dieser Rauchabzug an oberster Stelle ins Freie eines notwendigen Treppenraums dient in der Regel primär nicht der Rauchfreihaltung des Treppenraums zur Selbstrettung der Nutzer des Gebäudes. Er dient vielmehr der Kaltentrauchung des Treppenraums während des Löschangriffs bzw. nach der Evakuierung des Gebäudes für die Feuerwehr.

Es handelt sich hierbei auch nicht um eine Rauch- und Wärmeabzugsanlage (RWA-Anlage), wie diese oftmals fälschlicherweise von Behörden in Trep-

Abb: 2.21: Wohnhochhaus aus den 1980er Jahren mit Sicherheitstreppenraum

penräumen gefordert wird. Das Öffnen kann hierbei z. B. elektrisch, hydraulisch oder mechanisch erfolgen, eine automatische Auslösung ist nicht gefordert. Wird allerdings eine automatische Auslösung umgesetzt, muss die Vorrichtung auch von Hand bedient werden können. Die Bedienung des Rauchabzugs muss jeweils vom Erdgeschoss und vom obersten Treppenabsatz aus erfolgen können. Hierbei muss unterschieden werden, dass die Bedienung im Erdgeschoss vor allem von der Feuerwehr genutzt wird, wobei die Bedienung im obersten Treppenabsatz vor allem von Benutzern des obersten Geschosses betätigt wird. Die MBO geht somit davon aus, dass die Vorrichtung erst durch die Feuerwehr betätigt wird, die auch die für den Rauchabzug erforderliche Zuluft herstellt (in der Regel durch Offenhalten der Eingangstür im Erdgeschoss unter Verwendung eines mobilen Lüfters).

Auch bei der hier beschriebenen Rauchableitung aus Treppenräumen bestehen grundsätzlich Abweichungsmöglichkeiten, wenn der Nachweis der Gleichwertigkeit einer solchen Lösung z. B. auf der Grundlage eines Brandschutzkonzeptes geführt wird.

Hinweis

In Gebäuden mit mehr als 13 m Höhe (z. B. GKL 4 nach MBO 2002) sind Rauchableitungsöffnungen immer erforderlich, also auch in Treppenräumen, die über Fenster verfügen. Des Weiteren sind von den Öffnungen zur Rauchableitung Anlagen, die der Rauchfreihaltung dienen, zu unterscheiden. Diese sollen den Eintritt von Rauch in den Treppenraum verhindern, was in der Regel nur mit einer Überdruckanlage möglich ist. Eine solche Rauchfreihaltung wird nur für Sicherheitstreppenräume verlangt.

Abb. 2.22: Elektroinstallation im Bestandstreppenraum – Bestandsschutz?

Im Brandfall hat der notwendige Flur (soweit vorhanden) den ersten Teil des Rettungsweges (nur) in dem vom Brand betroffenen Geschoss zu schützen. Diese zeitlich begrenzte Funktion (30 Min.) ist in allen Gebäudeklassen gleich. Die Anforderungen an die Feuerwiderstandsfähigkeit der Wände und Türen von notwendigen Fluren sind somit geringer als die für notwendige Treppenräume. Hierbei wird vorausgesetzt, dass die Anforderungen an die Geschosstrenndecken (öffnungslos, feuerwiderstandsfähig z. B. gemäß § 31 MBO 2002) innerhalb der Nutzungseinheit und des Flurbereiches eingehalten sind.

Höhere Anforderungen insbesondere an die Flurwände und Türen können sich dagegen z. B. für Gebäude besonderer Art oder Nutzung mit großer Ausdehnung oder mit besonderen Risiken für die Personenrettung oder den Feuerwehreinsatz ergeben, um die Benutzbarkeit des notwendigen Flurs länger sicherzustellen.

Hierbei werden eine oder zwei Stufen im Verlauf eines notwendigen Flures (Verkehrsweg) umgangssprachlich auch als Stolperstufen bezeichnet, da der mit ihnen verbundene geringe Höhenunterschied häufig nicht wahrgenommen wird, sie sind deshalb verboten. Drei und mehr Stufen sind dagegen zulässig (stellen nach DIN 18065 „Gebäudetreppen – Begriffe, Messregeln, Hauptmaße" eine Treppe dar) und unterliegen den Verkehrssicherheitsanforderungen für Treppen und müssen z. B. über Handläufe verfügen.

Es besteht insofern eine Erleichterung der Anforderung bei Abschlüssen von notwendigen Treppenräumen, diese werden auf rauchdicht und selbstschließend reduziert, wenn die Öffnung zu einem notwendigen Flur führt. Man geht in diesem Fall davon aus, dass der notwendige Flur wegen seiner Nutzung als Verkehrsweg und der nichtbrennbaren Baustoffe keine Brandlast aufweist und eine direkte Beaufschlagung der Treppenraumtür mit Feuer daher nicht zu befürchten ist.

Hinweis

Die MBO enthält keine Vorschriften über das Freihalten der Flure von Brandlasten. Sie geht vielmehr davon aus, dass Flure nur Verkehrsflächen und keine genutzten Räume sind.

Zudem ist bereits seit der MBO 1960 geregelt, dass zum einen Treppenräume frei von Brandlasten und brennbaren Baustoffen zu halten sind und zum anderen Bauteile in Fluren weitgehend frei von Brandlasten sein müssen. Diese Forderung hat sich auch mit der MBO 2002 nicht verändert.

In einem anderen Fall hat man im Bestand oftmals das Problem, dass Gebäude nach der alten MBO bzw. LBO z. B. von 1960 oder 1981 bis zu vier Vollgeschosse mit einer notwendigen Treppe, die nicht in einem Treppenraum liegt, umgesetzt worden sind. Hier findet man deshalb häufig innerhalb dieser Treppenbereiche auch Installationen, Elektrohausanschlüsse, Etagenelektroverteiler sowie Gaszähler, die seinerzeit üblich waren. In der Regel bestehen gegen den Verbleib keine Bedenken, wenn die Anlagen zum einen betriebssicher und geschlossen ausgeführt, die Rettungswegbreite hierdurch nicht eingeschränkt wird und zum anderen der zweite Rettungsweg gesichert ist. Man muss im Regelfall davon ausgehen, dass diese in der Form genehmigt wurden und nicht nachträglich errichtet worden sind.

In der Tabelle 2.1 werden exemplarisch die Anforderungen an Rettungswege für verschiedene Gebäudetypen nach verschiedenen Sonderbauverordnungen und Richtlinien mit dem Stand des Jahres 2000 exemplarisch dargestellt.

Tabelle 2.1: Anforderungen an Rettungswege für verschiedene Gebäudetypen

Gebäudetyp, Nutzung	max. Länge des ersten Rettungswegs	zweiter Rettungsweg
MBO (Wohnhäuser)	35 m	Feuerwehrleiter
Hochhäuser	25 m	zweite Treppe
Verkaufsstätten < 2.000 m²	35 m	Feuerwehrleiter
Verkaufsstätten > 2.000 m²	25 m	zweite Treppe
Verkaufsstätten > 2.000 m², gesprinklert		
• aus dem Raum	25 m	zweite Treppe
• über die Ladenstraße zum Flur	35 m	
• über den Flur zur Treppe	35 m	
• über die Treppe ins Freie	35 m	

Fortsetzung Tabelle 2.1

Gebäudetyp, Nutzung	**max. Länge des ersten Rettungswegs**	**zweiter Rettungsweg**
Versammlungsstätten > 200 bzw. 100 Personen		
• bis zum Ausgang aus dem Raum	25 m	zweite Treppe
• über den Flur bis zur Treppe	30 m	
Gaststätte über 200 Gastplätze	35 m	zweite Treppe
Gaststätte über 400 Gastplätze		
• aus dem Raum	25 m	zweite Treppe
• über den Flur	30 m	
Hotel > 30 Betten je OG/> 60 in OG	35 m	zweite Treppe
Krankenhäuser (je nach Sonder-VO des Landes)	30 m	zweite Treppe
Schulen bis 2 Vollgeschosse (je nach Sonder-VO des Landes)	25 m	Feuerwehrleiter
Schulen > 2 Vollgeschosse (je nach Sonder-VO des Landes)	25 m	zweite Treppe
Schulen aus Obergeschossen	35 m	zweite Treppe
Sporthalle	35 m	zweiter Ausgang
offene Großgaragen	50 m	zweite Treppe
geschlossene Großgaragen	30 m	zweite Treppe
Gebäude für behinderte und alte Menschen (Bauprüfdienst Hamburg)	20 m	zweite Treppe
IndBauRL (Entwurf 7/99)	nach Brandschutzkonzept 35 bis 70 m	
sonstige Sonderbauten	nach Brandschutzkonzept	

Hinweis

Anstelle der in den MBOs/LBOs geforderten unverschlossenen Türen sind Verriegelungssysteme zulässig, die ein zuverlässiges Öffnen von Türen im Verlauf von Rettungswegen mit einem Griff oder einem Druck zulassen. Hierbei handelt es sich z. B. um elektrische Verriegelungen, die den Richtlinien über elektrische Verriegelungssysteme von Türen in Rettungswegen nach EltVTR (BRL A Nr. 6.19) entsprechen, oder sogenannte Panikriegel, die nach DIN EN 1125 „Schlösser und Baubeschläge“ über Panikverschlüsse umgesetzt werden.

Allerdings können auch automatische Schiebetüren, die den Richtlinien über automatische Schiebetüren in Rettungswegen nach AutSchR (BRL A Nr. 6.18) entsprechen, verwendet werden.

2.2.6.3 Ableitung von Rettungswegbreiten

Im Baurecht (MBO) wird keine exakte Festlegung der notwendigen Breite der Rettungswege gefordert, es wird lediglich festgelegt, dass diese für die maximale Personenzahl ausreichen muss. Insoweit sind also in bauordnungsrechtlichen Vorschriften keine konkreten Maße für Rettungswegbreiten vorgegeben. Es kann erfahrungsgemäß allerdings davon ausgegangen werden, dass ein 1 m breiter Flur für je 150 Personen, die auf den Flur oder den Flurabschnitt angewiesen sind, ausreichend ist. Zu berücksichtigen sind hierbei alle Personen, die sich im Einzugsbereich eines notwendigen Treppenraums oder eines Ausgangs ins Freie (somit im Einzugsbereich der Rettungsweglänge von 35 m) befinden können.

Zur Vereinfachung lassen sich daher die Rettungswegbreiten anhand der Personenzahl aus dem Arbeitsschutzrecht und den technischen Regeln für Arbeitsstätten (Fluchtwege in Arbeitsstätten aus der technischen Regel ASR A2.3 - 2007) ableiten (siehe Tabelle 2.2).

Tabelle 2.2: Erforderliche Rettungswegbreiten in Abhängigkeit von der Anzahl der Personen

Anzahl der Personen	Breite in m
bis 5 Personen	0,875
bis 20 Personen	1,00 [1)]
bis 100 Personen	1,25
bis 250 Personen	1,75
bis 400 Personen	2,25
[1)] Baurichtmaß	

Bei Gebäuden, in denen gleichzeitig mit großen Personenströmen im Brandfall zu rechnen ist, kann z. B. nach den Sonderbauverordnungen auf folgende Bemessungswerte (lichtes Maß) zurückgegriffen werden:

- Versammlungsstätten (NRW) in Gebäuden 1,20 m je 200 Personen
- Versammlungsstätten (NRW) im Freien sowie Sportstadien 1,20 m je 600 Personen
- mindestens 2 m aus Verkaufsräumen, bei nicht mehr als 500 m² mindestens 1,40 m
- Hochhausrichtlinie (NRW) mindestens 1,20 m bzw. 1,25 m (Bayern)
- Gaststättenbauverordnung (GastBauV) (Bayern) 1 m je 150 Personen, jedoch mindestens 100 cm

Hinweis

Zu beachten ist, dass unter Umständen eine Gebäudeevakuierung in kurzer Zeit nicht nur im Brandfall, sondern auch in anderen Fällen möglich sein muss. Insofern dann, wenn eine Rettungswegbemessung Gegenstand des Brandschutznachweises für den Bestand ist.

Für notwendige Treppen sind gemäß DIN 18065 Mindestbreiten erforderlich. Diese dienen in erster Linie der Verkehrs- und Funktionssicherheit, u. a. für Feuerwehr und Rettungsdienste, und dürfen deshalb nicht unterschritten werden. Sie betragen z. B. in Wohngebäuden mit bis zu zwei Wohnungen 80 cm, in allen anderen Gebäuden mindestens 100 cm (siehe OVG Lüneburg, Urteil vom 24.06.1994, BRS 56, 306).

Die Mindestmaße gelten grundsätzlich sowohl für die Laufbreite wie auch für die Podesttiefe von Treppen. Besonders zu beachten ist insbesondere Nr. 6.3.3 der DIN 18065. Demnach ist sicherzustellen, dass die Maße im fertigen Zustand den Transport von Personen auf einer Trage nach DIN 13025-1 „Krankentragen mit Laufrollen" durch Rettungsdienste ermöglichen.

Die nutzbare Breite ist die Breite, die dem Nutzer tatsächlich zur Verfügung steht. Gemessen wird das lichte Fertigmaß waagerecht in der Höhe der Handläufe. Das gilt entsprechend auch für die nutzbare Tiefe der Treppenabsätze.

2.2.6.4 Ortsfeste Leitern bzw. Notleitern

Im Bestand trifft man in Hinterhöfen und Altstadtbebauungen oft auf installierte Leitern mit einer Absturzsicherung, die anstelle von anleiterbaren Stellen installiert wurden. Diese ortsfest installierten Leitern bieten jedoch keinen vollwertigen Ersatz und sind nur als Notlösung anzusehen, wenn sich sonst keine andere Möglichkeit eines zweiten Rettungsweges ergibt. Die Problematik besteht im Regelfall darin, dass diese Notleitern von älteren bzw. gebrechlichen Personen oder Kindern meist nur unter großen Schwierigkeiten benutzt werden können. Für die Feuerwehr stellen diese Notleitern im Rahmen des Löschangriffs bzw. zur Rettung von Personen keinen Angriffs- oder Rettungsweg dar. Bereits seit Entstehung der MBO wurde als Ersatz für eine anleiterbare Stelle eine weitere notwendige Treppe formuliert (§ 33 Abs. 2 MBO, § 17 Abs. 4 MBO 1981 und 1996 sowie abgeleitet aus §§ 19, 42, 43 MBO 1960).

Im Umkehrschluss bedeutet das aber, dass eine Notleiter nicht in jeder Fallkonstellation ein untaugliches Mittel für einen zweiten Rettungsweg ist. So können z. B. bei Notleitern mit Rückenschutz gemäß DIN 14094-1 „Feuerwehrwesen – Notleiteranlagen" durchaus geeignete Vorkehrungen zur Sicherstellung des zweiten Rettungsweges in den vorgenannten Bebauungssituationen sein (siehe OVG NRW, Beschluss vom 22.07.2002 – 7 B 508/01, BauR 2002, 1841 = BRS 65 Nr. 140). Es kommt in jedem Fall immer auf die jeweilige Situation im Einzelfall an, ob eine Notleiter nach Norm als Maßnahme zur Selbstrettung ausreicht oder ob z. B. eine Spindeltreppe als Außentreppe eine berechtigte Forderung im Rahmen einer Anpassung ist.

Besonders dann, wenn eine Zugänglichkeit des Gebäudes über interne Verläufe oder von der Vorderseite für die rückwärtigen Geländenutzungseinheiten nicht möglich ist, kann diese Maßnahme zur Selbstrettung im Rahmen des Anpassungsverlangens durch die Baubehörden als zulässig gefordert

Abb. 2.23: Drehleiter im zweiten Rettungsweg

werden (siehe OVG NRW, Urteil vom 28.05.2011 – 10 A 3051/99, BauR 2002, 763 = BRS 64 Nr. 201).

In der letzten Zeit sind in Kindergärten in mehreren Einzelfällen Schrägrutschen oder spiralförmige Rettungsschläuche aus Stoff für die ersten OG zur Evakuierung vorzufinden. Hier muss im Gefahrenfall durch ausgebildetes Personal der Rettungsschlauch betriebssicher gemacht werden und die flüchtenden Personen müssen durch einen Evakuierungshelfer eingewiesen werden. Sowohl Rettungsschläuche als auch Schrägrutschen sind in baurechtlicher Hinsicht kein anerkannter zweiter Rettungsweg und bedürfen in jedem Fall der Zustimmung der Bauaufsichtsbehörde und der zuständigen Feuerwehr.

Im Rahmen der Wirtschaftlichkeit ist in jedem Einzelfall im Bestand zu prüfen, inwieweit ein Anpassungsverlangen der Baubehörde zulässig bzw. diesem zu folgen ist.

2.2.6.5 Zweiter Rettungsweg über Rettungsgerät der Feuerwehr

Im Bestand findet man sehr oft auch die Praxis, dass der zweite Rettungsweg über Rettungsgerät der Feuerwehr, z. B. über tragbare Leitern oder Drehleitern, hergestellt werden soll. Die Problematik besteht hier in den gleichen Bebauungsformen wie im Kapitel 2.2.6.4 (ortsfeste Leitern) beschrieben. Man muss sich allerdings vor Augen halten, dass auch der zweite Rettungsweg über Rettungsgeräte der Feuerwehr kein Allheilmittel für die Bestandsbebauung ist. Denn hier ist nicht einmal sichergestellt, dass der erste Rettungsweg vorliegt, da man im Bestand oftmals gerade in alten Gebäuden der Jahrhundertwende Holztreppenhäuser vorfindet, die zusätzlich noch mit enormen Brandlasten (Installationen, mobile Brandlasten etc.) versehen sind. Aus diesem Grund ist die Zuverlässigkeit des zweiten Rettungsweges enorm wichtig, vor allem wenn er über Rettungsgerät der Feuerwehr ausgeführt wird.

Dabei ist es wichtig, zu wissen, wie viele Personen über das Rettungsgerät der Feuerwehr zum einen evakuiert werden können und zum anderen im Gefahrenfall evakuiert werden müssen. Gerade wenn man bedenkt, dass es in bestehenden Gebäuden aufgrund der fehlenden Brandschutzkonzepte oder Unterlagen keine genauen Angaben zu den Personenzahlen in den befindlichen Nutzungseinheiten gibt, stellt dies ein Problem dar. Daher sind meist weder der Gebäudebetreiber noch der Nutzer oder die Baubehörde in der Lage, hierzu eine belastbare Aussage zu treffen.

Man muss allerdings bedenken, dass die Sicherstellung des zweiten Rettungsweges über das Rettungsgerät der Feuerwehr, z. B. über Drehleitern und tragbare Leitern, zwar grundsätzlich möglich ist, dieses aber im Gefahrenfall oft schnell an seine Kapazitätsgrenze stößt. Betrachtet man hierzu die Fachempfehlung Nr. 3/2000 (siehe auch Jonas, 2000) des Deutschen Feuerwehrverbandes (DFV), so beträgt, je nach Höhenlage, für einen Standardlöschzug (16 Feuerwehrangehörige) die Rettungsdauer über das Rettungsgerät der Feuerwehr

- bei drei Personen 4–6 Min.,
- bei zwölf Personen 10–14 Min.,
- bei 30 Personen 15–30 Min.

Genaue Zahlen lassen sich aufgrund der wechselnden und ständig anderen Anforderungen im Gefahrenfall nicht festlegen.

Folgt man den Empfehlungen des DFV-Fachausschusses, so ist hier die Sicherstellung des zweiten Rettungsweges für bis zu zehn Personen innerhalb einer Nutzungseinheit, gerade auch im Bestand, also durchaus als sinnvoll anzusehen. Zwischen 20 und 30 Personen ist das dann sicherlich eine Einzelfallentscheidung, die jeweils vom Brandausmaß abhängt. Ab 30 Personen wird gemäß der DFV-Empfehlung ein zweiter baulicher Rettungsweg als erforderlich angesehen.

Wenn man nun unter Betrachtung einer Evakuierungsdauer von 15 bis 30 Min. einmal den maximalen Zeitaufwand von 30 Min. unterstellt, so ist dies genau die gleiche Zeitspanne, die man bei notwendigen Flurtrennwänden (feuerhemmend) für die Standsicherheit voraussetzt. Somit also die Zeit, in der die Rettungskräfte ihren Aufgaben nachkommen können.

Die allgemeine Diskussion in der Praxis geht meist dahin, ob die Zeitspanne von 30 Min. als ausreichend für eine Evakuierung im Rahmen des zweiten Rettungsweges (Drehleiter, tragbare Leiter) anzusetzen ist bzw. als genehmigungsfähig angesehen werden kann. Da sich hierzu keine allgemeine Aussage treffen lässt, sollte immer eine Einzelfallbeurteilung im Rahmen des Brandschutzkonzeptes mit einem Evakuierungskonzept unter Angabe des Zeitrahmens erfolgen.

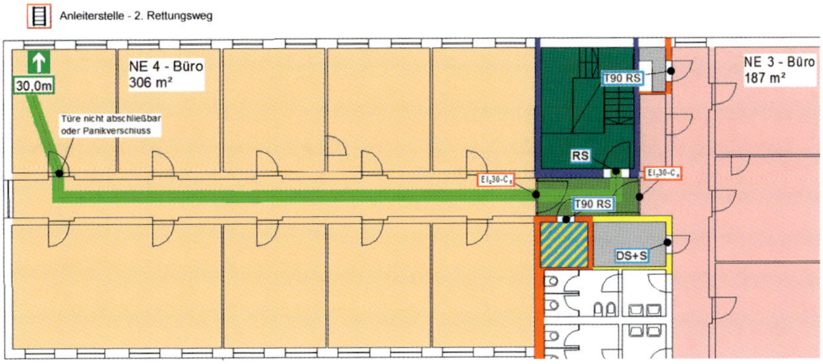

Abb. 2.24: Beispiel für Nutzungseinheiten in einem Bürogebäude

2.2.6.6 Begriff der Nutzungseinheit und des Aufenthaltsraums im System der Rettungswege

Unter einer Nutzungseinheit versteht man eine Einheit bzw. die Summe von Räumen oder eine Raumfolge, die über einen Aufenthaltsraum verfügt. Diese Einheit wird entweder von ein und demselben Nutzer genutzt oder kann aufgrund ihrer organisatorischen und räumlichen Struktur als Einheit betrachtet werden.

Die Klassenzimmer in einer Schule sind hierbei jeweils Teile der Nutzungseinheit Schulgebäude, der Backshop im Supermarkt ist Teil der Nutzungseinheit Supermarkt etc. Eine Wohnung und eine räumlich getrennte Praxis im selben Gebäude stellen zwei Nutzungseinheiten dar, auch wenn sie von derselben Person genutzt werden.

Im Weiteren geht man davon aus, dass sich innerhalb derselben Nutzungseinheit die Nutzer jeweils füreinander verantwortlich fühlen und untereinander warnen und helfen können.

Insofern werden Nutzungseinheiten gegenüber gleichen oder anderen Nutzern bzw. Nutzungseinheiten durch Trennwände mit brandschutztechnischen Anforderungen abgetrennt. Um das Erfordernis von Rettungswegen auszulösen, reicht mindestens ein Aufenthaltsraum in einer Nutzungseinheit aus (vgl. MBO – Begründung der Fassung Oktober 2008). Als Nutzungseinheiten sind z. B. einzustufen: Wohnung, Praxen, Büroeinheiten, Betriebseinheiten, Funktionseinheiten sowie vergleichbare Nutzungsbereiche. Diese Definition des Begriffs Nutzungseinheit wird im Weiteren präzisiert durch § 33 Abs. 1 MBO 2002.

Hinweis

Ein einzelner Raum einer Wohnung bzw. einer Büroeinheit oder das einzelne Beherbergungszimmer ist nicht als Nutzungseinheit einzustufen. Gleichwohl müssen diese Räume bei Erfüllung der Bauvorschriften wieder über zwei Rettungswege verfügen.

Der Begriff Teilnutzungseinheiten ist nur für Nutzungseinheiten relevant, die einer Büro- und Verwaltungsnutzung dienen. Gemäß MBO 2002 und vielen LBOs können größere Nutzungseinheiten, die dieser Nutzung dienen, in nicht mehr als 400 m² große Teilnutzungseinheiten unterteilt werden. Voraussetzung hierfür ist jedoch, dass die Teilnutzungseinheiten untereinander durch raumabschließende feuerwiderstandsfähige Trennwände mit einer Feuerwiderstandsdauer entsprechend der jeweiligen Gebäudeklasse abgetrennt sind und jede Teilnutzungseinheit für sich über die bauaufsichtlich vorgeschriebenen Rettungswege verfügt. Der Sinn dieser bis zu 400 m² großen Teilnutzungseinheiten besteht darin, dass innerhalb dieser Teilnutzungseinheiten keine notwendigen Flure erforderlich sind, was aus der Sicht des baulichen Brandschutzes in der Regel zu erheblichen Vereinfachungen und damit auch zu Kosteneinsparungen führt.

Gerade im Bestand ist es oft schwierig, das System der Rettungswege nachzuweisen. Insofern bestehen hier besondere Anforderungen an den Brandschutzplaner, gerade in Bezug auf den Nachweis der Evakuierung. Dieser kann dann z. B. im Rahmen eines ingenieurtechnischen Entfluchtungsnachweises erfolgen.

2.3 Auszug aus den bauordnungsrechtlichen Vorschriften von 1960 bis 2002

Die wichtigsten Inhalte zu den Begriffen, der Generalklausel und der Grundnorm sind vorstehend dargestellt und nachfolgend, soweit erforderlich, zu den Jahrgängen auszugsweise zitiert. Die materiellen Anforderungen des baulichen Brandschutzes sind jeweils in einer Tabelle zu dem Jahrgang zusammengestellt. Dies soll dazu beitragen, die Bewertung von bestehenden Gebäuden der betroffenen Jahrgänge einfacher vornehmen zu können.

2.3.1 Auszug aus den Anforderungen der Musterbauordnung 1960 und der Bauordnung Nordrhein-Westfalen 1962

Nachstehend ein Auszug aus der Musterbauordnung von 1960, die bis zur Einführung der überarbeiteten Musterbauordnung im Jahre 1981 die wesentliche Grundlage für die LBOs der einzelnen Bundesländer darstellte. Die Bauordnung Nordrhein-Westfalen (BauO NW) von 1962 entspricht quasi eins zu eins der MBO von 1960. Die einzigen Unterschiede bestehen in den unterschiedlichen Bezeichnungen der einzelnen Paragrafen, welche die Anforderungen abbilden. Zum besseren Vergleich sind die abweichenden Paragrafenbezeichnungen der BauO NW jeweils in Klammern aufgeführt.

„Begriffe

(4) Hochhäuser sind Gebäude, bei denen der Fußboden mindestens eines Aufenthaltsraumes mehr als 22 m über der festgelegten Geländeoberfläche liegt.

(5) Vollgeschosse sind Geschosse, die vollständig über der festgelegten Geländeoberfläche liegen und über mindestens zwei Drittel der Grundfläche die für Aufenthaltsräume erforderliche lichte Höhe haben.

Auf die Zahl der Vollgeschosse sind anzurechnen:

1. *Geschosse mit einer lichten Höhe von mehr als 1,8 m unterhalb der Traufoberkante,*
2. *Kellergeschossen, die im Mittel mehr als 1,40 m, und*
3. *Garagengeschosse, die im Mittel mehr als 2,0 m über die festgelegte Geländeoberfläche hinausragen.*" (MBO 1960 und BauO NW 1962, § 2)

„*Allgemeine Anforderungen*

(1) Bauliche Anlagen sind so anzuordnen, zu errichten, zu ändern und instand zu halten, daß die öffentliche Sicherheit oder Ordnung, insbesondere Leben oder Gesundheit, nicht gefährdet werden. Die allgemein anerkannten Regeln der Baukunst sind zu beachten. Bauliche Anlagen dürfen nicht verunstaltet wirken, sie dürfen das Gesamtbild ihrer Umgebung nicht stören und müssen ihrem Zweck entsprechend ohne Mißstände zu benutzen sein.

(3) Als allgemein anerkannte Regeln der Baukunst gelten auch die von der obersten Bauaufsichtsbehörde eingeführten Technischen Baubestimmungen des Deutschen Normenausschusses. Die Einführung erfolgt durch Bekanntgabe im Ministerialblatt, dabei kann hinsichtlich des Inhalts der Technischen Baubestimmungen auf die Fundstelle verwiesen werden.

(4) Soweit im Einzelfall besondere Anforderungen gestellt werden, müssen sich diese im Rahmen der allgemeinen Anforderungen des Abs. 1 halten." (MBO 1960 und BauO NW 1962, § 3)

„*Brandschutz*

(1) Bauliche Anlagen sind so anzuordnen, zu errichten und zu unterhalten, daß der Entstehung und Ausbreitung von Schadenfeuer vorgebeugt wird und bei einem Brand wirksame Löscharbeiten und die Rettung von Menschen und Tieren möglich sind.

(2) Bauliche Anlagen, bei denen nach Lage, Bauart oder Nutzung Blitzschlag leicht eintreten und zu schweren Folgen führen kann, sind mit dauernd wirksamen Blitzschutzanlagen zu versehen.

(3) Bei Hochhäusern müssen die für die Brandbekämpfung und Rettungsmaßnahmen erforderlichen Einrichtungen, Feuerlösch- und Rettungsgeräte vorhanden sein." (§ 19 MBO 1960 und § 18 BauO NW 1962)

„*Wände*

(1) Wände müssen die für ihre Standsicherheit und Belastung nötige Dicke, Festigkeit und Aussteifung haben und, soweit erforderlich, die bauliche Anlage aussteifen. Sie müssen sicher gegen Stöße sein.

(2) Wände sind gegen aufsteigende und gegen eindringende Feuchtigkeit zu schützen.

(3) Wände müssen aus nichtbrennbaren Baustoffen hergestellt werden, soweit diese Bauordnung oder Vorschriften auf Grund dieser Bauordnung nichts anderes bestimmen.

(4) Verkleidungen aus schwer entflammbaren oder aus brennbaren Baustoffen können gestattet werden, wenn wegen des Brandschutzes Bedenken nicht bestehen. Verkleidungen in Hochhäusern sowie Verkleidungen und Innenanstriche der Wände von Schächten und Kanälen sind aus nichtbrennbaren Baustoffen herzustellen.

(5) Wände von Räumen, in denen Gase oder Dünste in gesundheitsschädlichem Maße auftreten können, müssen dicht sein, wenn die Wände an Aufenthaltsräume, Lager für Lebensmittel, Ställe und andere Räume grenzen, deren Benutzung dadurch beeinträchtigt werden kann; Öffnungen sind in diesen Wänden unzulässig.

(6) Für Pfeiler und Stützen gelten die §§ 32 bis 36 (§§ 28 bis 30 BauO NW) sinngemäß." (§ 32 MBO 1960 und § 28 BauO NW 1962)

Tabelle 2.3: Anforderungen an die Feuerwiderstandsfähigkeit der Bauteile nach MBO 1960 und BauO NW 1962 (in Klammern)

Bauteil/Einrichtung	**§**	**1. Vollgeschosse (VG)**	**2. Vollgeschosse**	**Einzel- und Doppelwohngebäude**	**GFK 4**
tragende, aussteifende Wände, Pfeiler, Stützen	**33** (29)	keine	F 30-B	B 1 bei Grenzabstand ≥ 5 m, sonst F 30-B	F 90-A
Wände im Dachraum einschließlich ihrer Zugänge	**65** (62)	keine	F 30-A (T 30)		
Spitzboden	**65** (62)	müssen zur Brandbekämpfung von innen begehbar sein			
nichttragende Außenwände	**34** (30)	B 1	F 30-B	B 1 bei Grenzabstand ≥ 5 m, sonst F 30-B	A
Außenwandverkleidungen einschließlich Dämmstoffen und Unterkonstruktion	**32** (28)	B 1, bei B 2 geeignete Maßnahmen gegen Brandausbreitung			
Trennwände (Öffnungen möglich)	**33** (31)	keine	F 30-B (T 30)	B 1	F 90-A (T 30)
von Räumen mit Explosions-/Brandgefahr (Wohngebäude)	**33** (31)	F 90-A (T 30)			

Fortsetzung Tabelle 2.3

Bauteil/Einrichtung	**§**	**1. Vollgeschosse (VG)**	**2. Vollgeschosse**	**Einzel- und Doppelwohngebäude**	**GFK 4**
Gebäudeabschlusswände (Öffnungen unzulässig)	**36** (32)	Brandwand bei Gebäuden ≤ 3 VG bis unter harte Bedachung > 3 VG 0,3 m über Dach oder unter Dachhaut (DH) mit 50 cm beidseits auskragender F 90-A-Platte			
Gebäudetrennwände (Öffnungen möglich)	**36** (32)	≤ 2 VG – Trennwand in F 90-A alle 60 m > 2 VG – Brandwand alle 40 m 0,3 m (0,5 m bei weicher Bedachung) über Dach oder unter DH mit 1 m beidseits auskragender F 90-A-Platte (§ 37 MBO / § 33 BauO – T 90) anstatt Brandwand: F 90-A-Decken angeschlossen an F 90-A-Treppenraumtrennwände Übereckbeeinflussung: 3 m Abstand über innere Ecke oder Winkel > 120°			
Decken	**38** (34)	keine	F 30-B		F 90-AB
zwischen Nutzungseinheiten	**38** (34)	zwischen landwirtschaftlichem Betriebsteil und Wohnteil F 90-AB			
über Kellergeschossen	**38** (34)	keine	F 30-A		F 90-A
im Dachraum kein Aufenthaltsraum (AR)	**38** (34)	keine	F 30-B		
Verkleidungen unter Decken einschließlich Dämmstoffen und Unterkonstruktionen	**38** (34)	B 1, bei B 2 geeignete Maßnahmen gegen Brandausbreitung			
Rettungsweglänge von AR zum notwendigen Treppenraum (nTR)/ins Freie	**42** (38)	30 m			
zweiter Rettungsweg über Rettungsgerät der Feuerwehr		Fenster 0,9 × 1,2 m für tragbare Leiter der Feuerwehr ab GFK 4 Aufstellfläche für Hubrettungsfahrzeug			
Treppen (notwendige Treppen) Rampenneigung möglich	**42** (38)	eine Treppe zum Geschoss und zum nutzbaren Dach	bei > 2 VG in einem Zug zu allen angeschlossenen Geschossen		
tragende Teile	**42** (38)	keine		A oder F 30-B	F 90-A
Breite mind.	**42** (38)	0,8 m		1,0 m	

Fortsetzung Tabelle 2.3

Bauteil/Einrichtung	**§**	**1. Vollgeschosse (VG)**	**2. Vollgeschosse**	**Einzel- und Doppelwohngebäude**	**GFK 4**
Treppenräume (außen liegend)	**43** (39)	≤ 3 VG innen liegende Treppen			eigener durchgehender für jede notwendige Treppe
Wände	**43** (39)	keine		F 90-AB	Bauart von Brandwand
Wand- und Deckenoberflächen, Einbauten, Beläge	**43** (39)	keine		A, Fußbodenbelag B 1	
Belüftung	**43** (39)	keine		öffenbares Fenster 60 × 90 cm je Geschoss > 5 VG RA 5 % der GF, mind. 1 m² bedienbar vom EG und obersten OG	
Beleuchtung	**43** (39)	keine		muss beleuchtbar sein	
oberer Abschluss vom nTR, wenn nicht Dach	**43** (39)	keine		wie die Decke des obersten Geschosses	
Türen vom Treppenraum zu Nutzungseinheiten	**43** (39)	keine		dichtschließend	
zu allgemein zugänglichen (notwendigen) Fluren	**43** (39)	keine		RS-Türen	
zum KG, Dachraum, Lager etc.	**43** (39)	keine		T 30 > 4. VG – T 90	
Treppenräume (innen liegend)	**43** (39)	zusätzlich kein Raucheintritt			
allgemein zugängliche Flure (nFL) *max. 3 Stufen*	**43** (39)	nicht erforderlich			ab 2 VG herzustellen, wenn Flure RW sind
Breite	**43** (39)	./.			ausreichend für den größten Verkehr
Länge (Rauchabschnitt)	**43** (39)	./.			alle 30 m Unterteilung mit RS-Abschluss
Wände	**43** (39)	./.			F 30-A bis Rohdecke

Fortsetzung Tabelle 2.3

Bauteil/Einrichtung	**§**	**1. Vollgeschosse (VG)**	**2. Vollgeschosse**	**Einzel- und Doppelwohngebäude**	**GFK 4**
Türen zu Nutzungseinheiten und Laubengängen	**43** (39)	./.			dichtschließend; bei Stichfluren RS-Türen
Verkleidungen, Unterdecken, Dämmschichten, Beläge	**43** (39)	keine			A, Bodenbelag B 1
Laubengänge	**43** (39)	keine			F 30-A
Aufzüge	**44** (40)	in eigenen Schächten oder in nTR > 5 VG in eigenen Schächten			
Schachtwände und deren Abschlüsse	**44** (40)	F 90-A-Abschlüsse müssen eine Übertragung von Feuer und Rauch behindern			
Lüftung	**44** (40)	müssen belüftbar sein			
Triebwerkraum, Wände und Türen	**44** (40)	F 90-A mit Türe T 90			
Lüftungsanlagen	**47** (43)	aus A-Baustoffen BA überbrückende in F 90-A mit Klappe dürfen Bauteile nicht gefährden müssen brandsicher und betriebssicher sein			
Installationen[1)]	**53** (44)	dürfen Bauteile nicht gefährden Installationskänale aus A-Baustoffen ≥ 4 VG F 90-A			

[1)] Zum Zeitpunkt der Einführung der MBO 1960 bestanden noch keine Anforderungen aufgrund einer Leitungsanlagenrichtlinie (LAR). Die erste Musterrichtlinie Leitungsanlagen wurde im Jahre 1988 von der ARGEBAU veröffentlicht.

2.3.2 Auszug aus den Anforderungen der Musterbauordnung 1981

Im Jahre 1981 erfolgte die Anpassung der MBO. Nachstehend ein Auszug daraus mit den wichtigsten brandschutztechnischen Anforderungen. Im Rahmen der Änderungen 1981 erfolgte auch die Einführung der Gebäudetypen in Form von Gefahrenklassen.

Wesentliche Änderungen der Inhalte der allgemeinen Anforderungen aus § 3 Abs. 1 gegenüber der MBO von 1960 gab es nicht. Es wurde lediglich ergänzt, dass neben baulichen Anlagen auch andere Anlagen im Sinne des § 1 (Anwendungsbereich) zu berücksichtigen sind. Im § 3 MBO Abs. 3 wurde die Formulierung der allgemein anerkannten Regeln der Baukunst abgeändert und nunmehr die Gültigkeit der a. a. R. d. T. eingeführt.

„Brandschutz

(1) Bauliche Anlagen müssen so beschaffen sein, daß der Entstehung eines Brandes und der Ausbreitung von Feuer und Rauch vorgebeugt wird und bei einem Brand die Rettung von Menschen und Tieren sowie wirksame Löscharbeiten möglich sind.

(2) Leichtentflammbare Baustoffe dürfen nicht verwendet werden; dies gilt nicht für Baustoffe, wenn sie in Verbindung mit anderen Baustoffen nicht leichtentflammbar sind.

(3) Feuerbeständige Bauteile müssen in den wesentlichen Teilen aus nichtbrennbaren Baustoffen bestehen; dies gilt nicht für feuerbeständige Abschlüsse von Öffnungen.

(4) Jede Nutzungseinheit mit Aufenthaltsräumen muß in jedem Geschoß über mindestens zwei voneinander unabhängige Rettungswege erreichbar sein. Der erste Rettungsweg muß in Nutzungseinheiten, die nicht zu ebener Erde liegen, über mindestens eine notwendige Treppe führen; der zweite Rettungsweg kann eine mit Rettungsgeräten der Feuerwehr erreichbare Stelle oder eine weitere notwendige Treppe sein. Ein zweiter Rettungsweg ist nicht erforderlich, wenn die Rettung über einen Treppenraum möglich ist, in den Feuer und Rauch nicht eindringen können (Sicherheitstreppenraum). Gebäude, deren zweiter Rettungsweg über Rettungsgeräte der Feuerwehr führt und bei denen die Oberkante der Brüstungen notwendiger Fenster oder sonstiger zum Anleitern bestimmter Stellen mehr als 8 m über der festgelegten Geländeoberfläche liegt, dürfen nur errichtet werden, wenn die erforderlichen Rettungsgeräte der Feuerwehr vorgehalten werden.

(5) Bauliche Anlagen, bei denen nach Lage, Bauart oder Nutzung Blitzschlag leicht eintreten oder zu schweren Folgen führen kann, sind mit dauernd wirksamen Blitschutzanlagen zu versehen.“ (MBO 1981, § 17, vormals § 19)

Gebäudetypen/Gefahrenklassen

- **Gefahrenklasse 1** – freistehende Gebäude geringer Höhe mit einer Wohnung
- **Gefahrenklasse 2** – Gebäude geringer Höhe mit höchstens zwei Wohnungen
- **Gefahrenklasse 3** – Gebäude geringer Höhe unabhängig von der Nutzung und der Zahl der Nutzungseinheiten
- **Gefahrenklasse 4** – sonstige Gebäude außer Hochhäusern

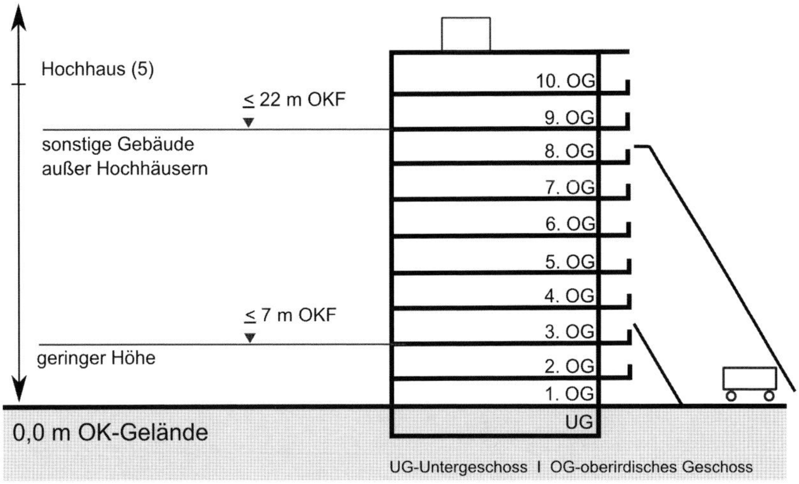

Abb. 2.25: Zuordnung der Gefahrenklassen nach der MBO 1981

Tabelle 2.4: Anforderungen an die Feuerwiderstandsfähigkeit der Bauteile nach MBO 1981 (siehe §§ 25–37)

Bauteil/Einrichtung	§	GFK 1	GFK 2	GFK 3	GFK 4
tragende, aussteifende Wände, Pfeiler, Stützen	25	keine	F 30-B		F 90-AB
in Kellergeschossen	25	keine	F 30-AB	F 90-AB	
in ausgebauten Dachgeschossen	25	keine			
Abschlusswände gegen nicht ausgebauten Dachraum einschließlich ihrer Zugänge	27	keine	F 30-B bis unter Rohdecke oder DH		
nichttragende Außenwände	26	keine			A oder F 30-B
Außenwandverkleidungen einschließlich Dämmstoffen und Unterkonstruktion	26	keine	keine, bei B 2 geeignete Maßnahmen gegen Brandausbreitung		B 1
Trennwände (Öffnungen möglich)	27	./.	F 30-B bis unter Rohdecke oder oder DH (T 30)		F 90-AB bis unter Rohdecke oder DH (T 30)
von Räumen mit Explosions-/Brandgefahr (Wohngebäude)					

Fortsetzung Tabelle 2.4

Bauteil/Einrichtung	**§**	**GFK 1**	**GFK 2**	**GFK 3**	**GFK 4**
Gebäudeabschlusswände (Öffnungen unzulässig)	28	./.	F 90-AB bis unter DH	Brandwand 0,3 m über Dach oder unter DH mit 50 cm beidseits auskragender F 90-A-Platte oder Deckenanschluss ohne Öffnungen in 5 m Streifen	
Gebäudetrennwände (Öffnungen möglich)	28	./.		Brandwand 0,3 m über Dach oder unter DH mit 50 cm beidseits auskragender F 90-A-Platte oder Deckenanschluss ohne Öffnungen in 5 m Streifen (T 90)	
Decken	29	keine	F 30-B		F 90-AB
zwischen Nutzungseinheiten	29	zwischen landwirtschaftlichem Betriebsteil und Wohnteil F 90-AB sonst F 30 bis GFK 2			
über Kellergeschossen	29	keine	F 30-B	F 90-AB	
im Dachraum kein Aufenthaltsraum (AR)	29	keine			
Verkleidungen unter Decken einschließlich Dämmstoffen und Unterkonstruktionen		Anforderungen nur in RW			
Rettungsweglänge von AR zum nTR/ins Freie	32	35 m			
zweiter Rettungsweg über Rettungsgerät der Feuerwehr		Fenster 0,9 × 1,2 m für tragbare Leiter der Feuerwehr ab GFK 4 Aufstellfläche für Hubrettungsfahrzeug			
Treppen (notwendige Treppen) Rampenneigung möglich	31	eine Treppe zum Geschoss und zum nutzbaren Dach	bei > 2 VG in einem Zug zu allen angeschlossenen Geschossen		
tragende Teile	31	keine		A oder F 30-B	F 90-A
Breite mind.	31	0,8 m		1,0 m	
Treppenräume (außen liegend)	32	nicht erforderlich		eigener durchgehender für jede notwendige Treppe	
Wände	32	keine		F 90-AB	Bauart von Brandwand

Fortsetzung Tabelle 2.4

Bauteil/Einrichtung	**§**	**GFK 1**	**GFK 2**	**GFK 3**	**GFK 4**
Wand- und Decken- oberflächen, Einbauten, Beläge	32	keine		A, Fußbodenbelag B 1	
Belüftung	32	keine		öffenbares Fenster 60 × 90 cm je Geschoss > 5 VG RA 5 % der GF, mind. 1 m² bedienbar vom EG und obersten OG	
Beleuchtung	32	keine		muss beleuchtbar sein	
oberer Abschluss vom nTR, wenn nicht Dach	32	keine		F 30-B	F 90-B
Türen vom Treppenraum zu Nutzungseinheiten	32	keine		dichtschließend	
zu allgemein zugäng- lichen (notwendigen) Fluren	32	keine		RS-Türen	
zum KG, Dachraum, Lager etc.	32	keine		T 30	
Treppenräume (innen liegend)	32	zusätzlich kein Raucheintritt			
allgemein zugängliche Flure (nFL) *max. 3 Stufen*	33	./.	nicht erfor- derlich	muss bei Geschossen mit mehr als 4 NE vor- handen sein	
Breite	33	./.	ausreichend für den größten Verkehr		
Länge (Rauchabschnitt)	33	./.	alle 30 m Unterteilung mit RS- Abschluss		
Wände	33	./.	F 30-B bis unter Rohdecke		F 30-AB bis Rohdecke
Türen zu Nutzungsein- heiten und Laubengän- gen	33	./.	dichtschließend; bei Stichfluren RS-Türen		
Verkleidungen, Unterde- cken, Dämmschichten, Beläge	33	./.	keine		A, Bodenbelag B 1
Laubengänge	33	./.	keine	F 30-B	F 30-AB
Aufzüge	34	in eigenen Schächten oder in nTR > 5 VG in eigenen Schächten			
Schachtwände und deren Abschlüsse	34	F 90-AB-Abschlüsse müssen eine Übertragung von Feuer und Rauch behindern			
Lüftung	34	RA mit 2,5 % der GF des Fahrschachtes, mind. 0,1 m²			

Fortsetzung Tabelle 2.4

Bauteil/Einrichtung	§	GFK 1	GFK 2	GFK 3	GFK 4
Triebwerkraum, Wände und Türen	34	F 90-A			
elektrische Installationen und Leitungsanlagen[1)]	37	dürfen Bauteile nicht gefährden Installationskänale aus A-Baustoffen ≥ 4 VG F 90-A			
Lüftungsanlagen	37	aus A-Baustoffen BA überbrückende in F 90-A mit Klappe dürfen Bauteile nicht gefährden müssen brandsicher und betriebssicher sein			

[1)] Zum Zeitpunkt der Einführung der MBO von 1981 bestanden noch keine Anforderungen aufgrund einer Leitungsanlagenrichtlinie (LAR). Die erste Musterrichtlinie Leitungsanlagen wurde im Jahre 1988 von der ARGEBAU veröffentlicht.

2.3.3 Auszug aus den Anforderungen der Bauordnung Nordrhein-Westfalen 2000 auf der Basis der Musterbauordnung 1996

1996 erfolgte eine weitere umfassende Anpassung der MBO gerade in Bezug auf die verfahrensrechtlichen Angelegenheiten. Die Inhalte wurden wiederum weitgehend in die BauO NRW übernommen, des Weiteren erfolgte die Einführung der Gebäude mittlerer Höhe.

„Brandschutz

(1) Bauliche Anlagen sowie andere Anlagen und Einrichtungen im Sinne des § 1 Abs. 1 Satz 2 müssen unter Berücksichtigung insbesondere

- *der Brennbarkeit der Baustoffe,*
- *der Feuerwiderstandsdauer der Bauteile, ausgedrückt in Feuerwiderstandsklassen,*
- *der Dichtheit der Verschlüsse von Öffnungen,*
- *der Anordnung von Rettungswegen*

so beschaffen sein, daß der Entstehung eines Brandes und der Ausbreitung von Feuer und Rauch vorgebeugt wird und bei einem Brand die Rettung von Menschen und Tieren sowie wirksame Löscharbeiten möglich sind.

(2) Baustoffe, die nach Verarbeitung oder dem Einbau leichtentflammbar sind, dürfen bei der Errichtung und Änderung baulicher Anlagen sowie anderer Anlagen und Einrichtungen im Sinne des § 1 Abs. 1 Satz 2 nicht verwendet werden.

(3) Für jede Nutzungseinheit müssen in jedem Geschoss mit einem Aufenthaltsraum zwei Rettungswege vorhanden sein; die Rettungswege dürfen

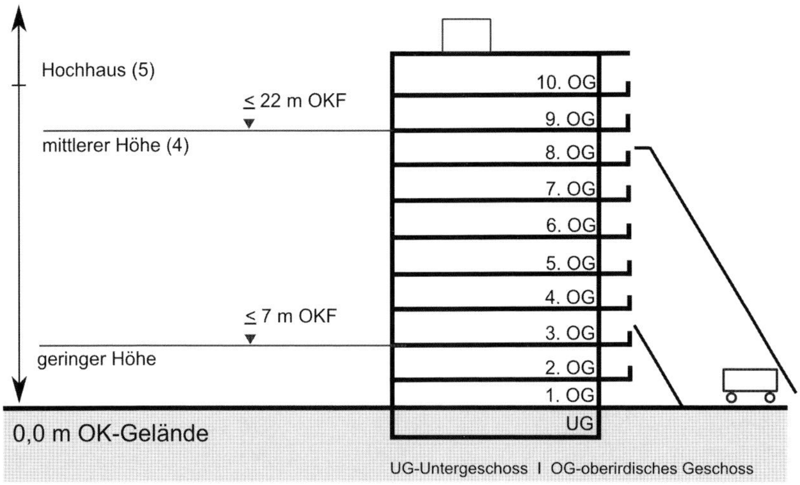

Abb. 2.26: Zuordnung der Gefahrenklassen nach der BauO NRW 1997

innerhalb eines Geschosses über einen gemeinsamen notwendigen Flur führen. Der erste Rettungsweg muss in Nutzungseinheiten, die nicht zu ebener Erde liegen, über mindestens eine notwendige Treppe führen; der zweite Rettungsweg kann eine mit Rettungsgeräten der Feuerwehr erreichbare Stelle oder eine weitere notwendige Treppe sein. Ein zweiter Rettungsweg ist nicht erforderlich, wenn die Rettung über einen sicher erreichbaren Treppenraum möglich ist, in den Feuer und Rauch nicht eindringen können (Sicherheitstreppenraum). Gebäude, deren zweiter Rettungsweg über Rettungsgeräte der Feuerwehr führt und bei denen die Oberkante der Brüstungen notwendiger Fenster oder sonstiger zum Anleitern bestimmter Stellen mehr als 8 m über der Geländeoberfläche liegt, dürfen nur errichtet werden, wenn die erforderlichen Rettungsgeräte von der Feuerwehr vorgehalten werden.

(4) Bauliche Anlagen, bei denen nach Lage, Bauart oder Nutzung Blitzschlag leicht eintreten und zu schweren Folgen führen kann, sind mit dauernd wirksamen Blitzschutzanlagen zu versehen." (BauO NRW 2000, § 17)

Gebäudetypen/Gefahrenklassen

- **Gefahrenklasse 1** – freistehende Gebäude geringer Höhe, eine Wohnung
- **Gefahrenklasse 2** – Gebäude geringer Höhe mit höchstens zwei Wohnungen
- **Gefahrenklasse 3** – Gebäude geringer Höhe unabhängig von der Nutzung und der Zahl der Nutzungseinheiten
- **Gefahrenklasse 4** – Gebäude mittlerer Höhe (andere LBO sonstige Gebäude)

Tabelle 2.5: Anforderungen an die Feuerwiderstandsfähigkeit der Bauteile nach BauO NRW 2000 auf der Basis der MBO 1997 (siehe §§ 28–39)

Bauteil/Einrichtung	§	GFK 1	GFK 2	GFK 3	GFK 4
tragende, aussteifende Wände, Pfeiler, Stützen	29	keine	F 30-B		F 90-AB
… in Kellergeschossen	29	keine	F 30-AB	F 90-AB	
… in ausgebauten Dachgeschossen	29	keine	keine, wenn darüber kein AR sonst F 30-B		
Abschlusswände gegen nicht ausgebauten Dachraum einschließlich ihrer Zugänge	30	keine	F 30-B bis unter Rohdecke oder DH		
nichttragende Außenwände	25	keine			F 30-B oder A
Außenwandverkleidungen einschließlich Dämmstoffen und Unterkonstruktion	25	keine	keine, bei B 2 geeignete Maßnahmen gegen Brandausbreitung		B 1
Trennwände (Öffnungen möglich)	30	./.	F 30-B bis unter Rohdecke oder DH (T 30)		F 90-AB bis unter Rohdecke oder DH (T 30)
Gebäudeabschlusswände (Öffnungen unzulässig)	31	./.	F 90-AB bis unter DH	Brandwand bis unter DH	Brandwand 0,3 m über Dach oder unter DH mit 50 cm beidseits auskragender F 90-A-Platte oder Deckenanschluss ohne Öffnungen in 5 m Streifen
Gebäudetrennwände (Öffnungen möglich)	32	./.		Brandwand bis unter DH (T 90)	Brandwand 0,3 m über Dach oder unter DH mit 50 cm beidseits auskragender F 90-A-Platte oder Deckenanschluss ohne Öffnungen in 5 m Streifen (T 90)
Decken	34	keine	F 30-B		F 90-AB
zwischen Nutzungseinheiten	34	zwischen landwirtschaftlichem Betriebsteil und Wohnteil F 90-AB, sonst F 30 bis GFK 2			
über Kellergeschossen	34	keine	F 30-B	F 90-AB	

Fortsetzung Tabelle 2.5

Bauteil/Einrichtung	**§**	**GFK 1**	**GFK 2**	**GFK 3**	**GFK 4**
im Dachraum kein Aufenthaltsraum (AR)	34	keine			
Verkleidungen unter Decken einschließlich Dämmstoffen und Unterkonstruktionen		Anforderungen nur in RW			
Rettungsweglänge von AR zum nTR/ins Freie	37	35 m			
zweiter Rettungsweg über Rettungsgerät der Feuerwehr	5	Fenster 0,9 × 1,2 m für tragbare Leiter der Feuerwehr ab GFK 4 Aufstellfläche für Hubrettungsfahrzeug			
Treppen (notwendige Treppen) Rampenneigung möglich	36	eine Treppe zum Geschoss und zum nutzbaren Dach	bei > 2 VG in einem Zug zu allen angeschlossenen Geschossen		
tragende Teile	36	keine		A	F 90-A
Breite mind.	36	0,8 m		1,0 m	
Treppenräume (außen liegend)	37	nicht erforderlich		eigener durchgehender für jede notwendige Treppe	
Wände	37	keine		F 90-AB	Bauart von Brandwand
Wand- und Deckenoberflächen, Einbauten, Beläge	37	keine		A, Fußbodenbelag B 1	
Belüftung	37	keine		Fenster 0,5 m² Fläche > 5 VG RA 5 % der GF, mind. 1 m² bedienbar vom EG und obersten OG	
Beleuchtung	37	keine		muss beleuchtbar sein	
oberer Abschluss vom nTR, wenn nicht Dach	37	keine		F 30-B	F 90-B
Türen vom Treppenraum zu Nutzungseinheiten	37	keine		dichtschließend bei NE > 200 m² T 30-RS	
zu allgemein zugänglichen (notwendigen) Fluren	37	keine		RS-Türen	
zum KG, Dachraum, Lager etc.	37	keine		T 30-RS	
Treppenräume (innen liegend)	37	zusätzlich kein Raucheintritt			

Fortsetzung Tabelle 2.5

Bauteil/Einrichtung	§	GFK 1	GFK 2	GFK 3	GFK 4
allgemein zugängliche Flure (nFL)	38	./.	nicht erforderlich	muss bei Geschossen mit mehr als 4 NE vorhanden sein	
max. 3 Stufen, Gang/Schleuse 10 m/Stichflur 20 m					
Breite	38	./.	ausreichend für den größten Verkehr		
Länge (Rauchabschnitt)	38	./.	alle 30 m Unterteilung mit RS-Abschluss		
Wände	38	./.	F 30-B bis unter Rohdecke		F 30-AB oder F 30-B/AA bis Rohdecke
Türen zu Nutzungseinheiten und Laubengängen	38	./.	dichtschließend; bei Stichfluren RS-Türen		
Verkleidungen, Unterdecken, Dämmschichten, Beläge	38	./.	keine		A, Bodenbelag B 1
Laubengänge	38	./.	keine	F 30-B	F 30-AB
Aufzüge	39	in eigenen Schächten oder in nTR > 5 VG in eigenen Schächten			
Schachtwände und deren Abschlüsse	39	F 90-AB Abschlüsse nach DIN 18091			
Lüftung	39	RA mit 2,5 % der GF des Fahrschachtes, mind. 0,1 m²			
Triebwerkraum, Wände und Türen	39	k. A.			

2.3.4 Brandschutztechnische Anforderungen der Musterbauordnung 2002

„Brandschutz

Bauliche Anlagen sind so anzuordnen, zu errichten, zu ändern und instand zu halten, dass der Entstehung eines Brandes und der Ausbreitung von Feuer und Rauch (Brandausbreitung) vorgebeugt wird und bei einem Brand die Rettung von Menschen und Tieren sowie wirksame Löscharbeiten möglich sind.“ (MBO 2002, § 14)

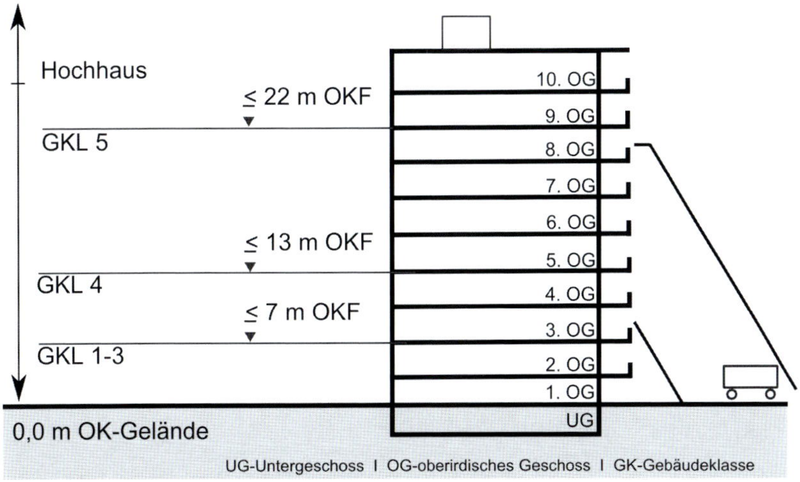

Abb. 2.27: Gebäudehöhen mit Zuordnung der Gebäudeklassen

Gebäudeklassen

Tabelle 2.6: Anforderungen an die Feuerwiderstandsfähigkeit der Bauteile nach MBO 2002 (siehe §§ 27–39)

Gebäudeklassen	**1**	**2**	**3**	**4**	**5**
§ 27 Tragende Wände, Pfeiler, Stützen					
im obersten Dachraum, wenn darüber keine Aufenthaltsräume möglich sind:	ohne	ohne	ohne	ohne	ohne
im obersten Dachraum, wenn darüber Aufenthaltsräume möglich sind:	ohne	fh	fh	hfh	fb
im Normalgeschoss:	ohne	fh	fh	hfh	fb
im Kellergeschoss:	fh	fh	fb	fb	fb
§ 28 Außenwände					
nichttragende Außenwände und Teile:	ohne	ohne	ohne	A oder fh	A oder fh
außenseitige Oberflächen und Bekleidungen:	ohne	ohne	ohne	B 1	B 1
§ 29 Trennwände					
von Nutzungseinheiten im obersten DG (Wohngebäude):	fh (ohne)	fh (ohne)	fh	fh	fh
von Nutzungseinheiten im DG, wenn darüber noch Aufenthaltsräume möglich sind (Wohngebäude):	fh (ohne)	fh (ohne)	fh	hfh	fb

Fortsetzung Tabelle 2.6

Gebäudeklassen	**1**	**2**	**3**	**4**	**5**
von Nutzungseinheiten im Normalgeschoss (Wohngebäude):	fh (ohne)	fh (ohne)	fh	hfh	fb
von Aufenthaltsräumen im Kellergeschoss (Wohngebäude):	fh (ohne)	fh (ohne)	fb	fb	fb
von Räumen mit Explosions-/Brandgefahr (Wohngebäude):	fb (ohne)	fb (ohne)	fb	fb	fb
§ 30 Brandwände und zulässige Wände anstelle von Brandwänden					
• Überdachführung mind. 0,3 m, bei Führung unter Dachhaut beidseitig 0,5 m auskragend mit fb-Platte • Eckstoß von Gebäuden: einseitig 5 m Abstand zur inneren Ecke/bei beidseitiger Führung der BW muss der Abstand der Ecken (Hypotenuse) 5 m betragen. • Ist der Winkel der inneren Ecke > 120°, besteht keine Anforderung. • Gebäude unterschiedlicher Höhe benötigen eine Kragplatte von 5 m.					
Gebäudeabschlusswände:	hfh ohne fh/fb	hfh ohne fh/fb	hfh ohne fh/fb	hfh + M	fb + A + M
innere Brandwände:	(entfällt)	(entfällt)	hfh	hfh + M	fb + A + M
§ 31 Decken					
im Dachgeschoss, wenn darüber keine Aufenthaltsräume möglich sind:	ohne	ohne	ohne	ohne	ohne
im Dachgeschoss, wenn darüber noch Aufenthaltsräume möglich sind:	ohne	fh	fh	hfh	fb
im Normalgeschoss:	ohne	fh	fh	hfh	fb
im Kellergeschoss:	fh	fh	fb	fb	fb
von Räumen mit Explosions-/Brandgefahr (Wohngebäude):	fb (ohne)	fb (ohne)	fb	fb	fb
§ 32 Bedachungen					
• widerstandsfähig gegen Flugfeuer und strahlende Wärme, harte Bedachung BROOF (t 1) • weiche Bedachung FROOF (t 1) nur bei GKL 1–3, wenn z. B. Abstand von Grundstücksgrenze ≥ 12 m					
§ 35 Wände notwendiger Treppenräume (nTR)					
in allen Geschossen: treppenraumseitige Oberflächen:	entfällt	entfällt	fh A	hfh + M A	fb + A + M A

Fortsetzung Tabelle 2.6

Gebäudeklassen	**1**	**2**	**3**	**4**	**5**
§ 36 Wände notwendiger Flure					
in Normal- und Dachgeschossen: flurseitige Oberflächen:	entfällt	entfällt	fh A	fh A	fh A
in Kellergeschossen (Wohngebäude):	fh (ent-fällt)	fh (ent-fällt)	fb	fb	fb
§ 39 Fahrschachtwände, sofern außerhalb nTR					
in allen Geschossen: schachtseitige Oberflächen:	entfällt	entfällt	fh A	hfh A	fb + A
fh = feuerhemmend I hfh = hochfeuerhemmend I fb = feuerbeständig M = mechanische Beanspruchung I A = nichtbrennbare Baustoffe					

2.4 Sonderbauverordnungen

Die materiellen Anforderungen der MBO erfassen nur die am häufigsten vorkommenden, üblichen Arten der Nutzung baulicher Anlagen und richten diese Anforderungen in erster Linie auf Wohngebäude aus oder auf Gebäude, die hinsichtlich ihres Gefahrenrisikos aus der Nutzung von Wohngebäuden ähnlich sind. Hinzu kommen noch die Regelungen von landwirtschaftlichen Betriebsgebäuden, Behelfsbauten und untergeordneten Gebäuden. Andere bauliche Anlagen, die in ihrer Art und ihrem Zweck einer Bestimmung unterliegen, sind auch in der Nutzung und Entwicklung so gestaltet, dass an solche baulichen Anlagen und Räume besonderer Art und Nutzung weitere Anforderungen gestellt werden. Aber auch wenn ein Gebäude ausschließlich der Wohnnutzung oder einer vergleichbaren Nutzung unterliegt und die materiellen Vorschriften der MBO dies nicht erfassen, können sie zu einer baulichen Anlage besonderer Art und Nutzung werden. Dies ist z. B. sehr oft bei Wohnhochhäusern und Verwaltungsgebäuden der Fall, die seit den 1970er Jahren vermehrt auch in der Bundesrepublik Deutschland erstellt worden sind. Insbesondere findet auf diese meist die Muster-Hochhausrichtlinie (1981) Anwendung.

Für Bauwerke mit solcher besonderen Art und Nutzung sowie Gebäude mit einem größeren Gefahrenrisiko können zum einen besondere Anforderungen bzw. weitere Vorschriften gültig werden und zum anderen Erleichterungen auf der Basis z. B. von § 51 MBO 1996 gestattet werden.

Die sogenannte Muster-Sonderbauverordnungen und Technischen Baubestimmungen sind zusätzlich zu den Vorschriften der MBO geregelt.

Abb. 2.28: Landtag von Baden-Württemberg – ein Sonderbau, in den gleich drei baurechtliche Vorschriften eingreifen

Nach § 51 MBO (ab 1996) gelten als Sonderbauten bzw. Anlagen und Räume besonderer Art oder Nutzung:

- Hochhäuser oder Gebäude mit einer Höhe von mehr als 22 m
- bauliche Anlagen mit einer Höhe von mehr als 30 m
- bauliche Anlagen und Räume mit mehr als 1.600 m^2 Grundfläche
- Verkaufsstätten mit einer Verkaufsgrundfläche von mehr als 400 m^2
- gewerbliche Gebäude mit einer Grundfläche von mehr als 400 m^2
- Büro- und Verwaltungsgebäude mit mehr als 400 m^2 Geschossfläche
- Schulen, Hochschulen und ähnliche Einrichtungen
- Pflege- und Betreuungseinrichtungen von Kindern, behinderten, alten Menschen
- Versammlungsstätten und Sportstätten
- Krankenhäuser und ähnliche Einrichtungen
- Bauwerke mit erhöhter Brand-, Explosions-, Strahlen- oder Verkehrsgefahr
- Gebäude, die bei Brand eine Umweltgefährdung herbeiführen können
- Fliegende Bauten, Camping-, Wochenend- und Zeltplätze
- Gemeinschaftsunterkünfte und Beherbergungsstätten über zwölf Betten
- Freizeit- und Vergnügungsparks
- Gaststätten mit mehr als 40 Gastplätzen
- Spielhallen
- Justizvollzugsanstalten und Bauwerke für den Maßregelvollzug
- Regallager mit einer Oberkante der Lagerguthöhe über 7,50 m

Diese Besonderheiten stellen für den Nutzer gerade im Bestand meist erhöhte Risiken und Problematiken dar, die durch spezielle Anforderungen an das Gebäude und dessen innere Erschließung gemindert werden müssen.

Die im Kapitel 2.4.1 aufgeführten Verfahren behandeln übliche Sonderbauten, sogenannte Regelfälle für die Musterrichtlinien bzw. Sonderbauverordnungen der ARGEBAU (siehe Mustervorschriften und Mustererlasse auf www.is-argebau.de). Die folgende Übersicht zeigt die derzeit gültigen Muster-Richtlinien der Fachkommission ARGEBAU in Bezug auf den Brandschutz.

- M-BeVO, vormals GastBauR: Beherbergungsstättenverordnung, Fassung 2000; Gaststättenbauverordnung, Fassung 1982
- EltBauVO: Elektrische Betriebsräume, Fassung 2009
- M-FeuVO: Feuerungsverordnung, veröffentlicht 1987, aktualisiert 1997, 2005, Fassung 2007
- M-FLBAUR: Fliegende Bauten, Fassung 2007
- M-GarVO: Garagenverordnung, veröffentlicht 1988, aktualisiert 1993, 1997, letzte Fassung 2008
- M-GhVO: Geschäftshausverordnung, letzte Fassung 1997
- M-HHR: Hochhäuser, veröffentlicht 1981, aktualisiert 1986, letzte Fassung 2008
- M-HFHHolzR: Holzbaurichtlinie, Fassung 2004
- M-IndBauRL: Industriebaurichtlinie, Fassung 2000
- KhBauVO: Krankenhausbauverordnung, letzte Fassung 1976
- M-LAR: Leitungsanlagenrichtlinie, veröffentlicht 1988, aktualisiert 1993, 1998, 2000, letzte Fassung 2005
- M-LüAR: Lüftungsanlagenrichtlinie, veröffentlicht 1984, Fassung 2005
- M-SchulbauR: Schulbaurichtlinie, veröffentlicht 1998, letzte Fassung 2009
- M-SYSBöR: Systembödenrichtlinie, Fassung 2005
- M-VkVO: Verkaufsstättenverordnung, Fassung 1995
- M-RFfdF: Musterrichtlinie über Flächen für die Feuerwehr, Fassung 2007
- M-VStättVO: Versammlungsstättenverordnung, veröffentlicht 1978, letzte Fassung 2005
- LöRüRL: Richtlinie zur Bemessung von Löschwasser-Rückhalteanlagen, Fassung 1992
- EltVTR: Richtlinien über elektrische Verriegelungssysteme von Türen in Rettungswegen M, Fassung 1997
- MKLR: Kunststofflager-Richtlinie, Fassung Juni 1996
- MautSchR: Richtlinie über automatische Schiebetüren in Rettungswegen, Fassung 1997
- MKLR: Richtlinie über den Brandschutz bei der Lagerung von Sekundärstoffen aus Kunststoff, Fassung 1996

In der Tabelle 2.7 sind auszugsweise die maximalen Brandabschnittsgrößen zu verschiedenen Sonderbauten mit dem Stand des Jahres 2000 zusammengestellt.

Tabelle 2.7: Maximale Brandabschnittsgrößen nach verschiedenen Verordnungen

Gebäudetyp	ungeschützt	mit Sprinkleranlage
allgemeine Gebäude	1.600 m²	3.200 m²
Verkaufsstätten, eingeschossig	3.000 m²	10.000 m²
Verkaufsstätten, bis 3 OG	je Geschoss 1.500 m²/ max. 3.000 m²	je Geschoss 5.000 m²
Verkaufsstätten, größer 3 OG	nicht möglich	je Geschoss 5.000 m²
Krankenhäuser	2 BA je OG 2.000 m²	4.000 m²
Schulen, eingeschossig	3.000 m²	6.000 m²
Schulen in Hanglage mit direktem Ausgang ins Freie	5.000 m²	
oberirdisch geschlossene Großgarage	5.000 m²	10.000 m²
sonstige geschlossene Großgarage	2.500 m²	5.000 m²
IndBauRL	je nach Brandschutzkonzept z. B. 20.000 bis 60.000 m² (120.000 m²)	
sonstige Sonderbauten	nach Brandschutzkonzept	

Die besonderen Anforderungen an Sonderbauten erstrecken sich in der Regel auf Brandschutzeinrichtungen und Brandschutzvorkehrungen. Für diese meist technischen Anlagen werden in der Regel die nachstehend aufgeführten Regelwerke für deren Auslegung und Bemessung angewandt. Zu den Anlagen und Einrichtungen, welche für Sonderbauten eingesetzt werden, zählen:

- Rauch- und Wärmeabzugsanlagen, z. B. DIN 18232-2 „Rauch- und Wärmefreihaltung“ und -5, DIN EN 12101-2 „Rauch- und Wärmefreihaltung“ und -3, VdS CEA 4020
- Druckbelüftungsanlagen z. B. DIN EN 12101-6
- Brandmeldeanlagen z. B. DIN 14675 „Brandmeldeanlagen“, DIN EN 54 „Brandmeldeanlagen“, VDE 0833, VdS 2095
- Alarmierungsanlagen z. B. DIN EN 60849 „Elektroakustische Notfallwarnsysteme“, DIN EN 54-24, DIN EN 54-16
- Feuerlöschanlagen z. B. VdS CEA 4001, VdS CEA 4007, VdS 2109, VdS 2093, FM-Datenblättern, DIN EN 12845 „Ortsfeste Brandbekämpfungsanlagen“ etc.

Die Vorschriften für Sonderbauten nach § 51 MBO (1996 u. a.) finden nicht nur ihre Anwendung auf Gebäude, sondern grundsätzlich auf bauliche Anlagen schlechthin. Hierzu zählen auch die fiktiven baulichen Anlagen, die im klassischen Sinne nichts Gebautes darstellen, jedoch vom typischen Gefahrenpotential eines Grundstücks mit Wohnbebauung abweichen wie z. B. gewerblich oder industriell genutzte Lagerplätze, Camping- und Wochenendplätze sowie ähnliche Anlagen. Das bedeutet aber in der weiteren Folge auch, dass es durchaus möglich ist, dass einzelne Räume (z. B. Labor, Arztpraxen, Einzelhandel etc.) in einem Gebäude, das sonst nur aus Wohnungen oder vergleichbaren Nutzungen besteht, durchaus unter die Anwendung der Vorschriften für Sonderbauten nach § 51 MBO (1996 u. a.) fallen können. Infolgedessen ist bei der Beurteilung von Bestandsgebäuden die im vorgenannten Absatz dargestellte Situation in der Form zu überprüfen, ob es sich im Sinne des § 51 MBO (1966 u. a.) um einen Sonderbau handelt.

Insofern kann es also erforderlich sein oder durch die Bauaufsichtsbehörde gefordert werden, dass ein Brandschutzkonzept für das zu beurteilende Gebäude im Bestand vorhanden ist.

Hinweis

Die Forderung der Bauaufsichtsbehörde nach einem Brandschutzkonzept für z. B. Bestandsgebäude wird in der Regel dadurch begründet, dass die Baubehörde auf die Prüfung des Brandschutzes als ihre zentrale Kernaufgabe nicht verzichten kann.

2.4.1 Abweichungen und Erleichterungen im Rahmen von Sonderbauverordnungen

Abweichungen von Anforderungen in Sonderbauverordnungen sind keine Erleichterungen im Sinne von § 51 Abs. 1 MBO (1996 u. a.) und können daher auch bei einer Bestandsbewertung entweder im Rahmen von z. B. einer Abweichung nach § 67 MBO 2002 bzw. als Ausnahme oder Befreiung im Sinne des § 67 MBO 1996 erfolgen.

Im Gegensatz hierzu ergibt sich aus § 51 MBO (1996 u. a.) für die Bauaufsichtsbehörde die Möglichkeit, an diese sogenannten Sonderbauten besondere Anforderungen zu stellen, um in Verwirklichung der allgemeinen Anforderungen aus § 3 MBO (1996 u. a.) insbesondere Gefahren für die öffentliche Sicherheit und Ordnung (Leben und Gesundheit) zu verhindern bzw. zu beseitigen.

Das heißt im Umkehrschluss, ein Sonderbau kann ohne die Erfüllung dieser besonderen Anforderungen weder errichtet noch betrieben werden.

Das bedeutet, dass die Baubehörde auch beim Bauen im Bestand (siehe letzter Absatz zu Kapitel 2.4) auf der Grundlage des § 51 Abs. 2 Nr. 19 MBO 2002 oder auf § 51 Abs. 1 ff. MBO (1996 und 1981) die Erstellung eines Brandschutzkonzeptes für das gesamte Objekt, auch für vom Bauantrag nicht unmittelbar betroffene Teile, verlangen kann, wenn diese besondere Forderung notwendig ist.

Da die Behörde nicht willkürlich diese besonderen Anforderungen stellen kann, muss sie ggf. auch im verwaltungsgerichtlichen Akt den Nachweis erbringen können, dass ohne Erfüllung dieser besonderen Forderungen eine Prüfung der Zuverlässigkeit des Vorhabens nicht möglich ist. Dies ist jedoch unabhängig von den Anpassungsregelungen im § 83 MBO 1996 zu sehen, bei denen eine konkrete Gefahr im Bestand zur Anpassung vorliegen muss.

Weiter kann die Bauaufsichtsbehörde im Einzelfall für die genannten baulichen Anlagen und Räume besonderer Art auch Erleichterungen gestatten, soweit es der Einhaltung der materiellen Vorschriften der MBO in Bezug auf die besondere Art und Nutzung der baulichen Anlage oder wegen der besonderen Anforderungen nicht bedarf. Diese Erleichterungen stellen zwar eine Abweichung von den Regelvorschriften der MBO dar, sind jedoch nicht als Abweichung im Sinne z. B. des § 67 MBO 2002 anzusehen. Die Bauaufsichtsbehörde gestattet nunmehr die Erleichterung unter der Voraussetzung, dass die geforderten Nachweise hierüber vom Bauherrn erbracht werden. Hierzu bedient sich der Bauherr in der Regel eines Fachplaners, der zum Nachweis der Einhaltung der gesetzlich geforderten Voraussetzungen, hier insbesondere der gewünschten Erleichterung, ein Brandschutzkonzept erstellt (Gädtke et al., 2011).

Der Grund für die Schaffung der Sonderbauverordnungen besteht im Wesentlichen darin, die LBOs um die Forderungen zu ergänzen, die die Besonderheiten des bestimmten Gebäudetyps berücksichtigen. Es wird hierdurch auch geregelt, dass für Sachverhalte, die in den Sonderbauverordnungen nicht umgesetzt sind, die Forderungen der jeweiligen LBO eingehalten werden müssen. Der Nachweis ist in der Regel in geeigneter Form eines Brandschutzkonzeptes durch einen Fachplaner zu erbringen.

2.4.2 Der Wunsch nach Brandschutztransparenz

Die Nutzung von Bauwerken für die Herstellung von Gütern mit gleichzeitiger Einbeziehung von Erlebnisbereichen für Besucher fordert sowohl Transparenz in der Gebäudestruktur wie auch ein hohes Maß an Sicherheit. Aus der Sicht des Brandschutzes stellt dies einen besonderen Anspruch an die Ausführung dar. Begriffe wie *transparenter Brandschutz* oder *gläserne Manufaktur* sind als Programm und Herausforderung anzusehen (siehe auch Kiel, 2001).

Bei der Umgestaltung des Reichstages in Berlin wurde verstärkter Glaseinsatz vollzogen. Bekanntes Wissen zum Brandschutz wurde auch bei diesem Sonderbau konsequent angewandt. Der Einsatz von ca. 5.000 m^2 Brandschutzverglasung in Verbindung mit der Bildung eindeutiger Brandabschnitte, verringerten Brandlasten und dem komplexen Einsatz von Meldetechnik, zum Teil geleiteten Entrauchungsanlagen und selbsttätigen Löschanlagen ermöglichte Großzügigkeit und Transparenz in einem bestehenden Gebäude (Wegweisende Brandschutztechnik am Reichstagsgebäude in Berlin, 1999).

Abb. 2.29: Glasfassaden mit Treppenraum im Kranhaus Süd in Köln (Foto: © christian-colista/ Fotolia.com)

Menschliches Versagen, Vandalismus oder auch nur das Zusammentreffen ungünstiger Umstände werden immer Quelle von Brandereignissen bleiben. Folgerichtig muss ein Brand bereits in der Planung umfassend berücksichtigt werden. Die Variable „Brand" sollte allerdings für alle Beteiligten nachvollziehbar sein, sowohl was die planerische als auch die behördliche Sichtweise betrifft.

2.5 Entstehung und Entwicklung der DIN 4102

2.5.1 Grundgedanken der Nachweisverfahren

Die wesentliche Aufgabe des baulichen Brandschutzes besteht darin, dass Tragwerke so bemessen werden, dass sie Einwirkungen bei einem Brandfall zuverlässig bzw. möglichst lange widerstehen. Im Zusammenhang mit der Ausbildung von Brandabschnitten wird man den Anforderungen der Bauordnungen an die Standsicherheit der Tragwerke und an die Eindämmung eines Brandes gerecht.

Die Anforderungen an die Standsicherheit und die Behinderung der Brandausbreitung können sich auf den gesamten Brandverlauf bzw. auf eine definierte Zeitdauer des Brandgeschehens beziehen. Insofern wurden zuerst einmal Überlegungen hinsichtlich erforderlicher Evakuierungszeiten und der hier zuzuordnenden Zeitdauer eines Löschangriffs angestellt. Außerdem ermittelte man eine definierte Zeitdauer, die sich aus einem geschätzten Zeitbedarf für eine Evakuierung und die erforderlichen Löscharbeiten ergibt.

Da der Brand im Sinne eines Vollbrandes ein außergewöhnliches Ereignis darstellt, wird es im Allgemeinen genügen, bei der Bemessung nur Grenzzustände zu berücksichtigen, die für die Standsicherheit des Tragwerkes und für die Eindämmung des Brandes von Bedeutung sind.

Bei diesen definierten Grenzzuständen der Tragfähigkeit und der Brandeinwirkung kann somit zugelassen werden, dass

- Gebäude oder Teile nach dem Brand nicht mehr gebrauchsfähig sind,
- ein örtliches Versagen der Bauteile eintritt, aber die Tragfähigkeit des Gesamttragwerkes sichergestellt ist,
- größere Verformungen als im Grenzzustand der Gebrauchsfähigkeit auftreten,
- die Tragfähigkeit unter Brandeinwirkung nur für eine begrenzte Zeit erhalten bleibt.

Im baulichen Brandschutz können verschiedene Nachweisführungen vollzogen werden. Grundsätzlich umfasst die Nachweisführung nach § 3 Abs. 3 MBO 2002 mit ihrer Grundsatzaussage folgende drei Möglichkeiten:

- Nachweisführung auf der Basis der materiellen Anforderungen nach der jeweiligen LBO in Verbindung mit den eingeführten Technischen Baubestimmungen sowie den weiteren evtl. anwendbaren bauaufsichtlichen Richtlinien
- Nachweisführung nach den a. a. R. d. T., wie z. B. DIN-Normen oder unter Heranziehung derselben zur Klärung bestimmter Einzelfragestellungen
  Hierzu wird auf die Anwendung der DIN 18230-1 und -4 sowie informativ auf die DIN 18232-2 „Rauch- und Wärmefreihaltung“ bzw. -5 und die DIN 18234 „Baulicher Brandschutz großflächiger Dächer – Brandbeanspruchung von unten“ verwiesen. Des Weiteren gehören zu diesen Nachweisverfahren auch die Normen, die für die Tragwerksbemessung im Brandfall nach Eurocode Teil 1 bis Teil 6 (EC1–EC6) (vgl. DIN EN 1992 und DIN EN 1996 jeweils die Teile 1 bis 2 in Verbindung mit dem nationalen Anwendungsdokument [NAD]) angewendet werden, soweit diese bereits als Norm herausgegeben worden sind, allerdings als Technische Baubestimmung noch nicht eingeführt wurden (Schneider, 2011).
- Nachweisführung nach dem Stand der Wissenschaft und Technik (vgl. MBO § 3 Abs. 3), eine Nachweisführung und Heranziehung z. B. von Methoden des Brandschutzingenieurwesens (Fire-Safety-Engineering/Brandsimulation) wäre hier in diesem Bereich der wissenschaftlichen Nachweisführung einzuordnen.

2.5.2 Baustoffe und ihre Brandbelastung

Die Erfahrung der Vergangenheit hat gezeigt, dass in Gebäuden der Einbau von brennbaren bzw. wenig brennbaren (schwer entflammbaren) Baustoffen stets mit einem erhöhten Risiko verbunden ist, das sich durch die weitere Verwendung von brennbaren Materialien für technische und nutzungsspezifische Ausstattungen signifikant erhöht. Es ist also darauf zu achten, brennbare Materialien für die Ausstattung nur bedingt einzusetzen oder nicht zu verwenden. Zündquellen und öffentliche Feuer-, Licht- und Wärmequellen sollten vermieden werden.

Durch die Verwendung schwer entflammbarer Baustoffe wird ein gewisses Sicherheitsniveau angestrebt, das bei gleichzeitiger Verwendung normal

Abb. 2.30: Flamme einer Kerze, sinngemäß für die Brandcharakteristik

entflammbarer Baustoffe oder Brandlasten im Objekt wieder aufgehoben werden kann. Das ergibt sich insbesondere für Einbauten, Möbel, mobile Brandlasten und anderes Inventar sowie Lagergut, das sich im bestehenden Objekt befindet.

Zum besseren Verständnis soll folgendes Zitat beitragen:

„Versucht man ein Bündel grüner Zweige mit einem Streichholz zu entzünden, wird das kaum gelingen. Befund: Nicht brennbar.

Legt man die Zweige auf ein kleines Feuer von Altpapier, verbrennen sie zum Teil unter Qualmentwicklung. Ist das Papier aber verbrannt, brennen die Zweige nicht weiter. Befund: Selbstverlöschend.

Ein etwas größeres Feuer aus trockenem Holz lässt die grünen Zweige schon vollständig verbrennen, aber langsam und qualmend.

Befund: Schwer brennbar, feuerhemmend.

Wirft man die Zweige schließlich in eine Feuerstätte mit weißglühenden Kohlen, so verbrennen sie fast augenblicklich unter Stichflammenbildung. Befund: Leicht brennbar, feuerfördernd.“ (Berger, 1980, S. 45)

Bei den existierenden Prüfverfahren wird die Schlussfolgerung aus dem Zitat allerdings oft nicht richtig definiert bzw. berücksichtigt, denn das Brandverhalten eines brennbaren Baustoffes hängt von der Temperatur ab. Deutlich wird das auch an folgendem Beispiel:

Weder eine Wachskerze noch das geschmolzene Wachs allein brennen. Erst wenn das im Docht aufsteigende geschmolzene Wachs in der Hitze der Flamme verdampft, verbrennt dieser Dampf. Dieser Prozess des Brandverhaltens ist bei den meisten Baustoffe ähnlich anzusehen: Es verbrennen in der Regel vorwiegend die durch Hitzeeinwirkung aus den Baustoffen ausgetriebenen Gase und Dämpfe. Erst bei sehr hohen Temperaturen brennt nach einer Zeit auch die feste oder flüssige Oberfläche des Baustoffes. Die Verbrennung ist somit die Umsetzung von Stoffen mit Sauerstoff und Licht und Wärmeentwicklung (Oxidation), eine der einfachsten und bekanntesten chemischen Reaktionen.

Für die Charakterisierung des Brandverhaltens dieser Baustoffe sind grundsätzlich die folgenden Parameter von Belang:

- die Verbrennungsgeschwindigkeit
- der Energieumsatz (Wärmeleitung)
- die Rauchdichte und Toxizität der Abgase

In Laborversuchen wurde ermittelt, dass der Beitrag des Stoffelementes zum Brandgeschehen am höchsten bei der Frischluftzufuhr mit normalen Sauerstoffkonzentrationen ist. Die Toxizität der Abgase und die Rauchdichte hingegen können auch mit annehmenden Sauerstoffkonzentrationen zunehmen.

Wenn das so ist, dann ist es auch möglich, das Brandverhalten von Werkstoffen im Laborversuch zu bestimmen und anhand von Versuchsergebnissen diese zu klassifizieren. Erforderlich ist hier nur eine geeignete Apparatur, um die entscheidenden Einwirkungen auf einen Werkstoff (Volumenelement) im Brandgeschehen, nämlich Temperatur und Sauerstoffkonzentration, abgestuft nachzustellen und die Einzelkomponenten des Brandverhaltens in Abhängigkeit von diesen Parametern zu ermitteln.

Da nun im Brandgeschehen sehr unterschiedliche Bedingungen möglich sind, sollten für die Abschätzung der von einem Werkstoff ausgehenden Gefahr für jede Einzelprüfung die jeweils ungünstigsten Bedingungen als Basis gewählt werden. Diese Überlegungen bilden auch die Grundlage der DIN 4102.

2.5.3 Entwicklungen in der DIN 4102

Die DIN 4102 regelt die Widerstandsfähigkeit von Baustoffen und Bauteilen gegen Feuer und Wärme. Sie ist eine eingeführte Technische Baubestimmung (vgl. Liste der eingeführten Technischen Baubestimmungen [LTB] bei der ARGEBAU), stammt aus den 30er Jahren und wurde 1934 mit dem Blatt 1 veröffentlicht. Die Temperatur- und Lasteinwirkungen werden normativ vorgegeben anhand der Einheitstemperaturzeitkurve (ETK), bei voller oder abgeminderter Gebrauchslast.

Die nachfolgend in Abb. 2.31 dargestellte ETK findet man unter der Bezeichnung ISO/TR 834 „Fire-resistance tests – Elements of building construction" und in der internationalen Normung wieder.

Eine ausreichende Standsicherheit bzw. Bauteilintegrität wird hierbei nur unter genormten Versuchsbedingungen nachgewiesen, wobei als Beurteilungsmaßstab die Feuerwiderstandsdauer dient, aus der dann die Feuerwehrwiderstandsklasse der Einzelbauteile abgeleitet wird. Die in der Abbildung 2.31 dargestellten Zusammenhänge zwischen einer Temperatur und einer Zeit zu der ETK oder zu einem Realbrandszenarium dient der Darstellung der Standsicherheit bzw. Bauteilintegrität.

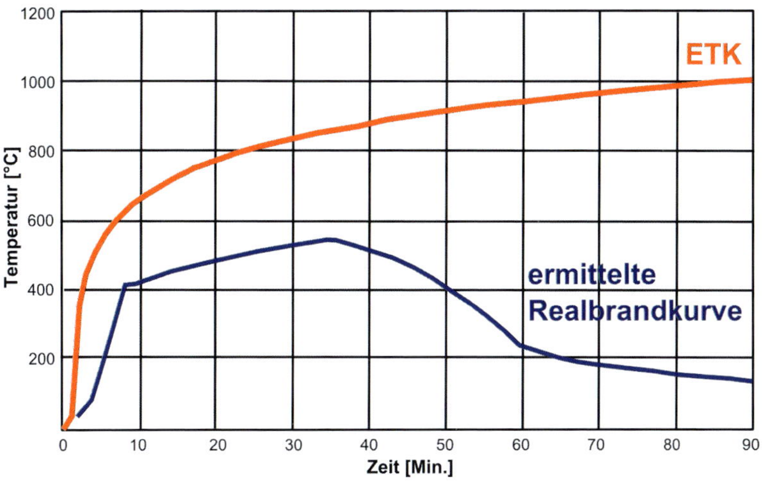

Abb. 2.31: Unterschiede in der Brandentwicklung bei Einheitstemperaturzeitkurve und Realbrandkurve

Mit der DIN 4102 Blatt 1 erfolgte die Einführung der Begriffe *feuerhemmend, feuerbeständig* sowie *hochfeuerbeständig* als Baustoffklassifizierung. Im Blatt 2 der Norm wurde ohne weiteren Nachweis unterschieden in *brennbare, schwer brennbare* und *nichtbrennbare* Baustoffe.

Die beiden folgenden Tabellen zeigen auszugsweise die mit der DIN 4102 Blatt 1 und 2 eingeführten Begriffe im Jahre 1934. Die Norm ist im Laufe der Jahre immer umfangreicher geworden, wird aber nun von der europäischen Normung abgelöst.

Tabelle 2.8: Zuordnung der Baustoffe zu brandschutztechnischen Begriffen der DIN 4102, Blatt 2, Bauteilzuordnung, Stand: 1934

Begriffe	**Baustoffe**
brennbar	Holz, Magnesium, Papier, Pflanzenfaserstoffe, Stroh, Torf, Zellhorn u. dgl.
schwer brennbar	Wolle (Natur)
nichtbrennbar	Sand, Lehm, Kies, Schlacke, natürliche und künstliche Steine, Mörtel und Beton, Glas, Asbest, chemisch reine Seide, Metalle in nicht fein verteilter Form wie Blei, Gusseisen, Kupfer, Stahl, Zink, Zinn

Im Weiteren folgte die Einführung der Bauteileigenschaft gemäß der nachfolgenden Tabelle. Es wurden ohne besonderen Nachweis die Kategorien *feuerhemmend, feuerbeständig* zugeordnet.

Tabelle 2.9: Bauteileigenschaften gemäß DIN 4102, Blatt 2, Stand: 1934 bzw. 1940

Begriffe	**zugeordnete Bauteile**
feuerhemmend	Bekleidungen, Wände, Decken, Dachkonstruktionen, Stützen, Treppen, Türen
feuerbeständig	Wände, Decken, Unterzüge und Träger, Stützen und Pfeiler, Dachkonstruktionen, Treppen
hochfeuerbeständig	keine

Wie eingangs erwähnt haben die Fortschritte im Bauwesen und die technischen Erkenntnisse die weitere Bearbeitung der Norm DIN 4102 im Laufe der Jahre bewirkt. Im Weiteren wurde festgestellt, dass ein Nachweis über das Brandverhalten, eingereiht in Blatt 4 als typische Baustoffe und Bauteile, Baustoffklassen und Feuerwiderstandsklassen, entbehrlich ist. Deshalb erfolgte eine Einteilung der Baustoffe in Baustoffklassen, wie in Tabelle 2.10 dargestellt, sowie eine Einteilung der Bauteile in Feuerwiderstandsklassen, wie in Tabelle 2.11 zu sehen, in der grundlegenden Neubearbeitung der Normenreihe in den Jahren 1977 und 1978.

Die Norm DIN 4102 setzt sich aus folgenden Teilen zusammen:

- DIN 4102-1:1977-09 Baustoffe; Begriffe, Anforderungen und Prüfungen
- DIN 4102-2:1977-09 Bauteile; Begriffe, Anforderungen und Prüfungen
- DIN 4102-3:1977-09 Brandwände und nichttragende Teile; Begriffe, Anforderungen und Prüfungen
- DIN 4102-4:1978-09 Brandverhalten von Baustoffen und Bauteilen; Zusammenstellung und Anwendung klassifizierter Baustoffe, Bauteile und Sonderbauteile
- DIN 4102-5:1977-09 Feuerschutzabschlüsse, Abschlüsse in Fahrschächten und gegen Feuer widerstandsfähige Verglasungen; Begriffe, Anforderungen und Prüfungen
- DIN 4102-6:1977-09 Lüftungsleitungen; Begriffe, Anforderungen und Prüfungen
- DIN 4102-7:1977-09 Bedachungen; Begriffe, Anforderungen und Prüfungen

Tabelle 2.10: Einteilung der Baustoffe in Baustoffklassen gemäß DIN 4102 in der Überarbeitung 1977/78

Baustoffe	**Baustoffklassen**
nichtbrennbar	A
brennbar	B
schwer entflammbar	B 1
normal entflammbar	B 2
leicht entflammbar	B 3

Tabelle 2.11: Einteilung der Bauteile in Feuerwiderstandsklassen

Bauteilbenennung	**Feuerwiderstandsklasse**
feuerhemmend	F 30 F 60
feuerbeständig	F 90 F 120
hochfeuerbeständig	F 180

Die in den beiden Tabellen enthaltene Einteilung der Baustoffklassen und Feuerwiderstandsklassen wurde im Wesentlichen bis heute beibehalten und nur noch ergänzt.

Nach deutschem Baurecht gilt, mit Ausnahme weniger Sonderbauteile, dass der Feuerwiderstand auf beiden Seiten des Bauteils einzuhalten ist. Damit muss z. B. ein Bauteil mit der Feuerwiderstandsklasse F 90 nach DIN 4102 diese Feuerwiderstandsdauer auf beiden Seiten aufweisen, egal auf welcher Seite eine Beflammung durch ein Feuer erfolgt.

Die Verknüpfung der bauaufsichtlichen Begriffe mit den Klassifizierungen der technischen Regeln erfolgte nicht mehr in der Norm selber, sondern wurde z. B. im Rahmen eines Einführungserlasses in den Ländern geregelt. Neben den Überarbeitungen der bestehenden Teile wurde dann die Normenreihe weiter ergänzt, hier zuletzt mit dem Teil 22 mit der Ausgabe November 2004. Der Grund liegt im Wesentlichen im technischen Fortschritt und den bauaufsichtlichen Bedürfnissen, die sich im Rahmen der Weiterentwicklung verändert haben. In der nachfolgenden Tabelle erfolgt die bauaufsichtliche Benennung in Bezug auf die Benennung nach DIN 4102 mit der Zusatzbezeichnung zu den Feuerwiderstandsklassen.

Tabelle 2.12: Verknüpfung gesetzlicher Begriffe mit den technischen Regeln (siehe DIN 4102, relevante Teile)

Feuer-wider-stands-klasse	Baustoffklasse nach DIN 4102-1 der in den geprüften Bauteilen verwendeten Baustoffe		bauaufsichtliche Anforderung mit Bezeichnung nach DIN 4102	Kurz bezeich-nung
	wesent-liche Teile[1)]	übrige Bestandteile, die nicht unter den Begriff der Spalte 2 fallen		
F 30	B	B	feuerhemmend in der Feuerwiderstandsklasse F 30	F 30-B
	A	B	feuerhemmend in der Feuerwiderstandsklasse F 30 und in den wesentlichen Teilen aus nichtbrennbaren Baustoffen[1)]	F 30-AB
	A	A	feuerhemmend in der Feuerwiderstandsklasse F 30 und aus nichtbrennbaren Baustoffen	F 30-A
F 60	B	B	hochfeuerhemmend in der Feuerwiderstandsklasse F 60	F 60-B
	A	B	hochfeuerhemmend in der Feuerwiderstandsklasse F 60 und in den wesentlichen Teilen aus nichtbrennbaren Baustoffen[1)]	F 60-AB
	A	A	hochfeuerhemmend in der Feuerwiderstandsklasse F 60 und aus nichtbrennbaren Baustoffen	F 60-A
F 90	B	B	feuerbeständig in der Feuerwiderstandsklasse F 90	F 90-B
	A	B	Feuerwiderstandsklasse F 90 und in den wesentlichen Teilen aus nichtbrennbaren Baustoffen[1)]	F 90-AB
	A	A	feuerbeständig in der Feuerwiderstandsklasse F 90 und aus nichtbrennbaren Baustoffen	F 90-A

[1)] Zu den wesentlichen Teilen gehören

a) alle tragenden oder aussteifenden Teile, bei nichttragenden Bauteilen auch die Bauteile, die deren Standsicherheit bewirken (z. B. Rahmenkonstruktionen von nichttragenden Wänden),

b) bei raumabschließenden Bauteilen eine in Bauteilebene durchgehende Schicht, die bei der Prüfung nach dieser Norm nicht zerstört werden darf. Bei Decken muss diese Schicht eine Gesamtdicke von mind. 50 mm besitzen; Hohlräume im Innern dieser Schicht sind zulässig. Bei der Beurteilung des Brandverhaltens der Baustoffe können Oberflächendeckschichten oder andere Oberflächenbehandlungen außer Betracht bleiben.

Bis heute hat die MBO die Form der unbestimmten Rechtsbegriffe und deren Konkretisierung durch die Regeln der Technik beibehalten. Lediglich in einigen Bauordnungen wie z. B. der BauO NW von 1984 werden abweichend von der MBO die technischen Fachbegriffe der Norm DIN 4102 in Bezug auf die Feuerwiderstandsklassen verwendet. Der Vorteil besteht in der Regel darin, dass die unbestimmten Rechtsbegriffe nicht umschrieben werden und die Verwendung (hier am Beispiel der BauO NW) der Bauordnung ohne Zuhilfenahme der DIN 4102 erfolgen kann.

Aufgrund der europäischen Normung kann diese anwenderfreundliche Technik künftig wohl nicht mehr angewandt werden, da sie lediglich auf die nationale Norm der DIN 4102 abgestellt ist. Während der Übergangszeit können allerdings beide vorgenannten Normen angewandt werden, so auch bei zukünftigen Beurteilungen im Bestand, in den Fällen, in denen der Erstellungszeitpunkt in den Geltungszeitraum der DIN 4102 fällt.

Die im Jahre 2006 veröffentlichte Norm DIN EN 13501 berücksichtigt die Begrifflichkeit der DIN 4102 nicht mehr.

Die Bauordnungen stellen zur Sicherung der in ihnen definierten Schutzziele des vorbeugenden Brandschutzes Anforderungen an die

- Brennbarkeit bzw. Entflammbarkeit der Bauteile, ausgedrückt in Baustoffklassen,
- Feuerwiderstandsdauer der Bauteile, ausgedrückt in Feuerwiderstandsklassen,
- Dichtheit von Verschlüssen in abschottenden Bauteilen, ausgedrückt in Feuerwiderstandsklassen, bzw. in Fugen Durchlässigkeit oder Leckageraten.

2.5.4 Harmonisierte europäische Nachfolgernorm der DIN 4102

Bis zur endgültigen Ablösung (auch in der Praxisanwendung) durch die harmonisierte DIN EN 13501 werden die Begriffe, Anforderungen und Prüfverfahren für Baustoffe hinsichtlich ihrer Brennbarkeit und für Bauteile hinsichtlich ihrer Feuerwiderstandsdauer noch in der DIN 4102 geregelt.

In der BRL A Teil 1 mit den Anlagen 0.1 und 0.2 erfolgt nunmehr eine Verknüpfung der bauaufsichtlichen Begriffe mit den Klassifizierungen zur DIN 4102 sowie ein Bezug auf die DIN EN 13501-1 (Brandverhalten) und -2 (Feuerwiderstand). Hierdurch wird in Zukunft gewährleistet, dass Nachweise zum Brandverhalten zum einen nach der nationalen (DIN 4102) oder zum anderen nach der harmonisierten Norm (DIN EN 13501) erfolgen können. Dieser Umstand ist auf die BPR zurückzuführen, die ebenso den freien Warenverkehr mit Bauprodukten ermöglichen soll. Hierzu wurde das von der Europäischen Kommission erstellte europäische Klassifizierungskonzept für den Brandschutz erstellt, das vom Europäischen Komitee für Normung (CEN) berücksichtigt wird.

Die DIN EN 13501 und ihre Teile:

- Teil 1: Ergebnisse aus den Prüfungen zum Brandverhalten von Baustoffen
- Teil 2: Ergebnisse aus Feuerwiderstandsprüfungen (ohne Lüftungsanlagen)
- Teil 3: Ergebnisse aus Feuerwiderstandsprüfungen von Installationsanlagen und deren Bestandteilen (ohne Entrauchungsanlagen)
- Teil 4: Ergebnisse aus Feuerwiderstandsprüfungen von Anlagen zur Rauchfreihaltung
- Teil 5: Ergebnisse aus Dachprüfungen bei Feuer von außen

Nunmehr kann die Klassifizierung des Brandverhaltens der Baustoffe auch nach der harmonisierten Norm DIN EN 13501-1 erfolgen. In der Tabelle sind die Euroklassen zum Brandverhalten von Baustoffen und die Baustoffklassen nach DIN 4102-1 zusammengestellt.

Tabelle 2.13: Brandverhalten von Baustoffen nach Euroklasse und DIN (siehe auch Klingelhöfer/Klose, o. J.)

Baustoffklassen DIN 4102-1	Euroklasse	Anforderungsniveau	Brandstadium	
A1	A1	kein Beitrag zum Brand	voll entwickelter Raumbrand	ca. 60 kW/m²
A2	A2	vernachlässigbarer Beitrag zum Brand		
B1	B	geringer Beitrag zum Brand	einzelner brennender Gegenstand	ca. 40 kW/m²
	C			
B 2	D	akzeptierbarer Beitrag zum Brand		
	E		kleine Flamme	20-mm-Flamme
B 3	F	keine Anforderung, brennbar		

Dazu kommen nach DIN EN 13501 weitere Unterteilungen für sogenannte Brandparallelerscheinungen wie

- Rauchentwicklung (s = Smoke, Klassen s1, s2 und s3),
- brennendes Abtropfen/Abfallen (d = Droplets, Klassen d0, d1 und d2) eines Baustoffes.

Für Bodenbeläge gelten besondere Klassen (fl = Floorings).

Es besteht jedoch keine unmittelbare Korrelation zwischen den nationalen Klassifizierungen der Baustoffe nach DIN 4102-1 und den europäischen Klassifizierungen nach der DIN EN 13501-1. Insofern erfolgt auch keine direkte Übertragbarkeit von einem Klassifizierungssystem auf das andere. Es können allerdings anhand der BRL A Teil 1 Anlagen 0.2.1 und 0.2.2 die bauaufsichtlichen Benennungen (nichtbrennbar, schwer entflammbar, normal entflammbar und leicht entflammbar) zum einen nach DIN EN 13501-1 sowie nach DIN 4102 zugeordnet werden (ausgenommen Bodenbeläge).

Die folgende Tabelle stellt eine Übersicht über die derzeit möglichen Feuerwiderstandsklassen in Deutschland dar. Dazu sei angemerkt, dass die weiteren Euroklassen R 15, 20, 45 sowie 360 in Deutschland zurzeit nicht zur Anwendung kommen. Die Klassen R 15 bzw. R 20 können aber durchaus verwendet werden, sofern keine Anforderung besteht bzw. aus R 45 abgeleitet werden kann, dass die Konstruktion als feuerhemmend – R 30 einsetzbar ist. Durch die zugehörigen Buchstaben vor der Angabe der Feuerwiderstandsdauer in Minuten werden die Leistungskriterien angegeben.

Tabelle 2.14: Feuerwiderstandsklassen von Bauteilen nach DIN EN 13501-2 und ihre Zuordnung zu den bauaufsichtlichen Anforderungen

bauaufsichtliche Anforderung	**tragende Bauteile**		**nichttragende Innenwände**	**nichttragende Außenwände**	**Doppelböden**	**selbstständige Unterdecken**
	ohne Raumabschluss	**mit Raumabschluss**				
feuerhemmend (Feuerwiderstandsfähigkeit 30 Min.)	R 30	REI 30	EI 30	E 30 (i → o) und EI 30-ef (i ← o)	REI 30	EI 30 (a ↔ b)
hochfeuerhemmend (Feuerwiderstandsfähigkeit 60 Min.)	R 60	REI 60	EI 60	E 60 (i → o) und EI 60-ef (i ← o)	–	EI 60 (a ↔ b)
feuerbeständig (Feuerwiderstandsfähigkeit 90 Min.)	R 90	REI 90	EI 90	E 90 (i → o) und EI 90-ef (i ← o)	–	EI 90 (a ↔ b)
Feuerwiderstandsfähigkeit 120 Min.	R 120	REI 120	–	–	–	–
Brandwand	–	REI 90-M	EI 90-M	–	–	–

Auf europäischer Ebene ist die Klassifizierung von Bauteilen (Bauprodukten und Bauarten) in der DIN EN 13501-2 festgelegt. Danach sind für Bauteile die Feuerwiderstandsklassen wie in der Tabelle 2.15 dargestellt. Die Zahl gibt jeweils die Feuerwiderstandsdauer in Minuten an. Die Klassifizierung erfolgt im Wesentlichen durch die Kurzbezeichnungen in der Tabelle, wobei vor allem die Positionen 1 bis 7 (hellgrau) gebräuchlich sind.

Tabelle 2.15: Kurzbezeichnungen zu Feuerwiderstandsklassen nach DIN EN 13501

Herleitung des Kurzzeichens	Kriterium	Anwendungsbereich
R (Résistance)	Tragfähigkeit	
E (Étanchéité)	Raumabschluss	
I (Isolation)	Wärmedämmung (unter Brandeinwirkung)	zur Beschreibung der Feuerwiderstandsfähigkeit
W (Radiation)	Begrenzung des Strahlungsdurchtritts	
M (Mechanical)	mechanische Einwirkung auf Wände (Stoßbeanspruchung)	
Sm (Smoke$_{max.}$ leakage rate)	Begrenzung der Rauchdurchlässigkeit (Dichtheit, Leckrate) erfüllt die Anforderungen sowohl bei Umgebungstemperatur als auch bei 200 °C	• Rauchschutztüren (als Zusatzanforderung auch bei Feuerschutzabschlüssen) • Lüftungsanlagen einschließlich Klappen
C … (Closing) (A)	selbstschließende Eigenschaft (ggf. mit Anzahl der Lastspiele) einschließlich Dauerfunktion	Rauchschutztüren, Feuerschutzabschlüsse (einschließlich Abschlüssen für Förderanlagen)
P	Aufrechterhaltung der Energieversorgung und/oder Signalübermittlung (Daten)	elektrische Kabelanlagen allgemein
G	Rußbrandbeständigkeit	Schornsteine
K_1, K_2	Brandschutzvermögen	Wand- und Deckenbekleidungen (Brandschutzbekleidungen)
I_1, I_2 (B)	unterschiedliche Wärmedämmungskriterien	Feuerschutzabschlüsse (einschließlich Abschlüssen für Förderanlagen)
i → o	Richtung der klassifizierten Feuerwiderstandsdauer	nichttragende Außenwände
i ← o		Installationsschächte/-kanäle
i ↔ o (in – out)		Lüftungsanlagen/-klappen
a ↔ b (above – below)	Richtung der klassifizierten Feuerwiderstandsdauer	Unterdecken
v_e, h_o (vertical, horizontal)	für vertikalen/horizontalen Einbau klassifiziert	Lüftungsleitungen/-klappen

Fortsetzung Tabelle 2.15

Herleitung des Kurzzeichens	Kriterium	Anwendungsbereich
U/U (uncapped/ uncapped)	Rohrende offen innerhalb des Prüfofens	Rohrabschottungen
	Rohrende offen außerhalb des Prüfofens	
C/U (capped/ uncapped)	Rohrende geschlossen innerhalb des Prüfofens	
	Rohrende offen außerhalb des Prüfofens	Rohrabschottungen
U/C	Rohrende offen innerhalb des Prüfofens	
	Rohrende geschlossen außerhalb des Prüfofens	Rohrabschottungen

Beim Vergleich der europäischen Kriterien nach DIN EN 13501 mit den deutschen Feuerwiderstandsklassen erkennt man, dass das europäische System eine wesentlich detailliertere Klassifizierung zulässt. Nach der DIN 4102-2 wird jeder Feuerwiderstandsklasse ein starres Paket von Anforderungen zugrunde gelegt. Demgegenüber besteht nach der europäischen Regelung die Möglichkeit, im Einzelfall verschiedene Leistungskriterien miteinander zu verknüpfen oder auf einzelne zu verzichten, was auch bei der Beurteilung oder Ertüchtigung im Bestand Vorteile bringen kann. Hier erfüllt z. B. ein tragendes und raumabschließendes Wandelement bei einer Prüfung während

- 90 Min. die Anforderung an die Tragfähigkeit,
- 60 Min. die Anforderung an den Raumabschluss und
- 30 Min. die Anforderung an die Wärmedämmung.

Die DIN 4102-2 lässt für ein solches Bauteil lediglich eine Klassifizierung in der Feuerwiderstandsklasse F 30 zu, obwohl ausreichend Reserven hinsichtlich Tragfähigkeit und Raumabschluss vorhanden wären. Nach den Leistungskriterien der DIN EN 13501-2 ist hierfür eine detailliertere Klassifizierung in R 90 E 60 I 30, wie in Abb. 2.32 dargestellt, möglich.

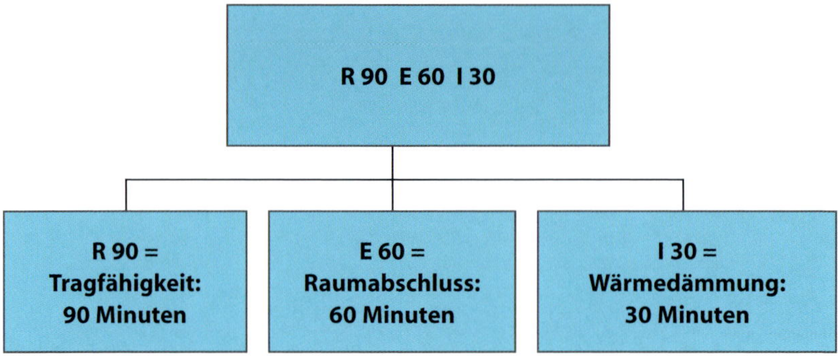

Abb. 2.32: Bedeutung der Klassifizierung R 90 E 60 I 30 nach DIN 13501-2

Anhand dieser Verdeutlichung wird klar, dass durch das europäische System eine sehr viel spezifischere Abstimmung der Brandschutzmaßnahmen auf die jeweiligen Erfordernisse auch im Bestand oder bei der Erweiterung bzw. Neubewertung umsetzbar ist. Dies setzt jedoch voraus, dass die Schutzziele entsprechend den brandschutztechnischen Gesamtkonzepten für das Objekt neu bzw. genau festgelegt, definiert und umgesetzt werden.

2.5.5 Beispiele zu Feuerwiderstandsdauern bei Bauteilen

„Bestehen Anforderungen an den Brandschutz, muss zwischen Baustoff- und Bauteileigenschaften unterschieden werden. Die feuerwiderstandsfähigen Bauteile werden aus Baustoffen hergestellt. Dabei ist zu beachten, dass nicht der einzelne Baustoff, sondern nur die Bauart (das System von Baustoffen, die in einer ganz bestimmten Art zu einem Bauteil zusammengefügt werden) im eingebauten Zustand die gewünschte Feuerwiderstandsklasse erbringt.“ (Mayr/Battran, 2011, Grundlagen 4.3)

Beispiel Brandschutzplatten

Brandschutzplatten, die aus nichtbrennbaren Baustoffen bestehen und entsprechend gekennzeichnet sind, haben keine Feuerwiderstandsklasse. Auch wenn sie ein- oder mehrlagig auf irgendwelche Unterkonstruktionen geschraubt werden, wird damit noch keine definierte Feuerwiderstandsklasse erreicht.

Erst wenn sie nach den Bestimmungen des Verwendbarkeitsnachweises (DIN 4102-4 bzw. abP) ein- oder zusammengebaut werden, erreichen sie die dort angegebene Feuerwiderstandsklasse.

Abb. 2.33: Diverse Kombinationen von Brandschutzplatten (Foto: © photo 5000/ Fotolia.com)

Fazit

Es gibt keine F 30-Brandschutzplatten, sondern nur aufeinander abgestimmte Systeme, die mit entsprechenden Platten (z. B. Brandschutzplatten) die im Verwendbarkeitsnachweis angegebene Feuerwiderstandsklasse erreichen.

Abb. 2.34: Diverse Kombinationen zur Verwendung von Brandschutzverglasungen

Beispiel Brandschutzverglasung

Sinngemäß das Gleiche gilt auch für *Brandschutzverglasungen*. Mit einem „Brandschutzglas“ allein wird keine Brandschutzverglasung mit definierter Feuerwiderstandsdauer erreicht. Erst wenn das „Brandschutzglas“ – genau wie im Verwendbarkeitsnachweis vorgeschrieben – in geeignete Bauteile eingebaut wird, kann für die Bauart der Brandschutzverglasung eine definierte Feuerwiderstandsklasse erreicht werden.

Beispiel Tagwerk

Muss das *Tragwerk* einer Halle eine bestimmte Feuerwiderstandsklasse aufweisen, gilt diese Anforderung sinngemäß auch für alle anderen Komponenten des Hallentragwerkes (Aussteifungen, Einspannungen, Befestigungsmittel), die für die Standsicherheit erforderlich sind.

Abb. 2.35: Brandschutztechnisch ertüchtigtes Stahltragwerk in einer Fertigungshalle

Abb. 2.36: Eingeschossige Halle grenzt an ein höheres Gebäude

Beispiel Dachdecke

Ist in einer eingeschossigen Halle, die an ein höheres Gebäude mit Fenstern anschließt, eine feuerbeständige Dachdecke erforderlich, muss auch das Tragwerk dieser Deckenkonstruktion feuerbeständig ausgeführt werden.

Wichtig ist auch, dass bezüglich der Feuerwiderstandsdauer des Tragwerkes alle Komponenten eines Systems aufeinander abgestimmt sind. Dabei muss die Feuerwiderstandsklasse von oben nach unten gleich bleiben bzw. zunehmen, denn ein Bauteil kann maximal die Feuerwiderstandsklasse seiner statischen Unterkonstruktion erreichen.

3 Bestandsschutz

3.1 Entstehung des Bestandsschutzes im Baurecht

Bauen im Bestand bringt neben Instandsetzung und Sanierungsmaßnahmen häufig eine nachträgliche Änderung und einen Eingriff in die Gebäudestruktur mit sich. Es stellt sich somit oftmals die Frage, welche Vorschriften für das Gebäude nun anwendbar sind. Grundsätzlich ist festzuhalten, dass sowohl für alte und junge Bestandsbauwerke als auch für Denkmale gleichermaßen das „Rechtsinstitut“ des Bestandsschutzes gilt, da die Vorschriften der Landesbauordnungen (LBOs) und Sonderbauverordnungen in erster Linie für neu zu errichtende bauliche Anlagen gelten. Der Bestandsschutz oder die Bestandsgarantie beschreibt somit allgemein im öffentlichen Recht, dass eine erteilte Genehmigung in ihrer ursprünglichen Form weiter gilt, obwohl mittlerweile neuere Vorschriften und Gesetze mit anderen, meist höheren Anforderungen an das Bauwerk gelten.

Als Bestandsschutz wird somit die Sicherung rechtmäßig bestehender Bauwerke und ihrer rechtmäßig zugeordneten und ausgeübten Nutzung bezeichnet.

Abb. 3.1: Verschachteltes Bestandsgebäude mit verschiedenen Nutzungen

Es gibt momentan keine größere Streitfrage als die des Bestandsschutzes, da sich für die am Bau Beteiligten die schwierigsten Abgrenzungsfragen ergeben. Es ist zwar das Bestreben der Rechtsprechung, verfassungskonform zu interpretieren, es haben sich aber in der jüngsten Zeit auch andere Anspruchsgrundlagen zum Bestandsschutz und eine eigentumsrechtlich verfestigte Anspruchssituation bzw. Meinung herausgebildet.

Zum Bestandsschutz selber gibt es keine Regelungen innerhalb der Bauordnungen, jedoch verfügen manche Bauordnungen über Hinweise in Bezug auf bestehende Gebäude und nachträgliche Maßnahmen.

Hierzu wird z. B. in der Bauordnung Nordrhein-Westfalen (BauO NRW) § 6 Abs. 14 und 15 „Regelungen für bestehende Gebäude", Stand 2000, Folgendes angegeben:

„*(14) Bei bestehenden Gebäuden ist die nachträgliche Bekleidung oder Verblendung von Außenwänden sowie die nachträgliche Anhebung der Dachhaut zulässig, wenn die Baumaßnahme der Verbesserung des Wärmeschutzes dient und wenn die Stärke der Bekleidung oder Verblendung bzw. die Anhebung der Dachhaut nicht mehr als 0,25 m und der verbleibende Abstand zur Nachbargrenze mindestens 2,50 m beträgt. Darüber hinaus können unter Würdigung nachbarlicher Belange und der Belange des Brandschutzes geringere Tiefen der Abstandflächen gestattet werden, wenn die Baumaßnahme der Verbesserung des Wärmeschutzes dient. Die Sätze 1 und 2 gelten auch für Außenwände, deren Abstandfläche Absatz 5 nicht entspricht.*

(15) Bei Gebäuden, die ohne Einhaltung von Abstandflächen oder mit geringeren Tiefen der Abstandflächen als nach den Absätzen 5 und 6 bestehen, sind zulässig

1. *Änderungen innerhalb des Gebäudes,*
2. *Nutzungsänderungen, wenn der Abstand des Gebäudes zu den Nachbargrenzen mindestens 2,50 m beträgt,*
3. *Änderungen, wenn der Abstand des Gebäudes zu den Nachbargrenzen mindestens 2,50 m beträgt, ohne Veränderung von Länge und Höhe der diesen Nachbargrenzen zugekehrten Wände und Dachflächen und ohne Einrichtung neuer Öffnungen oder Vergrößerung bestehender Öffnungen in diesen Wänden und Dachflächen.*

Darüber hinaus gehende Änderungen und Nutzungsänderungen können unter Würdigung nachbarlicher Belange und der Belange des Brandschutzes gestattet werden.

Die Sätze 1 und 2 gelten nicht für Gebäude nach Absatz 11."

Hierdurch wird klar, dass gewisse Sanierungen bzw. Modernisierungen und Instandsetzungsarbeiten im Rahmen eines Eigentümerwechsels ohne formelle Änderung der Genehmigung in einem bestimmten Rahmen möglich sind. In Abb. 3.2 ist das noch einmal in einer Übersicht zu sehen.

Wie bereits im Kapitel 1 erwähnt, herrscht in Deutschland die sogenannte Baufreiheit, die sich aus Art. 14 Abs. 1 Grundgesetz (GG) ableitet. Durch diese Regelung wird es dem Bauherrn erst möglich, sein Grundstück im Rahmen der Gesetze baulich zu nutzen. Hieraus resultiert der korrespondie-

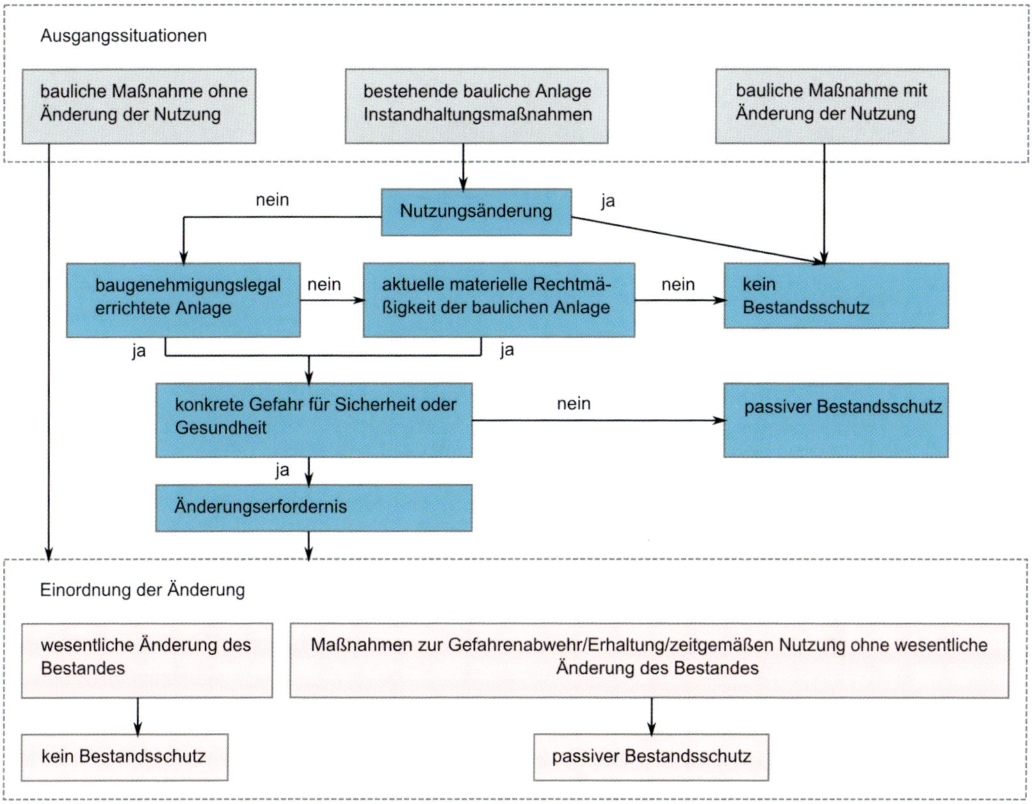

Abb. 3.2: Übersicht über die Arten des Bestandsschutzes (siehe auch Harlfinger et al., 2006)

rende Anspruch auf die Erteilung einer Baugenehmigung, falls die gesetzlichen Voraussetzungen (Genehmigungsfähigkeit) dazu vorliegen. Diese sind dann als Bestandteil der grundsätzlich geschützten Eigentumsgarantie, insbesondere des sogenannten Bestandsschutzes zu begreifen (siehe BVerwG 35, 276 Erster Teil C.II.1.). Von der deutschen Rechtsprechung ist aus der verfassungsrechtlich abgesicherten Eigentumsgarantie das *Rechtsinstitut des Bestandsschutzes* entwickelt worden (siehe BVerfG 36, 296, 300; 42, 8, 13; 47, 126, 128). Dieses Rechtsinstitut findet seine Rechtfertigung darin, dass Eigentumsschutz auch maßgeblich Bestandsschutz bedeutet, sodass eine bauliche Anlage, die in der Vergangenheit dem materiellen Recht entsprach, den verfassungsrechtlichen Eigentumsschutz deshalb genießt, weil sie sich nicht im Widerspruch zu der gesetzlichen Ausgestaltung von Inhalt und Schranken des Eigentums im Sinne von Art. 14 Abs. 1 S. 2 GG befand. Jeder Entzug dieser Rechtsposition würde eine unzulässige Enteignung oder zumindest einen unverhältnismäßigen Eingriff in das Eigentumsrecht darstellen, wobei teilweise der Bestandsschutz auch dem Gedanken der Rechtssicherheit zugeordnet wird.

In Bezug auf den baurechtlichen Bestandsschutz sagt Art. 14 Abs. 1 S. 1 GG nichts aus, weswegen der Rechtsbegriff des Eigentums inhaltlich auf eine normative Ausfüllung angewiesen ist (siehe BVerfG 21, 73, 79 f.; 75, 78, 97, 76, 220, 238).

Hierdurch wird klargestellt, dass das Eigentum in der Verfassung nicht vorgegeben ist und es einer einfachgesetzlichen Ausformung zur Eigentumsgarantie bedarf.

Das Bundesverfassungsgericht (BVerfG) stellte weiterhin heraus, dass sich aus Art. 14 GG grundsätzlich zwei unterschiedliche Garantiebereiche ableiten lassen, nämlich zum einen die Bestandsgarantie des Artikels 14 Abs. 1 Satz 1 GG und zum anderen die Institutsgarantie aus Art. 14 Abs. 1 Satz 2 GG.

Diese speziellen Vorschriften im Rahmen ihres Anwendungsbereichs stellen dar, dass ein unmittelbarer Rückgriff auf Art. 14 Abs. 1 S. 1 GG auszuschließen ist (siehe BVerwG 84, 322, 334). Dies führte im Ergebnis dazu, dass das Bundesverwaltungsgericht (BVerwG) den verfassungsunmittelbaren Bestandsschutz in Einzelfällen verneinen konnte, in denen eine einfachgesetzliche Regelung für den betroffenen Bereich existierte (siehe BVerwG 84, 322 f.).

Im Hinblick auf die oft gestellte Frage, inwieweit ein Rückgriff auf den verfassungsunmittelbaren Bestandsschutz in einfachgesetzlichen und geregelten Bereichen in Betracht kommt, hat das BVerwG im Jahre 1998 schließlich entschieden, dass außerhalb gesetzlicher Regelungen kein Anspruch auf Zulassung eines Vorhabens aus dem Rechtsinstitut des eigentumsrechtlichen Bestandsschutzes entsteht (siehe BVerwG 106, 228).

Das BVerwG hat seine Auffassung damit begründet, dass der Schutzbereich von Art. 14 Abs. 1 S. 1 GG aus der Bestimmung des Inhalts und der Schranken des Eigentums dargestellt wird, deren Ausgestaltung nach Art. 14 Abs. 1 S. 2 GG jedoch dem Gesetzgeber vorbehalten ist. Daher ist auch die Baufreiheit, die zum Schutzbereich des Eigentumsgrundrechts gehört, nach Maßgabe der einfachen Gesetze gewährleistet (siehe BVerwG 106, 228, 234).

Der direkte Rückgriff auf Art. 14 Abs. 1 GG, der unmittelbar aus der Verfassung entstehende Bestandsschutz, scheidet zukünftig folglich in allen Fällen aus, in denen es an gesetzlichen Regelungen mangelt. Dies hat zur Folge, dass nun der gesetzgeberischen Entscheidungskompetenz wieder der Vorrang eingeräumt worden ist. Insofern ist der Bestandsschutz aus rechtlich anerkannten Verfahren (Baugenehmigung und deren Umsetzung) abzuleiten. Details hierzu sind nachfolgend noch näher beschrieben dargestellt.

Grundsätzlich gilt also Bestandsschutz ab dem Zeitpunkt, ab dem die bauliche Anlage im Wesentlichen fertiggestellt ist. Es wird also unter dem Begriff „Bestandsschutz“ allgemein die Frage umrissen, ob und unter welchen Voraussetzungen eine bestimmte vorteilhafte Rechtsposition auch in Zukunft aufrechterhalten werden kann, obwohl sich die äußeren Umstände eines bestehenden Gebäudes verändert haben. Der Bestand soll trotz Änderung der Rechtslage oder der tatsächlichen Situation nicht nur erhalten bleiben, sondern auch weiterhin in der genehmigten Nutzung genutzt werden dürfen (siehe BVerwG 36, 296, 300; 42, 8, 13; Sendler, 1993, S. 235, 237).

Abb. 3.3: Beispiel eines Bestandsgebäudes unter Denkmalschutz

Der Gesetzgeber hat den Bestandsschutz in den Rechtsgebieten unterschiedlich gestaltet. So herrschen z. B. im Atomrecht sowie im Emissionsschutz andere Bestandsschutzregeln als im Baurecht. Maßgeblich für die Ausgestaltung der Schutzwürdigkeit eines Bauwerkes sind einerseits die Schutzbelange des vom Bestandsschutz Betroffenen und andererseits der baurechtliche Bestandsschutz. Hierzu ist festzuhalten, dass grundsätzlich für bestehende Bauwerke die gleichen Anforderungen an den Brandschutz gelten wie für neu zu errichtende Gebäude.

Der baurechtliche Bestandsschutz gewährleistet hier das Recht, dass eine bauliche Anlage, die seinerzeit formell und/oder materiell rechtmäßig errichtet wurde, erhalten und weiter genutzt werden darf (siehe BVerwG 47, 125, 128). Es geht vielmehr meist darum, den Widerstreit zu lösen, der sich aus der Nutzung und Erhaltung des rechtmäßigen Bauwerkes und den baurechtlichen Anforderungen ergibt.

Hinweis

Damit ist die lange diskutierte These, dass es im Brandschutz keinen Bestandsschutz gibt, wohl hinfällig. Allerdings muss man hier die entsprechenden Quellen unterstellen, dass keine Gefahren für Leib und Leben bestehen. Insofern ergibt sich diese Regelung bereits aus den Bauvorschriften unabhängig von etwaigen Gerichtsurteilen.

Hinweis

Im Weiteren wird oft diskutiert, dass öffentliche Gebäude keinen Bestandsschutz genießen. Bei grundsätzlicher Betrachtung des Art. 14 GG kann man erst einmal davon ausgehen, dass lediglich das Eigentum sogenannter „Privater“ geschützt wird. Insofern können sich öffentlich-rechtliche Institutionen, Anstalten und Stiftungen nicht hierauf berufen. Da aber öffentliche Gebäude auch den baurechtlichen Vorschriften unterliegen und in ihren Anwendungsbereichen nicht ausdrücklich ausgeschlossen sind, führt das im Ergebnis dazu, dass auch öffentliche Gebäude grundsätzlich Bestandsschutz genießen können, insofern sie die entsprechenden Regelungen zum Bestandsschutz erfüllen.

3.2 Die Genehmigungssituation

Die grundlegende Definition des Bestandsschutzes leitet sich, wie in Kapitel 3.1 dargestellt, nicht unmittelbar aus dem Art. 14 Abs. 1 GG ab und kommt hier nur im Rahmen der einfachen Gesetzgebung zur Anwendung.

3.2.1 Aktiver und passiver Bestandsschutz

Allgemein unterscheidet man zwei Arten von Bestandsschutz:

Passiver Bestandsschutz ist ein Bestandsnutzungsschutz (siehe BVerwG 42, 30, 39, 60, 296, 300) und umfasst in erster Linie einen Nutzungsanspruch dahin gehend, den vorhandenen baulichen Bestand in seiner geschützten Form ungestört nutzen zu können (siehe BVerwG 25, 161, 162).

Beispielsweise sind Regelungen des passiven Bestandsschutzes in § 87 BauO NRW oder § 38 Musterbauordnung (MBO) 1996 enthalten.

Aktiver Bestandsschutz ermöglicht eine Veränderung und Erweiterung des vorhandenen Bestandes in der Weise, dass der aktive Bestandsschutz auch als Anspruchsgrundlage für die Genehmigung baulicher Anlagen dient. Insofern soll hierdurch das Rechtsverständnis gewährleistet werden, dass die Erhaltung und zeitgemäße Nutzung des Bauwerkes mit den notwendigen baulichen Folgemaßnahmen als legal angesehen werden können. Der aktive Bestandsschutz schließt somit Maßnahmen ein, die der Erhaltung, der Instandsetzung oder der Renovierung des Gebäudes dienen.

In einem gewissen Umfang können aber auch eine Nutzungsänderung sowie eine über die übliche Gebäudeunterhaltung hinausgehende Modernisierung sowie Erweiterungsbaumaßnahmen, die für eine sinnvolle Nutzung der im Bestand geschützten Anlage erforderlich sind, eingeschlossen werden (siehe BVerwG 36, 296, 300).

3.2.2 Formeller und materieller Bestandsschutz

Im Wesentlichen ist für das Entstehen des Bestandsschutzes die Feststellung maßgebend, ob das Gebäude zum Zeitpunkt für die Feststellung bzw. zum Zeitpunkt der Erstellung formell und/oder materiell legal erstellt wurde.

Formeller Bestandsschutz liegt vor, wenn bei der Errichtung des Gebäudes und seiner bestimmten aufgenommenen Nutzung die Inhalte der Baugenehmigung eingehalten wurden, soweit diese zum Zeitpunkt der Herstellung des Gebäudes notwendig war.

Formell baurechtswidrig ist eine bauliche Anlage, wenn die erforderliche Genehmigung nicht eingeholt oder von ihr wesentlich abgewichen wurde (siehe Oberverwaltungsgericht [OVG] NRW, Baurechtssammlung [BRS] 32 Nr. 88 und BRS 47 Nr. 193; OVG Saar, BRS 39 Nr. 220; Bayerischer Verwaltungsgerichtshof [BayVGH], BRS 39 Nr. 228). Eine unfertige bauliche Anlage wird formell illegal bei Erlöschen der Baugenehmigung. Nach bestandskräftiger Rücknahme oder nach bestandskräftigem Widerruf einer Baugenehmigung z. B. gemäß §§ 48, 49 Verwaltungsverfahrensgesetz (VwVfG) tritt formelle Illegalität ein. Bereits die formelle Illegalität kann ein Einschreiten der Baurechtsbehörden ermöglichen (siehe OVG NRW, BRS 47 Nr. 197).

Materieller Bestandsschutz liegt vor, wenn eine Übereinstimmung des Gebäudes mit den baurechtlichen Vorschriften zu irgendeinem Zeitpunkt besteht. Das bedeutet zwar, es liegt nicht zwingend eine Baugenehmigung vor, allerdings war eine Genehmigungsfähigkeit (Rechtsanspruch) zu irgendeinem Zeitpunkt gegeben. Ein materieller Bestandsschutz wird nach der Rechtsprechung bejaht, wenn bei der Fertigstellung des Bauvorhabens zu einem beliebigen Zeitpunkt nach Fertigstellung entweder dieser vorlag bzw. die Genehmigungssituation eine Übereinstimmung aufgezeigt hat.

Dafür, dass Bestandsschutz beim Objekt vorliegt oder vorlag, ist grundsätzlich der Eigentümer oder sein Beauftragter gegenüber der Behörde beweispflichtig (siehe BVerwG, Beschluss vom 05.08.1991 – 4 B 13091).

Materiell baurechtswidrig ist ein Vorhaben, das aufgrund der materiellen öffentlichen Rechtsvorschriften unzulässig ist. Bei bestehenden baulichen Anlagen ist die materielle Illegalität nur dann anzunehmen, wenn diese zu einem Zeitpunkt des Bestehens mit den öffentlichen Baurechtsvorschriften nicht vereinbar waren (siehe BVerwG, BRS 15 Nr. 283; OVG Lüneburg, BRS 17 Nr. 150).

Eine Verletzung privater Rechte führt nicht zur materiellen oder formellen Rechtswidrigkeit. Ist eine materiell baurechtswidrige Anlage fälschlicherweise genehmigt worden, muss zuvor die Baugenehmigung nach § 48 VwVfG NRW zurückgenommen werden, bevor ordnungsbehördliche Maßnahmen in Betracht kommen können. In den älteren Baubeständen ergeben sich hier mitunter Probleme beim Nachweis der Legalität einer baulichen Anlage (siehe Verwaltungsgerichtshof [VGH] Baden-Württemberg [BW], Neue Zeitschrift für Verwaltungsrecht [NVwZ] 1990, Seite 1186; Randelzhofer/Wilke, 1981).

Abb. 3.4: Generalsanierte Bestandsimmobilie vom Ende des 18. Jahrhunderts

Hinweis

Duldet eine Behörde einen rechtswidrigen (formell und materiell illegalen) Zustand über Jahre, u. a. auch dadurch, dass sie mehrfach durch einen Verwaltungsakt erklärt, sie werde die ergangene Abrissverfügung nicht durchsetzen, so soll dies einen Rechtsstatus herbeiführen können, der dem einer Baugenehmigung gleichkommt (siehe OVG Berlin, Neue Juristische Wochenschrift (NJW) 1983, S. 777).

Es sind daher folgende Fallkonstellationen bekannt, die zum Bestandsschutz führen können:

- Eine formell und materiell legale bauliche Anlage hat Bestandsschutz.
- Eine formell illegale und materiell legale bauliche Anlage hat Bestandsschutz.
- Eine formell legale und materiell illegale bauliche Anlage hat Bestandsschutz, jedoch ist eine Rücknahme möglich.

Vom Bestandsschutz erfasst werden auch Unterhaltungs-, Instandsetzungs- oder Modernisierungsmaßnahmen, nicht aber die qualitativ und quantitativ wesentlichen Änderungen wie z. B. eine Nutzungsänderung oder eine Neuerrichtung (siehe OVG Münster, MV 3 M 103/96). Geschützt ist hierbei allein das fertiggestellte Bauwerk mit seiner aufgenommenen und bestehenden Nutzung, nicht etwa das Bauvorhaben selber.

Als Grundsatz gilt, dass der Bestandsschutz beginnt, wenn die bauliche Anlage im Wesentlichen fertiggestellt ist. Er endet, wenn die Anlage nicht mehr oder noch nicht aus nicht mehr nutzbaren Teilen besteht. Infolgedessen genießt eine Ruine keinen Bestandsschutz mehr.

Der Bestandsschutz im Hinblick auf eine Nutzung endet spätestens dann, wenn die bestimmte Nutzung geändert bzw. eine neue Nutzung aufgenommen wird, die nicht mehr als Fortsetzung der alten, im Bestand genehmigten und geschützten angesehen werden kann.

Die Bauministerkonferenz (ARGEBAU) hat in ihrer Veröffentlichung „Hinweise und Beispiele zum Vorgehen beim Nachweis der Standsicherheit beim Bauen im Bestand“ (Stand 07.04.2008), Ziffer 2, Folgendes ausgeführt:

„Bauliche Anlagen haben grundsätzlich auch weiterhin Bestandsschutz, wenn sie nicht mehr dem inzwischen geänderten Recht (z. B. den aktuellen Technischen Baubestimmungen) entsprechen. Seitens der Bauaufsichtsbehörden kann dieser Grundsatz durch baurechtliche Verfügung dann durchbrochen werden, wenn Leben oder Gesundheit (konkrete Gefahr) erheblich bedroht sind.

Generell gilt, dass unter Wahrung des baurechtlichen Bestandsschutzes nur solche Maßnahmen am Bestand durchgeführt werden dürfen, welche die ursprüngliche Standsicherheit der baulichen Anlage auch weiterhin nicht gefährden.

Bei der Änderung baulicher Anlagen müssen die aktuellen Technischen Baubestimmungen beachtet werden. Sie wirken allerdings vom Grundsatz her zunächst zwingend nur auf die unmittelbar von der Änderung berührten Teile.“

Weiter gibt es Hinweise des Gesetzgebers zum Bestandsschutz, z. B. in NRW im Abschnitt B der Erläuterungen zur Verordnung über den Bau und Betrieb von Sonderbauten (Sonderbauverordnung – SBauVO), Stand 28.08.2009, zum Teil 4: Hochhäuser. Hier wird Folgendes für Sonderbauten im Bestand ausgeführt:

„Wie die BauO NW behandelt auch der Teil 4 der SBauVO den Fall der Errichtung neuer Hochhäuser.“ (Anmerkung des Autors: Hieraus lässt sich ablesen, dass sowohl Bauordnungen als auch Sonderbauvorschriften sich grundsätzlich auf die Errichtung neuer Objekte beziehen.) „Auf bestehende Hochhäuser findet sie, abgesehen von den Betriebsvorschriften, keine unmittelbare Anwendung, weil diese Bestandsschutz genießen. Der Bestandsschutz wird aus Art. 14 Grundgesetz hergeleitet. Der Bestandsschutz verhindert, dass eine rechtmäßig errichtete bauliche Anlage rechtswidrig wird, auch wenn das öffentliche Recht sich später ändert und die bestehende Anlage nunmehr dem geänderten Recht widerspricht. Deshalb können Anforderungen an rechtmäßig bestehende (bestandsgeschützte) bauliche Anlagen nur unter Anwendung entsprechender Rechtsvorschriften (§ 87 BauO NW, SBauVO) gestellt werden.

Insbesondere bei bauaufsichtlichen Nebenbestimmungen ist das Gebot der Verhältnismäßigkeit im Hinblick auf den Gebäudebestand und den Umfang des Eingriffs zu beachten und die vorhandene bauliche Substanz angemessen zu berücksichtigen.

Der Bestandsschutz einer baulichen Anlage geht insgesamt erst dann unter, wenn sie ihre ‚Identität‘ verliert. Die Frage, wann eine bauliche Anlage ihre Identität verliert, ist in jedem Einzelfall, nicht zuletzt durch ‚tatrichterliche Würdigung‘ zu entscheiden. In der Rechtsprechung haben sich Fallgruppen herausgebildet, in denen von einem Untergang des Bestandsschutzes durch einen Eingriff in den vorhandenen Baubestand gesprochen werden kann.“

Auch die Muster-Hochhausrichtlinie der ARGEBAU in der Fassung vom 18.04.2008 weist gleiche bzw. ähnliche Darstellungen wie die der SBauVO des Landes Nordrhein-Westfalen zum Bestand auf.

Vom Bayerischen Staatsministerium des Innern wurde mit Datum vom 25.07.2011 sogar ein Vollzugshinweis zur Bayerischen Bauordnung (BayBO) herausgegeben, welche die Belange des Brandschutzes in Bezug auf den Bestandsschutz regeln soll.

3.2.3 Erläuterung zur Genehmigungssituation

Ein baurechtlicher Bestandsschutz ist dann begründet, weil eine schutzwürdige und materielle Rechtsposition im Grundsatz dadurch entsteht, dass eine Baugenehmigung erteilt wird. Dies kann zur Errichtung, aber auch zur Nutzung einer baulichen Anlage der Fall sein. Die Voraussetzung hierfür ist, dass die Genehmigung rechtswirksam ist.

Ein Verwaltungsakt (Baugenehmigung) wird rechtswirksam, sobald er erlassen worden ist und demjenigen, für den er bestimmt ist, bekannt gegeben wird. Eine Rechtswirksamkeit tritt nicht ein, wenn der Verwaltungsakt bzw. die Genehmigung von vornherein nichtig ist. Dies kann z. B. durch einen besonders schwerwiegenden Fehler bei der Erstellung oder Einreichung der Unterlagen geschehen.

Eine Baugenehmigung hat somit zwei grundlegende Komponenten:

- Legalisierungswirkung
- Baufreigabe

Die Legalisierungswirkung erklärt, dass das Bauvorhaben zum Zeitpunkt der Genehmigung mit den öffentlich-rechtlichen Vorschriften im Einklang steht. Hieraus entsteht der Bestandsschutz, da die Baugenehmigung auch in Zukunft so lange besteht, bis sie ihre Wirkung durch bestimmte Faktoren verliert. Eine Legalisierungswirkung entsteht nicht, wenn das genehmigte Vorhaben nicht hergestellt wird bzw. die Baugenehmigung nicht ausgenutzt wird.

Die LBOs der einzelnen Länder verfügen über Regelungen, wie lange eine Genehmigung ihre Gültigkeit (meist drei oder vier Jahre) behält bzw. bis wann ein Baubeginn erfolgen muss, um die Legalisierungswirkung zu erhalten.

Für den Bestandsschutz ist weiterhin bedeutend, dass eine Baugenehmigung ihrem Zweck nach nicht ausgenutzt wird, wenn zwar mit der Bauausführung begonnen worden ist, aber hier ein anderes Vorhaben als das genehmigte hergestellt wird.

Neue Bauaufgaben im Bestand entstehen also, wenn der Gebäudestand

- technisch,
- konstruktiv,
- nutzungsbedingt,

- sicherheitstechnisch
- oder rein optisch

nicht mehr den heutigen Anforderungen entspricht.

Jede Änderung der materiellen Rechtslage relativiert die Ordnungsfunktion des Baugenehmigungsverfahrens und aktualisiert die verfassungsrechtlich legitimierte Prüfungspflicht. Ein auf Art. 14 Abs. 1 GG gestützter Bestandsschutz kann auch nicht auf Schwarzbauten, die in der DDR errichtet worden sind, übertragen werden.

Der Bestandsschutz kann insoweit nur aus einfachem DDR-Recht erfasst werden (siehe auch OVG Bautzen, Landes- und Kommunalverwaltung (LKV) 1994, S. 336, 338). Gerade in diesem Fall kann beispielsweise eine Duldung ermessensgemäß sein. Ob und wie weit die Baugenehmigung seinerzeit erteilt worden ist, ist oft nicht nachvollziehbar. Ist sie nun weder bei der Baugenehmigungsbehörde oder beim Bauherrn bzw. dem Eigentümer der baulichen Anlage vorhanden und bestreitet die Behörde dann deren Erteilung, ist hier grundsätzlich der Bauherr beweispflichtig. Dies entsteht aus den allgemein prozessrechtlichen Grundsätzen und ein Bestandsschutz wiederum hierfür ergibt sich aus der Situation der Bauvorschriften. Infolgedessen wird unterstellt, dass die Gebäude denselben baurechtlichen Grundlagen (formell und materiell) wie die im Westen Deutschlands unterliegen (siehe ThürOVG, Thüringer Verwaltungsblätter (ThürVBl.), 2003, S. 134 ff., 2004; Gohrke/Brehsan, 1999).

3.2.3.1 Nutzungsänderung und Genehmigung

Eine Änderung der Benutzung einer baulichen Anlage liegt vor, wenn sich die bisherige genehmigte Nutzungsart (z. B. eine Wohnungsnutzung) so ändert, dass die neue oder geplante Nutzung (z. B. eine Büronutzung) nicht wesensverwandt mit der bisherigen ist. Hierbei spielt es im Ergebnis keine Rolle, ob bauliche Maßnahmen damit verbunden sind, der Bestandsschutz geht in der Regel unter. Da Nutzungsänderungen zum einen bauordnungsrechtlich und zum anderen bauplanungsrechtlich relevant sind, besteht hier im Regelfall kein Bestandsschutz.

Eine genehmigungspflichtige Nutzungsänderung liegt bauordnungsrechtlich vor, wenn sich die neue Nutzung von der bisherigen (legalen) so massiv unterscheidet, dass die Genehmigungsfrage neu gestellt werden muss bzw. sich durch die geplante Änderung der Nutzung andere oder ergänzende Anforderungen nach den öffentlichen Vorschriften ergeben. Im Gegensatz hierzu liegt keine Nutzungsänderung beim Verkauf eines Objektes vor, wenn die nachfolgende der bisherigen Nutzung entspricht. Im Übrigen bedürfen genehmigungsfreie Bauvorhaben bei einer Nutzungsänderung keiner Baugenehmigung. Hingegen bedürfen zum einen ungeregelte (kleine) und zum anderen geregelte (große) Sonderbauten (§ 51 MBO 2002) bei Änderungen eines Genehmigungsverfahrens, das sich aus § 63 MBO 2002 bzw. § 61 ff. MBO 1996 ergibt.

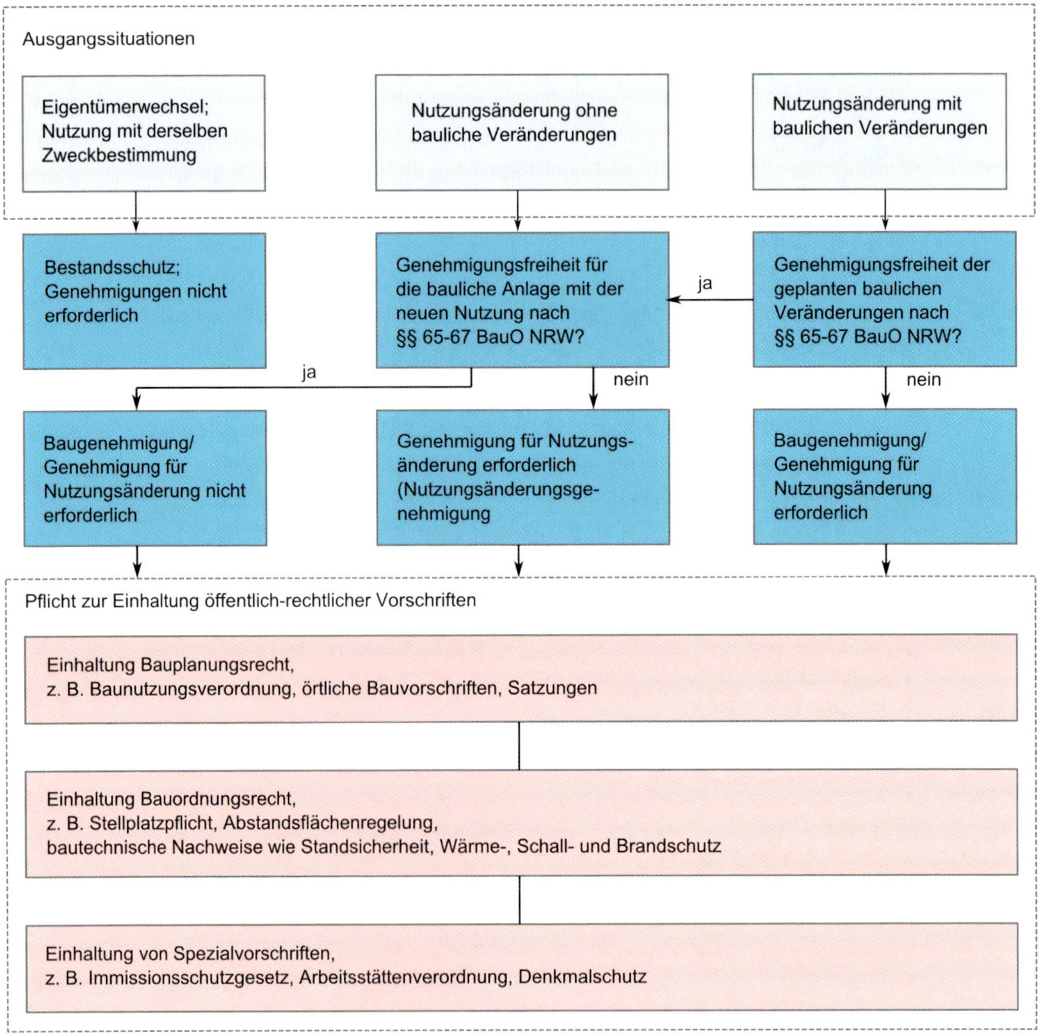

Abb. 3.5: Übersicht über die öffentlich-rechtlichen Anforderungen am Beispiel NRW bei einer Nutzungsänderung bzw. Eigentümerwechsel (siehe auch Harlfinger et al., 2006)

Soweit der Bestandsschutz einer baulichen Anlage ein Gewerbebetrieb ist, müssen sich die Allgemeinheit und die Nachbarn die entstehenden Nachteile und Belästigungen zumuten lassen. Dies hat auch zur Folge, dass unter Umständen das in § 5 Nr. 1 Bundes-Immissionsschutzgesetz (BImSchG) enthaltene Merkmal der Erheblichkeit nicht erfüllt wird (siehe BVerG, Urteil vom 12.12.1975 – 4 C 2173).

Nach der aktuellen Rechtslage ist z. B. der Betrieb einer Anlage – hier Autolackiererei – vom Bestandsschutz nicht gedeckt, wenn er einen Umfang erreicht, der eine immissionsschutzrechtliche Prüfung begründet (Umweltschutz). Zusätzlich muss der Unternehmer seine aus dem Umweltrecht folgenden Betreiberpflichten uneingeschränkt erfüllen.

Abb. 3.6: Fassade einer Bauruine

Das BVerwG hat weiter in einem Urteil im Jahr 1974 ausgeführt, dass eine Wiederherstellung eines teilweise vernichteten Bestandsgebäudes (Bauruine), das zu seiner Wiederherstellung eine statische Neuberechnung erfordert, als neues Gebäude anzusehen ist. Durch den Eingriff in die Statik geht der Bestandsschutz verloren.

Die statische Neuberechnung stellt die Standfestigkeit eines Gebäudes fest, das nicht mit dem bestandsgeschützten ursprünglichen Bauwerk identisch ist. Hieraus lässt sich ableiten, dass die Verwendung von modernem Baumaterial zu Instandsetzungsarbeiten in begrenztem Umfang sicherlich nicht regelmäßig eine Neuberechnung der Statik des gesamten Bauwerkes nötig macht. Baumaterial, das zur Wiederherstellung eines Teils des zerstörten Bauwerkes dient und eine statische Neuberechnung des gesamten Bauwerkes auch schon aus Gründen des verwendeten Materials erforderlich macht, zieht einen Untergang des Bestandes nach sich, da das wiederhergestellte mit dem ursprünglichen Bauwerk nichts mehr gemeinsam hat bzw. dieses seine eigentliche Identität verloren hat. Änderungen im Bauvolumen sind hierbei unerheblich.

In einem anderen Fall hat das OVG NRW in einer am 27.08.2002 getroffenen Entscheidung dargestellt, dass ein unterstellter Bestandsschutz durch den nicht genehmigten Neubau einer Stahlbetondecke über dem EG eines Objektes erloschen sei. Die erforderliche Identität des errichteten Gebäudes mit dem ursprünglichen Gebäude fehle nunmehr (siehe OVG NRW, Beschluss vom 27.08.2002 - 10 B 1233/02; BVerwG - 10 B 1233/02, BAS 65 Nr. 174 sowie 10 A 180/00).

Ähnlich heißt es in einem Beschluss des OVG NRW vom 18.01.2002, das unter Berufung auf die Rechtsprechung des BVerwG wie folgt ausführt (siehe OVG NRW, Beschluss vom 11.10.2007 - 7 B 1511/07):

„Das Bauvorhaben des Klägers beinhaltet eine weitgreifende, einer Neuerrichtung gleichkommende Umgestaltung des ursprünglich vorhandenen Gebäudes. Das Innen- und Außenmauerwerk ist in erheblichem Umfang ausgetauscht worden. Die Dachkonstruktion ist teilweise, die […] vollständig erneuert worden.“

Eine bloße Instandsetzungsmaßnahme verändere die Identität der baulichen Anlage in der Regel nicht und führe insoweit nicht zum Erlöschen des Bestandsschutzes, meint das BVerwG in seiner Entscheidung. Damit bestätigt es die Einschätzung des Niedersächsischen OVG zu dem Sachverhalt.

Die Außenmauern sind in ihrem Bestand erhalten geblieben, die Fundamente seien beim Gießen der Fundamenterweiterung für das aus Wärmeschutzgründen errichtete Verblendmauerwerk nur bei kleineren Hohlräumen an den abgebröckelten Stellen im Randbereich mitvergossen worden.

Das Erfordernis eines statischen Nachweises ist allerdings nur ein Indiz für den Verlust der Identität der baulichen Anlage durch einen Eingriff in die Bausubstanz. Auch Baumaßnahmen, die das Erscheinungsbild einer baulichen Anlage verändern, und zwar so, dass diese nicht mehr mit dem Baukörper identisch ist, zieht einen Untergang des Bestandsschutzes durch die Veränderung des Äußeren bzw. durch das Erscheinungsbild nach sich. Schließlich ist das ursprüngliche Gebäude nicht mehr die ursprüngliche Anlage, wenn die für die Instandsetzung notwendigen Arbeiten den Aufwand für einen Neubau erreichen oder gar übersteigen. Auch hier zieht dies den Untergang des Bestandsschutzes wegen übermäßigen Instandsetzungsaufwands nach sich.

Nach Ansicht des BVerwG können hier die Kosten für das Anbringen von entsprechenden Bauteilen im Inneren oder Äußeren des Gebäudes oder von sonstigen kostspieligen Einrichtungsgegenständen nicht als Indiz dafür gewertet werden, dass der Aufwand für eine erforderliche Instandsetzung dem Aufwand für die Errichtung eines Neubaus gleichkommen würde oder diesen gar übersteige.

3.2.3.2 Übergreifender Bestandsschutz

Unabhängig von dem im Kapitel 3.2.1 erwähnten aktiven Bestandsschutz zielt der überwirkende Bestandsschutz auf eine Erweiterung oder das Hinzufügen weiterer Gebäudeteile oder Gebäudeanlagen ab, die in einem engen funktionalen Zusammenhang mit der vorhandenen Bausubstanz stehen. Der Bestandsschutz geht dann von der bestehenden baulichen Anlage auf die neue Anlage oder Erweiterungen über, um dann den Gesamtbestand vor wirtschaftlicher Entwertung zu schützen. Der überwirkende Bestandsschutz betrifft aber in erster Linie gewerblich genutzte bauliche Anlagen, um letztendlich Fehlinvestitionen als Folge ökonomischer Entwertung der Substanz zu vermeiden. Der übergreifende Bestandsschutz bewirkt, dass zwischen dem vorhandenen Bestand und den seinem Schutz dienenden Maßnahmen ein untrennbarer Funktionszusammenhang besteht.

Im Weiteren kann überwirkender Bestandsschutz unter dem Aspekt des Funktionszusammenhangs auch beim Austausch von baulichen Anlagen begründet werden. Hier aber nur dann, wenn allenfalls untergeordnete bzw. keine Erweiterungen damit verbunden sind (siehe BVerwG, Urteil vom 25.11.1970 – IV C 119.68, Baurecht [BauR] 1971, 37, 149).

Abb. 3.7: Beispiel für einen überwirkenden Bestandsschutz (Foto: © Dirk Schäfer/Fotolia.com)

Beispiel

Das BVerwG hat z. B. einem gewerblichen Betrieb einen überwirkenden Bestandsschutz zuerkannt, wenn zum einen die Fortführung des Betriebes davon abhängt und zum anderen keine erhebliche Produktionsausweitung stattfindet (siehe BVerwG, Urteil vom 11.02.1977 - IV C 8.75, BauR 1977, 253, 32, 1932).

In der Regel findet man heute selten die Möglichkeit, einen überwirkenden Bestandsschutz ohne gerichtliche Erfüllungshilfe zu erreichen bzw. durchzusetzen.

3.2.3.3 Bauantrag im Bestand

Bei der Brandschutzplanung im Bestand besteht unter Umständen die Notwendigkeit, dass der Planer unter Umständen einen Tragwerksplaner hinzuziehen muss. Dies ist insbesondere dann der Fall, wenn (siehe Kammergericht (KG) Berlin, Urteil vom 23.04.2010 - 6 U 30/09)

- durch Änderungen tragender oder lastaufnehmender Bauteile eine Veränderung oder der ordnungsgemäße Zustand des Bauwerkes wiederhergestellt wird,
- Eingriffe in das statische Gefüge des Bauwerkes stattfinden, z. B. der Austausch eines tragenden Holzbalkens durch einen örtlich versetzt angeordneten Stahlträger,
- die örtliche Lage tragender Teile verändert wird.

Insofern kann es bei Änderungen im Bestand zu einer Genehmigungsbedürftigkeit nach verschiedenen Genehmigungsverfahren kommen. Auch eine Genehmigungsfreiheit entbindet nicht von der Verpflichtung zur Einhaltung der bauordnungsrechtlichen Anforderungen (MBO) oder anderer öffentlichrechtlicher Vorschriften und ist nicht mit dem Begriff des Bestandsschutzes gleichzusetzen. So sind grundsätzlich alle Baumaßnahmen im Einklang mit bauplanungsrechtlichen Vorschriften (Baugesetzbuch [BauGB]) und unter Einhaltung des materiellen Rechts (Standsicherheit, Wärme- und Schallschutz, Brandschutz) auszuführen.

Hinweis

Eine Genehmigungsbedürftigkeit wird insbesondere hervorgerufen bei

- Eingriffen in das Tragwerk (Errichtung oder Änderung tragender oder aussteifender Bauteile),
- Änderung der Rettungswegführung oder an relevanten Bauteilen in deren Verlauf,
- Nutzungsänderung,
- Erweiterung oder Änderung von kleinen und großen Sonderbauten,
- Änderung an Kompensationsmaßnahmen oder dergleichen.

3.2.4 Zusammenhang zwischen Bestandsschutz und Nutzung

Entgegen der üblichen Auffassung entsteht der Bestandsschutz einer baulichen Anlage nicht erst aufgrund ihres Alters. Gebäude der Neuzeit genießen ebenso Bestandsschutz wie solche aus dem 18. Jahrhundert bzw. denkmalgeschützte Bauwerke. Beispielsweise kann eine formell rechtmäßig errichtete bauliche Anlage ebenso Bestandsschutz genießen, auch wenn sie erst wenige Jahre, Monate, Wochen oder Tage besteht.

Man muss daher bei der Erstellung von Brandschutzkonzepten für bestehende Gebäude beachten, dass zur Wahrung des Bestandsschutzes die erforderlichen Sicherungsmaßnahmen eingehalten werden und das Erscheinungsbild des Gebäudes erhalten bleibt. Zur Darstellung notwendiger Brandschutzmaßnahmen im Bestand sollte daher zunächst immer eine detaillierte Analyse bzw. Feststellung des Bestandes erfolgen. Hierdurch wird der Zustand der bestehenden baulichen Anlage und seiner rechtmäßigen Nutzung gegenüber der Möglichkeit des nachträglichen staatlichen Eingriffs festgestellt.

Eine wesentliche Voraussetzung für den Bestandsschutz ist auch die Fortführung der ursprünglich bestimmten Nutzung. Mit der endgültigen Aufgabe dieser Nutzung entfällt grundsätzlich der hierdurch geschützte Bestandsschutz (siehe OVG Niedersachsen, Urteil vom 25.05.1978 – 1 A 196/73).

Die Rechtsprechung nimmt hier den Untergang des Bestandsschutzes schon bei einer zeitweisen Nutzungsunterbrechung an. Ist demnach die baurechtlich genehmigte Nutzung eines Gebäudes für mehr als ein Jahr nicht ausgeübt worden, so ist die vor Ablauf des zweiten Jahres wieder aufgenommene Nutzung nicht mehr vom Bestandsschutz gedeckt, wenn solche Umstände vorlagen, dass mit der Wiederaufnahme der ursprünglichen Nutzung nicht mehr zu rechnen ist (siehe BVerwG, Urteil vom 18.05.1995 – 4 C 20/94).

Andere Gerichte, wie z. B. das OVG Thüringen, setzen hingegen für den Untergang des Bestandsschutzes längere Zeiten der Nutzungsunterbrechung sowie besondere Umstände des Einzelfalls voraus (siehe OVG Thüringen, Beschluss vom 29.11.1999 – 1 BO 658/99). Das OVG Lüneburg (siehe Beschluss vom 20.07.2009 – 1 A 103/07, BauR 2009, 1887) und der VGH Mannheim (siehe Urteil vom 04.03.2009 – 3 S 1467/07, BauR 2009, 1881) teilen diese Rechtsprechung jedoch nicht und sind der Auffassung, dass die Maßgabe für den Bestandsschutz die fortdauernde Baugenehmigung ist und nicht die Dauer der Nutzungsunterbrechung. Insofern kommt es nach deren Auffassung erst zum Erlöschen der Baugenehmigung, wenn ein rechtlich anerkannter Grund z. B. im Sinne des § 43 Abs. 1 VwVfG vorhanden ist oder wenn der Bauherr dauerhaft und endgültig auf seine Baugenehmigung verzichtet.

Daher ist es wichtig, dass die rechtmäßige Wiederaufnahme der ursprünglich bestimmten Nutzung nach einer vorübergehenden Unterbrechung über einen unbestimmten Zeitraum jeweils im Einzelfall im Sinne des § 3 MBO (Generalklausel) durch den Bauherrn bzw. Nutzer, insoweit erforderlich, dokumentiert wird.

3.2.5 Situation nach behördlicher Schlussabnahme

Bei genehmigungspflichtigen Bauwerken findet neben der rechtsgeschäftlichen (Privat-)Abnahme auch zum Teil heute noch eine behördliche Abnahme des Bauwerkes statt. Das Bauordnungsamt lädt hierzu die entsprechenden zu beteiligenden Fachbehörden ein. Die Bauabnahme durch das Bauordnungsamt oder Baurechtsamt und die ergänzend hierzu eingeschalteten Fachbehörden ersetzt nicht die rechtsgeschäftliche Abnahme zwischen dem Auftraggeber und dem Auftragnehmer.

Die Bauabnahme hat heute vielmehr einen überprüfenden Charakter hinsichtlich der Einhaltung von öffentlich-rechtlichen Bauvorschriften und den aus der Baugenehmigung dargestellten Auflagen und Anforderungen des Bauwerkes. Es wird also festgestellt, ob das Gebäude formell und/oder materiell legal ist und in wesentlichen Teilen fertiggestellt wurde (siehe BVerwG, Urteil vom 22.01.1971 – IV C 62.66, BRS 24 Nr. 193) und seine bestimmte Nutzung aufgenommen wurde bzw. werden kann, wodurch dann wiederum für das Objekt Bestandsschutz entstehen kann (siehe VGH Kassel, Urteil vom 05.09.1991 – UPR 1992/09).

Besonderes Augenmerk wird bei der Schlussabnahme auf die Sicherheit gelegt. Hier insbesondere auf den Brandschutz, die Situation der Rettungswege und im Rahmen der Konzeption und/oder Kompensation auf erforderliche sicherheitstechnische Einrichtungen. Aber auch andere Vorschriften, wie z. B. eine barrierefreie Nutzung der Anlage, notwendige Stellplätze etc. werden berücksichtigt.

Über die Abnahme wird in der Regel eine Abnahmebescheinigung ausgestellt, ein Antrag auf Abnahme wird automatisch in der Regel mit der

Baugenehmigung ausgehändigt. Hierzu ist noch zu beachten, dass selbst bei einer fehlerhaften behördlichen Abnahme vorrangig die am Bau Beteiligten haften. Nur für den Fall, dass außer der behördlichen Seite niemand für eine Fehlerhaftigkeit verantwortlich gemacht werden kann, tritt der Haftungsfall für die Behörde ein. Die Haftungsfrage der Behörden ist hierzu in § 839 Bürgerliches Gesetzbuch (BGB), Haftung bei Amtspflichtverletzung, geregelt.

In der Praxis ist dieser Haftungsfall sehr schwierig durchzusetzen, da genehmigungspflichtige Gebäude, bei denen eine Abnahme durch die Bauaufsichtsbehörde stattfindet, gewöhnlich durch einen Bauleiter oder in Bezug auf den Brandschutz einen Fachbauleiter gemäß der LBO betreut werden, der dann vorrangig haftet. Erst wenn Dritte für einen Haftungsanspruch nicht mehr zur Verfügung stehen, kann der Anspruch gegen den Beamten selbst durchgesetzt werden. Dann gilt allerdings der Grundsatz des Drittschutzes, d. h., nach der Entscheidung des zuständigen Gerichts kann der Anspruch geltend gemacht werden (siehe LG Bonn, Urteil vom 15.03.2006 – 1 O 552/04).

Eine noch nicht erfolgte Behördenabnahme zur Gebrauchsfertigkeit stellt bei genehmigungspflichtigen Bauten in der Regel einen Grund für die Verweigerung der rechtsgeschäftlichen Abnahme durch den Auftraggeber dar. Die behördliche Gebrauchsabnahme beendet nach den Versicherungsbedingungen in der Regel den Versicherungsschutz der Bauwesenversicherung. In Zukunft ist es aufgrund der Vereinfachung der Verfahrensregeln durchaus denkbar und wird in manchen Bundesländern bereits praktiziert, dass die Privatabnahme diese Dokumentationsstellung einnimmt.

Die Schlussabnahme alleine löst weder eine Baugenehmigung bzw. legalisierende Wirkung noch einen Bestandsschutz aus. Dies wurde vom OVG NRW entsprechend wie folgt geurteilt:

„Weder die Rohbauabnahme noch die Schlussabnahme des Bauwerkes hatten gegenüber der fehlenden Baugenehmigung eine legalisierende Wirkung. Die Rohbauabnahme ist lediglich die Voraussetzung für die Fortsetzung der Bauarbeiten im Rahmen der Baugenehmigung. Die Erteilung des Schlussabnahmescheines durch die Baugenehmigungsbehörde war zwar die formale Voraussetzung dafür, die bauliche Anlage zu benutzen (vgl. § 96 Abs. 2 Satz 4 BauO NRW 1970), diese Benutzung durfte jedoch nur im Rahmen der Baugenehmigung erfolgen.“ (OVG NRW, Urteil vom 17.06.2002 – 7 A 777/00)

Die Bauabnahme ist somit nach den Bauordnungen der Übergang von der Ausführungs- in die Nutzungsphase. Öffentlich-rechtliche Bauabnahmen werden/sind allerdings im Zuge mehrerer Bauordnungsrechtsnovellen in allen Bundesländern reduziert.

Für den Großteil der Bauvorhaben finden nur noch stichprobenartige Kontrollen statt, die z. B. durch einen Sachverständigen oder Bau- bzw. Fachbauleiter gemäß z. B. § 81 MBO 2002 umzusetzen sind:

„(1) Die Bauaufsichtsbehörde kann die Einhaltung der öffentlich-rechtlichen Vorschriften und Anforderungen und die ordnungsgemäße Erfüllung der Pflichten der am Bau Beteiligten überprüfen.

(2) Die Bauaufsichtsbehörde/Der Prüfsachverständige überwacht nach näherer Maßgabe der Rechtsverordnung nach § 85 Abs. 2 die Bauausführung bei baulichen Anlagen

1. *nach § 66 Abs. 3 Satz 1 hinsichtlich des von ihr bauaufsichtlich geprüften/ihm bescheinigten Standsicherheitsnachweises,*
2. *nach § 66 Abs. 3 Satz 2 hinsichtlich des von ihr bauaufsichtlich geprüften/ihm bescheinigten Brandschutznachweises.*

Bei Gebäuden der Gebäudeklasse 4, ausgenommen Sonderbauten sowie Mittel- und Großgaragen im Sinne der Verordnung nach § 85 Abs. 1 Nr. 3, ist die mit dem Brandschutznachweis übereinstimmende Bauausführung vom Nachweisersteller oder einem anderen Nachweisberechtigten im Sinne des § 66 Abs. 2 Satz 3 zu bestätigen. Wird die Bauausführung durch einen Prüfsachverständigen bescheinigt oder nach Satz 2 bestätigt, findet insoweit eine bauaufsichtliche Überwachung nicht statt.

[…]

(4) Im Rahmen der Bauüberwachung ist jederzeit Einblick in die Genehmigungen, Zulassungen, Prüfzeugnisse, Übereinstimmungszertifikate, Zeugnisse und Aufzeichnungen über die Prüfungen von Bauprodukten, in die Bautagebücher und andere vorgeschriebene Aufzeichnungen zu gewähren.“

Weiter heißt es hier, dass bei Vorhaben im vereinfachten Genehmigungsverfahren nach § 68 genehmigt werden kann, dass die Bauaufsichtsbehörde auf die Bauüberwachung verzichtet. Die Schlussabnahme erfolgt also nach Fertigstellung und bescheinigt und dokumentiert somit die Möglichkeit des Nutzungsgebrauchs.

3.3 Anpassungsregelungen innerhalb der Bauvorschriften

Nun findet man Regelungen zum Bestandsschutz selber eher selten in den LBOs. In den meisten LBOs sowie der MBO findet man direkte Anpassungsregelungen in bestimmten Verfahrens- bzw. Einzelnormen wie z. B. in der

- BauO NRW § 61 Abs. 1 und 2 sowie § 87 Abs. 1 und 2,
- LBO Baden-Württemberg (BW) § 76 Abs. 1 und 2 sowie § 58 Abs. 6,
- BauO Berlin (Bln) § 76 Abs. 1 ff. sowie § 85 Abs. 1 bis 5,
- Brandenburgische Bauordnung (BbgBO) § 78 Abs. 1 und 2,
- MBO 1996 und 1981 § 83 Abs. 1 und 2.

In der MBO 2002 hingegen sind Anpassungsregelungen nicht mehr direkt verankert. Hier leitet sich eine Anpassungsregelung indirekt aus der Generalklausel in § 3 MBO Abs. 1 ff. ab, die im Wesentlichen in allen LBOs umgesetzt ist (siehe Abb. 3.8).

Insofern muss die Bauaufsichtsbehörde nach dieser Generalklausel bei

- der Errichtung,
- dem Abbruch,
- der Änderung und Nutzungsänderung,
- der Nutzung und dem Betrieb,
- der Instandhaltung, Modernisierung und Sanierung

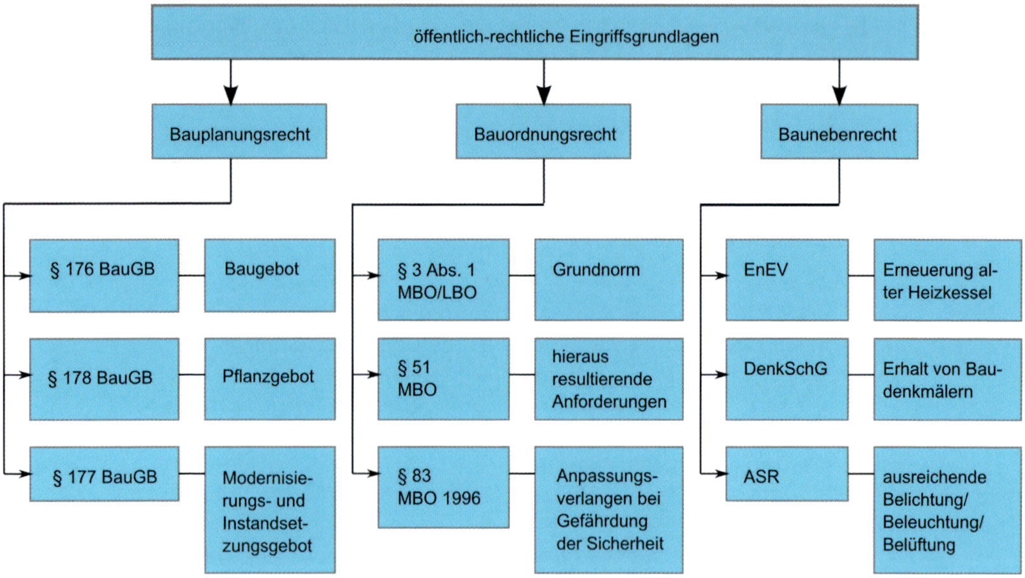

Abb. 3.8: Eingriffsgrundlagen in den Bestandsschutz (siehe auch Harlfinger et al., 2006)

von baulichen Anlagen die Einhaltung der öffentlich-rechtlichen Belange wahren und insbesondere dafür Sorge tragen, dass das Leben und die Gesundheit nicht gefährdet werden. In der Konsequenz bedeutet das, dass die Baubehörde aufgrund der Generalklausel seither in der Lage ist, nachträgliche Anforderungen auch ohne die Einzelnormen umzusetzen, um das baurechtliche Hauptschutzziel „Personenschutz“ zu gewährleisten, ohne lediglich die Einzelnormen vorrangig zu beachten (siehe OVG Münster, Urteil vom 25.08.2010 – 7 A 719/09). Folgende Begriffsauflösungen werden aus der Generalklausel des § 3 MBO für den Bestand abgeleitet:

- *errichten*
  - Neubau oder auch die vollständige Erneuerung
  - Wiederaufbau sowie bauliche Erweiterungsmaßnahmen (Anbau, Aufstockung etc.)
  - Fertigstellung eines bereits begonnenen Gebäudes, dessen Baufortschritt stagniert (nach z. B. Insolvenz eines am Bau Beteiligten, Bauruine etc.) und dessen Baugenehmigung erloschen ist
- *ändern*
  - erhebliche Umgestaltung (z. B. die äußere Erscheinungsform, z. B. eine Fassade)
  - Änderung des konstruktiven Gefüges
  - Änderung der bestehenden „bestandsgeschützten“ Bausubstanz (z. B. Anschluss eines weiteren Gebäudeteils an den Bestand)
  - Entfernung von Teilen der Bausubstanz (z. B. Balkon, Vordach)
  - Modernisierungsmaßnahmen und Erweiterung (z. B. Dachgeschossausbau, Aufstockung etc.)

- *instand halten*
  - Schutz vor Verfall bzw. Bewahrung des Sollzustandes (Verweis auf DIN 31051 „Grundlagen der Instandhaltung“ bzw. DIN EN 13306 „Begriffe der Instandhaltung“)
  - technischer, infrastruktureller und kaufmännischer Betrieb und Unterhaltung der baulichen Anlage
- Gefahrenabwehr (hierzu auch: Ordnungsbehördengesetz [OBG] NRW – § 14 Abs. 1 und 2 – Voraussetzungen des Eingreifens)
  Abwehr von Gefahren (wahrscheinlicher, zu erwartender Schadeneintritt) für die öffentliche Sicherheit (Unversehrtheit von Leben, Gesundheit, Würde, Freiheit und Vermögen und Einhaltung bzw. Integrität der Rechtsordnung) und Ordnung (Regeln für das Verhalten in der Öffentlichkeit, die aber im Baurecht nahezu bedeutungslos sind). Hieraus geht indirekt auch der Schutz des Einzelnen im Rahmen des Nachbarschutzes hervor (siehe OVG NRW, Urteil vom 07.09.1982 – 7 A 606/82).

In der Regel stehen nach dem Rechtsgrundsatz Anforderungen aus Einzelnormen vor denen aus der Generalklausel (§ 3 MBO). Während die Generalklausel zuerst einmal die allgemeinen Belange und Befugnisse der Behörde regelt, stehen in den Einzelnormen (Anpassungsregelungen) entsprechende Detailanforderungen zur Verfügung. Damit Forderungen aus Anpassungsregelungen ihre Anwendung finden, sind in der Regel zuerst weitere Voraussetzungen erforderlich, damit Baubehörden aufgrund dieser Vorschrift einschreiten. Allerdings bestätigt zum einen die jüngste Rechtsprechung des OVG Münster (siehe Urteil vom 25.08.2010 – 7 A 749/09) die Tendenz zur direkten Anwendbarkeit der Generalklausel genauso wie die MBO 2002 (Regelungen des § 83 zu bestehenden Gebäuden sind entfallen).

Hinweis

Infolgedessen kann es hier z. B. bei einem Wartungsstau an brandschutztechnischen Einrichtungen, gleichgültig ob baulicher oder anlagentechnischer Art, zu einem Anpassungsverlangen kommen. Dies kann auch nach festgestellten Mängeln und nach einer mängelfreien Schlussabnahme erfolgen (siehe OVG Münster, Urteil vom 16.10.2001, BRS 64 Nr. 100).

Auch für die Maßnahmen, die sich aus der Generalklausel des § 3 MBO ergeben, besteht der Grundsatz der Verhältnismäßigkeit.

Bei einer z. B. wesentlichen Erweiterung/Änderung (siehe Abb. 3.9) einer baulichen Anlage ist das Anpassungsverlangen zuerst einmal unmittelbar auf die von der Änderung betroffenen Bauteile begrenzt. Insoweit ist es trotzdem zulässig, dass bei dieser Änderung auch nicht unmittelbar berührte Bauteile der baulichen Anlage in das Anpassungsverlangen einbezogen werden können. Dies kann jedoch nur unter dem Grundsatz der Verhältnismäßigkeit erfolgen, d. h., die verursachten Mehrkosten müssen für den Bauherrn zumutbar sein. Subjektiv betrachtet müssen allerdings die Mehrkosten für den Bauherrn auch wirtschaftlich tragbar sein, was im Sinne des

Abb. 3.9: Ein Geschäftshaus in Köln wurde einer baulichen Änderung unterzogen.

Art. 14 Abs. 1 GG zu sehen ist (siehe BVerfG, Beschluss vom 14.02.1967 – 1 BvL 17/63/BVerfGE 21, 150). Die Mehrkosten für die Ausdehnung der Änderungsmaßnahme sind nicht festgeschrieben. Allerdings werden hierfür unter § 99 Abs. 3 Niedersächsische Bauordnung (NBauO) zumutbare Mehrkosten in Höhe von 20 % der ohnehin entstehenden Kosten angeführt, die als Anhaltswert angesehen werden können. Eine Prüfung muss jeweils im Einzelfall zu erfolgen.

Ebenfalls erhalten die Sonderbauverordnungen, hier z. B. des Landes Nordrhein-Westfalen, Anpassungsregelungen, die auf rechtmäßig bestehende bauliche Anlagen ihre Anwendung finden, z. B. in §§ 45, 86, 115, 138 (SBauVO).

Hinweis

Grundsätzlich soll ein Anpassungsverlangen bestimmt und präzise formuliert sein, sodass ein Dritter es verstehen kann und dadurch die Ausführung der Inhalte sowie entgegentretende Handlungen möglich sind.

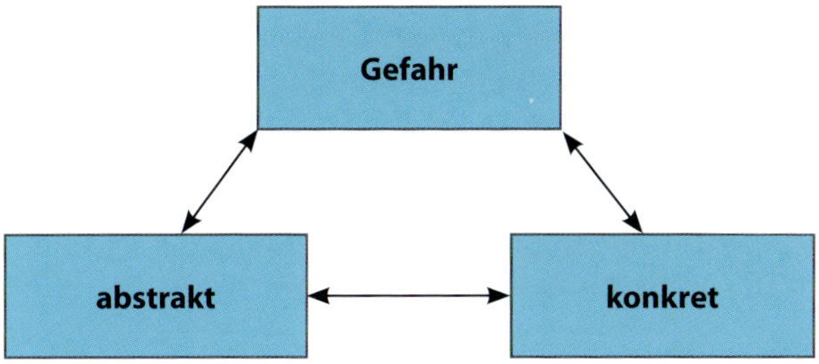

Abb. 3.10: Darstellung der Gefahrenbeziehungen zueinander

3.4 Beurteilung der Gefahrensituation

Die Gefahr ist ein Zustand, der nach verständigem Ermessen den Eintritt eines Schadens mit Wahrscheinlichkeit erwarten lässt. Hinsichtlich der Gefahren für die öffentliche Sicherheit und Ordnung, die von baulichen Anlagen bzw. sonstigen Anlagen und brandschutztechnischen Einrichtungen ausgehen können, ist zwischen latenter *abstrakter* und *konkreter* Gefahr zu unterscheiden. In jedem Falle sollten Gefahren in einer Abstufung der Schärfestufen erfolgen, da nicht jede Gefahr gleich eine konkrete Gefahr für Leib und Leben bedeutet.

Hinweis

Die Abwehr von Gefahren für die bauordnungsrechtlichen Schutzgüter ist die Hauptaufgabe der Bauordnung. Der Begriff der Gefahr ist ein Zentralbegriff des Bauordnungsrechts.

Nach der materiellen Grundnorm (§ 3 MBO/LBO) dürfen Anlagen bzw. Einrichtungen weder abstrakte noch konkrete Gefahren verursachen. Die materiellen Anforderungen des Bauordnungsrechts erfassen abstrakte Gefahrenzustände. So ist z. B. bei Erfüllung der Anforderungen des § 14 MBO 2002 oder § 17 MBO 1996 davon auszugehen, dass Gefahren für die öffentliche Sicherheit und Ordnung durch die Baustelle oder das Gebäude nicht entstehen oder entstehen dürfen.

Hinweis

Gefahr ist somit die Möglichkeit eines Schadens, dem nach verständigem Ermessen vorzubeugen ist. Der mögliche Schaden muss die öffentliche Sicherheit und Ordnung oder die natürlichen Lebensgrundlagen betreffen. Somit reicht die entfernte Möglichkeit oder allgemeine Vermutung nicht aus, erforderlich ist eine hinreichende Wahrscheinlichkeit. Hinsichtlich des Grades der Wahrscheinlichkeit muss differenziert werden, je nachdem, welches Schutzgut auf dem Spiel steht (BVerwG, Urteil vom 26.06.70 – Az. IV C 99.67, BayVBl. 71, 149 = NJW 70, 1890).

Man findet hier nun die Unterscheidung zwischen „ein Sachverhalt stellt eine konkrete Gefahr dar" und „ein Sachverhalt kann eine konkrete Gefahr darstellen". Dies ist dann bei der Festlegung der Konsequenzen von überaus hoher Wichtigkeit. Eine besonders gewichtige konkrete Gefahr ist die erhebliche Gefahr. Die Anforderungen an die Wahrscheinlichkeit des Schadeneintritts sind hier geringer. Macht eine konkrete Gefahr allerdings ein sofortiges Eingreifen nötig, so wird von Gefahr in Verzug gesprochen.

Es gibt somit verschiedene Interpretationen von Gefahrenlagen, wobei im Rechtsverständnis von abstrakter Gefahr gesprochen wird, wenn eine konkrete Gefahr erst aufgrund des Hinzukommens weiterer Umstände entstehen kann.

Eine fehlende Rauchschutztür wäre somit eine abstrakte Gefahr, denn der weitere Umstand müsste der des Feuers sein und hier hinzutreten.

Einstufungen als konkrete Gefahr erfolgen meist ohne bestehende Vorschriften oder Anforderungen, und dies meist nur durch Einschätzung der Baubehörde oder eines Sachverständigen.

Hierbei ist in jedem Fall zu berücksichtigen, dass Brände nicht generell als Betriebszustand eines Bauwerkes bewertet werden können, da in gewöhnlichen Bauwerken (wie Wohnungen, Bürobauten, Verkaufsstätten, Versammlungsstätten etc.) eine relativ geringe Auftretenswahrscheinlichkeit von gefährlichen Bränden herrscht.

Die Zuordnung eines baulichen Mangels zu der Gefahrenstufe und die Festlegung der angemessenen Mängelbeseitigungsfrist sind eine fachliche Bewertung. Die Akzeptanz der Systematik soll durch die oberste Bauaufsichtsbehörde bzw. einen Sachverständigen oder durch geeignete Sicherheitsfachleute erfolgen.

Es ist also jeweils im Einzelfall zu beurteilen, ob bei dem betroffenen Gebäude eine konkrete oder abstrakte Gefahr in Bezug auf den Brandschutz besteht oder ob ein anderer rechtlicher Grund auf eine Verbesserung des Brandschutzes hinweist oder genutzt werden soll. Die konkrete Beurteilung hierzu sollte in einer Gefährdungsanalyse erfolgen, indem man die Gefahrensituation mithilfe eines anerkannten Sachverständigen in Bezug auf die brandschutztechnische Gebäudesituation in einem Soll-Ist-Vergleich ermittelt. Man sollte dies also in keinem Fall alleine den Baubehörden überlassen.

3.4.1 Konkrete Gefahr

Entgegen der oftmals vertretenen Meinung ist der Begriff der konkreten Gefahr keine Erfindung der Bauaufsichtsbehörden. Die Begrifflichkeit ist vielmehr schon seit Langem im Polizei- und Ordnungsrecht zu finden. Nach der Rechtsprechung wird somit als konkrete Gefahr eine Gefahrenlage bezeichnet, die bei ungehindertem Geschehensablauf in überschaubarer Zukunft mit hinreichender Wahrscheinlichkeit zu einem Schadeneintritt führen wird (siehe BVerwG, Urteil vom 26.06.1970 – IV C 99.67, NRW, 1970; OVG NRW, Urteil vom 28.08.2001 – 10 A 3051/99).

Beispiel

Eine Person sitzt neben einer Benzinzapfsäule, hat Zigarette und Feuerzeug in der Hand. Es besteht die Gefahr einer Entzündung des Benzins. Insoweit besteht hier Gefahr für Leib und Leben und es drohen schwerste Gesundheitsgefahren, bei denen ein tödlicher Ausgang möglich ist.

Eine konkrete Gefahr kann nicht schon allein wegen eines bislang schadensfreien Zeitablaufs ausgeschlossen werden. Dies wird eher als glücklicher Zufall für einen nicht eingetretenen Schadenfall gewertet, was die allgemeine Rechtsprechung insoweit begründet hat (siehe OVG NRW, Urteil vom 29.03.1983 – 7 A 1549/82; OVG Lüneburg, Urteil vom 23.09.1976 – I A 94/74; OVG Hamburg, Urteil vom 04.01.1996 – Bs II 61/95). Die Sachverständigenkommission zum Düsseldorfer Flughafenbrand formuliert zur Erläuterung der konkreten Gefahr Folgendes:

„Eine konkrete Gefahr ist die im Einzelfall und nach seinen Umständen bevorstehende Gefahr, wobei das Ereignis (z. B. Brand) keineswegs unmittelbar bevorstehen muss. Unter brandschutztechnischen Gesichtspunkten können konkrete Gefahren hervorgerufen werden durch mangelnden Einbau von bauaufsichtlich zugelassenen, für den vorbeugenden Brandschutz erforderlichen ‚Bauteile', wie z. B. Türen, Wände, Rauch- und Wärmeabzugsanlagen usw.

Einbau von leicht entflammbaren Baustoffen, […].“ (Unabhängige Sachverständigenkommission, Bericht, Teil II, S. 4–15)

Man kann allerdings auch hieraus schlussfolgern, dass die Kommission an dieser Stelle nicht der Meinung ist, dass z. B. eine fehlende Brandschutztür selbst bereits eine konkrete Gefahr darstellt, sondern dass dieses Fehlen erst zu einer konkreten Gefahr im Brandfall führen kann. In Anbetracht der Erläuterung hat man diese Situation in dem Bericht wie folgt bewertet:

„Weiterhin dürften konkrete Gefahren mit sehr hoher Wahrscheinlichkeit auch dann vorliegen, wenn beispielsweise in einem turmartigen Gebäude (z. B. Tower eines Flughafens) die Zugänge (Rettungswege) in der unteren Geschossebene von technischen Anlagenräumen mit Brandlasten nicht hinreichend brandschutztechnisch abgeschottet sind […].“

Man kann somit gemäß der Rechtsprechung (siehe BVerwG, Deutsches Verwaltungsblatt (DVBl.) 1973, 857) in der Praxis davon ausgehen, dass eine konkrete Gefahr dann vorliegt, wenn jeweils im Einzelfall in überschaubarer Zukunft/Zeit wahrscheinlich mit einem Schadenereignis gerechnet werden kann. Die nachfolgenden Beispiele sollen bei der Beurteilung helfen.

Beispiele

Eine konkrete Gefahr besteht bei

- fehlendem oder mangelhaftem erstem Rettungsweg,
- fehlendem zweitem Rettungsweg,
- fehlender Anleiterbarkeit von Rettungsgeräten der Feuerwehr,
- mangelhafter Standsicherheit (Einsturzgefahr) im Brandfall,
- fehlender Rauchabzugsöffnung im Treppenraum (mehr als fünf Geschosse),

- nicht geschlossenen Wand- und Deckendurchbrüchen bzw. mangelhaften Abschlüssen,
- Personengefährdung im Brandfall,
- Explosionsgefahr,
- hohem Risiko der Brandentstehung
  - durch brennbares Material in der Nähe von Lichtstrahlern,
  - durch unfachmännische Schweißarbeiten,
  - durch Polystyroldämmung in Aufenthalts- oder Versammlungsbereichen (z.B. Sportstadion),
  - durch leicht brennbare Dekorationen in öffentlichen Bereichen (wie Diskothek, Sportstadion etc.),
  - durch nicht betriebssichere oder überlastete Elektroanlagen oder Feuerstätten, bei ungeschützter Lagerung brennbarer Flüssigkeiten,
  - bei der Aufstellung von Papier-/Pappcontainern etc. im öffentlich zugänglichen Bereich,
  - in dem Feuer und Rauchen bzw. offenes Licht erlaubt sind,
  - in Bereichen der Lagerung ölgetränkter Materialien,
  - in der Nähe von Heizungsanlagen.

Hier muss in erster Konsequenz eine unmittelbare Beseitigung der Mängel erfolgen, da sonst eine unmittelbare Nutzungsuntersagung für die entsprechenden Räumlichkeiten möglich ist.

Beispiel

Bei der Errichtung eines Gebäudes wurden einzelne Verbesserungsregeln für die Standsicherheit und den Brandschutz nicht beachtet. Eine Rissbildung und ein Abblättern des Betons in tragenden Bauteilen lassen den Einsturz befürchten. Es besteht eine konkrete Gefahr, der durch Erlass einer Ordnungsverfügung zur sofortigen Räumung des Gebäudes begegnet wird.

Eine konkrete Gefahr ist also unverzüglich durch eine Mängelbeseitigung abzustellen, dies darf nicht an technischen Umsetzungs- oder Finanzierungsschwierigkeiten scheitern, da sonst mit einer Nutzungsuntersagung in Anlehnung an die bauordnungsrechtliche Generalklausel aus § 3 MBO/LBO zu rechnen ist.

Hinweis

Aus der Auswertung verschiedener Gerichtsurteile geht hervor, dass diese eine konkrete Gefahr in der Regel als gegeben annehmen, wenn nachträgliche Anforderungen oder Ertüchtigungen an Rettungswege für die Evakuierung der im Gebäude befindlichen Personen erforderlich sind.

3.4.2 Abstrakte Gefahr

Die abstrakte Gefahr liegt zeitlich nicht im Vorfeld der konkreten Gefahr. Abstrakte und konkrete Gefahr unterscheiden sich auch nicht hinsichtlich der Wahrscheinlichkeit des Schadeneintritts. Es ist bei der abstrakten Gefahr vielmehr so, dass die Gefahrenquelle kein konkreter einzelner Sachverhalt ist, sondern ein gedachter, typisierter Lebenssachverhalt, aus dem sich eine Gefahr für Schutzgüter der öffentlichen Sicherheit und Ordnung ergeben kann.

Beispiel

Der gedachte Sachverhalt „Rauchen in der Nähe von Treibstofflagern" ist zur Entzündung von Treibstoff geeignet und damit, einen Schaden herbeizuführen. Daher ist das Rauchen in der Nähe von Treibstofflagern abstrakt gefährlich.

Dieser abstrakten Gefahr wird in der Regel mit einer Rechtsvorschrift begegnet und sie ist von der Einzelfallbetrachtung gelöst.

Beispiele

Fall 1: Eine abstrakte Gefahr, aus der eine konkrete Gefahr entstehen kann, liegt vor bei z. B.

- mangelhaftem Einbau und mangelhafter Qualität von Bauteilen mit bauaufsichtlicher Zulassung oder Anforderung (z. B. fehlende oder falsche Rauchschutztüren, falsche Deckenqualitäten, falsche Wandqualitäten, bei Rauch- und Wärmeabzugsanlagen),
- Verrauchungs- oder Brandgefahr von Treppenräumen und Fluchtwegen,
- erhöhter Brandgefahr durch wesentliche Brandlasten (leicht entflammbare oder brennbare Baustoffe, die von einem Sachverständigen oder der Bauaufsicht in dem Objekt festgestellt worden sind und für die eine Mängelbeseitigungsfrist erlassen worden ist).

Fall 2: Werden z. B. Bauprodukte ohne Prüfung ihrer Verwendbarkeit in Bauwerke eingebaut, so kann hier nicht ausgeschlossen werden, dass die zentralen Schutzziele des Bauordnungsrechts (Schutz gegen schädliche Einflüsse, Brandschutz) erbracht werden. Es bestehen somit abstrakte Gefahrenlagen, denen dadurch entgegengewirkt wird, dass der Gesetzgeber Rechtsvorschriften (hier Verwendungsregeln) für Bauprodukte aufstellt.

Fall 3: Ein weiteres Beispiel hierfür ist, dass die Voraussetzung für das Entstehen einer Gefährdung durch ein Feuer und den damit verbundenen Verlust des ersten bzw. zweiten Rettungsweges in der Konsequenz zur Folge hat, dass das Schutzziel des Personenschutzes nicht mehr eingehalten werden kann und hiermit eine konkrete Gefahr für Leib und Leben besteht.

Eine abstrakte Gefahr kann also entstehen bzw. hergeleitet werden, wenn eine Gefahrensituation evtl. in verschiedenen Hierarchiestufen besteht und zur konkreten Gefahr wird. Dies kann unter Umständen dadurch eintreten, dass durch den vorliegenden Mangel im Brandfall ein Personenschaden zwangsläufig erfolgt. Im Brandfall entsteht somit eine Gefahr für Leib und Leben, ohne dass neben dem Mangel weitere Vorbedingungen als weitere Ursache des Brandes gegeben sein müssen. Auch eine abstrakte Gefahr ist unverzüglich durch eine Mängelbeseitigung abzustellen, in der Regel werden aber keine Nutzungsuntersagungen erforderlich.

Grundsätzlich ist eine Abweichung des vorhandenen Zustands vom neuen Bauordnungsrecht allein, also das Vorliegen einer abstrakten Gefahr, nicht ausreichend für ein Anpassungsverlangen. Dafür muss zusätzlich eine konkrete Gefahr hinzutreten.

3.5 Zusammenfassung

Der Unterschied zwischen abstrakter und konkreter Gefahr liegt also in der Betrachtungsweise der Gefahrenlage. Der Eintritt des Schadens kann möglicherweise noch Jahre auf sich warten lassen, obwohl die Gefahr aber abstrakt besteht bzw. konkret sein kann. Für das Vorliegen einer konkreten Gefahr ist die bloße Wahrscheinlichkeit des Eintritts des Schadenfalls im Einzelfall erforderlich (siehe BVerwG, NJW 1968, 764).

Während die Genehmigung eines Vorhabens wegen Verstoßes gegen eine Rechtsvorschrift zur Abwehr abstrakter Gefahren abgelehnt werden kann, bedarf ein auf z. B. § 58 MBO 2002 bzw. § 59 MBO 1996 u. a. gestütztes ordnungsbehördliches Einschreiten einer Ermessensentscheidung (siehe VGH BW, BRS 62 Nr. 201) als Grundlage für die Feststellung und für das Einschreiten bei Vorliegen einer konkreten Gefahr (siehe § 59 MBO 1996; OVG NRW vom 18.05.1994 – 7 A 2533/91 n. v.; OVG NRW, Urteil vom 28.12.1994 – 7 B 2890/94, BauR 1995, 528 – BRS 57 Nr. 245).

Es ist somit eine Obliegenheit der Behörde, hier die Einstufung und die Größe einer Gefahr und das damit verbundene Anpassungsverlangen anzumessen. Dabei sollte jedoch entweder ein Brandschutz- oder technischer Sachverständiger hinzugezogen werden, um die Gefahren (konkrete Gefahr oder abstrakte Gefahr) zu erkennen und gezielt zu gewichten und einzustufen. Insbesondere unter dem Aspekt, dass die Dauer bzw. die Fristsetzung der Mängelbeseitigungsfrist nicht allein der Behörde überlassen wird. Hierbei wird natürlich vorausgesetzt, dass der Bauwerkszustand, der die häufig als *konkrete Gefahr* umschriebene Situation bewirkt, entsprechend als so sicher einzustufen ist, dass mit einer Gefahrensituation nicht unmittelbar zu rechnen ist. Insofern ist mit Anpassungen an die nunmehr geltenden „neuen“ Vorschriften aufgrund einer konkreten Gefahr nur selten zu rechnen, da der hierfür erforderliche Nachweis der konkreten Gefahr meist scheitert (siehe auch Gädtke et al., 2011).

Wurde die materielle Rechtslage nun gegenüber der zum Zeitpunkt der Erteilung der Baugenehmigung geltenden Rechtslage nachträglich verschärft, so kann im Einzelfall aufgrund z. B. § 83 MBO 1996 oder § 3 MBO/LBO ein Anpassungsverlangen nur unter Durchbrechung des Bestandsschutzes bei Vorliegen einer konkreten Gefahr gestellt werden. Die bloße Nichtübereinstimmung mit der neuen Rechtslage als abstrakte Gefahr rechtfertigt kein Einschreiten der Baubehörden (siehe OVG NRW, BRS 57 Nr. 245; Hessischer Verwaltungsgerichtshof [HessVGH] BRS 62 Nr. 154 zu brandschutztechnischen Anpassungen).

Es muss sich um Gefahren für die öffentliche Sicherheit und Ordnung handeln, sonstigen Gefahren, die nicht die öffentliche Sicherheit und Ordnung betreffen, kann durch ein Eingreifen der Bauaufsicht nicht begegnet werden, da hierzu die erforderliche gesetzliche Ermächtigungsgrundlage fehlt. So ist es nicht Aufgabe der Bauaufsicht, zivilrechtliche Ansprüche eines Grundstückseigentümers durchzusetzen, die sich z. B. aus dem Wohnungseigentumsgesetz oder dem Nachbarrechtsgesetz NRW ergeben, da dieser Schutz primär den ordentlichen Gerichten obliegt.

Zu berücksichtigen ist auch, dass der Planer und die Bauaufsicht sowie der Bauherr bei den hier zutreffenden Sicherheitsfragen in einer gemeinsamen Verantwortung stehen, die im Schadenfall ggf. in einem Verfahren wegen fahrlässiger Tötung münden können. Es sollten daher alle entsprechenden Risiken in einer Risikoanalyse und -auswertung (siehe Kapitel 4) zusammengeführt werden, um hier ein kritisches Auge in Bezug auf die zu erfüllenden Schutzziele zu behalten.

Setzt man nun als erstes Ziel des Brandschutzes die Vermeidung jedes mittel- und langfristig irreversiblen Personenschadens voraus, so zieht dies eine Abgrenzung des Risikos nach sich.

Gravierende bauliche Mängel an den Rettungswegen von Gebäuden werden auch bauaufsichtlich in der Regel als konkrete Gefahr eingestuft. Es wird davon ausgegangen, dass die Aufsichtsbehörden und Gerichte der Sicherung der Gebäude auch in Zukunft eine ähnlich große Bedeutung beimessen.

Auch die Brandschutzdienststellen setzen sich weiter dafür ein, dass bei den Gebäuden, die aus Gründen des Bestandsschutzes einer dringenden Klärung der Rettungswegsituation bedürfen, nachgerüstet wird. Dies wird aber von Aufsichtsbehörden und Gerichten vermutlich nicht als konkrete Gefahr eingestuft werden, wie z. B. das vollständige Fehlen des Rettungsweges bzw. das vollständige Fehlen der geeigneten Leitern der Feuerwehren. Ein flächendeckender Erfolg dieser Bemühungen kann ebenfalls nicht erwartet werden.

3.6 Entfall des Bestandsschutzes

Der Bestandsschutz endet grundsätzlich, wenn

- die bauliche Anlage ihre Funktion oder Identität verloren hat,
- der ursprüngliche Bestand in seiner Substanz nicht mehr vorhanden ist,
- der Bestand über notwendige Unterhaltungs- und Instandsetzungsmaßnahmen hinaus verändert bzw. die für die Instandhaltung notwendigen Arbeiten so ausfallen, dass sie einem Neubau gleichzusetzen sind (siehe BVerwG, 24.10.1980 – 4 C 81.77, BA 36 Nr. 99),
- die Nutzung endgültig aufgegeben wird (siehe BVerwG, Beschluss vom 21.11.2000 – 4 B 36.00 – BauR 2001, 610),
- eine andere anstelle der genehmigten Nutzung aufgenommen wird (siehe BVerwG, Urteil vom 18.05.1995 – 4 C 20.94, BAS 57 Nr. 64),
- die Bausubstanz so ausgetauscht wird, dass das Bauvolumen wesentlich verändert wird (siehe OVG NRW, Beschluss vom 18.01.2002 – 10 A 180/00),
- gravierende Nachteile für die Allgemeinheit entstehen, Einsturzgefahr besteht oder ein Eingriff in die Standfestigkeit (statische Neuberechnung) nötig ist (siehe OVG NRW, Urteil vom 20.08.1993 – 7 A 3489/92),
- konkrete Gefahr für Leib und Leben besteht (siehe OVG NRW, Urteil vom 28.08.2001 – 10 A 3051/99).

Eine sachverständige Beurteilung des Bestandsschutzes, die letztendlich in der belastbaren Erkenntnis über die tatsächliche Gefahrensituation mündet, ist für jeden Einzelfall unabdingbar. In Verbindung mit der Problematik der Anpassungsregelungen sollten sowohl die bauaufsichtlichen Regeln zum Zeitpunkt der Errichtung als auch die heutigen bauaufsichtlichen Regelwerke bei der Beurteilung des Bauwerkes informativ herangezogen werden.

Inwieweit bei dem Vorhaben dann eine Sanierung oder Nachrüstung bzw. Anpassung an die heutigen Regeln erforderlich wird oder ob das Bauwerk ohne eine Änderung bzw. Anpassung bleiben kann, hängt von den Parametern des Bestandsschutzes bzw. der Verkehrssicherung sowie der Nutzung und des Risikos der baulichen Anlage ab.

Hierbei sind die materiellen Anforderungen der Bauordnung zu berücksichtigen. Alle Zusammenführungen sind in Form eines Brandschutzkonzeptes für das bestehende Bauwerk aufzuzeigen und darzustellen. Zu Beginn eines jeden Bestandsprojektes ist somit generell zu überprüfen, ob das gewünschte Bauvorhaben sich innerhalb des Bestandes verwirklichen lässt oder ob eine Erweiterung oder Änderung etwa zur Aufhebung eines Bestandsschutzes führt.

Bei denkmalgeschützten Bauvorhaben hingegen können Erweiterungsmaßnahmen durchaus sinnvoll sein, wenn hier die Raumprogramme zunächst im Bestand integriert werden können. Eine Erweiterung kann hier vielmehr als Entlastung des historischen Bestandes dienen, indem intensiv genutzte

Räume oder stark frequentierte Flächen in einen Neubau verlagert werden. Erhaltenswerte Räume werden somit geschont.

Daher ist beim Bauen im Bestand in wesentlich größerem Umfang auf eine integrale Planung der verschiedenen Fachdisziplinen Architektur, Tragwerk, Brandschutz, Haustechnik zu achten als beim Neubau. Brandschutztechnische oder tragwerksplanerische Überlegungen aus einer veränderten Nutzung müssen nach Umbau des Bestandes ein entsprechendes Ergebnis erhalten, das auch aus wirtschaftlicher Sicht umsetzbar ist.

3.6.1 Eingriffe in den Bestandsschutz durch das Baunebenrecht

Zusätzlich zu den vielfältigen Gesetzen, Verordnungen und Richtlinien, die im Baunebenrecht zusammengefasst sind, können weitere Regelungen aus diesem Baunebenrecht einen Eingriff in den Bestandsschutz bewirken. Insofern können Baumaßnahmen im Bestand auch z. B. Eingriffe aus dem passiven Bestandsschutz zur Folge haben.

In diesem Zusammenhang sind Anpassungen aufgrund von

- Nachrüstungspflichten gemäß der Energieeinsparverordnung (EnEV),
- Erhaltungspflichten aus dem Denkmalschutzgesetz (DSchG),
- Handlungspflichten aus dem BImSchG,
- Handlungspflichten aus unzulässigen Schadstoffbelastungen (Asbest, PCB, PCP u. a),
- Handlungspflichten aus den Technischen Regeln für Gefahrstoffe (TRGS) und Betriebssicherheit (TRBS) u. a.,
- Pflichten aus dem Arbeitsschutz u. a.

möglich, die dann einen Eingriff in den Bestand und somit ein Anpassungsverlangen der Brandschutzmaßnahmen rechtfertigen können.

3.6.2 Beispiele und Fragen zu Bestandsschutzthemen

Der für die Sicherheit von Bauwerken verantwortliche Personenkreis (Eigentümer, Betreiber, Mieter, Architekt u. a.) stellt sich regelmäßig die Frage, wie Brandgefahren in bestehenden Bauwerken gewichtet werden müssen.

Es soll wie vorstehend beschrieben unter Wahrung der Verhältnismäßigkeit der Mittel (Wirtschaftlichkeit) und der Vermeidung unbilliger Härte versucht werden, die Gebäude an das aktuell geforderte bauordnungsrechtliche Sicherheitsniveau heranzuführen, soweit erforderlich bzw. möglich. Dazu finden sich in den Bauordnungen entsprechende Anpassungsregelungen zu den anzuwendenden Rechtsgrundlagen wie im Kapitel 3.3 beschrieben.

Im Folgenden sind einige Praxisbeispiele zum Thema Bestandsschutz und Anpassungsverlangen zusammengestellt (siehe Abb. 3.11).

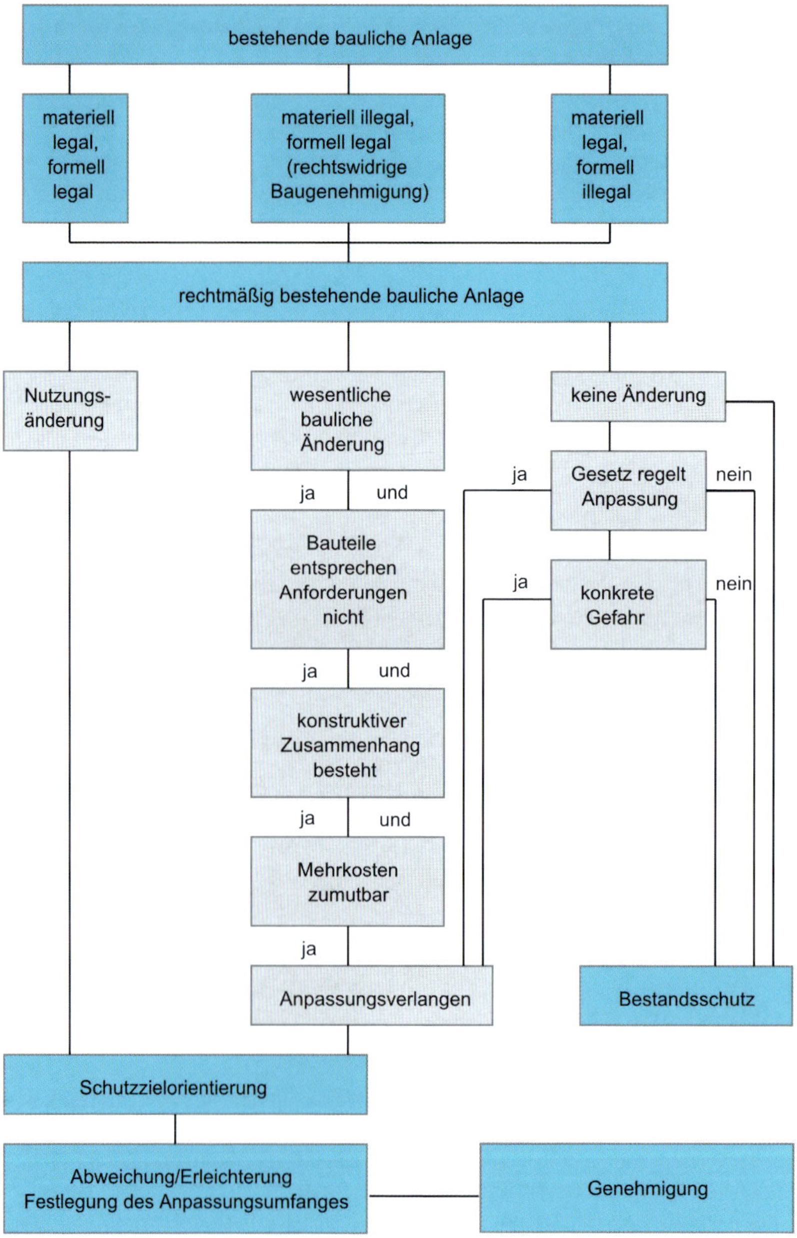

Abb. 3.11: Bestandsschutz versus Anpassungsverlangen – Fallkonstellationen

Beispiele

Fall 1: Instandsetzungsmaßnahmen

Grundsätzlich dürfen bei Instandsetzungsmaßnahmen Teile baulicher Anlagen identisch ersetzt werden (z. B. Holzbalken in einer Dachkonstruktion). Dieser Grundsatz gilt nicht, wenn ein Schaden infolge einer mittlerweile als unzureichend erkannten, nicht mehr aktuellen Regelung aufgetreten ist oder wenn aufgrund neuer Erkenntnisse Bedenken hinsichtlich der Standsicherheit bestehen, z. B. bei Überkopfverglasungen: Einscheiben-Sicherheitsglas (ESG) wird durch Verbundsicherheitsglas (VSG) oder Brandschutzverglasung ersetzt.

Hinweis
In diesen Fällen ist das aktuelle Regelwerk hinsichtlich Bemessung und Ausführung für die Anpassung bzw. den Austausch anzuwenden.

Fall 2: Wanddurchbrüche in einem bestehenden Gebäude

Falls Durchbrüche für die Standsicherheit nicht von untergeordneter Bedeutung sind, müssen diese durch geeignete Maßnahmen so kompensiert werden (z. B. durch einen Stahlbetonrahmen um den Durchbruch), dass die Standsicherheit des Gebäudes hinsichtlich der Aussteifung sowie die Belange des Brandschutzes gewahrt bleiben.

Hinweis
Ein neuer Nachweis des Gesamtgebäudes mittels Brandschutzkonzept und nach den aktuellen Technischen Baubestimmungen ist in der Regel nicht erforderlich. Kompensationsmaßnahmen und Stürze sind nach den aktuellen Vorschriften nachzuweisen.

Fall 3: Aufstockungen

Abb. 3.12: Dachaufstockung

Bei Aufstockungen ist zu überprüfen, ob die nach den aktuellen Technischen Baubestimmungen anzusetzenden zusätzlichen Belastungen (z. B. Eigengewicht, Schnee, Wind, Erdbeben) sicher abgetragen werden können.

Die Standsicherheit der unveränderten Teile der baulichen Anlage muss auch unter dieser Zusatzbelastung nach dem ursprünglichen Regelwerk nachweisbar sein.

Hinweis
Werden in den unteren Geschossen infolge der Aufstockung wesentliche bauliche Änderungen erforderlich, so ist das gesamte Gebäude wie ein Neubau zu behandeln und die Genehmigungsunterlagen sind neu einzureichen.

Fall 4: Anforderungen an Decken bei nachträglichem Dachraumausbau

(siehe auch Senatsverwaltung für Stadtentwicklung [Hrsg.], 2012)

Müssen aufgrund eines nachträglichen Dachraumausbaus die Decken des vorhandenen Gebäudes an die brandschutztechnischen Anforderungen der neuen Bauordnung angepasst werden (z. B. Gebäudeklasse 5)?

Im Regelfall nein.

Es gilt § 85 Abs. 2 und 3 BauO Bln. Bei dem Dachraumausbau handelt es sich nicht um eine wesentliche Änderung nach § 85 Abs. 3 BauO Bln, die dazu führen würde, dass die nicht unmittelbar berührten Teile der baulichen Anlage (Decken, die nicht vom Dachraumausbau berührt sind) an die Anforderungen der Bauordnung angepasst werden müssen.

Lediglich wenn die Decke unter dem Dachraumausbau vollständig erneuert wird, kann (§ 85 Abs. 2 BauO Bln) eine Anpassung an die der Gebäudeklasse entsprechende Anforderung verlangt werden.

Hinweis
Das Verwaltungsgericht (VG) Düsseldorf hat dies in seinem Urteil vom 06.10.2005 – 4 K 1851/05 gestützt.

Hinweis
Dies wird weiterhin bestätigt durch den Runderlass vom 31.05.2007, VI A4 – 100/34 des Landes Nordrhein-Westfalen, der ausführt, dass bei einem nachträglichen Dachgeschossausbau keine überzogenen brandschutztechnischen Anforderungen an die Decke gestellt werden sollen. Es sollen vielmehr solche Anforderungen gestellt werden, die zum Erreichen der Schutzziele des § 17 BauO NRW (§ 14 MBO 2002) erforderlich sind, da die punktuelle Anpassung des Brandschutzes einer einzigen Decke nicht insgesamt das Sicherheitsniveau des bestehenden Gebäudes verbessert.

Fall 5: Umbau eines mehrstöckigen Gebäudes

Eine auf der obersten Geschossdecke bestehende Dachkonstruktion wird auf einer Teilfläche durch eine Technikzentrale und im Übrigen durch eine geänderte Dachkonstruktion ersetzt. Die für die neue Technikzentrale nach aktuellen Technischen Baubestimmungen anzusetzenden Lasten (wie z. B. Eigengewicht, Windlasten und – in diesem Beispiel deutlich höhere – Schneelasten) werden ausschließlich über die bestehenden Wände abgetragen. Die restliche neue Dachkonstruktion ist unmittelbar auf die Geschossdecke aufgelagert.

Abb. 3.13: Neubau bzw. Erweiterung eines Geschäftshauses

Hinweis
Der Nachweis der unveränderten Teile der baulichen Anlage kann hierbei hinsichtlich der zusätzlichen Belastung nach dem ursprünglichen Regelwerk erfolgen. Ist dieser Nachweis nur mit zusätzlichen Verstärkungsmaßnahmen möglich, sind diese nach den aktuellen Technischen Baubestimmungen zu bemessen. Werden infolge der Baumaßnahme wesentliche bauliche Veränderungen erforderlich, so ist das gesamte Gebäude wie ein Neubau zu behandeln.

Es muss eine brandschutztechnische Neubewertung des Bereichs nach den gültigen Vorschriften inkl. einer Analyse des bestehenden baulichen Brandschutzes erfolgen.

Fall 6: Einbau eines Ladengeschosses (Nutzungsänderung)

Sollen zur Schaffung von Ladenflächen im EG eines Gebäudes tragende Wände durch Abfangträger, Stützen und Rahmen ersetzt werden, so muss durch diese Maßnahme die Standsicherheit des Gebäudes gegenüber dem ursprünglichen Zustand gewahrt bleiben. Die Abtragung der Lasten der Geschossdecke und deren Unterstützungskonstruktion sind somit nach dem aktuellen Regelwerk nachzuweisen.

In Erdbebengebieten ist darüber hinaus zu beachten, dass durch Änderungen des Schwingungsverhaltens (z. B. Änderungen der anzusetzenden spektralen Beschleunigungen) die Standsicherheit des Gebäudes – gegenüber dem Zustand vor der Umbaumaßnahme – nicht beeinträchtigt wird.

Hinweis
Die über der Ladenebene liegenden unveränderten Geschosse genießen grundsätzlich Bestandsschutz, allerdings ist ein Brandschutzkonzept als Nachweis und Bauvorlage zu erstellen.

Fall 7: Übernahme und Fortführung von Einrichtungen der ehemaligen vier alliierten Streitkräfte

(siehe auch Senatsverwaltung für Stadtentwicklung [Hrsg.], 2012)

Abb. 3.14: Altes Kasernengebäude mit gleicher Büro- und Verwaltungsnutzung

Die Rechtmäßigkeit einer baulichen Anlage beurteilt sich grundsätzlich nach dem Recht, das zur Zeit ihrer Errichtung galt. Für später geänderte Teile der Anlage ist ferner das jeweils zur Zeit einer Änderung geltende Recht maßgebend. Es wird davon ausgegangen, dass die von uns nicht genehmigten baulichen Anlagen der ehemaligen vier Alliierten, die aufgrund eigener Rechtshoheit errichtet wurden, diese gemäß § 85 Abs. 1 BauO Bln 2005 Bestandsschutz genießen. Auch ein inzwischen eingetretener Eigentumswechsel hebt diesen Bestandsschutz nicht auf.

Hinweis
Im Vergleich mit heutigem Recht bestehende Abweichungen können keinesfalls Anlass für pauschale bauliche Nachrüstungsforderungen sein. Sofern Mängel festgestellt werden, die nach heutigen Erkenntnissen eine konkrete Gefahr darstellen, ist im Einzelfall gem. § 85 Abs. 2 BauO Bln 2005 zu prüfen, wie die Gefahr abgewehrt werden kann. Dabei ist der Grundsatz der Verhältnismäßigkeit zu wahren und es sind unter Fristsetzung Maßnahmen zu nennen, die zur Gefahrenabwehr durchzuführen sind.

Der Bestandsschutz wird erst durch eine Änderung oder Nutzungsänderung der baulichen Anlage aufgehoben. Eine Nutzungsänderung liegt vor, sofern die bauliche Anlage anderen als den vorgesehenen genehmigten Zwecken zugeführt wird. Sie ist genehmigungspflichtig, wenn das öffentliche Baurecht an die bauliche Anlage in der neuen Benutzung andere oder weitergehende Anforderungen stellt.

Fall 8: Nur unter Ansatz der alten Lastnormen statisch nachweisbare Belegung einer Dachhaut mit Fotovoltaikelementen

Durch die Montage der Fotovoltaikmodule wird die aufnehmbare Schneelast um das Gewicht der Module reduziert. Die Standsicherheit des Gebäudes wird also gegenüber dem bestandsgeschützten Zustand verändert. Von einer Ertüchtigung des Tragwerkes kann dann abgesehen werden, wenn das vorhandene Tragwerk für die Zusatzlasten aus den Modulen immer noch ausreichend dimensioniert ist und im Brandfall gemäß den Vorschriften standhält.

Hinweis
Umfassende bauliche Veränderungen, die einem Neubau gleichkommen, bringen den Bestandsschutz für ein Gebäude zum Erlöschen, wenn die Baumaßnahme so weitgehend ist, dass sie einem Neubau gleichkommt. In diesem Fall ist das gesamte Gebäude nach den aktuellen Technischen Baubestimmungen sowie mit einem Brandschutzkonzept nachzuweisen.

Fall 9: Bestehende Bauten – Anwendung des § 85 BauO Bln (§ 77 Abs. 1 BauO Bln a. F.)
(siehe auch Senatsverwaltung für Stadtentwicklung [Hrsg.], 2012)

Danach aktualisiert sich die durch § 77 Abs. 1 Satz 1 BauO Bln statuierte bauordnungsrechtliche Erhaltungspflicht nicht erst in den Fällen eines Schadeneintrittes oder des unmittelbaren Bevorstehens eines solchen, sondern bereits dann, wenn aufgrund des konkreten baulichen Zustandes einer baulichen Anlage eine den seinerzeit geltenden Vorschriften widersprechende Veränderung in absehbarer, nicht gänzlich fern liegender Zeit eintreten kann.

Hinweis
Der Eigentümer als der gemäß § 14 Allgemeines Sicherheits- und Ordnungsgesetz Berlin (ASOG Bln) Verantwortliche hat für den sicheren und ordnungsgemäßen Zustand des Gebäudes, unabhängig von der Möglichkeit einer Erwirtschaftung der Instandhaltungskosten aus dem Grundstück und darüber hinaus grundsätzlich ohne Rücksicht auf seine sonst bestehende wirtschaftliche Leistungsfähigkeit, Sorge zu tragen (siehe OVG Berlin vom 18.01.1991 – B 8.89; OVG Berlin, 2 B 125.86 und OVG Berlin, 2 B 5.87).

Fall 10: Bestandsschutz im Rahmen der Brandsicherheitsschau
(siehe auch Senatsverwaltung für Stadtentwicklung [Hrsg.], 2012)

Müssen nach § 2 Betriebsverordnung (BetrVO) zu prüfende Anlagen und Einrichtungen den aktuellen Vorschriften entsprechen oder denen zum Zeitpunkt der Genehmigung?

Hinweis
Grundsätzlich gilt für alle baulichen Anlagen der Bestandsschutz, der über die Baugenehmigung nachgewiesen werden kann, vgl. § 85 Abs. 1 BauO Bln. Ausnahmen bestehen im Falle einer konkreten Gefahr (§ 85 Abs. 2 BauO Bln) oder anlässlich einer wesentlichen Änderung der Anlage (§ 85 Abs. 3 BauO Bln), die eine Anpassung an aktuelles Recht auslösen können.

Fall 11: Bestandsschutz erlischt bei Nachtragsbaugenehmigung
(siehe VG Düsseldorf, Urteil vom 08.11.2006 – 11 L 1770/06)

Aufgrund fehlender Feuerschutzabschlüsse im KG und DG wurde bei einem Wohngebäude von der Bauaufsichtsbehörde die Nutzung sofort vollziehbar untersagt. Der Architekt des Bauherrn hat eigenmächtig handelnd aufgrund der fehlenden Abschlüsse diese in Form eines Nachtrags zur Baugenehmigung beantragt.

Hinweis
Gemäß Beschluss des VG Düsseldorf ist mit Einreichen des Nachtragsbaugesuchs der formelle Bestandsschutz entfallen, da dieses gegenüber der ursprünglichen Genehmigung weitergehende Anforderungen an den Brandschutz vorsieht.

Fall 12: Wann liegt z. B. im Dachgeschoss eine konkrete Gefahr vor?

Abb. 3.15: Konkrete Gefahr in diesem Dachgeschoss?

Erfordert also die Beseitigung eines Gefahrenherdes hierbei eine wesentliche Änderung der baulichen Anlage oder sind aus anderen Gründen umfangreiche Sanierungsmaßnahmen geplant, so kann die Behörde gemäß § 87 Abs. 2 BauO NRW zusätzlich verlangen, dass auch nicht unmittelbar berührte Teile auf den aktuellen Stand nach dem geltenden Recht gebracht werden, wenn diese Bauteile mit den Änderungen in einem konkreten Zusammenhang stehen oder dadurch keine unzumutbaren Mehrkosten anfallen. Im Sinne des § 87 BauO NRW zählen hierzu wesentliche Änderungen, wie z. B. Änderungen der äußeren Form bzw. der Gebäudehülle, Ersatz von Bauteilen oder Baustoffen des Gebäudes zu wesentlichen Teilen, eingreifende, das Bauwerk umgestaltende bauausführende Maßnahmen (z. B. Erhöhung einer Brandwand unter Anhebung der Dachtraufe).

Dabei ist die Genehmigungsbedürftigkeit einer geplanten Baumaßnahme zwar ein Indiz dafür, ob es sich um eine wesentliche Änderung handelt, aber rechtlich nicht ausschlaggebend. Hierbei ist noch zu beachten, dass

Teile bzw. Bauteile, die in statisch-konstruktiver Hinsicht von geänderten Bauteilen oder Sonderbauteilen abhängig sind, d. h. die alten und neuen Teile einer Anlage, die in ihrer technisch-konstruktiven Funktion aufeinander angewiesen sind (brandschutztechnische Anforderungen der Decke eines Heizraumes), in Einklang mit den öffentlich-rechtlichen Vorschriften umzusetzen sind. Zu beachten ist auch, dass die zusätzlichen Maßnahmen keine unzumutbaren Mehrkosten darstellen dürfen.

Fall 13: Standsicherheit im Treppenraum

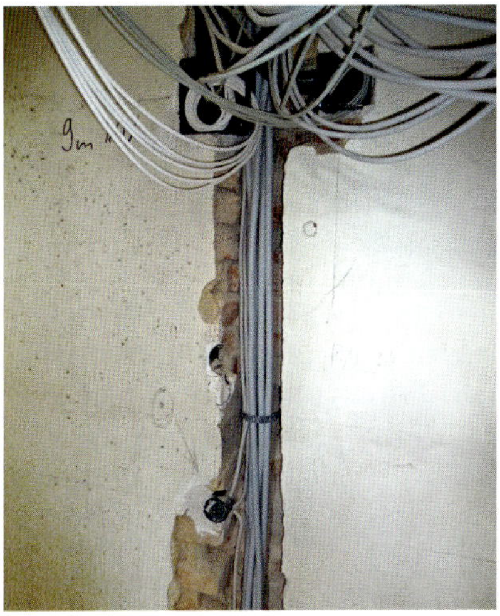

Abb. 3.16: Die nachträgliche Herstellung von Installationen sowohl im Treppenraum als auch im Gesamtobjekt führte schließlich zur Generalsanierung.

Geringfügige, die Standsicherheit nicht berührende bauliche Änderungen innerhalb eines Treppenhauses (z. B. Herstellen von Schlitzen oder Durchbrüchen für Leitungen) fallen unter den aktiven Bestandsschutz. Es entstehen hier Pflichten aufgrund einer Gefahr für Leib und Gesundheit in Bezug auf den Brandschutz. Wenn weitere bauliche Maßnahmen ausgeführt werden sollen, die eine wesentliche Änderung darstellen (Aufstockung des Treppenhauses oder Schaffung größerer Wanddurchbrüche, Einbau eines Aufzuges oder Verwendung anderer grundlegender Materialien), sind diese Baumaßnahmen entsprechend den aktuellen Bauvorschriften auszuführen.

Darüber hinaus kann im Einzelfall weiter verlangt werden, dass auch mit der geplanten Änderung nicht unmittelbar berührte, aber im konstruktiven Zusammenhang stehende Bauteile (Brandschutz des Treppenhauses) den Regelungen des Baurechts anzupassen sind. Hier muss allerdings auch wieder der Grundsatz der Verhältnismäßigkeit gewahrt bleiben (Hinweis: maximal 20 % Mehrkosten gegenüber den geplanten ursprünglichen Kosten).

Fall 14: Ausbau des Dachgeschosses

Abb. 3.17: Aufstockung mit Erneuerung von Dach und Decke eines Mehrfamilienwohnhauses

Ist geplant, Fenster oder Dachflächenfenster eines Treppenraums auszuwechseln, sind die neuen Bauteile entsprechend den bestimmungsgemäßen Bauvorschriften in Bezug auf den Brandschutz auszuführen, wenn diese Änderung mehr als 20 % der betroffenen Bauteilflächen gleicher Orientierung beträgt. Bei Nutzungsänderung oder Nutzungserweiterung von Räumen, die eine Änderung der Nutzergruppen bzw. Nutzungsintensität des Treppenraums nach sich ziehen (Wohnraum zu Gewerberaum), erlischt der Bestandsschutz. In diesem Fall wird der Treppenraum nach den aktuellen Bauvorschriften neu beurteilt werden müssen. Die Zulässigkeit der neuen Nutzung richtet sich nach der Baunutzungsverordnung. Zur Gewährleistung der betreffenden bauordnungsrechtlichen Mindestanforderungen in Bezug auf den Brandschutz und die Standsicherheit wegen erhöhter Brand- und Nutzlasten sind den Gegebenheiten entsprechend anzupassen. Als rechtliche Konsequenz ergibt sich dann z. B. auch eine Verpflichtung zur Angleichung der Treppen bzw. der Treppenunterseiten, Treppengeländer in ihrer Höhe nach § 36 BauO NRW.

Anpassungsverlangen und Handlungserfordernisse erfordern die jeweiligen Entscheidungen im Einzelfall von den Behörden mit einem gewissen Ermessensspielraum und werden daher unterschiedlich beurteilt werden können. In sämtlichen Fällen hat der Verantwortliche das Recht, Abweichungen von bauaufsichtlichen Anforderungen (z. B. nach § 73 BauO NRW) zu beantragen, wenn nachgewiesen wird, dass dem Zweck der technischen Anforderung auf eine andere Weise entsprochen wird (Kompensation der brandschutztechnischen Mängel erhaltenswerter denkmalgeschützter hölzerner Treppenläufe durch anlagentechnische Brandschutzmaßnahmen).

Dies kann z. B. durch den Einbau von Brandmelde- und/oder Löschanlagen oder die Nachrüstung von Rauch- und Wärmeabzugsanlagen erfolgen. Darüber hinaus enthalten die weiterführenden Gesetze und Verordnungen des Baunebenrechts ihrerseits mögliche Regelungen zu Abweichungen, Ausnahmen und Befreiung (z. B. bedingte Bauteilanforderungen bei bestehenden baulichen Anlagen und der Wahrung der Verhältnismäßigkeit nach der LBO).

3.7 Zusatzrisiko und versicherungsrechtliche Belange

Die Regeln zum Brandschutz im Rahmen des Bauordnungsrechts sind Ausdruck dafür, dass der Gesetzgeber eine Verpflichtung zum Schutz von Leib und Leben und Gesundheit erfüllt. Dies vollzieht er durch Angaben zur Feuerwiderstandsdauer mit einer Mindestzeitdauer, um die Rettung aus Gebäuden zu sichern, Angaben zur Brennbarkeit bzw. Entflammbarkeit sollen Brandlasten begrenzen.

Nun ist der Sachschutz diesem untergeordnet und von vergleichsweise geringer Bedeutung für die Bauaufsichtsbehörden. Die Zerstörung eines Gebäudes durch Feuer, der Ausfall einer Produktion oder die Vernichtung von Lagerbeständen bzw. wichtigen Unterlagen kann aber möglicherweise gravierende Folgen für den Fortbestand eines Unternehmens und das wirtschaftliche Überleben des Betreibers haben.

Im industriellen und gewerblichen Bereich besteht daher oftmals der Wunsch bzw. auch die Forderung, bauliche Anlagen optimal auf die vorhandenen Gefahren abzustimmen bzw. das Risiko für den Sachschutz zu minimieren und es auch noch ergänzend abzusichern, um diese Gefahren abzuwenden. Bauliche Anlagen zu optimieren oder auf Gefahren abzustimmen, die Größe der Fläche, die Gebäudehöhe, die Brandlast oder Unübersichtlichkeit darzustellen, ist im Anliegen der DIN 18230 „Baulicher Brandschutz im Industriebau“ im Zusammenhang mit der Industriebaurichtlinie erfüllt worden.

Mithilfe dieser Unterlagen ist es möglich, individuelle Brandschutzkonzepte zu erarbeiten. Eine Absicherung des Risikos für den Sachschutz durch eine zusätzliche Versicherung ist möglich und sichert den wirtschaftlichen Fortbestand eines Unternehmens zum Teil mit finanziell hohen Aufwendungen ab. Der Grund liegt im Prämiensystem der Versicherer, das sich an der Höhe des entsprechenden Risikos orientiert. So sind mögliche Brandfolgen an aktuellen Schadenstatistiken orientiert und mit stetig steigender Zahl von Schäden bzw. hochwertigeren Schäden werden zwangsläufig höhere Beiträge eingeführt.

Die Versicherungswirtschaft hat aufgrund der Erfahrungen im Umgang mit Risiken und Schäden und der naturgemäß damit verbundenen Vermeidung und Minimierung der Schadenkosten in Merkblättern und Richtlinien festgelegt, wie ein für sie optimaler Brandschutz über das Maß der normativen Anforderung der Bauordnung hinaus aussehen soll. Hierzu wurde die Vertrauen durch Sicherheit (VdS) Schadenverhütung GmbH, ein Tochterunternehmen des Gesamtverbandes der Deutschen Versicherungswirtschaft e.V., als Standes- oder Dachorganisation aller Versicherungsunternehmen gegründet.

Es ist somit sehr wichtig, in einem Brandschutzkonzept eine rechtzeitige Berücksichtigung der in den Regelwerken (VdS-Richtlinien) ausgewiesenen Forderungen an bauliche Anlagen für den erhöhten Aufwand der Sicherheit zu berücksichtigen. Der hierbei erhöhte Aufwand der Anforderungen für mehr Sicherheit beim Errichten des Bauwerkes wird durch ein ausgeklügeltes Rabattsystem der Versicherer durch niedrigere Prämien für das Objekt begünstigt. Selbstverständlich können sich Prämien mindernd nur auf solche Maßnahmen auswirken, die nicht schon gesetzlich vorgeschrieben sind. Es sollte also in jedem Fall vor Erstellung eines individuellen Brandschutzkonzeptes die VdS Schadenverhütung GmbH hierzu befragt werden, welche Richtlinien einzuhalten sind und welche entsprechenden Rabattierungssätze sich hieraus ergeben können. Auch hierbei wird wiederum auf die Verhältnismäßigkeit der Maßnahmen verwiesen.

3.8 Abweichungen und Erleichterungen

3.8.1 Situation

Grundsätzlich kann man davon ausgehen, dass es konkrete Brandschutzanforderungen für jedes Bauwerk gibt und dass diese Anforderungen auf definierten Risikobetrachtungen basieren.

Die tägliche Praxis zeigt, dass der Planer im Brandschutz eine Vielzahl unterschiedlicher Brandschutzkomponenten bzw. Ausführungen völlig unterschiedlich einsetzt. Leider ist der Risikobezug in diesen Gesetzen nicht immer für den Planer nachvollziehbar und kann daher unterschiedlich ausgelegt werden, da es kein einheitliches System bzw. keine einheitliche Festlegung gibt.

Hieraus sind die sogenannten Abweichungen und Erleichterungen bzw. Kompensationsmaßnahmen durch die verschiedenen Anwendungsfälle an unterschiedlichen Arten und Ausführungen von Bauwerken zu berücksichtigen. Dabei handelt es sich im Wesentlichen um andere oder fremde Konzeptkomponenten als die in den Bauordnungen aufgeführten Varianten. Abweichungen in der Ausführung, die nicht mit nachgewiesenen Konstruktionen bzw. Bauteilkonstruktionen übereinstimmen, und Abweichungen aufgrund vorgegebener Randbedingungen wie z. B. nutzungsbedingter Abweichungen oder solcher des Denkmalschutzes. Diese Anforderungen, Abweichungen und Risiken, die sich auf das Bauwerk beziehen, sind vom Planer unter Berücksichtigung eines wirtschaftlichen Kostenrahmens umzusetzen.

Hierzu sollte man wissen, dass die frühere Bezeichnung der Ausnahme und Befreiung und der Unterscheidung aus dem § 31 Bundesbaugesetzbuch (BBauG) 1960 in den § 91 MBO 1960 übernommen wurde. Diese Bezeichnungen gibt es auch heute noch, allerdings sind diese nun im BauGB § 31 zu finden. In der MBO wurde anstatt der Unterscheidung zwischen Ausnahme und Befreiung der einheitliche Begriff der Abweichung eingeführt. Abweichungen sind, wie zuvor auch Ausnahme und Befreiung, rechtsgestaltende Verwaltungsakte (siehe HessVGH, Urteil vom 11.03.1966 – II B 18.65, BRS 17 Nr. 149). Das heißt, die maßgebende materielle Anforderung der Bauordnung wird durch einen Verwaltungsakt in Form einer Abweichung für den entschiedenen Einzelfall mit den hierzu festgelegten Parametern verdrängt. Insofern ist die Anforderung nicht mehr in der strengen gesetzlichen Fassung vorhanden und muss vom Bauherrn auch nicht in der in den Bauordnungen dargestellten Form befolgt werden (siehe auch Gädtke et al., 2011).

Da die Bauordnung grundsätzlich überwiegend Vorschriften unter dem Aspekt der Gefahrenabwehr enthält, war es aufgrund dieses Ziels unvermeidbar, dass Gebote und Verbote zur Vermeidung abstrakter Gefahren (siehe Kapitel 3.4.2) generell formuliert werden. Dies hätte aber auch zur Folge, dass nur die strikte Einhaltung der Vorschriften für den Bauherrn eine bestimmte Härte sowie oftmals unzweckmäßige Lösungen ergeben würde. Das würde bedeuten, dass keine Konformität zum übergeordneten Gemeinschaftsinteresse besteht und die sich aus Art. 14 GG ergebende Baufreiheit dadurch auch nicht mehr gewährleistet wäre (siehe BVerwG, Urteil vom 16.05.1991 – 4 C 17.90, BRS 52 Nr. 157).

Im Umkehrschluss muss man dazu ausführen, dass erst das Rechtsinstitut der Abweichung detaillierte materielle Anforderungen des Baurechts rechtfertigt. Insofern trägt also eine Abweichung dazu bei, dass die durch materielle Vorschriften in der Regel nur allgemeinen erfassbaren Situationen der Bauordnungen so gestaltet werden, dass im jeweils konkreten Einzelfall hierfür eine angemessene und sachgerechte Lösung umgesetzt werden kann (siehe auch Gädtke et al., 2011).

Das Bauordnungsrecht stellt heute jedoch vorrangig seine Anforderungen auf definierte Schutzziele (verwaltungsrechtlich: Schutzgüter) ab. Hieraus resultierte vor allem, dass bei den detaillierten bauwerksbezogenen Anforderungen des Bauordnungsrechts das Schutzziel auch anders als nach der vom Gesetzgeber vorgegebenen Lösung erfüllt werden kann. Insofern lässt sich das Instrument der Abweichung aus § 67 MBO in Verbindung mit der Grundnorm und Generalklausel wie in Kapitel 3.4.2 beschrieben anwenden.

Um von den materiellen Vorschriften abweichen zu können, müssen zuerst einmal die Schutzziele und deren Anforderungen präzisiert werden. Hierbei stellt sich oftmals das große Problem, dass die Nachweisverfahren bei bestehenden Gebäuden, in Bezug auf z. B. das Tragwerk, meist nicht bekannt sind. Der Planer muss also erst einmal die Nutzung analysieren, damit hier evtl. Gestaltungsmöglichkeiten bzw. Veränderungen oder Erweiterungen des Objektes festgestellt werden können. Hier zeigen sich die Probleme meist darin, dass Abweichungen und Kompensationen oft an einer mangelhaften Koordination der Gewerke im Ursprungszustand scheitern. Es lässt sich meist auch im Bestand nach Jahren nicht mehr feststellen, wer die Verantwortung hierfür trägt.

Die gesetzlichen Grundlagen, auch für die Umsetzung von Vorhaben in bestehenden Gebäuden, sind in der jeweiligen Bauordnung definiert. Hier handelt es sich im Wesentlichen um die allgemeinen Anforderungen, den Brandschutz, Bauprodukte und Bauarten, Nachweisverfahren, Prüf- und Zertifizierungsstellen sowie Abweichungen von Bauprodukten. Im Weiteren sind die Bauregelliste (BRL) sowie die Technischen Baubestimmungen, die jeweils von den obersten Baubehörden des Landes veröffentlicht werden, einzuhalten.

Man kann also davon ausgehen, dass bei einer Änderung, einer Sanierung oder einer Nutzungsänderung im Bestand ein Brandschutzkonzept zum einen als Dokumentation über die Zulassung von Abweichungen und zum anderen als Nachweis der baurechtlichen Schutzziele erstellt werden muss. Hieraus ergibt sich meist, dass die materiellen Anforderungen z. B. an Bauteile und Baustoffe oder auch an Rettungswege, aufgrund der konstruktiven

Randbedingungen oder auch aus Kostengründen nicht eingehalten werden können und entsprechende Abweichungen formuliert und begründet werden müssen.

Der Planer im Bestand muss also eine Abweichung nachvollziehbar in einem Brandschutzkonzept konzeptionell begründen, damit diese als Nachweis geeignet ist. Das Gleiche gilt für die geeignete Kompensationsmaßnahme. Insofern hat der Planer den Nachweis der Erfüllung der Schutzziele umgesetzt. Ein separater Antrag auf Abweichung ist in der Regel nicht mehr erforderlich, da der vorgenannte Sachverhalt in einem Brandschutzkonzept als dieser anzusehen ist.

3.8.2 Arten von Abweichungen

Das Bauordnungsrecht kennt grundsätzlich nur Abweichungen von materiellen Anforderungen z. B. im Sinne des § 67 MBO. Abweichungen von z. B. dem Anwendungsbereich, den Begriffsbestimmungen oder von bauordnungsrechtlichen Verfahrensvorschriften sind nicht möglich.

Weiter ist zu beachten, dass weitere „generelle" Regelungen zu Abweichungen in den bauaufsichtlichen Vorschriften umgesetzt sind. Dies ist z. B. der Fall nach der Grundnorm (§ 3 MBO/LBO) oder nach den allgemeinen Regelungen über Abweichungen in § 67 MBO, wobei darauf hingewiesen wird, dass die Generalklausel zum Brandschutz (§ 14 MBO) mit den dort definierten Schutzzielen eingehalten werden muss. Hierbei sind sowohl generelle Regeln zu Abweichungen gemeint, aber auch spezielle Abweichungstatbestände, die sich innerhalb der materiellen Vorschriften (Einzelnorm) z. B. der MBO wiederfinden.

Das Bauordnungsrecht kennt grundsätzlich folgende Arten von Abweichungen:

- Abweichungen von materiellen Anforderungen der MBO/LBO, insofern die Einhaltung des § 51 Sonderbauten nicht erforderlich ist
- Abweichungen von den in der BRL bekannt gemachten technischen Regeln
- Abweichungen von den Regeln der Technik, wenn eine andere Lösung in gleicher Weise die allgemeinen Anforderungen der Grundnorm (§ 3 MBO) erfüllt

Auch bei dem Instrument der Abweichung sind die baurechtlichen Bestimmungen so bestimmt, dass Einzelnormen oder sogenannte besondere Abweichungsarten vor den Grundnormen (§ 67 MBO – Abweichungen) zu beachten sind. So ist z. B. eine herbeigeführte Erleichterung aus § 51 MBO 2002 Sonderbauten in der Form alleine maßgebend und es bedarf nicht zusätzlich einer Abweichung im Sinne des § 67 MBO 2002.

3.8.3 Abweichungen von technischen Regeln bzw. Nachweisen

Gemäß der Grundnorm im § 3 MBO/LBO ist die Abweichung von allgemein anerkannten Regeln der Technik (a. a. R. d. T.) zulässig. Insofern damit die Voraussetzungen des § 3 Abs. 1 MBO eingehalten werden, ist gemäß den bauaufsichtlichen Vorschriften eine Abweichung zulässig. Aus der allgemeinen Praxis heraus besteht heutzutage ein entsprechendes Bedürfnis, da aufgrund der heutigen Bauwerkesituationen die bauaufsichtlichen Vorschriften in der Härte nicht immer eins zu eins umsetzbar sind. Es werden aber gemäß der Grundnorm ausdrücklich nur die Abweichungen ermöglicht, die gleichwertig die allgemeinen Anforderungen nach den Vorschriften des § 3 MBO Abs. 1 erfüllen.

Bei Abweichungen von den a. a. R. d. T. stellt sich grundsätzlich die Frage, ob es sich um wesentliche Abweichungen im Sinne von § 17 MBO 2002, um nicht geregelte Bauprodukte oder im Sinne von § 21 MBO 2002 um nicht geregelte Bauarten handelt. Im Falle einer wesentlichen Abweichung dürfen diese Bauprodukte und Bauarten nur verwendet werden, wenn sie über eine allgemeine bauaufsichtliche Zulassung (abZ) (§ 18 MBO 2002), ein allgemeines bauaufsichtliches Prüfzeugnis (abP) (§ 19 MBO 2002) oder eine Zustimmung im Einzelfall (ZiE) (§ 20 MBO 2002) verfügen.

Hinweis

Oftmals ist die Frage, ob es sich um eine wesentliche oder nicht wesentliche Abweichung handelt, von den am Bau Beteiligten nicht so einfach zu beantworten. Grundsätzlich ist eine Abweichung unwesentlich, wenn im Ergebnis daraus hervorgeht, dass sie ungefährlich ist.

Diese Bauprodukte und Bauarten, die von technischen Regeln bzw. Technischen Baubestimmungen wesentlich abweichen, müssen über eine abZ bzw. ein abP oder eine ZiE verfügen. Hieraus lässt sich nun ableiten, dass für alle anderen Bauprodukte und Bauarten, die wesentlich von den Nachweisen der abZ bzw. abP abweichen, der Nachweis über eine ZiE geführt werden muss. Diese Prüfungen können auf Basis der DIN 4102 „Brandverhalten von Baustoffen und Bauteilen" durchgeführt werden. Im Weiteren ist es möglich, z. B. auf Basis eines Gutachtens, von einer anerkannten Prüfstelle eine Stellungnahme für eine ZiE bei der entsprechenden Baubehörde zu erwirken.

Beispiele

Beispiele für eine *wesentliche* Abweichung sind

- wesentliche Veränderungen bzw. Vergrößerungen der zulässigen Abmessungen von Verglasungen, Abschottungen oder Feuerschutzabschlüssen (FSA),
- Erweiterungen von Anwendungsbereichen der dämmschichtbildenden Systeme auf Stahlbauteile im Hinblick auf den Profilfaktor (U/A) oder die Feuerwiderstandsdauer,
- Änderungen in der Zusammensetzung von Bauprodukten u. a.

Beispiele

Beispiele für eine *nicht wesentliche* Abweichung sind

- Abweichungen von der DIN 4102-4 bei Bauteilen wie z. B. Stahlbetondecke; hierzu ist allerdings der Nachweis der erforderlichen Feuerwiderstandsdauer z. B. bei geringeren Betondeckungen zu erbringen,
- unter gewissen Umständen Abweichungen von der Lüftungs- und Leitungsanlagenrichtlinie z. B. bei Überlegungen bzgl. Kabelschotts oder Abstandsregelungen.

Es gilt im Übrigen auch als Übereinstimmung, wenn eine Abweichung nicht wesentlich ist. Das Deutsche Institut für Bautechnik (DIBt) hat z. B. auf der Grundlage von Beratungen im Sachverständigenausschuss für FSA eine Zusammenstellung für zulassungskonforme Änderungen an Feuerschutztüren erarbeitet (DIBt [Hrsg.], 2009). Diese Änderungen an FSA dürfen ohne weitere Nachweise vorgenommen werden.

Die Prüfanstalten prüfen somit objektbezogen, ob z. B. Ausführungen an Wänden, Doppelböden, Decken oder Verglasungen bzw. Türkonstruktionen eine nicht wesentliche Abweichung darstellen, und erarbeiten bei einer positiven Bewertung eine gutachterliche Stellungnahme als Grundlage eines Übereinstimmungsnachweises nach § 22 MBO 2002.

Im Bestand oder beim Denkmal gibt es aufgrund von z. B. geänderten Nutzungsanforderungen häufig geänderte Sicherheitsvorgaben. Hier sind Änderungen und individuelle Maßnahmen möglich, die eine eindeutige Klassifizierung nach DIN 4102 nicht zulassen. In diesen Fällen ist es auf der Grundlage umfangreich zugänglicher Prüferfahrungen möglich, den Nachweis der festgelegten Schutzziele für das Objekt zu erbringen, aber eine abschließende Klassifizierung der Bauteile nach DIN 4102 ist nicht möglich, da z. B. Temperaturüberschreitungen im Brandfall nicht auszuschließen sind.

Durch gezielte z. B. unterstützende anlagentechnische Brandschutzmaßnahmen zur Kompensation können die festgelegten Schutzziele für das Objekt wieder erfüllt werden. In diesem Fall der Abweichung von einer a. a. R. d. T. handelt es sich um eine Gleichwertigkeitslösung gemäß der Grundnorm § 3 MBO/LBO. Das ist auch für den Brandschutzplaner im Bestand wichtig, denn eine bauaufsichtliche Abweichungsentscheidung von technischen Regeln ist dann nicht erforderlich, wenn ein anerkannter Sachverständiger die Gleichwertigkeit zu dem Regelwerk oder den bautechnischen Nachweis, von dem abgewichen wird, bestätigt.

In dem Brandschutzkonzept für das Bestandsgebäude ist allerdings darauf zu achten, dass die Kompensationsmaßnahmen im Allgemeinen nicht so ausgeführt werden, dass nunmehr eine ganze Reihe von Minderleistungen ausgeglichen werden sollen.

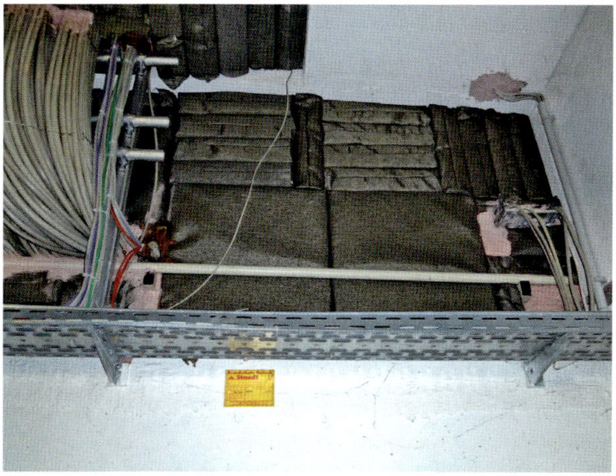

Abb. 3.18: Kabelschott oder Kunstwerk mit Zulassung? Bei solchen Fragen hilft oftmals schon die Nachfrage beim Hersteller.

Die Umsetzung von Abweichungen von bauordnungsrechtlichen Anforderungen bedeutet nicht, dass man das Sicherheitsniveau des Gebäudes herabsetzt. Durch die entsprechenden Kompensationsmaßnahmen ist meist das Gegenteil der Fall, nämlich dass die Sicherheitsmaßnahmen des Gebäudes heraufgesetzt werden, um die Maßnahmen auch entsprechend eins zu eins zu kompensieren.

Es ist daher durchaus möglich, dass eine Kompensationsmaßnahme für mehrere Abweichungen genutzt werden kann. Beispielsweise kann eine Brandmeldeanlage mit einer internen Alarmierung größere Brandabschnitte, längere Rettungswege sowie größere Nutzungseinheiten darstellen und diese kompensieren. Es ist deshalb wichtig, die Bewertung von Abweichungen mit einer gewissen Sorgfalt durchzuführen, um hier eine kreative, gute und vernünftige Umsetzung der Vorschriften bzw. der Abweichungen darstellen zu können.

3.8.3.1 Beispiele von Abweichungen von technischen Regeln

Bei Abschottungen im Bestand stellt man sehr häufig fest, dass es hier individueller Lösungen bedarf. So sind es oft z. B. Abschottungen von Rohren, Leitungs- und Lüftungsanlagen und ggf. Türkonstruktionen, die an tatsächliche Situationen angepasst werden müssen. Etwa die Belegungsdichte (siehe Abb. 3.18) von Kabeldurchführungen, die durch entsprechende Zulassungen nicht abgedeckt sind. Hier sind Zusatzmaßnahmen in Form von Ertüchtigungen notwendig, um eine Weiterleitung von Feuer und Rauch zu verhindern.

Es zeigt sich z. B. vor allem in Bibliotheken und Baudenkmälern, dass möglichst unsichtbare Rahmenkonstruktionen für Verglasungen, teilweise mit großen Höhen und beliebigen Unterteilungen, die Highlights der modernen Architektur sind, sodass immer wieder brandschutztechnisch notwendige Abtrennungen durch Verglasung ausgeführt werden sollen, für die aber keine bauaufsichtlichen Nachweise bestehen. Hierdurch wird deutlich, dass auch erhebliche Abweichungen von den allgemeinen bauaufsichtlichen Nachweisen möglich sind, dazu allerdings häufig aufwändige Prüfungen und Untersuchungen nötig werden.

Wenn allerdings der Fachplaner oder Sachverständige von bauaufsichtlichen Nachweisen abweichen muss/will, sollte ihm zumindest das Instrument der Abweichung für den konkreten Anwendungsfall bekannt sein. Das heißt, insoweit muss er ebenfalls in der Lage sein, Abweichungen und Konstruktionsänderungen in unterschiedlichen Graden bewerten zu können.

3.8.4 Abweichungen von materiellen Anforderungen der Musterbauordnung

Im Folgenden werden einige Beispiele für die Abweichung von materiellen Anforderungen dargestellt, teilweise mit Zuordnung von Kompensationsmaßnahmen, die in einer konzeptionellen Lösung zu bewerten sind.

Beispiele

Fall 1: In einem Bürogebäude können längere Rettungswege akzeptiert werden als in einem Gebäude, in dem sich viele Personen ohne Ortskenntnisse aufhalten. Die längeren Rettungswege können kompensiert werden durch eine Brandmeldeanlage und ggf. eine akustische Warnmeldung.

Fall 2: In einem Bibliotheksgebäude wird ein fünfgeschossiger Brandabschnitt akzeptiert, in Verbindung mit einer Sprinkleranlage und gezielten Rauchabzügen. Das Risiko eines mehrgeschossigen Brandabschnittes ist nur durch gezielte frühzeitige Brandbekämpfung zu kompensieren, ähnlich wie es in mehrgeschossigen Verkaufsstätten vorgegeben ist.

Die Nutzer vieler sensibler Gebäude wie z. B. Denkmäler, Bibliotheken, Krankenhäuser haben immer wieder Vorbehalte gegen Löschanlagen, da sie deren unplanmäßige Auslösungen befürchten und damit eine erhebliche Beeinträchtigung der Nutzung sehen. Dem ist entgegenzuhalten, dass Löschanlagen so konzipiert werden können, dass eine unplanmäßige Auslösung mit größter Sicherheit verhindert werden kann, wobei den Nutzern klar sein muss, dass in einem konkreten Fall ohne Löschanlage der Schaden durch den Einsatz der Feuerwehr wesentlich größer sein wird.

Fall 3: Rauchabschnitte werden in der Regel für Garagen (Garagenverordnung) und im Industriebau gefordert. Angegeben sind Rauchabschnitte in der DIN 18232-2 „Rauch- und Wärmefreihaltung". Hieraus lässt sich ableiten, dass Rauchabschnitte gleich groß sind wie Brandabschnitte (1.600 m^2).

Abb. 3.19: Fachwerkbebauung in Lüneburg mit wechselnden Nutzungen

Fall 4: Die Bauordnung kennt Rauchabschnitte aus notwendigen Fluren, die in einer Länge von maximal 30 m in Rauchabschnitte bzw. durch Rauchschutztüren unterteilt werden müssen.

Fall 5: Wie im Fall 4 beschrieben sollen Flure mit mehr als 30 m Länge durch Rauchschutztüren unterteilt werden. In alten Gebäuden mit sehr großen Raumhöhen, in Bibliotheken, Hotels und denkmalgeschützten Gebäuden kann die Installation einer Rauchschutztür manchmal problematisch sein. Wenn die Flure über eine Querlüftungsmöglichkeit verfügen und diese als Rauch- und Wärmeabzugsanlage (RWA) genutzt werden können, kann somit das Schutzniveau gegenüber den bauordnungsrechtlichen Anforderungen erhöht werden.

Es ist insoweit ableitbar, dass vergrößerte bauliche Rauchabschnitte auch in Garagen oder anderen Industriegebäuden gebildet werden können, wenn durch besondere Maßnahmen, z. B. wegen der Rauchabführung, keine Bedenken bestehen.

Beurteilt man nun ein Gebäude nach der MBO, so wird man bei einer Brandabschnittsgröße von deutlich mehr als 1.600 m² zu einer Abweichung kommen, wenn die Abstände zwischen den Brandwänden dann noch größer als 40 m sind. Will man nun das Schutzziel der Verhinderung der Brandausbreitung einhalten, wird einem wohl oder übel nichts anderes übrig bleiben, als brandschutztechnische Maßnahmen zur Kompensation einzusetzen.

Wird also auf die Unterteilung durch Brandwände verzichtet, kann z. B. eine Brandmeldeanlage oder Sprinkleranlage im Objekt als Kompensation vorgesehen werden.

Die Lösung gilt dann als Kompensation und somit als wirksamer Schutz vor Brandausbreitung und dient damit der Erfüllung der Schutzziele.

Installiert man z. B. in einem Gebäude eine Sprinkleranlage bei einer Brandabschnittsfläche von 5.000 m² ohne Unterteilung von Brandabschnittstrennungen, kann dadurch das Schutzziel dennoch als erfüllt gelten, da eine Sprinkleranlage z. B. als wirksamer Schutz gegen eine Brandausbreitung gilt.

Hinweis

Die Bauordnung kennt grundsätzlich technische Einrichtungen zum Brandschutz (Sprinkleranlage, Brandmeldeanlagen, Rauchwärmeanlagen) nur in Form von Kompensationsmaßnahmen.

Bei Nutzungsänderungen oder Erweiterungen im Bestand werden oft tragende Teile in Holzbauweise vorgefunden. Aufgrund der Forderung der Bauordnungen nach tragenden Bauteilen in F 90-AB (DIN 4102) für Gebäude mittlerer Höhe bzw. sonstige Gebäude außer Hochhäusern u. a. ist hier deren weitere Verwendung über den Weg einer Abweichung möglich. Das hier zugeordnete Schutzziel lautet z. B.: Die tragende Konstruktion muss über einen festgelegten Zeitraum standhalten.

Im Übrigen finden Gebäude in Holzbauweise oberhalb von 7 m in den südlichen Bundesländern wie z. B. in Österreich und der Schweiz direkte Nennungen in den dortigen Bauvorschriften.

Diese Bauweise ist grundsätzlich auch mit Holzbauteilen im Bestand zu realisieren, insofern die Abweichung begründet wird. Wird das Bauteil darüber hinaus mit nichtbrennbaren Baustoffen ertüchtigt (Einhausung, dämmschichtbildender Anstrich o. Ä.), können sich die Bauteile nicht am Brandgeschehen beteiligen. Weiterhin kann auch im Rahmen einer Bemessung nach z. B. Eurocode nachgewiesen werden, dass die Bauteile die Feuerwiderstandsdauer von 90 Min. erfüllen. Unter diesen Voraussetzungen bestehen keine Bedenken gegen die Verwendung von brennbaren Baustoffen und der Abweichung kann zugestimmt werden.

Decken stellen im Bestand meist ein größeres Problem dar, da für Decken erst seit 1984 grundsätzlich in Gebäuden mittlerer Höhe die Bauweise F 90-AB gefordert wird. 1962 war dies bei Gebäuden mit mehr als vier Vollgeschossen erforderlich, in der Bauordnung von 1970 sogar erst ab fünf Vollgeschossen.

3.9 Beispiele für Kompensationen bei materiellen Abweichungen

Die Defizite im baulichen Brandschutz werden in der Praxis häufig durch anlagentechnische Brandschutzmaßnahmen wie den Einbau von Brandmelde- und/oder Löschanlagen oder durch die Nachrüstung von RWA kompensiert.

Bei bestehenden Bauwerken wird es bei Sanierungsmaßnahmen oder in Verbindung mit Nutzungsänderungen (Umnutzungen) häufig vorkommen, dass Maßnahmen nicht so auszuführen sind wie gewünscht bzw. wie sie nach den allgemeinen bauaufsichtlichen Nachweisen beschrieben werden. Denn einerseits sind die wirtschaftlichen Randbedingungen maßgebend im Bestandsschutz, andererseits werden aus gestalterischen Gründen keine wesentlichen Veränderungen akzeptiert (Denkmalschutz). Hier sind Beispiele von Problemfällen in Decken bzw. Installationsbereichen aufzufinden.

Folgende Mängel haben in Bestandsgebäuden somit eine brandschutztechnische Relevanz (siehe auch Harlfinger et al., 2006):

- Es gab Verschleiß infolge der Bauteilalterung bzw. Alterung.
- Brandschutzbeeinflussende Nachrüstungen in Form von Installationen, Technik und Medien bleiben unberücksichtigt.
- Brandschutztechnisch relevante Veränderungen, z. B. durch eine Nutzungsänderung bzw. die Erhöhung der Nutzungsintensität, werden nicht berücksichtigt.

Im Altbestand stellen sich Mängel oder Abweichungen meist wie folgt dar:

- brennbare Baustoffe innerhalb von Rettungswegen
- tragende Teile und Decken ohne die erforderliche Feuerwiderstandsdauer
- Treppen ohne erforderliche Feuerwiderstandsdauer (Holztreppen)
- Nichteinhaltung der erforderlichen Anzahl der Rettungswege
- zu lange oder nicht ausreichend brandsichere Rettungswege

Darüber hinaus sind oftmals bei Altbauten Mängel hinsichtlich der Planung, z. B. in Form von unvollständigen Schächten und/oder Lüftungssystemen, festzustellen.

Die Tabelle 3.1 zeigt Abweichungen und zur Orientierung mögliche Kombinationsmaßnahmen für Abweichungen von materiellen Anforderungen der Bauordnung aus dem Brandschutzleitfaden für Gebäude des Bundes. Diese Kompensationsmaßnahmen richten sich überwiegend an Bestandsgebäude, da hier meist die baulichen Zustände nicht den aktuellen materiellen Anforderungen der MBO bzw. der LBOs entsprechen. Die Tabelle zeigt lediglich Möglichkeiten auf, welche Maßnahmen sich als Kompensation bewährt haben, wenn die materiellen Anforderungen der Bauordnung wirtschaftlich bzw. mit unverhältnismäßigem Aufwand umsetzbar sind. Die Tabelle erhebt keinen Anspruch auf Vollständigkeit, alternative Schutzmaßnahmen sind möglich, die festgelegten Schutzziele für das Gebäude, primär das Schutzziel der Rettung von Mensch und Tier, müssen immer erfüllt werden.

Tabelle 3.1: Bewährte Kompensationsmaßnahmen (siehe auch Brandschutzleitfaden, 2006)

Bauteil	Schutzziel	Anforderung	Abweichung	Kompensation
Hauptgebäude	• Schutz von Leben und Gesundheit • öffentliches Interesse	Umsetzung der Forderungen der BauO	Abweichung von der Anwendung der BauO	Erleichterung durch Anwendung IndBauRL oder SBauVO
tragende Bauteile	• Schutz von Leben und Gesundheit • wirksame Löscharbeiten	Standsicherheit → R 30 (F 30) oder → R 90 (F 90)	Feuerwiderstand nicht erreicht	• Brandfrüherkennung • Wärmeabzug • Löschanlage • Bekleidung bzw. Ertüchtigung • Brandschutzanstrich
Trennwände	Vorbeugen gegen Ausbreitung von Feuer und Rauch	Raumabschluss, Abschottung → [R]EI 30 (F 30) oder → [R]EI 90 (F 90)	Feuerwiderstand nicht erreicht	• Brandfrüherkennung • Löschanlage • Bekleidung bzw. Ertüchtigung • Brandschutzanstrich
Gebäudetrennwand	Vorbeugen gegen Ausbreitung von Feuer und Rauch	BA auf max. 40 m Länge bzw. 40 × 40 m = 1.600 m² begrenzen durch Brandwand oder Abschnitte gemäß IndBauRL	Überschreitung der zulässigen Brandabschnittslänge bzw. Brandabschnittsgröße	• Unterteilung in Nutzungseinheiten • Brandfrüherkennung • Löschanlage
Brandwand (BW)	Vorbeugen gegen Ausbreitung von Feuer und Rauch	Brandabschnitte bilden durch BW → REI 90-M nb (F 90-A) mit mechanischer Anforderung an die Standsicherheit	Feuerwiderstand nicht erreicht	• Brandfrüherkennung • Löschanlage
			Verwendung brennbarer Baustoffe	nicht brennbare Baustoffe verwenden
			BW nicht über Dach geführt	Dach beidseitig der BW 1 m breit feuerbeständig verkleiden, nicht brennbare Dämmung im Bereich der BW
Gebäudeabschlusswand	• Nachbarschutz • Vorbeugen gegen Ausbreitung von Feuer und Rauch	kein Brandüberschlag → [R]EI 90 nb (F 90-A) oder Brandwand → [R]EI 90-M nb	• Feuerwiderstand nicht erfüllt • Öffnungen vorhanden	• Abstand vergrößern • speziell zugelassene Materialien zur Abschottung verwenden
Decken	Vorbeugen gegen Ausbreitung von Feuer und Rauch	horizontale Trennung ähnlich Brandabschnittstrennung → [R]EI 30 (F 30) oder → [R]EI 90 (F 90)	Atriumbauweise	• Brandfrüherkennung • Löschanlage • Entrauchung
			Feuerwiderstand nicht erreicht	• Brandfrüherkennung • Löschanlage • Bekleidung bzw. Ertüchtigung • Brandschutzanstrich

Fortsetzung Tabelle 3.1

Bauteil	Schutzziel	Anforderung	Abweichung	Kompensation
Dächer	• Vorbeugen gegen Ausbreitung von Feuer und Rauch • Eigenschutz	kein Feuerüberschlag → 5-m-Bereich von Anbauten → [R]EI 30 (F 30) oder → [R]EI 90 (F 90)	• Feuerwiderstand nicht erfüllt • Abstand nicht eingehalten • Öffnungen in aufsteigender Wand	• Brandfrüherkennung mit Alarmweiterleitung • im gefährdeten Bereich Dach im 5-m-Bereich unterseitig verkleiden
Treppe	Schutz von Leben und Gesundheit	• Eigenrettung • Fluchtwege sichern • Angriffswege und Rettungswege für die Feuerwehr sichern	Anforderung an Brennbarkeit oder Feuerwiderstand nicht erfüllt	• zusätzlicher zweiter baulicher Rettungsweg • Brandschutzanstrich • Bekleidung bzw. Ertüchtigung • Brandfrüherkennung • Feuerlöscher auf jeder Etage • Abschottung der Nutzungseinheiten vom Treppenraum in EI$_2$30-CS$_m$ (T 30-RS) • Schaffung von „Pufferräumen" [R]EI 90 (F 90) bei größerer Nutzerzahl
Treppenraum	• Vorbeugen gegen Ausbreitung von Feuer und Rauch • Schutz von Leben und Gesundheit	• keine Schwächung der Brandabschnittsbildung • Eigenrettung • Angriffswege für die Feuerwehr • → [R]EI 90 nb (F 90-AB) • Brandwände • Sicherheitstreppenraum	Feuerwiderstand nicht erreicht	• Brandfrüherkennung • Bekleidung bzw. Ertüchtigung • Brandschutzanstrich
			Rauchfreihaltung nicht gewährleistet	Druckbelüftung, mechanische Rauchabführung
			Treppenraum nicht durchgehend oder unklare Laufrichtung	• gesicherte Verbindung zwischen den Treppenräumen schaffen, • akustische und visuelle Leitsysteme mit Notstromversorgung
			Sicherheitstreppenraum ohne Schleusen	• Brandfrüherkennung in allen Nutzungseinheiten • EI$_2$30-C5S$_m$-(T 30-RS-)Zugangstüren
			keine zwei Treppenräume aus mehrgeschossigen Kellern	• Brandfrüherkennung • zweite Zugangsmöglichkeit über Leiter in den Kellerschacht
			keine direkte Verbindung ins Freie	• EI$_2$30-CS$_m$-(T 30-RS-)Türen zu kleinen Nutzungseinheiten oder Zugangsschleusen • automatische Löschanlagen für Empfangshallen • EI 30-(F 30-)Verglasung für Vorräume • keine brennbaren Einrichtungsgegenstände

Fortsetzung Tabelle 3.1

Bauteil	Schutzziel	Anforderung	Abweichung	Kompensation
Rettungswege	Schutz von Leben und Gesundheit	• Selbstrettung bzw. Rettung durch die Feuerwehr • maximal zulässige Rettungsweglängen einhalten	Überschreitung der zulässigen Rettungsweglängen	• sichere Bereiche schaffen (Treppenraumerweiterungen) • Rauchabschnitte bilden • Schleusen vorsehen • Brandfrüherkennung • Entrauchung • Risikoanalyse
notwendige Flure	Schutz von Leben und Gesundheit	Selbstrettung bzw. Angriffswege für die Feuerwehr → [R]EI 30 (F 30)	Feuerwiderstand nicht erreicht oder kein notwendiger Flur vorhanden	• Brandfrüherkennung • Löschanlage • notwendigen Flur herstellen • Wände bekleiden bzw. ertüchtigen
			notwendige Flure	• Notbeleuchtung • Entrauchung
			nicht notwendige Haustechnik im Flur vorhanden	• Abschotten in EI 30 wTnb (F 30-AB) • bis EI 90 wTnb (F 90-AB) • Technikschächte und -kanäle • selbstständige Decken EI 30 nb (F 30-A) herstellen
Aufzugsschächte	• Vorbeugen gegen Ausbreitung von Feuer und Rauch • Abschnittsbegrenzung horizontal bzw. vertikal	horizontaler Brandabschnitt	Feuerwiderstand nicht erreicht	• Bekleidung bzw. Ertüchtigung • Löschanlage • Entrauchung
			Feuerwehraufzug nicht in einem eigenen Schacht	eigenständiger Triebwerksraum für den Feuerwehraufzug
Türen in Rettungswegen	Schutz von Leben und Gesundheit	• Selbstrettung • in Fluchtrichtung aufschlagende Türen, von innen leicht zu öffnen	nicht in Fluchtrichtung aufschlagend	• langsam schließende Türen • Verhinderung von Staus vor der Tür durch Zugangssteuerung
			nicht immer von innen zu öffnen	• Brandfallsteuerung • elektrisch verriegelte Türen

3.10 Problemfall Abweichung im Brandschutzkonzept

Im Rahmen eines Vortrages zur Brandschutzfachtagung der Ingenieurkammer Nordrhein-Westfalen im Jahre 2009 wurden Hinweise zur Fehlervermeidung in Brandschutzkonzepten von Herrn Martin Boeck, Bau- und Liegenschaftsbetrieb NRW, Düsseldorf, dargestellt. Hierzu wurde eine bestimmte Anzahl an Brandschutzkonzepten, die im Rahmen des Bauantrags bei den Bauaufsichtsbehörden eingereicht wurden, ausgewertet. In diesem Zusammenhang wurde auch die Thematik der Abweichungen und Erleichterungen von materiellen Vorgaben der Bauordnung behandelt.

Grundsätzlich wurde festgestellt, dass bei 81 % der Brandschutzkonzepte entweder Abweichungen oder Erleichterungen in Anspruch genommen wurden. In der weiteren Analyse wurde konstatiert, dass in nur 26 % der vorgenannten Fälle vom Planer Angaben zu den Schutzzielen der Vorschrift gemacht wurden, von denen eigentlich abgewichen werden sollte. Weiterhin wurde festgestellt, dass lediglich 43 % der mit den jeweiligen Abweichungen verbundenen Ersatzmaßnahmen im Bereich der Schutzziele lagen und somit als wirksam betrachtet werden können.

Insofern können die typischen Probleme im Umgang mit Abweichungen und Erleichterungen von materiellen Anforderungen wie folgt beschrieben werden (siehe auch Brandschutztagung am 23. Juni 2009, veranstaltet durch die Ingenieurakademie West e. V., Tagungsband, S. 86):

- Es erfolgte keine Unterscheidung zwischen Abweichung (§ 73 BauO NRW) und Erleichterung (§ 54 BauO NRW).
- Es ist meist unklar, von welcher Vorschrift abgewichen werden soll.
- Es soll von Vorschriften abgewichen werden, die nicht in den Anwendungsbereich des § 73 BauO NRW fallen (Verwaltungsvorschrift zur Landesbauordnung [VV BauO], Anwendungsbereich einer Vorschrift, technischen Regel, Richtlinie).
- Die Abweichung ist nicht schutzzielorientiert kompensiert worden.
- Es werden mehrere Ersatzmaßnahmen für eine Abweichung aufgeführt (Gießkannenprinzip), in der Hoffnung, dass eine dieser Maßnahmen greift.
- Es fehlt eine nachvollziehbare Begründung der Abweichung.

Gerade bei Maßnahmen im Bestand wird häufig der Umstand als Abweichung betrachtet, dass unverändert gebliebene Gebäudebestandteile, die insoweit auch gar nicht Antragsbestandteil des Bauantrages sind, nicht dem aktuellen Recht entsprechen. Im Weiteren wurde festgestellt, dass nur in einigen vereinzelten Brandschutzkonzepten die Abweichungen bzw. Erleichterungen tabellarisch in einer Übersicht so zusammengefasst wurden, dass man einen Überblick über die Vorschrift erhält, von der abgewichen werden sollte. Das mit der jeweiligen Vorschrift verbundene Schutzziel, die Art der Abweichung und die jeweilige Kompensationsmaßnahme waren hier durchaus erkennbar.

Insofern stellt man fest, dass der Umgang mit Abweichungen und Erleichterungen für den Planer sowohl im Brandschutzkonzept als auch im täglichen Nachweis nicht so einfach ist. Hier besteht also Aufklärungsbedarf für die richtige Anwendung von Abweichung und Erleichterung sowie deren Begründung inklusive der Zuordnung zu den jeweiligen materiellen Anforderungen, von denen abgewichen werden soll, mit der Darstellung der schutzzielorientierten Kompensationsmaßnahme.

DORMA
VOM SPIELSYSTEM
ZUR SYSTEMKOMPETENZ.
Zugangslösungen für Stadien weltweit.
Je besser das Team, desto größer der Erfolg. Das gilt auch für umfassende Zugangslösungen eines Stadions. DORMA Hard- und Software für Zutrittskontrollsysteme und Fluchtwegsicherungen wirken zuverlässig Hand in Hand. Türschließsysteme, automatische Türlösungen und große Glasschiebewände sind unsere Taktik für eine komplexe Stadionausstattung.
www.dorma.de

4 Verfahren der Brandschutzplanung in Bestandsgebäuden

4.1 Allgemeine Hinweise

Die Durchführung von Baumaßnahmen im Bestand am Beispiel einer Altbausanierung soll nach den allgemein anerkannten Regeln der Technik (a. a. R. d. T.) erfolgen und setzt eine gründliche und gewissenhafte Vorbereitung voraus.

Im Grundsatz unterscheidet sich der Planungs- und Entwurfsprozess im Bestand nicht von dem Ansatz für einen Neubauentwurf. Der Anspruch höchster gestalterischer Qualität, die uneingeschränkte Gebrauchsfähigkeit und die wirtschaftliche Nutzung der Ressourcen gelten hier ebenso für die Belange der Brandschutzmaßnahmen.

Die Unterschiede zum Neubau finden sich hier in der ausführlicheren Ermittlung der Grundlagen des bestehenden Gebäudes und der größeren Zahl von Beteiligten am Planungsprozess. Hierzu zählen bei eingetragenen Kulturdenkmalen im Besonderen die Denkmalbehörden, woraus meist ein aufwändigerer Abstimmungsprozess der einzelnen Planungsschritte resultiert.

Abb. 4.1: Sanierte Museumsinsel Berlin

Wenn heute von Baumaßnahmen im Bestand die Rede ist, kann mit hoher Wahrscheinlichkeit davon ausgegangen werden, dass eine bereits vorhandene Bausubstanz auch brandschutztechnisch berücksichtigt werden muss. Dies betrifft sowohl das bauliche Umfeld der Architektenaufgabe als auch – immer häufiger – die unmittelbare Einbeziehung eines Bestandsobjektes in die Planung. Beide gehen in großem Maße in die Entscheidungsfindung und Lösungserarbeitung der brandschutztechnischen Maßnahmen während der Planungsphase ein.

4.1.1 Was bedeutet Architektur im Bestand?

Mit der Stagnation des Wachstums vieler deutscher und europäischer Städte in den letzten 50 Jahren ist deutlich geworden, dass Neubautätigkeiten ständig zurückgehen, insbesondere weil die bebaubaren Grundstücke fehlen. Im gleichen Maße gewinnt die Veränderung der bestehenden Bausubstanzen und somit die Anpassung an moderne Sicherheitskonzepte im Brandschutz an Bedeutung. Hierzu kommt das ständig wachsende Umweltbewusstsein in der Gesellschaft, das auch die achtlose Zerstörung alter Gebäude zu Recht als ökologische Verschwendung bzw. als Vernichtung von Heimat, Identität und Kulturgut sowie vor allem von volkswirtschaftlichen Werten sieht.

Auf diese Veränderung des Berufsfeldes konnten sich viele Brandschutzplaner und Architekten noch nicht optimal vorbereiten, insofern besteht eine gewisse Zurückhaltung bzw. Sensibilisierung, was die Belange des Brandschutzes in Bestandsgebäuden betrifft. Bis weit in das 20. Jahrhundert hinein war die Arbeit des Architekten oder Planers immer von dem gleichberechtigten und auch gleichermaßen geschätzten Nebeneinander des Neubauentwurfs auf der einen Seite und der Architektur im Bestand auf der anderen Seite gekennzeichnet. Doch bereits seit den 1920er Jahren des 20. Jahrhunderts diskreditiert man das Entwerfen für ein schon vorhandenes Gebäude mit Begriffen wie *Umbauarchitekt* oder *Bauen im Bestand* (siehe Heidelberg, Bauen im Bestand, 2010). Ein großer Teil der Planer fühlt sich schon durch das reine Ansinnen, Vorhandenes in die Überlegungen für ein Bauprojekt einzubeziehen, so sehr eingeengt, dass er glaubt, keinerlei Gestaltungsspielraum mehr zu haben. Dieser Angstzustand verstärkt sich noch, wenn die Planung ein öffentliches und bekanntes Baudenkmal betrifft und hierzu der Brandschutz nach den a. a. R. d. T. zu berücksichtigen ist.

Baudenkmale machen allenfalls 3 % aller vorhandenen Gebäude aus, doch die für ihre Instandsetzung und Restaurierung entwickelten und bewährten Strategien sind fast immer auch auf den „Normalfall" Planung übertragbar. Was auch dadurch bestätigt wird, dass Denkmalschützer keineswegs den Auftrag haben, gute moderne Architektur zu verhindern. Es gibt somit keinen Grund für Berührungsängste bei der Bestandsplanung im Bestand.

Bekannte Architekten und Planer haben bereits in den 60er Jahren bewiesen, dass anspruchsvolle Planungen sehr wohl Spielraum für Entwürfe im Bestand zulassen. Carlo Scarpa, Karljosef Schattner, Aurelio Galfetti oder Massimo Carmassi haben gezeigt, dass die qualitätsvolle Weiterentwicklung von bestehend hochwertiger Architektur auch für einen ambitionierten Brandschutzplaner eine überaus spannende Aufgabe ist. Das sorgfältig

Abb. 4.2: Der Reichstag – ein modernes Baudenkmal und brandschutztechnisch aktuell

verzeichnete Werk des Büros Herzog & de Meuron weist fast ein Drittel aller Projekte im Bestand nach. Den Vorstellungen der Zeit entsprechend haben die Pioniere der 60er Jahre Fragen der Substanzerhaltung und der Ressourcenschonung zunächst nur wenig berücksichtigt. Solche Forderungen wird man heute nachdrücklicher stellen. Den Beweis, dass bekannte Architekten zu allseits anerkannten Ergebnissen kommen, zeigen inzwischen viele Entwürfe. Beispielhaft hierfür ist die Planung von David Chipperfield und Julian Harrap für das Neue Museum in Berlin. Für diese Planer war und ist es eine Selbstverständlichkeit, dass das Vorgehen, das für den Neubau Gültigkeit hat, für den Bestand nicht in gleicher Weise geeignet sein kann.

Über das allgemeine Bau- und Planungsrecht und die gebäude- sowie nutzungstechnischen Anforderungen hinaus sind im Bestand zusätzlich diejenigen baulichen Gegebenheiten zu berücksichtigen, die von den Ursprungsentwerfern geschaffen wurden und die es in die zukünftige Planung der Nutzung zu integrieren gilt.

4.1.2 Der Anfang des Planungsprozesses im Bestand

Am Anfang des Planungsprozesses steht die Ermittlung der Grundlagen durch die systematische Erfassung und Erkundung des Bestands. Wer das Tragsystem nicht identifiziert, kann auf seine Eigenschaften nicht eingehen; wer verborgene Werte und Symptome des Bauwerkes nicht kennt, wird sie bereits durch den Entwurf der auszuführenden Brandschutzmaßnahmen beschädigen oder gar zerstören.

Wer also den zu beplanenden Bestand kennt, wird auf seine statischen Einflüsse und Voraussetzungen intelligent eingehen und die Eigenschaften der alten Baumaterialien ebenso wie die gestalterischen und historischen Werte mit einbinden. Beim Entwurf und bei der Abstimmung des Sicherheitskonzeptes für den Brandschutz sind demzufolge komplexere Sachverhalte zu berücksichtigen, als dies im Neubauentwurf der Fall wäre.

Abb. 4.3: Sanierter Eingangsbereich der Stuttgarter Oper

Auf einer Vielzahl von Baustellen muss man feststellen, dass die Planer sich dieser Auseinandersetzung verweigern und das alte, bestehende Gebäude zunächst einmal auf einen Rohbauzustand reduzieren (siehe auch Cramer/Breitling, 2007).

Im weiteren Verlauf des sogenannten Planungskonzeptes wird dann eher Wert auf optische Effekte als auf konstruktiv und gestalterisch durchdachte Lösungen gelegt, was weder im Sinne einer ganzheitlichen Betrachtungsweise noch im Rahmen eines zu erstellenden Brandschutz- und Sicherheitskonzeptes liegt.

Es liegt in der Natur des Bauwerkes und seiner Anforderung, dass dieses immer an zeitliche Gegebenheiten gebunden ist. Bauwerke entstehen aus spezifischen Situationen heraus und sind für einen besonderen Zweck entworfen worden. Das Material und seine Gestaltung werden durch die jeweiligen Mittel und technischen Möglichkeiten bestimmt.

Nach seiner Fertigstellung ist das Bauwerk oft wesentlichen Veränderungen in Bezug auf seine ursprüngliche Nutzung unterworfen. Die Alterung des Bauwerkes hinterlässt auch Spuren. So überzieht z. B. die Patina die Oberfläche je nach Alterungsfähigkeit eines Materials mit einer schützenden korrosiven Struktur. Die Konstruktionszusammenhänge lösen sich durch die natürlichen Alterungs- und Bauteilprozesse auf oder werden durch äußere Einflüsse wie Brände oder bewusste Eingriffe in die Struktur zerstört.

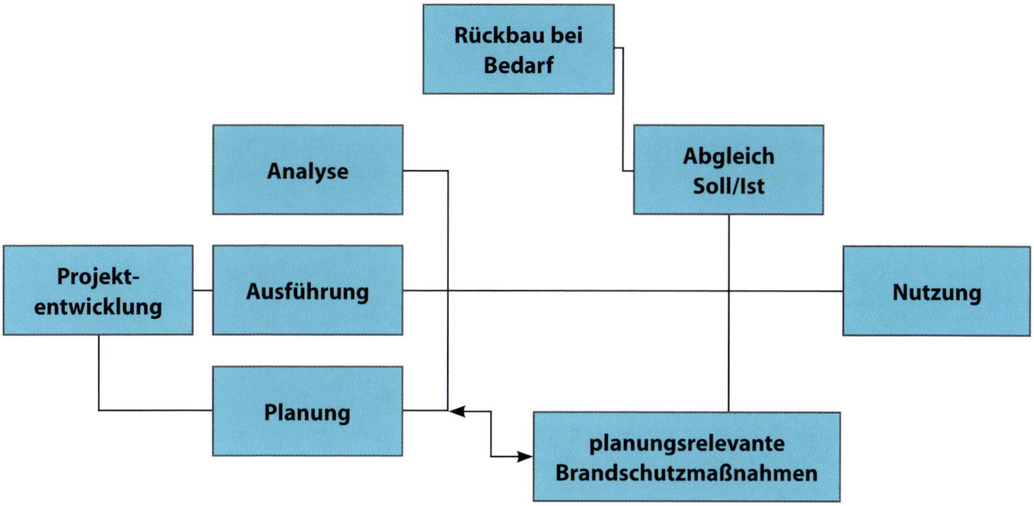

Abb. 4.4: Ablaufschema der planungsrelevanten Brandschutzmaßnahmen

Schneller noch als die Konstruktion eines Bauwerkes verändert sich oft seine Nutzung und die damit verbundenen Ansprüche des Eigentümers und seiner Nutzer, die auf Umgestaltung des Bestehenden drängen. Bauwerke sind somit nicht für die Ewigkeit, schon gar nicht in ihrer Nutzung, geplant und hergestellt worden (siehe Heidelberg, Bauen im Bestand, 2010).

4.2 Planungsgrundlagen

Heutige Planungsmaßnahmen betreffen sowohl das bauliche Umfeld der Architektenaufgabe als auch immer häufiger die unmittelbare Einbeziehung eines Bestandsobjektes in die Brandschutzplanung (siehe Abb. 4.4). Beide gehen in hohem Maße in die Entscheidungsfindung und Lösungserarbeitung während der Planung ein (siehe auch Donath, 2008).

Eine Vielzahl der Projekte im Bestand beginnen allerdings notgedrungen nicht mit der Entwurfsplanung, sondern mit kleineren Bau- bzw. Reparaturmaßnahmen. Die Gründe hierfür liegen in dem Problem bzw. dem Bewusstseinsdenken der Planer im Umgang mit dem Bestand. Kein Planer oder Architekt wird zusehen wollen, wie während der möglicherweise langwierigen Planungs- und Abstimmungsarbeit der Baubestand zunehmend verfällt oder gar zerstört wird. Es gehört deswegen zu den ersten Aufgaben des Planers, das Objekt wenigstens provisorisch zu sichern und dringende Notsicherungs- und Brandschutzmaßnahmen auf unterschiedlichen Gebieten so einzuleiten, dass die Gefahr der Brandentstehung und -ausbreitung gemäß der vorläufig definierten Schutzziele nach der Generalklausel (§ 3 MBO/LBO) behindert sowie in Anlehnung an die Grundnorm (§ 14 MBO 2002) reduziert wird.

Historische Baustoffe sind oft begehrte Diebesbeute oder Handelsgüter, somit ist die Gefahr groß, dass ein offen stehendes altes Gebäude mutwillig zerstört oder gar vollständig ausgeplündert wird oder evtl. einer Brandstiftung zum Opfer fällt. Eine Sicherung des Gebäudes gegen unberechtigten Zugang ist deswegen dringend erforderlich. Des Weiteren ist in jedem Fall die Sicherung des Tragwerkes erforderlich. Abgesunkene Decken oder schief stehende Tragwerksteile müssen so abgestützt werden, dass die entsprechenden Lasten auf andere bzw. sichere Bauteile umgelenkt werden. Alle Bauwerksbewegungen sollen schon während der Planungsphase beobachtet und Gegenmaßnahmen eingeleitet werden, gerade um drohenden Gefahren für die Standsicherheit auch im Brandfall vorzubeugen.

Grundsätzlich wird das Bauen im Bestand daher geprägt durch eine Umbauplanungsphase (Sanierung, Modernisierung, Umnutzung), eine Erweiterungsphase sowie den Abriss und Neubau eines Bauwerkes und ist hinsichtlich funktioneller, gestalterischer und konstruktiver Kriterien sorgfältig abzuwägen.

Die Bedeutung, die eine vorhandene bauliche Situation auf die bauliche Lösung hat, wird oft unterschätzt bzw. viel zu spät mit in die Entscheidungsfindung einbezogen. Wie im architektonischen Entwerfen und Planen Standard sind auch beim Brandschutz im Bestand die Auswirkungen auf die Sinnfälligkeit (Nutzung, Aufwand, Akzeptanz) der Lösung in früheren Arbeitsphasen weitaus größer als in späteren Prozessen. Die Erfassung und inhaltliche Aufbereitung der beschreibenden Informationen zur bestehenden Bausubstanz werden hierbei als Bauaufnahme bezeichnet. Die Bauaufnahme besitzt für das weitere Vorgehen eine sehr große Bedeutung. Bereits mit Projektbeginn müssen alle planerischen Intentionen unter Berücksichtigung des Gebäudebestandes erfolgen. Im Einzelnen umfasst die Bauaufnahme folgende Punkte:

- die Klärung des Grundzustandes (globale Werte wie Gesamtfläche, Gesamtzustand, Konstruktionsart, Befunduntersuchungen der Bauteile)
- die schrittweise Detaillierung und Fortschreibung der erfassten Brandschutzdetails (Skizze, Grobkontur der Geschosse, detaillierte Angaben und Maße zu Nutzungseinheiten und Brandabschnitten, Abschnittsbildung, detaillierte Konstruktion, Abschlüsse, Löschwasser, Abweichungen des Bestandes etc.)
- der Abgleich mit den planerischen Maßnahmen (Anzeigen von Veränderungen im Bestand, Zugriff auf die Vor-Ort-Werte)
- ein einfaches und bauspezifisches Erfassen (einfache Geräte, selbsterklärende, mehrfache Nutzung)
- ein bildliches Arbeiten (das Aufnehmen der Ist-Größen vor Ort und deren direkte Übertragung in digitale Zeichnungen bzw. Modelle)
- eine aufgabenbezogene Dokumentation und Aufbereitung der brandschutzbeschreibenden Werte

Die Forderungen und die Besonderheiten beim Brandschutz im Bestand sind dem zuständigen Planer aber nicht immer bekannt bzw. er ist nicht mit ihnen vertraut. Die besonderen Anforderungen ergeben sich aber aus den fachlichen und organisatorischen Aspekten und dem aktuellen Stand der Technik:

- Die Brandschutzplanung erfolgt heute nahezu vollständig auf digitaler Basis.
- Neue Geräte und Systeme der geometrischen, gebäudetechnischen und bauwirtschaftlichen Datenerfassung sind verfügbar.
- Der Planungsprozess wird von einer Vielzahl von Fachleuten und Entscheidungsträgern geprägt.
- Der Architekt übernimmt die Rolle des Generalisten.
- Die Nutzungsanforderungen an Gebäude bezüglich Flexibilität, technischer Gebäudeausrüstung, Ökonomie und Ökologie sind gestiegen.
- Es bestehen strikte zeitliche Vorgaben für Umbau, Planung und Realisierung.
- Gebäudebeschreibende und klassifizierende Informationen und entsprechende Berechnungen vom realisierten Objekt müssen vorliegen und die Originalsubstanz und die Umbaumaßnahmen gleichermaßen darauf eingehen.

Erst nachdem man sich mit all diesen Anforderungen vertraut gemacht hat, kann man zur brandschutztechnischen Aufnahme übergehen.

4.2.1 Brandschutztechnische Aufnahmen als Erkenntnisprozess

Ein digitales, fortschreibbares und parametrisiertes System der Bauwerks- und Brandschutzdatenerfassung mit einer vollständigen Integration in den gesamten Planungsablauf kann dazu beitragen, die in Kapitel 4.2 beschriebenen Randbedingungen und Forderungen angemessen zu berücksichtigen. Die parallele analytische und konzeptionelle Planungsarbeit und ein schrittweises Begreifen des Bestandsobjektes durch Anreicherung der Informationen sind damit gewährleistet.

Neben der Erfassung der geometrischen Gebäude- und Raumgrößen muss parallel eine Informationsverdichtung hinsichtlich der konstruktiven und funktionellen Gebäudebeschreibung in Bezug auf das Nutzungsverhalten, die Bauregeln und -gesetze erfolgen. Die Art des Vorgehens hängt somit von der Aufgabenstellung bzw. den Anforderungen und dem Projektumfang sowie folgenden Faktoren ab (siehe Heidelberg, Brandschutz und Bestand, 2011):

- Gesetzgebung und Verordnungen
- Umbauplanung, Sanierung, Modernisierung
- historischer Dokumentation und Prüfungen, technischen Regeln
- Bau- und Brandschutzschadenanalyse
- Bestimmung des statisch-konstruktiven Systems, der raumabschließenden und trennenden Bauteile sowie deren Abschlüsse
- anlagentechnischen Maßnahmen

- baubegleitender Fortschreibung der Planungsdaten zur jeweils errichteten Konstruktion (Neubau wie Altbau) und Maßnahme
- Qualitätssicherung, Mengenermittlung
- Gebäudeverwaltung und Facilitymanagement

Die beim jeweiligen Gebäude eingesetzten Verfahren und Systeme der Bauwerkserfassung sind entsprechend diesen Aufgaben auszuwählen. Die Geräteauswahl ist heute sehr umfangreich und reicht von kleinen Systemen zur manuellen Erfassung bis hin zu aufwändigen Gerätschaften mit laserbasierten Abtastsystemen von Gebäuden.

Wo noch bei einigen Aufgaben eine augenscheinliche Einschätzung zur Qualität der Gebäudesubstanz ausreicht, sind an anderer Stelle exakte Geometrie- und Sachdaten mit genauer Kenntnis der Konstruktion und des Materialgefüges erforderlich. Die Bauaufnahme ist daher der Erkenntnisprozess, bei dem stufenweise Informationen gesammelt und fortlaufend erweitert werden. Durch die Bauaufnahme entsteht eine Art neue Wissensdatenbank über die bauliche Situation und das Gesamtbauwerk, aus der sich das weitere Vorgehen in Bezug auf die Brandschutzplanung ableiten lässt.

Eine fachlich und planerisch orientierte Sicht auf die zu erfassende Bausubstanz ist zwar sehr wichtig, doch erst eine Verinnerlichung und das Verständnis des Gebäudes erlauben eine qualifizierte Einschätzung der Sicherheitsbelange. Das bedeutet, dass sich für ein Gebäude, das nur per geometrisches Aufmaß dargestellt wird, keine ausreichende Grundlage für planungsbezogene und brandschutztechnische Entscheidungen ableiten lässt. Die Erfassung weiterer gebäudebezogener Daten ist daher für das Verstehen neben der inneren und äußeren Abschottung sowie der Trennung des Gebäudes sehr wichtig:

- Angaben zu Bauformen
- Raumgefüge und Nutzung
- Konstruktionsarten und Material
- bautechnische und bauphysikalische Kenngrößen

In diesem Zusammenhang wird deutlich, dass nur der entsprechend fachlich ausgebildete Brandschutzplaner, ob Architekt oder Ingenieur, in der Lage ist, ein Gebäude baufachlich relevant aufzunehmen. Dazu ist das Begreifen der inhaltlichen und verborgenen Zusammenhänge zwingend notwendig.

Die Nichtfachleute des Bauens und des Brandschutzes, zu denen die vermessenden Ingenieure zu zählen sind, können zwar ein Gebäude exakt messen, sind aber nicht in der Lage, wirklich verwertbare Aussagen zu einem Bestandsobjekt zu erbringen. Nur der mit der Praxis des Planens und Bauens vertraute Planer ist in der Lage, die richtigen Fragen vor Ort zu stellen und die entsprechenden Daten aufzunehmen sowie Erkenntnisse daraus zu gewinnen. Zu oft findet man in der Praxis der Bauaufnahme sowohl baufachlich unsinnig oder falsch erfasste Daten.

Ein Beispiel ist die Erfassung von Schäden am Gebäude wie Risse, Setzungen oder Schiefstellungen. Durch das geometrische Aufmessen der Schadensituation ist eine realistische Einschätzung nicht zu leisten. Es gehören Angaben zu Materialübergängen, konstruktivem Versagen sowie fehlerhaften historischen Veränderungen dazu. Diese zu erkennen setzt immer einen großen Sachverstand und praktische Erfahrung voraus.

Die fachliche Qualifizierung in der Bauaufnahme führt oft zu einem Widerspruch in der Praxis. Der planende und bauende Architekt oder Ingenieur ist häufig nicht in der Lage, eine Bauaufnahme brandschutztechnisch effizient und damit wirtschaftlich durchzuführen und er kennt die aktuell zur Verfügung stehenden Verfahren und Vorschriften bzw. Systeme nicht, kann diese nicht bedienen oder deren Einsatz koordinieren. Hier erfordert es daher einen Spezialisten in der Handhabung solcher anspruchsvoller und moderner Systeme der Bauaufnahme (Tachymetrie, Fotogrammetrie u. a.), der aber zunächst kein Fachmann des Bauens ist oder sein muss.

Fazit

Die analytische Betrachtung der Bauwerke, Kenntnisse über statisch-konstruktive Zusammenhänge, Handhabung moderner Erfassungs- und Diagnosesysteme sowie die Informationsverwaltung und -veranschaulichung, sind als notwendige Schwerpunkte auch für die Ausbildung von Brandschutzplanern im Bestand zu nennen.

4.3 Planungsaufgaben und Projektierung

Die Projektentwicklung bei Bestandsgebäuden stellt gegenüber der Neubauentwicklung besondere Anforderungen an Projektentwickler und Planer. Vorhandene Gebäudestrukturen und Rahmenbedingungen beschränken die Möglichkeiten in der Nutzung und der Revitalisierung, bieten jedoch gleichzeitig räumliche und funktionale Potentiale, die in der Entwicklung von Neubauten wegen funktionaler und aufgrund finanzieller Entscheidungen oft nicht möglich sind. Neben Kosteneinsparungen aufgrund vorhandener und weiterhin nutzbarer Bausubstanz birgt ein Altbau neben hohen Kostenrisiken auch Risiken in Bezug auf die Belange des Brandschutzes, die ggf. den Projekterfolg beeinflussen können (siehe Abb. 4.5).

Für die Projektentwicklung im Bestand ist es wichtig, ein Verständnis für den gesamten Lebenszyklus eines Gebäudes zu entwickeln. Ein Gebäude ist auch nach Errichtung in regelmäßigen Abständen zu warten, es muss gepflegt und instand gesetzt werden, um seine Werthaltigkeit und Sicherheit zu bewahren.

Wie lange ein Gebäude genutzt werden kann, hängt neben den beschriebenen Nutzungs- und Wirtschaftlichkeitsparametern vom Zustand der Bau- und Ausbausubstanz ab. Ist ein Gebäude nach einer gewissen Nutzungsphase

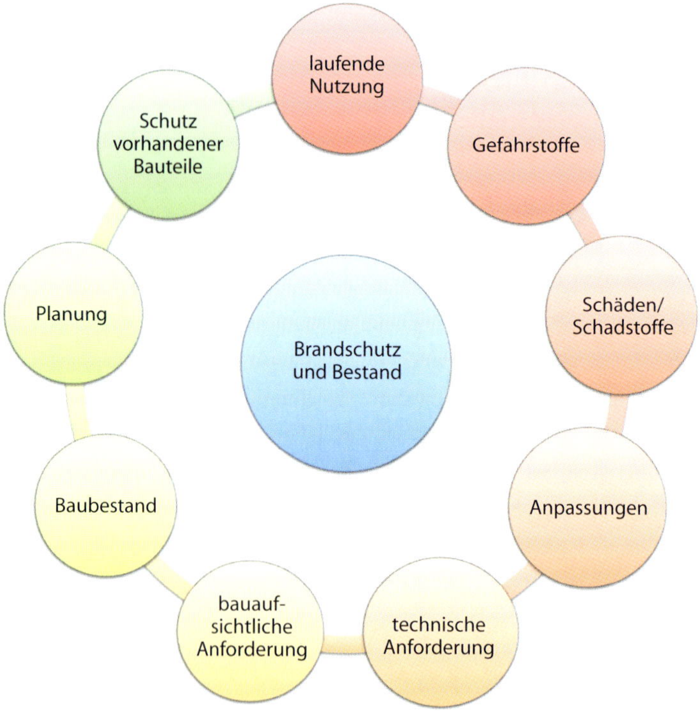

Abb. 4.5: Grundlegende Berücksichtigungen beim Brandschutz im Bestand (siehe Heidelberg, Brandschutz und Bestand, 2011)

nicht mehr in der Form nutzbar, stellt sich die Frage, ob durch eine Sanierung eine weitere Nutzungsphase erzeugt werden kann und wie umfangreich diese Sanierung sein muss (siehe auch Bielefeld/Wirths, 2010).

Jede Projektierungsarbeit für ein Bauwerk hat daher dessen sicheren und dauerhaften Bestand zum Ziel. Dazu bedient man sich der bekannten bauingenieurmäßigen Methoden, die, z. B. bedingt durch steigende Anforderungen, die notwendige Nachhaltigkeit im Bauen und einen verbesserten Schutz der Nutzer, in zunehmendem Maße Lösungen mit immer komplexeren bauphysikalischen Problemstellungen beinhalten. Die Klärung dieser Fragen muss in einem frühen Planungsstadium erfolgen, um die Verträglichkeit der Lösungen mit den Forderungen des bautechnischen Brandschutzes zu prüfen und im Gesamtprojekt gewährleisten zu können.

In der Primärphase erfolgen die Anamnese und die Vorinspektion:

- Einholung von Informationen zur Vorgeschichte des Gebäudes vom Eigentümer
- Einholung von Informationen zur Vorgeschichte des Gebäudes von Nutzern, Verwaltung, Betreibern und Firmen, die regelmäßige Wartungsarbeiten durchgeführt haben
- Einsichtnahme in die Akten des Bauordnungsamtes

- Voruntersuchung der Gebäudesubstanz
- Voruntersuchung der haustechnischen Anlagen
- Voruntersuchung der vorhandenen Erschließung
- Überprüfung der Zielvorgaben auf Übereinstimmung mit der Örtlichkeit und der Realisierbarkeit
- Voruntersuchung im Hinblick auf etwa vorhandene Kontaminationen (Asbest)
- Voruntersuchung auf einsturzgefährdete Bauteile
- Voruntersuchung der Lüftungs- und Leitungsanlagen
- Zusammenfassung der Voruntersuchungsergebnisse und Auswahl der erforderlichen Sonderfachleute

Dann erfolgen in der Sekundärphase die Inspektion und die Analyse (siehe Heidelberg, Bauen im Bestand, 2010):

- Bestandsaufnahme des Objektes unter Mitwirkung der eingeschalteten Sonderfachleute
- Ausarbeitung eines Schadenkatasters getrennt nach Gewerken
- gegebenenfalls Ausarbeitung eines Sanierungsgutachtens mit folgenden Inhalten:
  - genehmigungsfähige Nutzungskonzeption mit Alternativen
  - ausführliche Substanzbewertung
  - Erläuterung des Sanierungskonzeptes
  - Sicherung von Zwischenbauzuständen aus konstruktiver und logistischer Sicht
  - Darstellung besonderer Risikopotentiale in energetischer, ökologischer, konstruktiver und bauphysikalischer Hinsicht
  - Angabe der verlängerten Restnutzungsdauer
  - Terminplan
  - Konzept für die Behandlung von Nutz- und Mietverhältnissen
  - Denkmalschutz
  - Brandschutzkonzept

4.3.1 Hinzuziehung von Sonderfachleuten

Eine erste visuelle Begutachtung des Objektes entscheidet also darüber, in welchem Umfang die Hinzuziehung von Sonderfachleuten erforderlich wird, die die folgenden aufgeführten Kenntnisse über Zusammenhänge und Wechselwirkungen beurteilen können (siehe auch Hankammer, 2008):

- *Fachplaner oder Sachverständiger für Brandschutz:* weitreichende tiefe Kenntnisse über die Baumaterialien und ihre Risikopotentiale des Brandschutzes, umfangreiche Erfahrungen im Umgang mit Bauschäden, juristisches, baurechtliches Basiswissen, umfangreiche Kenntnisse der Bauphysik, umfangreiche Kenntnisse der Regelwerke
- *Architekt:* Kenntnisse über Nutzungskonzepte und daraus entstehende bauliche Zwänge und Anforderungen, Kenntnisse über Baumaterialien und ihre schadensfreie Kombination, Grundkenntnisse des Brand-, Feuchte-, Wärme- und Schallschutzes, Grundkenntnisse der Regelwerke, Kostensicherheit

- *Sachverständiger für Schäden an Gebäuden:* weitreichende tiefe Kenntnisse über die Baumaterialien und ihre Risikopotentiale, umfangreiche Erfahrungen im Umgang mit Bauschäden, juristisches Basiswissen, Kenntnisse des Brand-, Feuchte-, Wärme- und Schallschutzes, umfangreiche Kenntnisse der Regelwerke
- *Tragwerksplaner:* Kenntnisse der historischen Systemkonstruktionen sowie der historischen Lastannahmen, Kenntnisse der früher üblichen Lastabtragungswege, Kenntnisse notwendiger konstruktiver Sicherungen während der Zwischenbauzustände
- *Ingenieur für technische Gebäudeausrüstung:* Kenntnisse der Funktion historischer Haustechniksysteme, Kenntnisse der Chancen und Risiken neuer Haustechniksysteme, Kenntnisse der schalltechnischen, statischen und bauphysikalischen Auswirkungen von neuen haustechnischen Systemen auf das Gebäude, Kostensicherheit
- *Bodengutachter:* Kenntnisse der Lastabtragungswege aus der historischen Konstruktion, Kenntnisse der Bodenverhältnisse und des zu erwartenden Setzungsverhaltens, Kenntnisse der jahreszeitlich unterschiedlichen Bemessungswasserstände für die Festlegung des Abdichtungs- und Dränagekonzeptes, Kenntnisse der Notwendigkeiten von auftriebsichernden Maßnahmen
- *Kontaminationsgutachter für die Entsorgung von Baumaterialien:* Kenntnisse baubiologischer Belastungspotentiale, Beurteilungsvermögen hinsichtlich des Bodenrisikos, Kenntnisse der Abfallentsorgungsregeln, Kostensicherheit bei der Empfehlung für Entsorgungswege
- *Beweissicherungsgutachter:* Kenntnisse der Risiken, die sich aus den geplanten Baumaßnahmen am Objekt für die Nachbarbebauung ergeben, Kenntnisse der Boden- und Grundwasserverhältnisse zwecks Abschätzung des Risikos für Nachbargebäude, Kenntnisse der eigenen Gebäudestatik zur Abschätzung des Risikos für den Objektbestand
- *Vermessungsingenieur:* Kenntnisse über Festlegung von Markierungen am Objekt zur Kontrolle von Verformungsvorgängen
- *Bauchemiker:* Kenntnisse der speziellen Zusammenhänge chemischer Reaktionen beteiligter Baustoffe und der Einflüsse durch Immissionen und Feuchte, Kenntnisse über die chemischen Eigenschaften historischer Baustoffe, chemisch geprägte Beurteilung der Kombination alter Bauteile und Baustoffe mit neuen Materialien
- *Bauphysiker:* Kenntnisse der bauphysikalischen Zusammenhänge von altbauspezifischen Systemaufbauten, Kenntnisse über die Materialkennwerte der alten Baustoffe, physikalisch geprägte Beurteilung der Kombination alter Bauteile und Baustoffe mit neuen Materialien
- *Holzbiologe:* Kenntnisse der Gebäudehistorie und der bauzeittypischen Konstruktionen sowie der holzschädigenden Einflussfaktoren zur Abschätzung besonderer Risikopotentiale
- *Baubiologe/Schadstoffgutachter:* Kenntnisse der Historie des Gebäudes zur Abschätzung besonderer Risikopotentiale, Kenntnisse der verwendeten historischen Baustoffe und ihrer typischen Einsatzorte sowie der hieraus drohenden Emissionen, Abschätzung des Risikos, das sich aus der Kombination von alten und neuen Baustoffen ggf. ergibt

- *Denkmalpfleger:* Kenntnisse der Bedeutung der kunsthistorischen Merkmale des Gebäudes, Kostensicherheit
- *Baujurist:* umfangreiche Kenntnisse des Baurechts, des Kaufrechts, des Mietrechts und des Werkvertragsrechts, Basiskenntnisse der Bautechnik

Neben der Erstbegehung, die vor Beginn jeglicher Brandschutzmaßnahme im Bestand erfolgen soll, werden eine oder mehrere Nachbegehungen jeweils nach Baufortschritt erforderlich, um evtl. eingetretene Schäden bzw. Problemstellungen einem Zeitfenster und dem jeweiligen Einflussbereich eines oder mehrerer Gewerke zuzuordnen. Die Qualität dieser ersten Begehung oder Beweissicherung entscheidet hierbei meist maßgeblich über die weitere Vorgehensweise. Eine Verwertbarkeit der örtlich angefertigten Dokumentation zeigt sich oft erst in einer späteren Beweisaufnahme in fortgeschrittenen Problemstellungen und sollte mit folgenden Parametern durchgeführt werden:

- Erkennen von vorhandenen Brandschutzmängeln und Schäden, Schäden an der Bausubstanz
- Zuordnen zu typischen Schadenkategorien (z. B. fehlende oder defekte Bauteile, Setzrisse, konstruktionsbedingte Risse, Abrisse zwischen Massivbau- und Leichtbaukonstruktionen, Durchfeuchtungsschäden, Funktionsstörungen an Abschlüssen, defekte Verglasungen, Schottungen oder Durchführungen)
- fotografische Dokumentation des aktuellen Schadenbildes mit nachvollziehbarer Zuordnung zur schriftlichen Dokumentation
- präzise und reproduzierbare Angabe der geometrischen Koordinaten einzelner Schäden

Die Schadenaufnahme sollte dann aus Gründen der Reproduzierbarkeit einer festgelegten Systematik folgen, z. B.

- durch geschossweise Begehung der Gebäudeteile jeweils von unten nach oben,
- durch raumweise Begehung der Nutzungseinheiten jeweils im Uhrzeigersinn von der Zugangstür aus (Flur = Raum 1 usw.),
- durch wandweise Besichtigung einzelner Räume im Uhrzeigersinn, beginnend von der Zugangstür aus,
- durch achsweise Besichtigung von gerasterten Fassaden von unten nach oben und von links nach rechts,
- und sofern von Substanzschäden die Aufgabenbereiche mehrerer Gewerke betroffen sind, durch Trennung der Schäden nach Gewerkebereichen.

Es empfiehlt sich grundsätzlich die zeichnerische Darstellung der angetroffenen Schäden und Mängel mit einer Zuordnung innerhalb der Grundriss- oder der Ansichtszeichnungen. Falls erforderlich, lässt sich die verbale Zuordnung in der Einleitung zum Beweissicherungsgutachten unterstützend zeichnerisch darstellen.

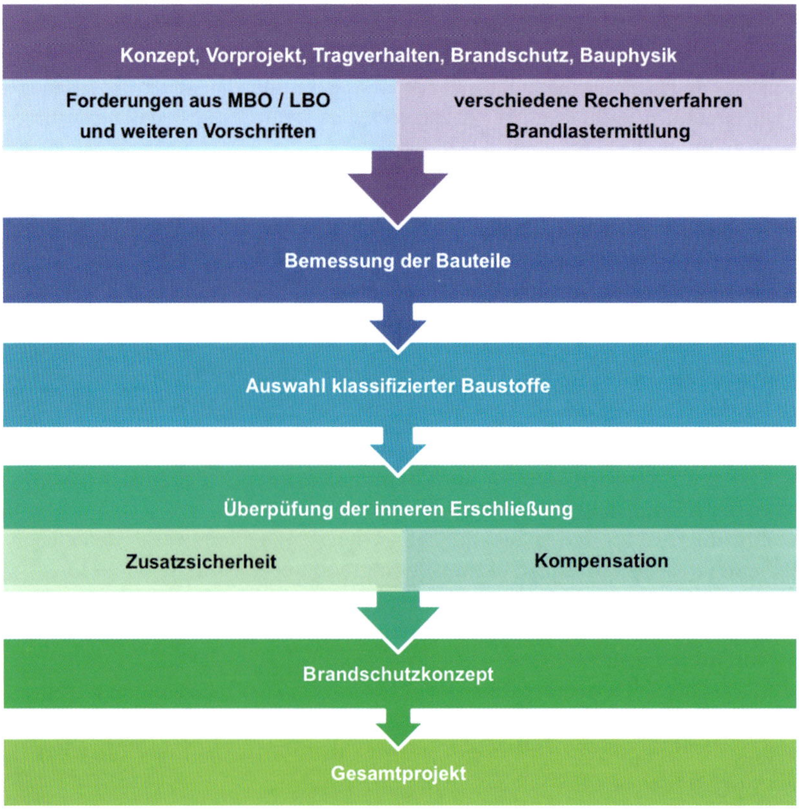

Abb. 4.6: Brandschutz in der Projektierungsphase (siehe Heidelberg, Brandschutz und Bestand, 2011)

Im nächsten Abschnitt der Projektierungsarbeit müssen die Lage des Gebäudes, seine Erreichbarkeit in Form der Begehbarkeit, die Anfahrtsmöglichkeiten etc. und die Versorgung des Gebäudes durch Strom, Gas, Wasser etc. geklärt werden.

Hierzu zählen folgende brandschutztechnisch relevante Angaben (siehe auch vfdb-Richtlinie 01/01, 1999):

- Gebäudegrundfläche
- Geschosszahl
- Gebäudeabstände
- Zugänglichkeit, Feuerwehrzufahrt
- Stellflächen für die Feuerwehr
- Energieversorgung
- Wasser- und Löschwasserversorgung
- Konstruktion, Tragwerk
- bemessene Bauteile
- Brandabschnittsbildung
- Anordnung von Rettungswegen
- Rauch- und Wärmeabzugsflächen, Zuluftöffnungen
- Meldeeinrichtungen

- Löscheinrichtungen
- Baustoffauswahl, Bauteilabmessungen
- Brandabschnittsgrenzen, Brandwände, Trennungen
- Feuerschutzabschlüsse, Abschlüsse, Abschottungen
- Führung und Gestaltung der Rettungswege
- Geschossdecken, Unterdecken
- Dachkonstruktion
- Fassadenkonstruktion, Innenverglasungen
- Rohre, Schotts, Durchführungen
- Schächte, Kanäle
- Leitungen, Lüftungs- und Klimazentralen
- selbsttätige Löschanlagen
- Brandmeldeanlagen
- Rauch- und Wärmeabzugsanlagen

Die konsequente Durcharbeitung jeder dieser Maßnahmen sichert die Wirksamkeit des bautechnischen Brandschutzes im Gesamtkonzept. Es versteht sich daher von selbst, dass ein vorhandenes Gebäude, das vor vielen Jahren errichtet wurde, nicht allen diesen modernen Forderungen entsprechen kann. Selbstverständlich wird sich der Brandschutzplaner bemühen, eine große Zahl solcher Abweichungen im Zuge der Baumaßnahme zu beseitigen.

Ganz wird das aber in aller Regel nicht gelingen, wenn man das Bauwerk nicht vollständig zerstören und damit große wirtschaftliche Nachteile für den Eigentümer oder Bauherrn in Kauf nehmen will. Alle Bauordnungen kennen neben den klaren und scharfen Forderungen auch die Möglichkeiten der Ausnahme und Befreiung von diesen Forderungen, um eine sinnvolle und volkswirtschaftlich zweckmäßige Baumaßnahme zu gewährleisten. Solche Ausnahmen müssen sich zuerst auf diejenigen Sachverhalte beziehen, die sinnvollerweise nicht zu verändern sind.

Eine z. B. historische Holzkonstruktion muss eine Holzkonstruktion bleiben – allen entgegenstehenden Vorstellungen des Brandschutzes zum Trotz. Hier muss sich der Planer als durchsetzungsfähig erweisen. Viele historische oder Gründerzeitbauten sind mit ihren dicken Natursteinmauern in Bezug auf den Brandschutz hervorragend aufgestellt. Selbstverständlich gibt es aber auch hier Schwachstellen. Die ganzheitliche Betrachtung hilft oft über diese Klippen hinweg.

Historische Fenster oder Abschlüsse können durch Zusatzausrüstungen bzw. Vorsatzflügel so weit nachgerüstet werden, dass sie den Minimalforderungen genügen und so von den Behörden akzeptiert werden können. Die Forderung, dass sämtliche tragenden Bauteile aus nichtbrennbaren Materialien errichtet sein müssen, ist sicher im Grundsatz sinnvoll. Ein altes Gebäude mit Fachwerkwänden und Holzbalkendecken kann man an solche Forderungen aber nicht anpassen. Hier helfen vielmehr brandhemmende Verkleidungen und der Einbau einer Brandmeldeanlage, die eine rechtzeitige Evakuierung der Nutzer und Bewohner sicherstellt. Den Verlust der Sachwerte im unwahrscheinlichen Brandfall muss man dann in Kauf nehmen. Ein Sonderfall der Planung im Bestand ist das eingetragene Kulturdenkmal. Die jeweils betroffenen Bauten führt die Untere Denkmalschutzbehörde in der Denkmalliste.

Für jede Veränderung an einem derartig gestalteten eingetragenen Baudenkmal ist eine denkmalrechtliche Genehmigung erforderlich (siehe auch Werner, 2004).

Den Bauaufsichtsbehörden kommt somit per Gesetz eine ordnende Funktion im Bauwesen zu, nämlich die Aufgabe der Prüfung und Überwachung, wobei die Belange des Brandschutzes eine immer wichtigere und zentrale Rolle spielen. Die Erfordernisse des abwehrenden Brandschutzes nehmen im Genehmigungsverfahren die Brandschutzdienststellen wahr, die allerdings im Sinne des Ordnungsbehördengesetzes keine Behörden darstellen. Eine Kooperation mit diesen Dienststellen während der Projektierung ist aber schon aufgrund des dort vorhandenen großen Erfahrungspotentials im Umgang mit der Bekämpfung von Bränden immer sinnvoll und angebracht, und bei vielen Entscheidungen ist sie unverzichtbar (siehe auch Baugesetzbuch [BauGB] 2004; ARGEBAU – Konferenz der Minister für Städtebau, Bau- und Wohnungswesen).

4.4 Informationen zum Bauwerk

Um Sicherheit in der Planung von Bestandsobjekten zu gewährleisten, ist es notwendig, so viele Informationen wie nötig – und nicht wie möglich – über das Gebäude zu erfassen, in einen entsprechenden Zusammenhang zu stellen und fachgerecht zu dokumentieren. Dabei ist es nicht möglich, alle relevanten Informationen zu Beginn einer Planung zu erfassen. Vielmehr ist es notwendig, stets auch neue Erkenntnisse durch eine parallel zum Planungs- und Bauprozess stattfindende Bauaufnahme zu gewinnen. Im Verlauf der planerischen Durcharbeitung und der Bauausführung werden Fragestellungen auftreten, die nur durch eine auf den Planungsprozess abgestimmte und in diesen integrierte Bestandsaufnahme geklärt werden können. Angefangen von einem skizzenhaften Überblick zur ersten Objektbegehung bis zur Befunduntersuchung eines Verbindungsdetails während der Entwurfsplanung werden die Daten strukturiert abgebildet und fortlaufend ergänzt. Ein genaues Ordnungssystem und exakte Bezeichnungen bzw. Beschriftungen sind unabdinglich.

Wichtig bei der Bauaufnahme ist der direkte Kontakt zum Objekt. Moderne Erfassungstechniken wie Tachymetrie, Laserscanning oder Fotogrammetrie erlauben eine schnelle und effiziente Geometrieerfassung, bedingen aber einen Abstand zur Bausubstanz. Die Messung erfolgt nicht am Objekt, sondern von einem festgelegten Gerätestandort mehrere Meter entfernt.

Doch gerade der Kontakt zur Bausubstanz und deren Erfahrung mit allen Sinnen (Fühlen, Sehen, Hören, Schmecken und Riechen) ist es, der auch den Brandschutzplaner das zu erfassende Gebäude in all seinen Aspekten begreifen lässt. Daraus folgt, dass stets eine geeignete Kombination der Verfahren und Werkzeuge den Bauaufnahmeprozess bestimmen muss.

„Die Bauaufnahme stellt sich als ein Prozess der Modellbildung dar: Das Original (das Gebäude) wird in eine modellhafte Abbildung überführt. Damit verbunden ist immer eine Differenzierung auf das Wesentliche. Nur diejenigen Eigenschaften des Originals werden in das Modell übernommen, die für

Abb. 4.7: Struktur der Bauaufnahme (siehe Heidelberg, Bauen im Bestand, 2010)

den Zweck der Modellbildung wesentlich sind. Das heißt, jede Bauaufnahme stellt eine Interpretation des Originals durch den Aufnehmenden dar. Die Qualität der Bauaufnahme ist von der fachlichen Qualifizierung des Aufnehmenden abhängig." (Donath, 2008)

Im Zuge der Bestandsaufnahme sind unterschiedliche Inhalte zu erfassen und strukturiert abzulegen, hierzu zählen:

- *geometrische Informationen:* die Geometrie des Bestandsobjektes, die unter Verwendung verschiedenster Verfahren erfasst und in Form von (digitalen) 2-D- oder 3-D-Modellen abgebildet wurde
- *Sachdaten (alphanumerische Informationen):* alle Merkmale des Objektes, die sich mithilfe von Buchstaben oder Zahlen beschreiben lassen und nicht direkt aus der Geometrie ablesbar sind (z. B. Materialien, Funktion von Bauteilen, die Jahreszahl der Erbauung oder die Bedeutung von Gebäudeteilen bezogen auf deren Substanzwert)
- *Beziehungsinformationen (relationale Informationen):* die Zusammenhänge zwischen einzelnen Objekten, z. B. die Zugehörigkeit eines Raums zu einem Geschoss
- *multimediale Informationen (ergänzende Informationen verschiedenartigen Charakters):* alle informalen Informationen, wie Bilder, Skizzen oder Videos, die einzelnen Objekten zugeordnet werden können
- *baufachliche Einschätzungen:* die Bewertung und Würdigung des Gesamtzustandes unter fachlichen Gesichtspunkten, bezogen auf die anstehende Bauaufgabe

Viele dieser Informationen sind während einer Bauaufnahme nicht immer gesichert festzustellen. Oftmals können lediglich Vermutungen und Hypothesen getroffen werden. Bei nicht gesicherten Informationen sind Befunde zu nehmen. Mit ingenieurmäßigem Verstand begründete Vermutungen, die nicht gesehen oder gemessen wurden, ist es wichtig, diese als solche zu kennzeichnen und ggf. gesondert abzulegen.

4.5 Rechtliche und wirtschaftliche Grundlagen

Die Bauaufnahme als maßliche und inhaltliche Erfassung der Bausubstanz war schon immer eine Leistung von Baumeistern, Ingenieuren und Architekten (siehe Abb. 4.8). Ein vorhandenes Gebäude in Rissen zu dokumentieren, spiegelt sich in zahllosen historischen und neuzeitlichen Darstellungen wider (siehe auch Donath, 2008; Petzold, 2004).

Welche Leistungen dazu im Einzelnen zu erbringen sind, ist in der Honorarordnung für Architekten und Ingenieure (HOAI) nicht festgelegt. Dennoch ist der Architekt, evtl. in Verbindung mit dem Fachplaner, verantwortlich, alle notwendigen Leistungen für eine gesicherte Planung zu erbringen. Am Ende steht das zum bestimmungsgemäßen Gebrauch geeignete Bauwerk bzw. im Falle des Brandschutzes das umgebaute, modernisierte oder restaurierte sichere Bauwerk. Inwieweit die Erfassung des Bestandsgebäudes dort mit eingeschlossen ist, bleibt offen (siehe auch Donath, 2008; Neuenfeld, 1969).

In Deutschland besteht die HOAI (Fassung vom 30.04.2009) als rechtsverbindliche Vorschrift für die Vergütung von (Teil-)Leistungen des Planens, die zum oben genannten Ergebnis führen. Im Grunde genommen ist sie die einzige Beschreibung, in der ein Leistungskatalog für typische und notwendige (Teil-)Leistungen des Planers geschildert und mit einem finanziellen Gegenwert versehen ist. Die Leistungen, die alle Tätigkeiten sowohl maßlich wie inhaltlich-fachlich erfassen, sind dabei aber als sogenannte „besondere Leistungen“ aufgeführt und nicht weiter aufgeschlüsselt (siehe HOAI 2009).

In den vorangehenden Ausführungen zum Planen im Bestand wurde inhaltlich dargestellt, dass die Bestandsaufnahme (Geometrie und Sachdaten) zu den unabdingbaren und unmittelbar in die Planung zu integrierenden Leistungen gehört.

Die Praxis sieht hier jedoch anders aus und ist von Projekt zu Projekt verschieden. Oft existieren zeichnerische Dokumentationen, von denen der Auftraggeber voraussetzt, dass diese als Ausgangslage für die Brandschutzplanung ausreichend sind. In anderen Fällen wird ein externes Büro, das Erfassungsleistungen anbietet, damit beauftragt, derartige Pläne zu erarbeiten. Es besteht hier die Gefahr, dass die vorhandenen Unterlagen unkritisch übernommen bzw. nicht mit dem nötigen baufachlichen Sachverstand überprüft werden, da dieser vielleicht nicht vorhanden ist oder der Auftraggeber die wirtschaftlichen Belange in den Vordergrund stellt. Des Weiteren besteht das Problem, dass die komplexen Gebäudeinformationen sich nur ungenügend in der Semantik von Zeichnungen und textlichen Beschreibungen wiedergeben lassen. Hinzu kommt, dass unterschiedliche Projekte verschiedene Ausgangsdaten verlangen.

Abb. 4.8: Beispiel für eine 3-D-Bestandsdarstellung

Während teilweise einfache Übersichten ausreichend sind, bedarf es an anderer Stelle komplexer detaillierter Bauteilmodelle für eine Bearbeitung.

Hier stellt sich nun die Frage nach der Verantwortung und der Haftung.

Unterlässt der Planer eine detaillierte maßliche wie fachspezifische Untersuchung, wozu auch Holzschutzgutachten, statische Gutachten, Bodengutachten, Materialgutachten oder Brandschutzgutachten zählen, so trägt er die Verantwortung und sieht sich – wie die Praxis zeigt – oft rechtlichen und finanziellen Klärungen ausgesetzt (HOAI, 2009).

Eine mittlerweile geläufige Praxis bei kleineren und mittleren Projekten ist der Umstand, dass „sich der Brandschutzplaner selbst kümmern muss", womit er auch fachlich gut beraten ist. Mit den Experten der einzelnen Ingenieur- und Fachdisziplinen zu einer detaillierten Einschätzung zu kommen, muss das Ziel einer jeden Planung sein, die sich im einfachsten Fall in einer Brandschutzdokumentation widerspiegelt, im wünschenswerteren Fall in einer projektbegleitenden, laufend aktualisierten Fortschreibung der Gesamtsituation, also des Bestandes, sowie der planerisch erarbeiteten Informationen bzw. Änderungen des Objektes im Brandschutzkonzept und der Dokumentation zum anlagentechnischen und betrieblichen Brandschutz.

An dieser Stelle eröffnet sich die Frage nach der Vergütung dieser Leistungen. Hierfür existieren zahlreiche Empfehlungen und Richtlinien, die alle unverbindlich sind, da sie als „besondere Leistungen" frei auszuhandeln sind. Eine Empfehlung hierzu weist sicher die HOAI zu Tragwerksleistungen oder die AHO Brandschutz 2009 auf.

Zusätzlich können z. B. für folgende Leistungen, die ohnehin Bestandteile einer planungsbegleitenden Bauaufnahme im Bestand sein sollten, separate Honorare für Umbauten und Modernisierungen vereinbart werden:

- maßliches, technisches und verformungsgerechtes Aufmaß
- Schadenkartierung, Befunduntersuchungen
- Ermitteln von Schadenursachen

Eine normierte Grundlage für den Inhalt der zeichnerischen Dokumentation der Bauaufnahme bietet die DIN 1356-6 „Technische Produktdokumentation – Bauzeichnungen". Neben den notwendigen zeichnerischen Inhalten werden auch erforderliche textliche Inhalte sowie eine Systematik zur Dokumentation von Bauschäden aufgeführt. Die notwendigen Inhalte der

Bestandsdokumentation leiten sich aus dem voraussichtlichen Verwendungszweck ab und werden nachfolgend in einer Informationsdichte, die für den Brandschutz gilt, zusammengestellt:

- Lageplan (M = 1 : 500)
- zum Verständnis der Bauaufnahme notwendige Grundrisse, Ansichten, Schnitte (M = 1 : 200, 1 : 100 oder 1 : 50)
- Raumbezeichnung mit Grundrissfläche
- Konstruktion und Struktur der Wände, Böden, Decken
- Bezeichnung von Baustoffen, Bauteilen und Sonderbauteilen
- Nutzer, Nutzungsart
- Bauwerkstyp

Neben einer Auflistung notwendiger zeichnerischer und textlicher Inhalte führt die Norm eine große Anzahl von Zusatzleistungen auf, die in Abhängigkeit von der Aufgabenstellung beauftragt werden können, für die Belange der brandschutztechnischen Verwendung allerdings nicht erforderlich sind:

- grafische Darstellungen vom Bestand, wie Computerbilder und Computeranimationen
- Erfassung und Darstellung von Bauschäden
- Angaben zur Baugeschichte, Hinweise auf frühere Bauzustände und Nutzungen, Auswerten von Archivunterlagen
- nachvollziehbare fotografische Dokumentation mit genauen Angaben zum Zeitpunkt und zu den Umständen der Aufnahme (Nummer, Ort, Kamera)
- Baurecht (öffentlich-rechtliche Belange)
- Vertragsrecht (privatrechtliche Belange wie Miet- und Wohnrechte)

Für die Angabe von Flächen und Rauminhalten bei der Bauaufnahme – insbesondere bei deren Erfassung sind folgende Richtlinien und Normen relevant:

- DIN 277 „Grundflächen und Rauminhalte von Bauwerken im Hochbau“: Grundlage für alle Flächenermittlungen im Hochbau, die allerdings einen gewissen Handlungsspielraum lässt, da nicht alle Situationen vollständig berücksichtigt werden
- Richtlinien zur Berechnung der Mietfläche der Gesellschaft für Immobilienwirtschaftliche Forschung (GiF): Festlegung der Zugehörigkeit der Flächen nach DIN 277 zur tatsächlichen Mietfläche und Regelungen zu deren Berechnung und Darstellung
- Verordnung zur Berechnung der Wohnfläche (WoFlV): Flächenberechnung von Wohnflächen im öffentlich geförderten Wohnungsbau (verbindlich seit 2004, löst damit die zweite Berechnungsverordnung [II. BV] für Wohnflächen ab)

Diese Normen und Richtlinien können allerdings nur eine Handlungshilfe darstellen und sind brandschutztechnisch nicht unbedingt relevant.

Ebenso als Teil der brandschutztechnischen Beratung bzw. Vertragsregelung ist es zu klären, wer die aufgenommenen Daten sowohl nach der Planung und während der Ausführung als auch nach Abschluss der Baumaßnahmen zum Zwecke der Dokumentation fortschreibt bzw. dokumentiert (siehe auch Donath, 2008).

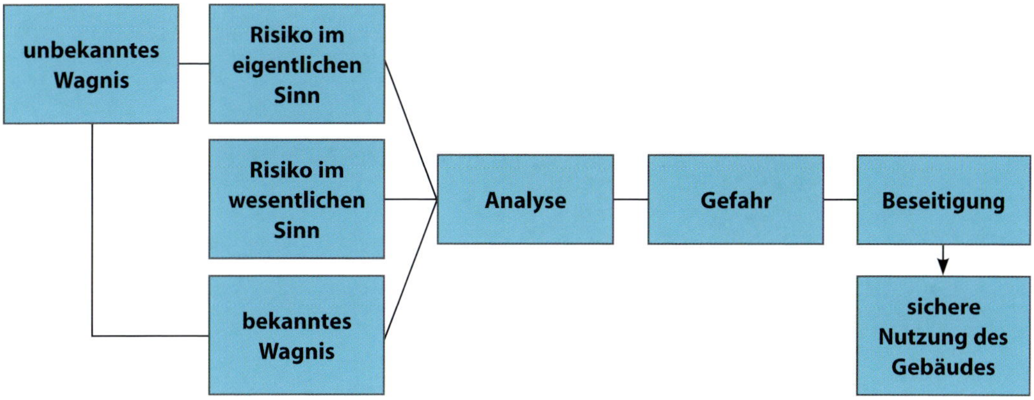

Abb. 4.9: Abgrenzung des Risikos (siehe Heidelberg, Bauen im Bestand, 2010)

4.6 Risikoabgrenzung und Nutzungsanalyse

Ein wesentlicher Punkt in der Bestandsprojektentwicklung sind Risiken jeglicher Art und deren Minimierung. Sind in der Projektentwicklung aufgrund vieler Variablen und Abschätzungen zukünftiger Ereignisse die Risiken einer Abweichung vom geplanten bzw. gewünschten Ablauf sehr hoch, so birgt ein Bestandsgebäude zusätzliche brandschutztechnische Risiken, die im Laufe der Projektkonzeption sorgfältig untersucht werden müssen (siehe Abb. 4.9).

Nachfolgend sollen neben einigen grundsätzlichen Informationen zu Risiken auch typische Risikobereiche der Projektentwicklung beim Brandschutz im Bestand aufgezeigt werden. Dies soll von der neuen Eignung zur Verwendbarkeit der geplanten Nutzung bis zur Risikobewertung des Objektes an seinem Standort erfolgen (siehe auch Bielefeld, 2010).

Die Pläne für den Umbau oder eine Erweiterung entstehen meistens vor dem Hintergrund konkreter Vorstellungen bezüglich der zukünftigen Nutzung des Gebäudes. Daneben gibt es aber auch Immobilien, die nicht mehr benötigt werden und deshalb leer stehen. Auch bei nicht genutzten Gebäuden entstehen Unterhaltungskosten, wenn man sie nicht verfallen lassen will. Hier muss also vom Eigentümer diesbezüglich nach einer neuen Verwendung gesucht werden. Gelingt dies nicht, so bleibt letztlich meistens nur der Abbruch des Gebäudes.

Besondere Herausforderungen entstehen, wenn durch gesellschaftliche Entwicklungen bestimmte Nutzungen in großem Umfang entfallen, so wie z. B. an vielen Orten Kasernen der Streitkräfte der ehemaligen Besatzungsmächte oder der Bundeswehr. Da es sich hierbei zumeist um großflächige und komplexe Bauanlagen handelt, besteht das Problem in der Regel meist in der städtebaulichen Neuordnung und Einbindung der gesamten Anlage in neue oder bestehende bzw. geänderte Infrastrukturen. Dabei vergehen oft mehrere Jahre.

Am Anfang muss zunächst die Bauaufgabe gefunden und definiert werden, wobei hier sicher die Fantasie des Planers gefragt ist. Vor diesem Hintergrund ist es daher wichtig, Flächen zu entwickeln, die der Marktnachfrage

Abb. 4.10: Umnutzung eines ehemaligen Wasserturms in Köln zu einem Luxushotel

entsprechen bzw. dieser angepasst werden und von späteren Mietern akzeptiert werden. Hierzu muss eine Nutzungsanalyse durchgeführt werden, auf deren Basis das Portfolio der Mieteinheiten konzipiert wird. Hier die Darstellung eines typischen Ablaufs:

- Analyse von Angebot und Nachfrage im nutzungsspezifischen Immobilienmarkt (Wohnungsmarkt, Gewerbe etc.) sowie der Mitbewerberlage
- Entwicklung von Nutzungsszenarien
- Ermittlung der potentiellen Investitionskosten mit möglichen Folgekosten
- Erkennung und Bewertung von Risiken und Gewinnchancen
- detaillierte Untersuchung, ob das favorisierte Nutzungsszenario sich im Bestand mit den relevanten Sicherheitsaspekten des Brandschutzes, der Standsicherheit, der Belüftung und Belichtung etc. verwirklichen lässt
- Kosten der Nutzungsumwandlung im Zuge eines eventuellen Mieterwechsels mit der Anpassung des Sicherheitsverlangens

Eine ähnliche Aufgabe, nur unter erschwerten Bedingungen stellt sich, wenn Baudenkmale erhalten bzw. saniert werden sollen. Hier muss erst einmal eine dem Gebäude angemessene Nutzung gefunden werden.

Das folgende Beispiel eines Luxushotels in einem Wasserturm in Köln zeigt die besondere Problemstellung bei der Nutzungs- und Bestandsanalyse und einer geplanten Nutzungsänderung des bestehenden denkmalgeschützten Gebäudes.

Notwendig sind hier Lösungen, die den Erhalt des Denkmals langfristig und in der angedachten Nutzung mit dem zugehörigen Sicherheitskonzept ermöglichen, was aber wiederum aus wirtschaftlicher Sicht für den Bauherrn tragbar sein muss.

Die Weitläufigkeit der möglichen Nutzungen wird durch die Eigenheiten und Unzulänglichkeiten des Gebäudes oft stark eingeschränkt. Veränderungen, die andere Nutzungen zulassen, werden zumeist durch die Vorgaben der Denkmalbehörde in Begleitung mit den Brandschutzbegehren ausgeschlossen. Hier ist ein Umdenken auch seitens der Denkmalbehörde dringend erforderlich. Historisch wertvolle Gebäude, wie andere schutzwürdige bestehende Gebäude auch, müssen einer dem Sicherheitskonzept zugrunde liegenden sowie einer wirtschaftlich überschaubaren Nutzung zugeführt werden, um ihren Bestand auch für die Zukunft sicherzustellen. Es zeigt sich oftmals in der Praxis, dass die Denkmalbehörden mit ihren eigentlichen Aufgabenbereichen, nämlich dem Schutz des Bauwerkes im eigentlichen Sinne, zu lax umgehen.

Eine Denkmalpflege, die es eher auf einen Abbruch oder den Verfall des Bauwerkes ankommen lässt, als dass sie Änderungen in Bezug auf Umnutzung und Sicherheitsaspekte zustimmt, ist kaum geeignet, das Problem der ständig wachsenden Anzahl denkmalwürdiger Bauten zu bewältigen. Die wirtschaftliche bzw. nutzungsbedingte Verwertung von Gebäuden unterliegt sowohl im Bestand wie auch im Denkmal bestimmten Kriterien.

Hier beginnt die Suche nach neuen Verwertungsmöglichkeiten für bestehende Gebäude, wobei sowohl wirtschaftliche wie auch brandschutztechnische Belange zu berücksichtigen sind. Gibt es nun erhöhte Nachfrage in bestimmten Bereichen oder Regionen, bietet sich die Chance, das mit der alten Nutzung nicht mehr gefragte Gebäude der neuen Nutzung anzupassen und es damit wieder einträglich zu machen. Bei der Prüfung der Voraussetzungen für eine neue Nutzung sind zu berücksichtigen:

- Lage und Auffindbarkeit
- Infrastruktur (Nähe zu öffentlichen und kulturellen Einrichtungen)
- gute Erschließung (zwecks einer guten Versorgung)
- Raumhöhen mit einem Minimum von 2,90 m Geschossdeckenhöhe (für Abhängung der Installationen unter der Decke bzw. Unterdecken)
- Schall- und Wärmeschutz (bauphysikalische Voraussetzungen)
- Zugänglichkeit wegen Nachinstallationen
- statische Voraussetzungen

Die Anforderungen an Gebäude steigen mit dem Standard des geplanten Neuen. Inwieweit ein vorhandenes Gebäude für die zukünftige Nutzung geeignet sein muss, hängt fast ausschließlich vom erwarteten wirtschaftlichen Erfolg ab. Dieser bestimmt, welcher Betrag für die Baumaßnahmen eingesetzt werden kann. Reicht dieser Betrag für die erforderlichen Leistungen des Sicherheitskonzeptes aus und ist die Sache genehmigungsfähig, so ist es unerheblich, ob damit aufwändige bauliche Herausforderungen verbunden sind oder nicht.

Bei der Umnutzung ergeben sich somit für das Bauen Verschiebungen im traditionellen Verhältnis von Objekt und Nutzung.

Abb. 4.11 Industriegelände von Anfang 1900 mit Anbau

4.6.1 Alte Hülle – neue Nutzung

Während beim Neubau normalerweise eine Hülle für ein vorgegebenes Programm erzeugt werden soll, gibt es bei der Umnutzung diese Hülle bereits, für die nun eine neue Nutzung gefunden werden muss. Zwar stellt sich die baulich-gestalterische Aufgabe nach wie vor, aber ihre Vorgaben ändern sich grundlegend. In dieser Verkehrung der traditionellen Aufgabenstellung liegen die Herausforderung und das Potential für Architekten, Brandschutzplaner und Bauherren.

Bei einer veränderten Nutzung von Gebäuden ohne wesentliche bauliche Veränderungen können vor allem im Industrie-, Versammlungs- und Beherbergungsbereich größere Probleme auftreten. Es muss hierbei sogar nicht zwingend eine vollständige Umnutzung erfolgen. Es sind gerade die schleichenden Nutzungsveränderungen ohne erforderliche Baugenehmigungen, die das Risiko eines Bauwerkes bezüglich des Brandschutzes erhöhen.

Eine Erhöhung der Brandlast, für die das Gebäude nicht konzipiert war, verändert z. B. die Bemessungsgrundlage des Gebäudes, gleichzeitig geht zusätzlich ein Teil der Übersichtlichkeit und Sicherheit des Bauwerkes verloren.

Eine geplante Umnutzung z. B. im industriellen Bereich (siehe Abb. 4.11) muss im Normalfall von einem neuen oder geänderten Brandschutzkonzept ausgehen und damit Bausubstanz und Infrastruktur auf einen aktuellen, normativ geforderten Sicherheitsstandard bringen. Wenn die vorhandene Bausubstanz zumindest teilweise genehmigungsfähig ist, wird eine deutliche Verbesserung der Sicherheit durch eine brandschutztechnische Maßnahme wie Brandmeldeanlagen, automatische Löschanlagen oder Rauch- und Wärmeabzugsanlagen erreicht. Nicht zu vergessen ist die notwendige Aktualisierung der Angaben zu den in dem betreffenden Abschnitt vorhandenen Brandlasten.

Eine Umnutzung von Wohnbereichen in Gewerberäumen bedingt die Einhaltung der Vorschriften wie bei einem Neubau. Im umgekehrten Fall sind oftmals Erleichterungen durch Ausnahmeregelungen als Sonderbau z. B.

Abb. 4.12: Kölner Altstadt – Gastronomienutzung mit Erweiterung des Bestandes

Abb. 4.13: Hamburg – typisches Beispiel für eine Sonderlösung im Bestand

gemäß § 51 Musterbauordnung (MBO) 2002 möglich, weil teilweise bereits höhere Bauwerksanforderungen zum Errichtungszeitpunkt des Gebäudes bestanden und umgesetzt wurden.

Eine Umnutzung von Industrieanlagen aus den frühen Jahren des 19. Jahrhunderts ist in Teilen oder als Ganzes denkmalpflegerisch interessant und bringt ebenfalls Konflikte, da die hier oft verwendeten und dabei sichtbar belassenen Stahlkonstruktionen bzw. Gussbauteile nicht den modernen Sicherheitsanforderungen genügen können.

Wenn nun mehrere Gebäude, die auf einer Fläche einen gemeinsamen, geschlossenen Komplex bilden, saniert werden, dann können in dicht bebauten und besiedelten Altstadtbereichen völlig neue Probleme insbesondere für den Brandschutz und das Planungsrecht entstehen. Durch die oftmals unzureichenden Grenzabstände in den engen Gassen von Altstädten besteht eine hohe Brandausbreitungsgefahr zu benachbarten Gebäuden. Hieraus resultieren auch Probleme für die Zufahrts-, Durchfahrts- und Aufstellmöglichkeiten der Feuerwehr. Leider können diese Probleme nicht in jedem Fall gelöst werden und es müssen oftmals Abweichungen oder gar Kompromisse der besonderen Art gefunden werden. Enge Straßen oder Gassen können hier im Weiteren durch Vormauerungen an gefährdetem Fachwerk oder mit zusätzlichen Brandschutzverglasungen gesichert werden (siehe Abb. 4.12).

Erhöhter Schutz kann auch von eingearbeiteten Stahlrollläden oder von auf den Außenfassaden installierten Brandmeldern ausgehen. Offene Holzbauteile sollten bei engen Bebauungen immer zusätzlich geschützt werden.

Fluchtwege sind am Personenaufkommen orientiert und in ihrer Wegführung im Objekt vorab eindeutig zu klären. Dies betrifft nun aber vorwiegend Umnutzungsmaßnahmen, bei denen Kaufhäuser, Gastronomie oder Versammlungsräume in engen Altstadtquartieren untergebracht werden wie z. B. im Hamburger Hafen, da diese Nutzungen größere Gebäudekomplexe benötigen (siehe Abb. 4.13).

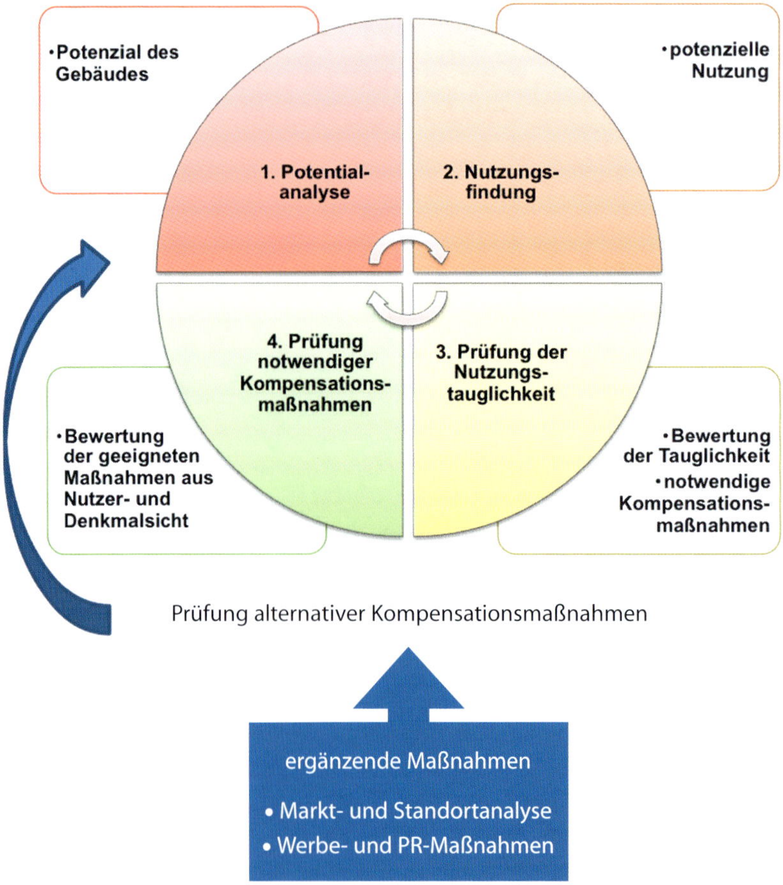

Abb. 4.14: Aufbau der Nutzungsanalyse (siehe Heidelberg, Belange des Bestandsschutzes, 2011)

Die Lagermöglichkeiten der Verkaufseinrichtungen sind hierbei separat gegen Brandgefahren abzusichern und großflächige Räume sind evtl. mit selbsttätigen Löschanlagen und Brandmeldeanlagen oder anderen Maßnahmen auszurüsten, wobei eine Lagergutmenge zu beschränken ist.

Fazit

Die Nutzungsanalyse soll somit die Möglichkeit bieten, durch eine Analyse der Gebäudeeigenschaften und einen anschließenden Ideenfindungsprozess zu neuen Lösungen für eine zukünftige Nutzung des Objektes zu gelangen (siehe Abb. 4.14).

Es sind hier individuelle, objektbezogene, risikoorientierte Brandschutzkonzepte gefragt, die mit den Genehmigungsbehörden, Brandschutzdienststellen, Denkmalpflegebehörden, Bauherren und Planern abgestimmt werden müssen.

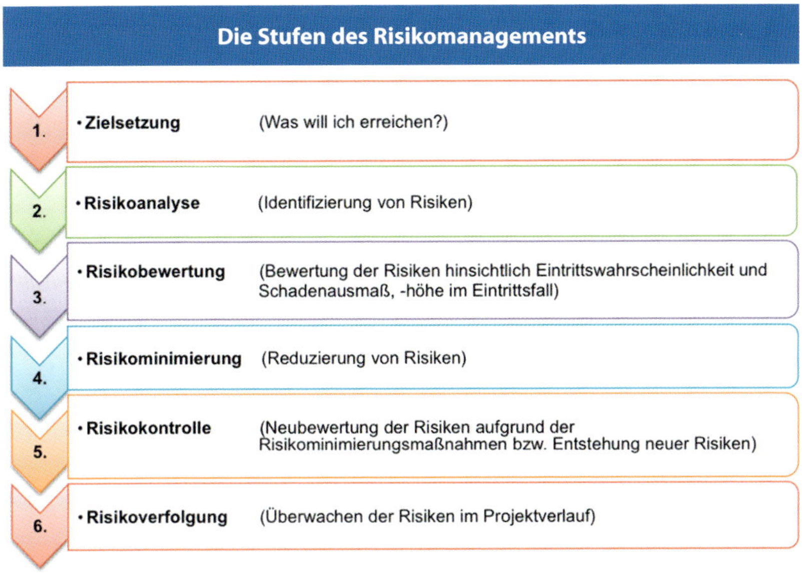

Abb. 4.15: Stufen des Risikomanagements (siehe Heidelberg, Brandschutz und Bestand, 2011)

4.7 Risikobewertung und Risikomanagement im Bestand

Wann ein Risiko im entfernten Sinne eine Gefahr und wann es ein Wagnis darstellt und ob dieses abgeschätzt werden kann, ist zunächst nicht übersichtlich festzustellen. Hierzu müssen die Risiken erst einmal unabhängig von den baurechtlichen Gefahren *abstrakte/konkrete* Gefahr in Kategorien eingeteilt werden. Nach dieser Gefahrenklassifizierung kann auch eine Zuordnung zu den Gefahren des Baurechts (abstrakt/konkret) abgeleitet werden. Folgende Risikokategorien lassen sich unterscheiden:

- *Quantifizierbare Risiken* sind Risiken, die auf Grundlage von statistischen Daten und Informationen eine Berechnung der Eintrittswahrscheinlichkeit erlauben. Bei der Analyse von Bestandsgebäuden sind die meisten Risiken daher eher als *nicht quantifizierbar* einzustufen.
- *Eindimensionale Risiken* sind Risiken, die entweder primär eine Gefahr darstellen oder eine Gewinnchance. *Zweidimensionale Risiken* stellen dementsprechend in beide Richtungen (positiv wie negativ) eine Unwägbarkeit dar.
- *Systematische Risiken* beziehen sich auf Veränderungen im Allgemeinen, wie z. B. konjunkturelle Veränderungen oder eine Änderung der gesetzlichen Grundlage.
- *Unsystematische Risiken* haben meist einen Objektbezug, d. h., sie sind individuell und schlecht zu quantifizieren.
- *Existenzielle* und *finanzielle Risiken* unterscheiden sich in der Risikoentstehung. Existenzielle Risiken resultieren aus den Eigenschaften des Objektes, wohingegen finanzielle Risiken eher im Zusammenhang mit finanziellen Transaktionen wie das Verschuldungs-, Liquiditätsrisiko entstehen.

Mit dem Begriff *existenzielle Risiken* werden je nach Quelle auch projektgefährdende Risiken bezeichnet. So können insbesondere die Risiken den Projekterfolg bzw. die finanzielle Handlungsfähigkeit des Investors gefährden, die im Eintrittsfall die kalkulierten Puffer oder die vorhandene Bonität in ihrem Auswirkungsgrad übersteigen.

Ein Brandschutzplaner sowie ein Gebäudebetreiber müssen die Schutzziele und deren Stellenwerte selber und exakt zur *Zielsetzung* formulieren (Sicherheitsniveau). Für einen Betreiber stehen dabei in erster Linie wirtschaftliche Interessen wie Lieferfähigkeit, Konkurrenzkampf, Wertverlust, Datenverlust sowie Verlust von unersetzbaren Maschinen und Halbzeugen im Vordergrund, für den Brandschutzplaner dagegen gelten in erster Linie die Bewertung der Schutzziele zur baurechtlichen Gefahrensituation (siehe auch Abb. 4.15).

Für das zu erreichende Sicherheitsniveau für den Brandschutz und den Betreiber stehen folgende Möglichkeiten zur Verfügung:

- Wahrscheinlichkeit eines Brandes verringern
- frühzeitige Erkennung eines Brandes sicherstellen
- Größe eines Brandes und dessen Ausbreitung beschränken
- Löschung eines Brandes schnell und zuverlässig ermöglichen
- Folgeschäden eines Brandes (z. B. Rauch, Wasser) minimieren

4.7.1 Bewertung des Bestandes anhand einer Risikoanalyse

Die Risikobewertung erfolgt mittels einer *Risikoanalyse*, wobei die Basis eine genaue Beschreibung der gesamten Risikosituation ist, die sich in drei Teilanalysen aufteilen lässt:

Abb. 4.16: Stufen in der Risikoanalyse (siehe Heidelberg, Brandschutz und Bestand, 2011)

In der *Systemanalyse* werden alle wesentlichen Komponenten des zu untersuchenden Unternehmens erfasst:

- Planunterlagen und bestehende Brandschutzkonzepte
- Betrieb, Betriebsteil, Verfahrensprozesse (Infrastruktur und Abhängigkeiten)
- Gebäude, Räume, Anlagen, Maschinen usw.

In der *Brandgefahrenanalyse* werden systematisch alle einwirkenden Brandgefahren erfasst. Es werden die Ergebnisse aus der Systemanalyse einzeln oder in Kombination auf die mögliche Gefahr eines Brandes überprüft und es wird ermittelt, welche Ereignisse und Ereigniskombinationen hierzu führen können. Die Brandgefahrenanalyse wird in die drei Komponenten unterteilt:

Abb. 4.17: Bausteine der Brandgefahrenanalyse (siehe Heidelberg, Brandschutz und Bestand, 2011)

Brandentstehungsrisiken können bei den vorhandenen Brandlasten (brennbare Stoffe und Gegenstände) und brandauslösenden Faktoren wie unkontrollierte Energiequellen oder Kabelbrände und ausreichende Sauerstoffzufuhr jederzeit entstehen. Weitere Möglichkeiten der Brandentstehung sind menschliche oder technische Fehler, Naturereignisse, Vorsatz sowie Zündquellen. Selbstentzündliche Reinigungsmittel werden nicht eingesetzt. Insbesondere ist das Rauchen im gesamten Objekt verboten. Es bleiben aber Zündquellen aus der Nutzung des Gebäudes.

Beispiele

- offenes Feuer, Rauchen von Zigaretten durch Besucher
- Elektrizität, Herd- oder Küchengeräte, Halogenleuchtmittel
- elektronische Anlagen und Geräte
- Explosionen, Blitzschlag

Das Risiko einer *Brandausbreitung* kann aufgrund von Brandlasten sowie evtl. offen stehender Türen als hoch angesehen werden. Als ein sehr hohes Risiko muss die Rauchausbreitung betrachtet werden.

Kritisch wird es immer bei einer späten Brand-/Raucherkennung, was verstärkt für die Nachtstunden zutrifft. Weitere Risiken der Brandausbreitung sind:

Beispiele

- Baustoff- und Bauteilverschleiß sowie Veränderungen
- nachträgliche Installationen
- Holztreppen und Treppenräume
- unübersichtliche und unzulängliche Rettungswege
- brennbare Stoffe selbst oder Pyrolyseprodukte
- Wärmeleitung/-strahlung und -konvektion von benachbarten Bereichen und Grundstücken in der Umgebung
- Bauweise, Öffnungen, Feuerwiderstandsdauer von Bauteilen
  - durch außergewöhnliche oder unerwartete Umstände, z. B. Explosion,
  - durch vorgehängte Fassadenbauteile,
  - durch ungünstige Witterungsbedingungen wie Sturm

Abb. 4.18: Auswahl möglicher Brandschutzmaßnahmen (siehe Heidelberg, Brandschutz und Bestand, 2011)

Eine *Brandgefahrenbewertung* oder ein Vergleich der Gefahren kann z. B. über probabilistische Methoden erfolgen. Es kann aber auch der Einfachheit halber eine Bewertung über die Schadenhöhe eines möglichen Brandszenarios erfolgen.

Hinweis

Je größer der Schaden aus einem Brand sein kann, umso dringender ist die Eliminierung oder Überwachung der Gefahrenquelle.

Ermittelt man jetzt in der *Brandgefahrenanalyse* eine konkrete Gefahr (sowohl qualitativ als auch quantitativ), müssen geeignete Brandschutzmaßnahmen für die Reduzierung oder Abstellung dieser Gefahr ermittelt werden. Durch die Maßnahmen legt man dann das Sicherheitsniveau für das akzeptierte Restrisiko fest (siehe Abb. 4.18).

4.7.2 Risikovorbeugende Maßnahmen

Nach Abschluss der Risikoanalyse müssen weitere Maßnahmen und Vorgehensweisen bezüglich der Risikobewertung und -minimierung im Vorfeld (falls möglich) getroffen werden. Zur risikovorbeugenden Schadenverhütung, also zur Verringerung der Eintrittswahrscheinlichkeit eines Brandes, gehören folgende Maßnahmen:

- Verwendung nichtbrennbarer Baumaterialien
- Objektdurchsicht, z. B. vom Eigentümer oder Betreiber
- Rauchverbote oder Vorhaltung von geprüften Raucherkabinen

- Einbeziehung aller Mitarbeiter in den bewussten Umgang mit Risiken
- Risikoeindämmung und Schadenminimierung
- Löschhilfeeinrichtungen, z. B. Feuerlöscher
- Brand-, Rauchabschnitte mit Brandschutz-, Rauchschutztüren
- Lösch- oder Brandmeldeanlagen bzw. Rauch- und Feuermelder
- Fluchtwege kennzeichnen, signalisieren und frei halten
- Ausbildung der Mitarbeiter in Erster Hilfe und Rettungsmaßnahmen, insbesondere für behinderte Menschen
- evtl. Betriebs-, Werkfeuerwehr
- *Risikoüberwälzung* (Risikoübertragung auf andere, falls möglich)
- *Risikoeindämmung* (Eingrenzung einer möglichen Schadenauswirkung)
- *Selbsttragen von Risiken*
- *Risikominimierung* (im Schadenfall bei Einflussmöglichkeit)

Die Vielzahl der Projektentwicklungen birgt bezogen auf den Brandschutz sowie aufgrund der unterschiedlichen prognostizierten Faktoren somit hohe Risiken in sich. Bei der Bestandsprojektentwicklung werden diese durch die Eigenschaften der Bausubstanz noch erweitert. Im Rahmen der Risikoanalyse werden die Risiken also systematisch identifiziert und im Anschluss auf ihre Eintrittswahrscheinlichkeit und die Auswirkungen im Falle des Eintritts bewertet. Somit lassen sich diejenigen Risiken isolieren, die das Projekt schlussendlich gefährden könnten.

Bei Bestandsprojekten, die noch weiter mit umfangreichen planungsrechtlichen Umnutzungen verbunden sind, ist das Planungs- und Genehmigungsrisiko meist hoch. Es lässt sich oft erst während der Planungsphase bestimmen, ob eine neue Funktion sich sinnvoll in einen Altbestand integrieren lässt und welche Kosten und Aufwendungen damit verbunden sind. Auch stellt sich aufgrund eines möglicherweise individuellen Projektansatzes die Frage, ob die Brandschutzplanung grundsätzlich planungsrechtlich möglich und im Detail genehmigungsfähig ist.

Weitere typische Risikobereiche im Bestand sind Baugrund- und Bausubstanzrisiken. Das Bausubstanzrisiko beinhaltet alle Problemstellungen, die nachstehend besprochen werden, da zumindest bei Projektstart noch keine dezidierten Informationen über das Objekt (Kontaminationen, statische Verluste bei Bemessung, Bauschäden etc.) vorliegen. Die Risikoanalyse erfolgt hierbei während des Begutachtungs- und Planungsprozesses, jedoch können die Risiken bis in die Bauphase starke Auswirkungen haben, da erst durch die Arbeit mit der Substanz viele Informationen verfügbar sind.

Risiken und Veränderungen (Kosten, Sicherheit u. a.) lassen sich dabei niemals komplett abwenden. Erfasste Risiken sind wiederum kalkulierbare Risiken, sodass sie möglichst umfassend untersucht und eingegrenzt werden sollten. Der Risikograf im nachfolgenden Diagramm hilft bei der Festlegung, bei welchen Auswirkungen ein Risiko unbedingt minimiert werden muss und wann es ggf. toleriert werden kann.

Tabelle 4.1: Beispiel eines Risikografen nach der ALARP-Methode

Wahrscheinlichkeit Wie wahrscheinlich ist es, dass es passiert?	**Konsequenzen** Wie ernst ist ein Brandfall bzw. das Schadensausmaß anzusehen (wenn etwas passiert)?				
	Unbedeutend	**Geringfügig**	**Mittelmäßig**	**Schwerwiegend**	**Katastrophal**
Wahrscheinlich In den meisten Fällen erwartet					**konkret**
Naheliegend Wird wahrscheinlich in den meisten Fällen auftreten					**inakzeptabel**
Gelegentlich kann zeitweise auftreten				**ALARP**	
Fernliegend Könnte zu einem bestimmten Zeitpunkt auftreten		**akzeptabel**			
Unwahrscheinlich Wird nur in Ausnahmefällen auftreten					

Die Verwendung des Risikografen soll helfen, Risiken im inakzeptablen, kritischen Bereich zu filtern, um diese abstellen zu können. Für jedes Risiko, das sich innerhalb des ALARP-Bereichs (ALARP [As Low As Reasonably Practicable] ist ein Vorgehen im Risikomanagement, das das Risiko auf ein tragbares, vernünftiges Maß reduzieren soll) befindet, müssen entsprechende Gegenmaßnahmen für den Risikofall gefunden, untersucht und dargestellt werden. Je nach Art des Risikos können dabei entweder die Eintrittswahrscheinlichkeit (z. B. durch detaillierte Voruntersuchungen) oder das Schadenausmaß (z. B. durch geeignete Maßnahmen) reduziert werden.

Anhand der Einstufung nach der ALARP-Methode ist man in der Lage, über das auf dem ingenieurtechnischen Verfahrensweg ermittelte Brandschutzrisiko festzustellen, ob bei dem beurteilten Objekt z. B. eine abstrakte oder insbesondere eine konkrete Gefahr vorliegt.

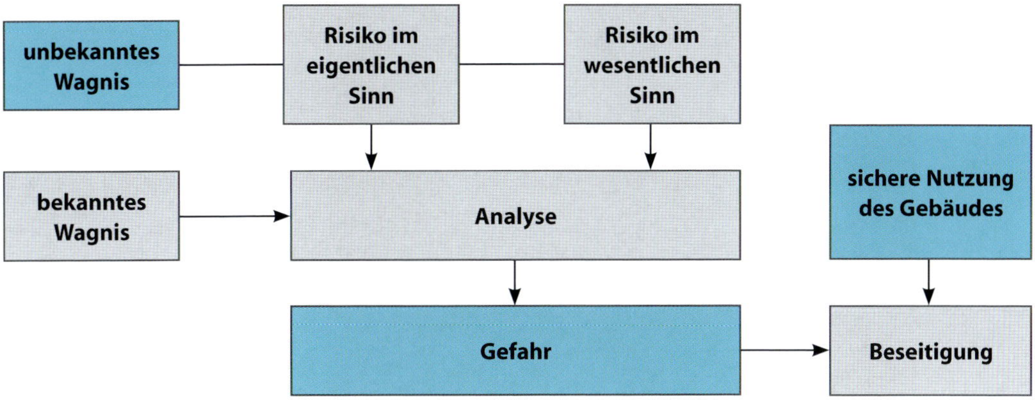

Abb. 4.19: Abgrenzung des Risikos (siehe Heidelberg, Brandschutz und Bestand, 2011)

4.7.3 Risikominimierung

Die erkannten und bewerteten Risiken sollten wie in Kapitel 4.7.2 aufgezeigt möglichst weitgehend minimiert werden. Sie müssen zudem im laufenden Prozess kontrolliert und verfolgt werden, da sich die Grundlagen der Bewertung durch neue Faktoren und Erkenntnisse aus der Substanz oder dem Projektverlauf ändern können. Je weiter der Projektverlauf fortgeschritten ist, desto mehr Risiken können bereits abschließend betrachtet werden, da sie entweder eingetreten sind oder ihr Eintritt aufgrund gewonnener Brandschutzmaßnahmen als Sicherheit nicht mehr erfolgen kann (siehe Abb. 4.19).

Die bestandsbezogenen Brandschutzrisiken lassen sich am besten durch eine gute und gewissenhafte Grundlagenarbeit und eine konsequente Fortschreibung der Projektnachweise und -konzepte aus der Brandschutzplanung reduzieren.

4.8 Verfahren der Bestandsanalyse und Bewertung

Bei der Brandschutzplanung im Neubau beginnt alles mit der Entwurfsskizze zum Vorkonzept, die das erwünschte räumliche Gefüge aufzeigt. Mit fortlaufender Planung werden dann die baukonstruktiven Mittel gewählt, mit denen diese Abschnitte und Bereiche umgesetzt werden können. Hierauf folgt meist die Tragwerks- und konzeptionelle Vorplanung.

Beim Umbauen ist die Abfolge prinzipiell anders. Hier ist das Tragsystem durch den Bestand vorgegeben und der Entwurf der Änderungsmaßnahmen muss sich mehr oder weniger in das Bestehende integrieren (siehe Abb. 4.20).

Vor dem Beginn von konkreten Brandschutzmaßnahmen im Bestand steht deshalb zuerst die Auseinandersetzung mit dem vorgefundenen Bestand. An dieser Stelle ist aber zunächst zu klären, welche Leistungen unter brandschutztechnischer Bestands- bzw. Bauaufnahme zu verstehen sind, da diese

Abb. 4.20: Hamburg Freihafen – eine fortwährende Bestandsveränderung

sich aus mehreren Bausteinen zusammensetzen. Im Wesentlichen sind das vorhandene Tragsystem und seine Verwendbarkeit für die Brandschutzplanung sowie die Wiederverwendung der von den Veränderungen betroffenen Bausubstanz für die erforderlichen Brandschutzmaßnahmen von Bedeutung.

Diese ersten Untersuchungen führt man deshalb unter dem Begriff *Bauaufnahme*. Die Definitionen sind in der Fachliteratur nicht eindeutig, aber im Allgemeinen wird mit der Bauaufnahme die Erfassung und zeichnerische Darstellung der Geometrie eines Gebäudes oder Bauteils verstanden. Die festgestellte Geometrie wird ggf. durch augenscheinlich erkennbare Merkmale in Schriftform auf den Plänen ergänzt (siehe auch Abb. 4.21).

Neben der Erfassung der Geometrie sind für die Durchführung von Baumaßnahmen im Bestand weitere Eigenschaften der vorhandenen Baukonstruktion zu untersuchen und aufzunehmen. Beispielsweise sind für die Einschätzung der Tragfähigkeit von Bestandsgebäuden neben der Bauteilgeometrie die Art der Beanspruchung eines Bauteils, Fragen zur Lasteinleitung und Lastabtragung, zum Material, zum inneren Aufbau der Bauteile, zu möglichen Schäden und zum statischen System zu klären. Alle Parameter, die etwas über die Eigenschaften des vorher geometrisch bestimmten Bauteils aussagen, müssen demnach zuerst feststehen. Für weitere Fachdisziplinen ist dies übertragbar. Diesem Analysebaustein fällt ein undifferenziert hoher Anspruch zu, denn es wird ausgesagt, dass im Ergebnis der Zustand des Gebäudes hinreichend bekannt ist. Ob dieser Kenntnisstand aber ausreicht, hängt davon ab, wie die Analyse der brandschutztechnischen Bauteile durchgeführt wird und was und wie überhaupt analysiert wird.

Die Analyse und Bewertung des Bestandes, die *Bestandsanalyse*, ist somit die Grundlage für alle tieferen bzw. umfangreichen Planungsausführungen. Es werden sowohl für den Entwurf bedeutsame Randbedingungen erhoben wie auch wichtige Daten für die Risikoanalyse des Bauwerkes. Im nachfolgenden Schema ist die prinzipielle Vorgehensweise bei der Brandschutzplanung für bestehende Gebäude zusammengestellt (siehe auch Abb. 4.22).

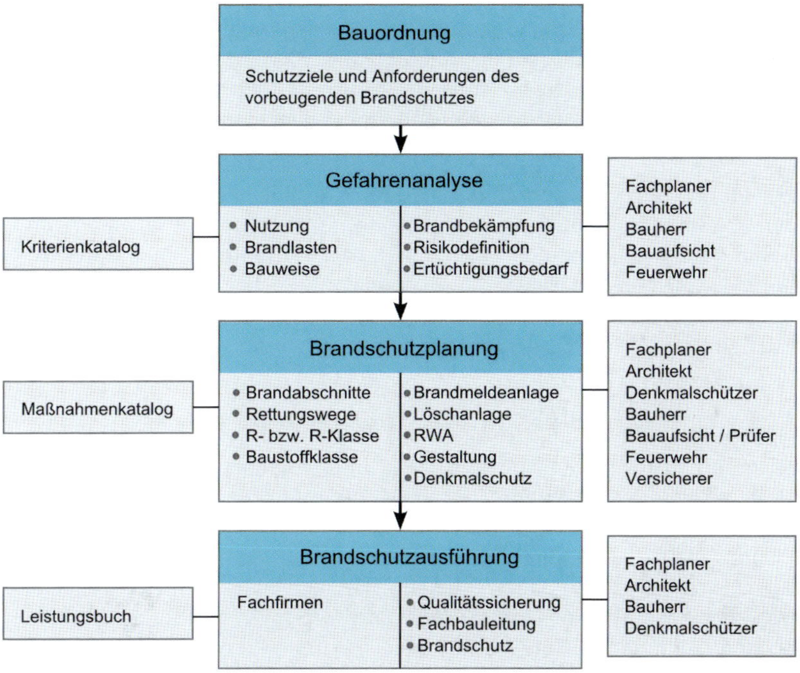

Abb. 4.21: Struktur bei der Brandschutzanalyse im Bestand (nach: Merkblatt Bauen im Bestand, 2008)

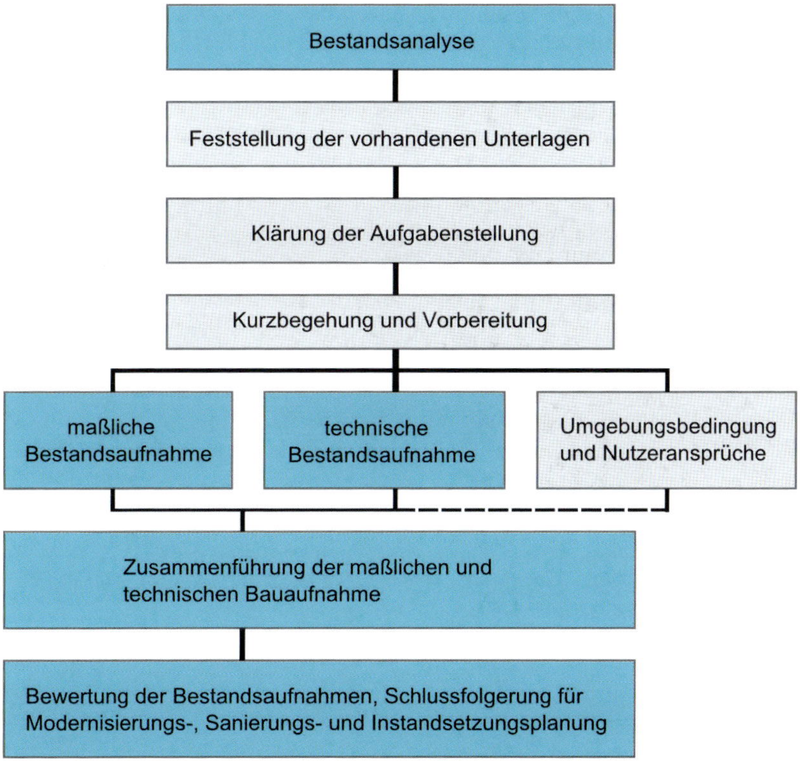

Abb. 4.22: Prozess der Bestandsanalyse (nach: Bargstädt/Hegewald, Bestandsanalyse und Anwendung, 2009)

Umfang und Art der Erhebung sind stark von der vorgesehenen Planung und dem Zustand des Gebäudes abhängig. Die Planung und Bewertung des Bestandes (als eigentliche Grundlage der Planung) beeinflussen sich also wechselseitig. Eine Bestandsanalyse durch den Planer durchführen zu lassen, ist daher als sinnvoll anzusehen (siehe auch Pieper, 1983).

Der Brandschutzplaner erhält mit der Erfassung alle relevanten Informationen zur Brandschutzplanung für das Bauwerk. Dem Brandschutzplaner im Bestand sollte bekannt sein, welche Grundlagen für seine weitere Konzeption relevant sind und welche Gebäudeteile mit welcher Genauigkeit erfasst werden müssen. Dadurch können unnötige Kosten auch für weitere Spezialisten in den frühen Phasen des Brandschutzentwurfes vermieden werden.

4.8.1 Unterlagen und Quellen zur Bestandserfassung

Bevor nun neue Daten erhoben werden, sind vorhandene Unterlagen zu sichten bzw. auszuwerten und zu prüfen. Der Informationswert von alten Bauakten ist allerdings sehr unterschiedlich. Auch stimmen ursprüngliche Planungen und vorhandene Substanz sowie brandschutztechnische Anforderungen selten in allen Punkten überein. Dennoch lassen sich viele Erkenntnisse gewinnen, die sonst aufwändige Untersuchungen des Bestandes und anderer Dokumente erfordern würden.

Altes Planmaterial liefert somit einen ersten Überblick zur Geometrie des Gebäudes. Schon die für das Baugesuch erstellten Baupläne im Maßstab 1 : 100 enthalten oft die meisten Angaben zu Baustoffen und Materialien, Deckenspannrichtungen oder der Lage von tragenden Bauteilen und ihrer Feuerwiderstandsfähigkeit. Der Grund besteht oft darin, dass Ausführungsplanungen in verschiedenen Bauepochen meist aus Kostengründen oft gar nicht beauftragt wurden. Deshalb sind die für den Bauablauf wichtigsten Angaben mitunter ebenso in den Bauantragsplänen des Objektes enthalten.

Bei Betonbauteilen sind Schal- und Bewehrungspläne eine wichtige Quelle zur Erfassung der Geometrie und der Qualität des Tragwerkes insbesondere hinsichtlich seiner Feuerwiderstandsfähigkeit. Da diese meist direkt im Bauprozess erstellt wurden, stimmen sie in der Regel besser mit der Ausführung überein als andere Planzeichnungen oder Unterlagen. Wenn hierzu nun noch eine Statik zum Erstellungs- oder Planungszeitpunkt auffindbar ist bzw. existiert, ist diese für die Erfassung des Tragwerkes von überaus großer Bedeutung, denn hier können unmittelbar wesentliche Informationen für die Bewertung der Bauteile in Bezug auf den Brandschutz entnommen werden.

Baubeschreibungen und Angaben zum Wärmeschutz (Wärmeschutzverordnung [WärmeschutzV], seit 1977 in Kraft, DIN 4108 „Wärmeschutz im Hochbau", Größen und Einheiten ab 1952) geben Aufschluss über das eingesetzte Baumaterial und seine Brennbarkeit sowie evtl. bauphysikalische Faktoren.

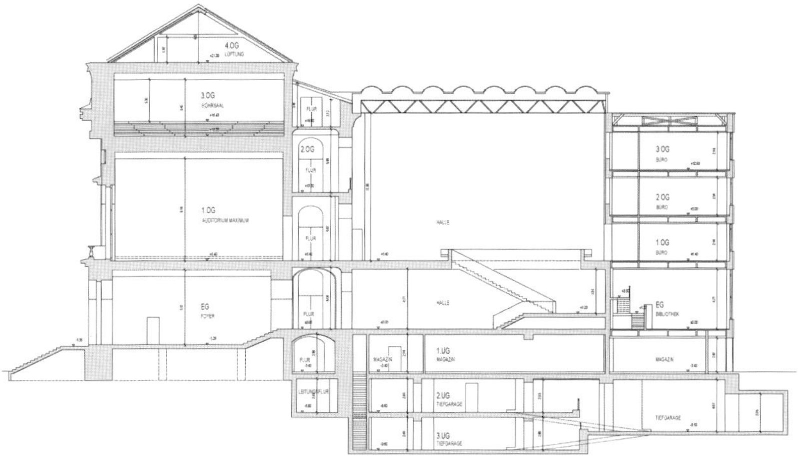

Abb. 4.23: Beispielschnitt eines Bestandsgebäudes von 1971

Als vermeintliche Quellen für die Unterlagen von bestehenden Bauwerken kommen in der Regel

- Eigentümer,
- Architekten,
- ausführende Bauunternehmen,
- Statiker, Prüfstatiker oder andere Fachingenieure,
- Sachverständige,
- öffentliche Archive,
- Gerichts-, Nachlassakten,
- Fotografien,
- Notariatsakten
- sowie andere beteiligte Behörden in Betracht.

Aus Haftungsgründen sind z. B. Architekten verpflichtet, ihre Unterlagen mindestens zehn Jahre aufzubewahren. Die Verjährungsfrist für den auf das Eigentum des Bauherrn begründeten Herausgabeanspruch beträgt sogar bis 30 Jahre (§ 197 BGB), diese kann jedoch durch vorzeitiges Herausgabeangebot oder vertragliche Festlegungen an den Bauherrn verkürzt werden. Öffentlich bestellte und vereidigte (Ö. b. u. v.) Sachverständige und Prüfsachverständige sind z. B. nach der Sachverständigenordnung der Länder verpflichtet, ihre Unterlagen mindestens zehn Jahre aufzubewahren. Die Aufbewahrungspflichten von Bauunterlagen durch die entsprechenden Behörden sind nicht einheitlich oder gesetzlich geregelt.

Es gibt jedoch Empfehlungen der kommunalen Gemeinschaftsstelle für Verwaltungsmanagement (KGSt), die 1949 als „kommunale Gemeinschaftsstelle für Verwaltungsvereinfachung" gegründet wurde. Ihr gehören nahezu alle Kommunen in Deutschland an sowie die meisten österreichischen Kommunen wie Wien, Salzburg, Tirol usw.

Abb. 4.24: Digitale Modellierung von Baudenkmalzeichnungen (Foto: © Roman Sakhno/ Fotolia.com)

Es ist also deshalb davon auszugehen, dass die Empfehlung zur dauerhaften Aufbewahrung von Bauakten nahezu deutschlandweit übernommen worden ist. Es sollte schon im eigenen Interesse der genehmigenden Behörde sein, eine lückenlose und dauerhafte Dokumentation von baulichen Veränderungen an Gebäuden anzustreben. Für beteiligte Behörden oder Gemeinden, die im Rahmen des Bauantragsverfahrens lediglich gehört werden, aber nicht die Baugenehmigung aussprechen, gibt es keine Empfehlung zur dauerhaften Aufbewahrung von Akten. Oftmals findet man sogar in den Gemeindearchiven noch Bauunterlagen, die in den übergeordneten Kreisverwaltungen nicht mehr vorhanden sind.

Dies kann unter Umständen daran liegen, dass sich Zuständigkeiten verschiedener Behörden in den letzten 100 Jahren, zum Teil auch mehrfach, verändert haben. Bevor aber behördliche Akten vernichtet werden dürfen, haben die staatlichen Archive die Pflicht, die entsprechenden Dokumente auf ihre Archivwürdigkeit zu untersuchen. Je nach wissenschaftlicher Bedeutung eines Bauwerkes können auch in den staatlichen Archiven noch alte Akten aufbewahrt sein, denn die Archivgesetzgebung fällt dem Landesrecht zu (siehe auch Bielefeld, 2010).

4.8.2 Erfassung bestehender Unterlagen in digitale Formate

Existierende zeichnerische Unterlagen können in digitale Systeme übertragen werden. Für die Aufbereitung von zeichnerischen Vorlagen stehen grundsätzlich zwei Möglichkeiten zur Verfügung:

- Scannen der Zeichnung
- manuelles Abgreifen mit Digitalisiertablett

Beim Scannen wird die Zeichnungsvorlage mittels eines elektronisch-optischen Verfahrens abgetastet, um ein Rasterbild zu erzeugen. Abhängig von der Scannerauflösung bleibt der Informationsgehalt der Zeichnung nahezu originalgetreu erhalten.

Auf der Grundlage des Rasterbildes kann nun durch manuelle oder automatische Vektorisierung eine Vektorgrafik zur Weiterverarbeitung im CAAD erstellt werden, die dann in eine für CAD-Systeme lesbare Vektorgrafik umzuwandeln ist. Hier hat sich in den letzten Jahren deutschlandweit eine Vielzahl von Dienstleistern auf das Scannen und Umwandeln von solchen Zeichnungsdaten spezialisiert.

Mithilfe eines Digitalisiertabletts (Digitizer) kann der Plan manuell mit einem elektronischen Zeichenstift oder einer Fadenkreuzlupe in eine CMD-Zeichnung (Vektorgrafik) übertragen werden. Der Vorteil liegt in der gezielten Übernahme nur der Informationen, die für die Weiterverarbeitung der Zeichnung wirklich relevant sind. Die Nachteile bestehen in der oftmals beschränkten Größe des Tabletts und dem nicht unerheblichen Zeitaufwand der Digitalisierung. Durch zunehmende Verfügbarkeit von großformatigen Scannern bei Dienstleistern ist dieses Verfahren in der Praxis kaum noch vorzufinden (siehe auch Donath, 2008).

Sind auf den vorhandenen Plänen die erforderlichen Maßangaben eingetragen, bietet sich auch die Neuzeichnung im CAD-Programm an. Die dann hergestellte Zeichnungsdatei muss nicht mehr nachbearbeitet werden und ist daher oftmals die kostengünstigste Variante. Es gibt auch hier zahlreiche Dienstleister, die diese Arbeiten weltweit anbieten und sich häufig einer Mischung aus Neuzeichnen und Vektorisieren der Bestandspläne annehmen. Eine aus einem Altplan gefertigte neue Vektorgrafik sollte jedoch mit dem tatsächlich errichteten Gebäude verglichen werden.

4.8.3 Erfassung der Bestandseigenschaften

Eine sorgfältige Grundlagenermittlung hat für die Brandschutzplanung im Bestand eine große Bedeutung (siehe Abb. 4.25). Nur wer den vorgefundenen Bestand gründlich und in all seinen Eigenschaften kennt und somit die oft komplizierten Zusammenhänge versteht, kann kompetent planen und wird dann auf dieser Grundlage in der Umsetzung der Brandschutzmaßnahmen schlimme Überraschungen vermeiden oder Probleme weitgehend abstellen, die von den Beteiligten vielfach beklagt werden, wie Verzögerungen und Unsicherheiten in der Planung und Umsetzung von Maßnahmen sowie unvorhergesehene Kostensteigerungen und im schlimmsten Falle gravierende Schäden an brandschutztechnischen Einrichtungen bis hin zu Personenschäden.

Im Allgemeinen schreibt man Misserfolge in der Umsetzung der Brandschutzmaßnahmen gerne dem angeblich alten, defizitären und unübersichtlichen Gebäudebestand zu. Gerade solche Schwierigkeiten vorauszusehen und zu vermeiden, ist eine der wesentlichen Kernaufgaben des Brandschutzplaners in der Weiterentwicklung und Anpassung der Konzeption und Umsetzung in einem Bestandsgebäude.

1	Feststellung der vorhandenen Unterlagen
2	Klärung der Aufgabenstellung
3	Kurzbegehung
4	Vorbereitung der Bestandsaufnahme
5	Bestandsaufnahmen
6	Analyse, Auswertung der Bestandsaufnahmen, Schlussfolgerung

Abb. 4.25: Ablauf der Bestandsanalyse

Die Bestandserfassung stellt hier den physischen Bestand des Gebäudes in seinen maßlichen und strukturell-konstruktiven Verhältnissen dar und beschreibt den Ist-Zustand. Die Bauuntersuchung ermittelt hierbei die Veränderungen des Bauwerkes in Abhängigkeit von dessen Nutzungsgeschichte und fragt nach der Gesamtheit der brandschutztechnischen Qualitäten sowie nach den technisch-bauphysikalischen Eigenschaften. Handelt es sich hierbei um ein Baudenkmal, wird durch die Untersuchungen zusätzlich der historische Zeugniswert als Grundlage für die Denkmalbewertung ermittelt. Die Stärken-Schwächen-Analyse schließlich ordnet die erarbeiteten Ergebnisse nach unterschiedlichen Kriterien als Konzeptbasis ein. Nur so kommt man zu der für den Bauherrn einzig wichtigen Beantwortung der drei Kernfragen:

- Welche Werte sind zu beachten (ökonomisch, historisch, ideell)?
- Ist eine Instandsetzung und Modernisierung wirtschaftlich?
- Droht das Gebäude demnächst einzustürzen und können die Schutzziele erfüllt werden?

Die erforderlichen Untersuchungen sind in der Regel von geeigneten Fachkräften abzuarbeiten.

Anhand von Checklisten kann eine Vorauswahl für das Vorgehen systematisiert werden. Diese Vorgehensweise darf aber nicht dazu verführen, zuerst oberflächliche und damit möglicherweise falsche Ergebnisse für die weitere Bearbeitung zu akzeptieren, um dann später neue, bessere Daten zu beschaffen. Richtig ist vielmehr, dass im ersten Zugriff die wichtigsten Daten erfasst werden, die dann später erweitert und vertieft werden können, aber eben niemals korrigiert werden müssen (siehe auch Cramer/Breitling, 2007).

Abb. 4.26: Freiburg – Bestandserfassung im Denkmal (Foto: © Martina Berg/Fotolia.com)

Vor der Erfassung der bautechnischen Eigenschaften eines Bauwerkes oder Gebäudes bzw. der Erfassung seiner Geometrie vor Ort sollten also vorhandene Unterlagen gesichtet und geprüft werden. Die Angaben in Altakten und Zeichnungen sind zwar unbedingt auf ihren Wahrheitsgehalt hin zu überprüfen, können aber dennoch sehr viel Zeit sparen, da darauf basierend vor Ort zielgerichteter erfasst und dadurch der Umfang der Bestandsuntersuchungen unter Umständen stark verringert werden kann.

Das nun während des Planungsprozesses angehäufte Wissen über den Baubestand soll so dokumentiert und archiviert werden, dass dauerhaft darauf zurückgegriffen werden kann. Bei späteren Maßnahmen muss es möglich sein, auch die älteren Dokumentationen noch heranzuziehen und zu nutzen. Bei einem möglichen Verlust des Gebäudes durch einen Brandfall oder Ähnliches bleibt die dann vorliegende Bestandserfassung leider meist die einzige Dokumentation. Im Sinne der Nachhaltigkeit und langfristigen Benutzbarkeit müssen Pläne, Fotos und andere Dokumentationen lagerungsbeständig sein.

4.8.4 Bauwerksdiagnostische Untersuchungen

Am Anfang steht die Erhebung der Grunddaten. Zugleich wird die Zuständigkeit von Ämtern geklärt. Überlegungen zur Umnutzung, zur Erschließung und zum Umbau des Bauwerkes werden mit dem Bauordnungsamt, dem Denkmalschutz und dem Sanierungsträger besprochen. Durch Einsicht in das Grundbuch und das Baulastenbuch werden eventuelle Grunddienstbarkeiten und Baulasten ermittelt, da dies im Rahmen der Konzeption z. B. für den Fall der Rettungswegführung über Nachbargrundstücke oder durch Hinterhöfe von größter Bedeutung ist.

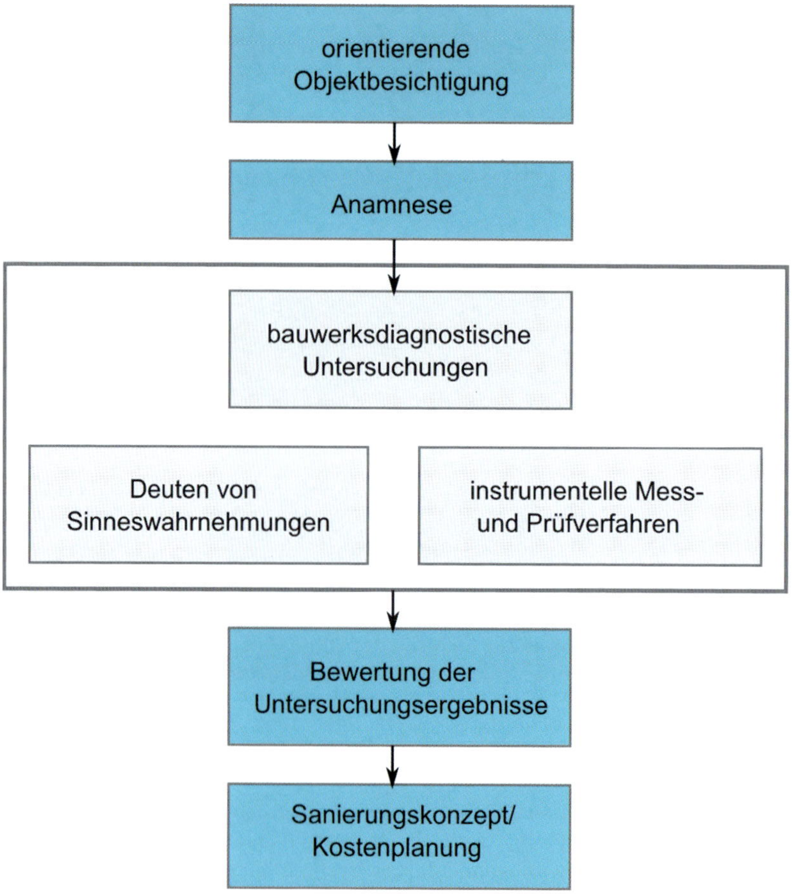

Abb. 4.27: Überblick über die bauwerksdiagnostische Untersuchung (nach: Hegewald/Bargstädt/Schäfer, Zukunft – Bauen im Bestand, 2009)

In den Bauakten (Antragsunterlagen, Genehmigungen und Aktenvermerke u. a.) findet man Angaben zum Baujahr, zu späteren Veränderungen, Auflagen, Beschränkungen, Befreiungen sowie Plansätze und Einzelgutachten sowie z. B. wichtige Angaben zum Brandschutz in Stellungnahmen der Branddirektionen bzw. der Kreisbrandmeister. Vielleicht findet man sogar ein altes Brandschutzgutachten bzw. eine Stellungnahme zur Brandschau eines Brandschutzingenieurs zum relevanten Bauwerk.

Weiter werden das Bauvolumen und die Brutto- und die Nutzflächen des Objektes ermittelt. Gerade die letztgenannten Daten sind im Bestand häufig nicht einfach zu beschaffen und ohne eine gute Bauaufnahme meist nur annäherungsweise zu ermitteln (siehe auch Cramer/Breitling, 2007).

Wie erwähnt bieten statische Unterlagen dem Brandschutzplaner wichtige Informationen über Bauteile und für welche Belastungen das Gebäude ausgelegt war. Mithilfe von Positionsplänen ist die ursprünglich geplante Lastabtragung zu erkennen. Leider sind alte Statiken oft sehr schwer zu lesen, da sie meist handschriftlich und vielleicht sogar in Sütterlinschrift verfasst sind.

Abb. 4.28: Anhand der Fassade der Wiener Staatsoper lassen sich Bauteilschlussfolgerungen und Materialien gut ableiten.

Positionspläne fehlen oft und Einheiten bzw. Fachbezeichnungen unterscheiden sich meist gegenüber den heutigen Regeln.

Die Berechnungsverfahren wie auch die Randbedingungen für das Aufstellen statischer Berechnungen haben sich immer wieder gewandelt. So mussten früher hierfür z. B. für gleiche Materialien im Laufe der Zeit verschiedene Raumgewichte angenommen werden. Seit dem ersten Erscheinen der DIN 1055 „Einwirkungen auf Tragwerke“ im August 1934 in drei Teilen wurde diese bis heute 86 Mal verändert und hat nun mit zehn Teilen sowie den Ergänzungen 1055-40, 1055-45 und 1055-100 den mehrfachen Umfang (siehe auch Bielefeld, 2010; DIN 1055-2 „Einwirkungen auf Tragwerke“, seit 1934).

Zur Einordnung der Bautechnik alter Gebäude ist die geschichtliche Entwicklung der a. a. R. d. T. von großer Bedeutung. Seit 1975 bemüht sich die Kommission der Europäischen Gemeinschaft (EU) um eine Harmonisierung technischer Normen für das Bauwesen in den Mitgliedsländern. Bei diesem Prozess müssen die Belange vieler Mitgliedstaaten der EU berücksichtigt werden.

Einen sehr großen Einfluss auf das im Laufe der Jahre geänderte Erscheinungsbild von statischen Berechnungen als politische Ursache hat jedoch die Entwicklung der EDV. Durch steigende Leistungsfähigkeit der Rechenwerkzeuge haben sich die Art der Berechnung, aber auch die Anforderungen an eine statische Berechnung stetig gewandelt. Statische Rechenmodelle bilden die Wirklichkeit heute viel genauer ab als vor 60 Jahren. Es muss auch eine weitaus größere Zahl von Parametern berücksichtigt werden. Das Nachvollziehen einer statischen Berechnung wird für Brandschutzplaner dadurch immer schwieriger oder ist gar unmöglich. Dies ist jedoch auch nicht in allen Einzelheiten erforderlich. Ein Brandschutzplaner mit fundierten Kenntnissen zu Tragwerken soll nicht die Berechnungen überprüfen, sondern erkennen, welche Tragsysteme der Berechnung zugrunde liegen und wie die Ergebnisse der Berechnung zu verstehen sind. Die Aussagekraft ist daher hier sehr unterschiedlich. Baubeschreibungen von alten Gebäuden sind meist frei formuliert und enthalten hierzu in der Vielzahl nur allgemeine Informationen zum Bauwerk. Manchmal ergeben sich aber hieraus auch weitere Informationen zu den verwendeten Baustoffen oder gar Brandschutzmaßnahmen.

Schal- und Bewehrungspläne geben somit genauere Auskunft über die Art und Qualität der Bewehrung und man kann in der Regel davon ausgehen, dass die Ausführung mit ihnen übereinstimmt. Hierzu kommen noch Fotos oder alte Aufnahmen des Bauwerkes (siehe Abb. 4.28). Daraus lassen sich wertvolle Hinweise zur Konstruktionsweise, zum Material, zu Spannrichtungen von Decken und teilweise sogar zum statischen System erkennen. Bauphysikalische Probleme und Witterungseinflüsse sowie Rissbildungen u. a. lassen sich in vielen Fällen bei den ersten Begehungen erkennen. Brandschutzmängel werden meist erst nach Erkennung der Zustandslage des Bestandes mit seiner „historischen" Entwicklung, der Erstellung eines Nutzungskonzeptes bzw. grober Gliederung von Nutzungseinheiten sowie dem haustechnischen Vorentwurf festgestellt. Oftmals ist hierzu leider sogar die Öffnung von Bauteilen notwendig, damit hinreichend sicher festgestellt werden kann, ob Brandschutzmängel und damit verbundene Konsequenzen für eine weitere Planung bestehen.

Eine frühzeitige Analyse und Bewertung von Brandschutzfragen bei der Entwicklung eines Bestandsprojektes ist in der Regel für eine gesicherte Investitions- und Sicherheitsentscheidung unabdingbar und das Ergebnis der Dokumentation aus zahlreichen Einzeluntersuchungen.

4.8.5 Verfahren der modernen Bestandserfassung

Die wesentlichsten Eigenschaften (Ausbauteile, Türen, Tore etc.) von Gebäuden werden visuell vom Menschen aufgenommen. Zur weiteren Verfahrensweise oder zur Erinnerung werden Fotografien vom Objekt gemacht. Man unterscheidet folgende Methoden der baulichen Bestandsaufnahme:

Das *Handaufmaß* ist eine einfache technische Methode der Bestandserfassung mit Aufmaßen und eignet sich in der Regel für die Aufnahme einfacher Geometrien. Durch die Nutzung eines Handlasermessgerätes können auch größere Distanzen gemessen werden. Bei nicht orthogonalen Geometrien stößt diese Methode sehr schnell an ihre Grenzen.

Die *Tachymetrie* ist ein geodätisches Verfahren zur Aufmaßerstellung auf elektrooptischer Basis. Es lassen sich sehr genau einzelne Punkte im Raum bestimmen. Mithilfe der freien Stationierung kann in kurzer Zeit von vielen Instrumentenstandorten aus gemessen werden.

Die *Fotogrammetrie* bezeichnet verschiedene Messverfahren der Bildauswertung. Die Messung findet nicht am Objekt selbst statt, sondern wird an den fotografischen Bildern des Objektes ausgeführt. Kommt immer dann zum Einsatz, wenn viele Details bestimmt werden müssen (z. B. Stadtmodelle in 3-D). Anfälliges Verfahren gegen äußere Einflüsse (Ausleuchtung, Aufnahmewinkel etc.).

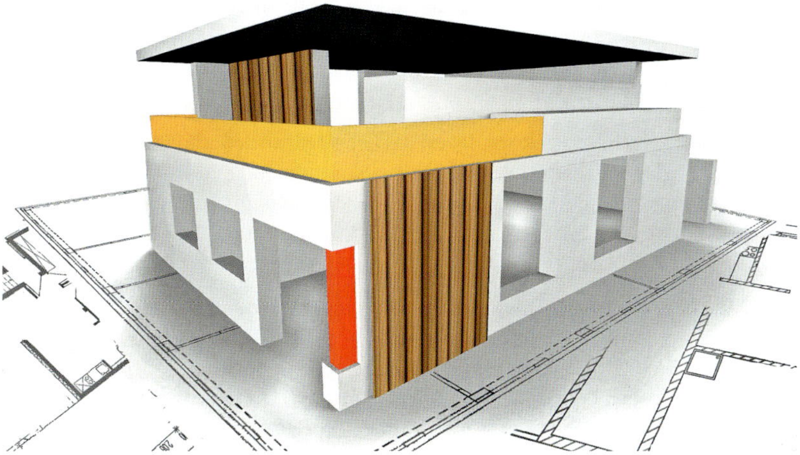

Abb. 4.29: Visuelles Veranschaulichungsmodell (Foto: © fotografiedk/Fotolia.com)

Laserscanning ist ein erweitertes Verfahren auf Grundlage der Tachymetrie. Ergebnis dieser Erfassung ist eine dreidimensionale Punktwolke, die ein sehr detailliertes Abbild der sichtbaren Umgebung darstellt. Die Einsatzbereiche des Laserscannings sind in der Bauaufnahme enorm in der Bedeutung gestiegen, da eine Forderung nach vollständigen 3-D-Modellen als Bestandsgrundlage für die Planung sich weiter durchsetzt.

Die *Vektorisierung* von digitalisierten Papierplänen ist auf den ersten Blick der einfachste, schnellste und kostengünstigste Weg zu einer Bestandszeichnung. Die mangelhafte Genauigkeit der Vorlagen und die Unsicherheiten bezüglich ihrer Aktualität machen dieses Verfahren weniger sinnvoll. Für eine visuelle Darstellung von räumlichen Bezügen durchaus angebracht, jedoch bei der Ermittlung von Flächen oder Volumen als Grundlage nicht genau genug.

Die Ziele der Erfassung von Objektgeometrien sind gerade auch für das Gebäudemanagement und den Gebäudebetrieb sehr unterschiedlich. Die Leistungen bei einer Bestandserfassung von Gebäuden müssen demnach so genau wie möglich beschrieben werden. Das erfordert eine sehr umfassende Kompetenz von denen, die entsprechende Leistungen ausführen müssen. Welche Messmethode für den einzelnen Einsatzfall einzusetzen ist, lässt sich sicherlich schnell entscheiden. Danach folgt meist das größere Problem, nämlich wie aus den erfassten Daten die Daten erstellt werden, die der Brandschutzplaner und später der Betreiber benötigt. Dem Benutzer oder Betreiber bleibt es überlassen, wie detailliert die Räume und somit das Objekt erfasst werden.

In den letzten Jahren hat sich die Entwicklung von Systemen verbunden mit neuen Verfahren der Bauwerkserfassung durchgesetzt. Die Anwendung und Handhabbarkeit wurde stark verbessert und bietet die Chance für eine durchgehende *Erfassung und Planung* ohne Informationsverlust mit einer hohen Genauigkeit und fachlicher Plausibilität. In den letzten Jahren entstand im Rahmen praxisnaher Forschung und Entwicklung ein

Gesamtsystem, genannt „*Freak*“, das sowohl neue Software, neue Verfahren und einen neuen Grundansatz der Bestandserfassung und des Planens im Bestand umfasst.

Entsprechend den Anforderungen in einem Projekt können von einfachsten Überblicksdaten bis zum komplexen 3-D-Bauteilmodell alle Bestandsdaten modelliert bzw. bearbeitet werden. Dabei sind je nach Anforderungen die Komponenten einzeln zu verwenden. Die Leistungsfähigkeit und Funktionalität des Ansatzes lässt sich wie folgt charakterisieren (siehe auch Donath, 2008):

- Zusammenführen der Bauwerksdaten in einem Modell
- Geometrie, Raum und Bauteildaten sowie auch beschreibende Daten
- variierende Detaillierungen und Genauigkeiten
- Skizze als Überblick sowie auch CAAD-Modell, stehen im Zusammenhang
- Einbeziehung neuer, mobiler Computer und Erfassungsverfahren bzw. -geräte

Hinzu kommen Methoden der technischen Bestandsaufnahme:

- Überprüfungen zur Tragfähigkeit, z. B. durch Endoskopie oder die so augenscheinlich „zerstörende“ Überprüfung
- Feststellen von Materialfestigkeiten, z. B. mittels Betonrückprallhammer
- Ultraschallmessung zur Feststellung von Materialwechseln oder Verwitterungstiefen
- Feuchtigkeitsmessung mithilfe unterschiedlicher Feuchtemessgeräte
- Salzuntersuchungen als Grundlage von Sanierungsmaßnahmen feuchtegeschädigter Bauteile
- thermografische Untersuchung der Baukonstruktion zur Feststellung von Materialwechseln und Wärmebrücken, Brandbrücken
- Blower-Door-Test und Thermografie zur Feststellung von Leckagestellen in der Gebäudehülle
- Messungen von Luftfeuchte, Lufttemperatur, Luftströmung und Oberflächentemperatur (Klimaerfassung)

4.8.6 Bewertung der Materialeigenschaften

Beim Abtasten von Bauteilen lassen sich Materialeigenschaften wie

- Temperaturunterschiede und Feuchte,
- Oberflächenhärte, Abriebe oder Auskreiden von Materialien,
- Absanden von Putz, Mörtel, Beton und Natursteinen etc.

feststellen.

Mangelnde Festigkeit von Holz lässt sich wiederum mit einem scharfen oder spitzen Gegenstand mittels Schaben oder Anstechen feststellen.

Durch das Abklopfen von Bauteilen wird ein Geräusch verursacht, das einem bestimmten Sachverhalt zugeordnet werden kann. Im Weiteren benötigt man keine große Fachkenntnis, um z. B. durch Tapeten hindurch verdeckte Materialwechsel durch einen Klang zu lokalisieren. Neben den eigenen Fingern und der Faust ist hierzu meist noch ein Hammer oder Schraubendreher erforderlich.

Mit einem Stethoskop können zum einen Leitungen und Hohlräume ermittelt werden und zum anderen Fraßgeräusche in akut befallenem Holz oder Leitungsfließgeräusche verfolgt werden. Die folgende Tabelle stellt eine Übersicht über die Beurteilung der Bausubstanz im *Abklopfverfahren* dar.

Tabelle 4.2: Beurteilung der Bausubstanz durch Abklopfen (siehe auch Kastner, 2004)

Baustoff/Material	**Verfahren**	**Klang**	**Beurteilung**
Beton	mit leichtem Stahlhammer abklopfen	hell, bei großem Rückprall	guter Beton
Holz	mit Hammer anschlagen	dumpf	Fäulnis im Inneren
		hell	gesundes Holz
Holzstützen, freigelegt	mit Hammer anschlagen	dumpf	ohne oder geringe Last
		hell	unter Last
Mauermörtel	mit Maurerhammer leicht abklopfen	dumpf	geringere Festigkeit
		hell	höhere Festigkeit
Mauerziegel, entnommen	mit Maurerhammer anschlagen	dumpf	in der Regel geringe Druckfestigkeit
		hell	in der Regel höhere Druckfestigkeit
Putz	mit Knöcheln abklopfen	stellenweise dumpf	vom Untergrund gelöster Putz
Stahlblech	mit Hammer abklopfen	dumpf	Rostschäden
Wand	mit Faust abklopfen	dumpf	leichte, nicht tragende Wand

Des Weiteren können Untersuchungen durch Deuten von Sinneswahrnehmungen und Inaugenscheinnahme vollzogen werden, wie in Tabelle 4.3 dargestellt.

Tabelle 4.3: Deuten von Sinneswahrnehmungen und Inaugenscheinnahme (siehe auch Kastner, 2004)

Untersuchungs-gegenstand	Erkenntnisse zur Beschreibung von Konstruktion und Material	Zustand/Schäden/Mängel
Natursteinmauerwerk/ Schmuckelemente	• Verband • Formate • Anordnung von Ankern • Öffnungsgestaltung (Stürze, Gewände) • Verfugung	• siehe Bauteile allgemein • Fehler im Verband • Durchfeuchtungen • Ausblühungen (Salze) • Ab- und Aussprengungen • Absanden • Abmehlen • Abschalen • Abschiefern • Bröckeln • Erosion • Verfärbungen • biologischer Befall (Algen, Flechten, Schimmel) • Brandeinwirkungen • mechanische Einwirkungen
Bauteile allgemein (Wände, Decken, Treppen usw.)	• verwendete Materialien (Holz, Ziegel, Beton) • Konstruktionsaufbau • fehlende Konstruktionselemente • nachträglich eingebaute Konstruktionselemente (Verstärkungen) • Zustand Auflager, Anschlüsse • Reparaturen/Ausbesserungen	• Setzungen • Durchbiegung • Knicken • Kippen • Ausbauchen • Schiefstellung • Verschiebung • Risse • Rissbild, -verlauf (vertikal, horizontal, schräg, netzartig) • verschmutzte Rissflächen? • Brüche • Querschnittsschwächungen • Schäden an Auflagern, Anschlüssen

Danach erfolgt eine tiefere Untersuchung der für die geplanten Maßnahmen entscheidenden Bauteile und Bauzustände. Hier werden auch z. B. ungeklärte Zustände und Schäden aus der ersten Bestandsaufnahme untersucht. Die Ziele der Untersuchung sind,

- Anzeichen auf Schäden festzustellen und deren Ursache zu ermitteln,
- Details der Konstruktion zu erfassen, soweit diese für eine Planung oder Schadenbeseitigung nötig sind,
- die Materialien der relevanten Bauteile zu bestimmen,
- den Erhaltungszustand zur weiteren Verfahrensweise zu beurteilen.

Hier werden alle zur Verfügung stehenden Erfassungsverfahren eingesetzt, wobei auf einen wirtschaftlichen Hintergrund zu achten ist. Es können noch weitere Untersuchungen von Fachingenieuren wie z. B. Tragwerksplanern, Bauphysikern, Bauchemikern, einschlägigen Sachverständigen oder auch erfahrenen Handwerkern notwendig werden. Dies wird mit der Art der

Abb. 4.30: Tragendes Fassadenteil des Bremer Bahnhofs

Untersuchung begründet, man unterscheidet hier zerstörungsfreie und zerstörende Untersuchungsformen.

4.8.7 Bewertung der Tragkonstruktion

Durch die Analyse der Tragkonstruktion wird die statische Substanz eines Gebäudes in Bezug auf seine Standfestigkeit und nach den brandschutztechnischen Anforderungen der MBO festgestellt. Hierdurch soll gewährleistet werden, dass von dem Gebäude im Gefahrenfall keine Gefahren für die öffentliche Sicherheit, Gesundheit sowie die natürlichen Lebensgrundlagen ausgehen.

Es ist deshalb eine fast zwingende Voraussetzung, eine genaue und vollständige Erfassung des Tragsystems mit allen Eigenschaften vor Planungs- und Baubeginn durchzuführen. Die Tragwerksanalyse stellt somit unmittelbar entwurfsrelevante Parameter wie die Spannrichtungen der Decken oder die Lage der festen Tragelemente dar.

Die Untersuchung des Tragwerkes kann erst abgeschlossen werden, wenn sowohl das ursprünglich hergestellte Tragsystem geklärt sowie auch eventuelle Veränderungen und Probleme bekannt sind.

Historische Tragwerke sind meist einfachere Konstruktionen, die auf Druck und Biegung belastet werden. In der Regel sollte es kein Problem darstellen, die ursprüngliche Konstruktion mithilfe des vorhandenen Bauphasenplans zu erfassen, hieraus erhält man auch den Wert und die Qualifikation des Rohbaus. Die Qualität des Tragwerkes ist somit eines der wichtigsten Kriterien für die Beurteilung und Weiterverwertbarkeit eines Bauwerkes, da im Zuge der Baumaßnahmen und der bestimmten neuen Nutzung meist von erhöhten Eigenlasten und Lastfällen auszugehen ist.

Eine Ursache hierfür ist z. B. eine Ertüchtigung von Bauteilen durch Brandschutzmaßnahmen aufgrund der Anpassung an neue Vorschriften. Hierbei sind allerdings Veränderungen an die lastabtragenden Elemente meist mit großem Aufwand und hohen Kosten verbunden und des Weiteren wird

Abb. 4.31: Denkmalgeschützte Fassade (Foto: © Heinz Waldukat/Fotolia.com)

durch das bestehende Tragwerk oftmals die neue Planung bzw. neue Entwürfe mit Einschränkungen beauflagt.

Bestehende Bauwerke wurden in der Vergangenheit oft mehreren Modernisierungsleistungen, Instandsetzungen oder Umbauten unterzogen. Meist fanden bereits Veränderungen am Tragwerk durch Verstärkungskonstruktionen oder Verkleidungen statt, um Defizite der vorangegangenen Nutzungsanpassungen in Bezug auf den Brandschutz und die Standfestigkeit zu kompensieren oder oftmals auch zu kaschieren (siehe auch Abb. 4.31).

In der Regel soll sichergestellt werden, inwieweit im Tragwerk Veränderungen in der Ausführung oder den Lastverhältnissen vorliegen. Es muss in jedem Fall festgestellt werden, welche Bauteile tragend bzw. nichttragend sind und über eine brandschutztechnische Anforderung verfügen oder diese benötigen. Dies sollte zwingend vor einem Eingriff in die bestehende Gebäudestruktur erfolgen, um das Risiko des Verlustes bzw. das der Standsicherheit im Brandfall abzuwenden. Bei der Feststellung der Tragwerkssituation sind folgende Punkte zu berücksichtigen:

- Ausführungsmängel tragender Bauteile
- Baustoff und Feuerwiderstandsdauer
- Lastumverteilung auf nichttragende Bauteile
- tatsächliche Belastung und Verformungen
- sichtbare Beschädigungen oder Veränderungen
- Schäden durch Setzungen bzw. Sackungen
- Kriegsschäden und Erdbeben u. a.
- Schäden durch Umbauten oder Brände

Der Nachweis der Standfestigkeit oder die Abschätzung der Tragewerksreserven einer bestehenden Konstruktion ist heute in Form einer Reihe von Rechenverfahren z. B. nach Eurocode möglich.

Der Nachweis der Gegenüberstellung von Beanspruchung und Beanspruchbarkeit kann im Bestand prinzipiell durch drei Methoden erfolgen, nämlich durch

- die praktische Bewährung,
- einen konstruktiven Nachweis oder
- den rechnerischen Nachweis.

Dabei lassen allerdings die gesetzlichen Bestimmungen der MBOs und LBOs sowie die bestehenden Normenwerke die Methode der praktischen Bewährung nicht zu, sodass für diese entweder konstruktive oder rechnerische Nachweise zu führen sind. Bei der Bewertung bzw. beim Sanieren oder Bauen im Bestand ist allerdings die praktische Bewährung die geeignetere und vor allem ausreichende Nachweisform.

Viele historische Konstruktionen wurden in ihrer Art und ihrem Tragverhalten bereits systematisch z. B. in der DIN 4102 „Brandverhalten von Baustoffen und Bauteilen“ kategorisiert, wie z. B. die preußischen Kappen- oder Rippendecken usw. Aus diesem Grund reicht in der Regel oftmals eine detaillierte Erfassung der Materialeigenschaften aus, da es hierfür meist Tabellenwerte oder andere verfügbare Quellen, Rechenmodelle oder Normen zum Einstufen gibt. Man muss allerdings immer berücksichtigen, dass Modelle oder Berechnungen jeweils nur Annäherungen an die tatsächlichen Einbaustände vor Ort darstellen. Im Ergebnis ist grundsätzlich immer das Verständnis für die konstruktiven Abhängigkeiten und Zusammenhänge der Bauteile wichtig.

Die Bewertung des Tragwerkes bzw. von Tragsystemen sollte somit in der Regel von Tragwerksplanern oder Brandschutzplanern mit Tragwerkskenntnissen erfolgen und ist unabhängig vom Material, den eingesetzten Querschnitten sowie den Eigenschaften des Materials umzusetzen.

Beim Tragwerk spricht man in der Regel von statisch bestimmten (z. B. Kragarm) und unbestimmten Systemen (z. B. Durchlaufträger). Die am meisten verbreiteten und bekanntesten Tragwerkselemente sind

- Wände,
- Pfeiler,
- Stützen,
- Platten,
- Fachwerke,
- Rahmen
- und Bögen.

Hinweis

Auch ein statisch intaktes Tragwerkssystem kann unter bestimmten Einflüssen wie Materialermüdung (Stahl → Rost → Bewehrungsstähle) oder Schädlingsbefall (Insekten, Schwamm → Holzkonstruktionen) seine tragenden Eigenschaften genauso verlieren wie in einem Brandfall.

Es empfiehlt sich deshalb, im Rahmen der Bewertung der Tragkonstruktion parallel eine bauphysikalische Untersuchung durchzuführen, um eben Schädigungen festzustellen. Dies erfordert im Übrigen auch schon eine fachgerechte Brandschutzplanung, z. B. bei der Ertüchtigung von Holzbalken mit dämmschichtbildenden Anstrichsystemen. Diese bautechnischen und physikalischen Untersuchungen haben das Ziel, den Zustand der verwendeten Baumaterialien zu erfassen. Diese Informationen sollen grundsätzlich neben den Tragwerkinformationen zur Verfügung stehen, damit Planungen auch wirtschaftlich sinnvoll umgesetzt werden können (siehe auch Hosser, 2009). Für Bauteile, die nach DIN 4102-4 hergestellt worden sind, ist kein separater Nachweis des Feuerwiderstands erforderlich.

4.8.8 Wesentliche Faktoren zur Bestimmung der Feuerwiderstandsdauer von Bauteilen

Bei Brandschutzmaßnahmen im Bestand und der Anforderung an das Gebäude ist es oft von großer Bedeutung, die Brandschutzanforderungen in Bezug auf die Trag- und die Feuerwiderstandsfähigkeit eines Bauteils, den notwendigen Raumabschluss oder die Gemeinsamkeiten zu erkennen. Brandwände müssen neben diesen Anforderungen auch mechanische Belastungen erfüllen. Die Feuerwiderstandsdauer von Bauteilen hängt somit im Wesentlichen von folgenden Faktoren ab:

- dem verwendeten Baustoff bzw. Verbundbaustoff
- dem statischen System (statisch bestimmte oder unbestimmte Lagerung, einachsige oder zweiachsige Beanspruchung, Einspannung)
- dem Ausnutzungsgrad der Festigkeiten der verwendeten Baustoffe infolge äußerer Lasten bzw. Einwirkungen
- den Bauteilabmessungen (Querschnittsabmessungen, Dimension)
- der baulichen Ausbildung (Anschlüsse, Auflager, Verbindungsmittel, Halterungen, Fugen, Befestigungen)
- der Anordnung von Bekleidungen (Verputz, Platten, Dämmschichtbilder u. a.)

Bei der Feststellung der Feuerwiderstandsdauer der tragenden und/oder trennenden Bauteile in bestehenden Bauwerken ist man in der Regel auch auf Normen angewiesen. Hier kann z. B. anhand der DIN 4102 oder heute nach der europäischen Norm, der DIN EN 13501 „Klassifizierung von Bauprodukten und Bauarten zu ihrem Brandverhalten", eine Zuordnung zu bauaufsichtlichen Anforderungen erfolgen. Wobei eine Zuordnung bzw. Ableitung der Bauteile zur DIN EN 13501 sicher erst für bestehende Gebäude des letzten Jahrzehnts erfolgen kann. Zur Feststellung der Feuerwiderstandsdauer ist meist eine Recherche nach den Norm- oder Baurechtsanforderungen aus der Bauzeit des Gebäudes ratsam. Die Zuordnung kann anhand der jeweiligen Norm selber oder mittels der folgenden Tabelle erfolgen.

Tabelle 4.4: Übersicht über den Feuerwiderstand nach DIN 13501-2 und DIN 4102-2

bauaufsichtliche Benennung	tragende Bauteile		nicht-tragende Innen-wände	nicht-tragende Außen-wände	Unterdecken RA[1]
	ohne RA	mit RA[1]			
feuerhemmend	R 30	REI 30	EI 30	E 30 (i → o) und EI 30 (i ← o)	EI 30 (a ↔ b)
nach DIN 4102	F 30	F 30	F 30	W 30	F 30
hochfeuer-hemmend	R 60	REI 60	EI 60	E 60 (i → o) und EI 60 (i ← o)	EI 60 (a ↔ b)
nach DIN 4102	F 60	F 60	F 60	W 60	F 60
feuerbeständig	R 90	REI 90	EI 90	E 90 (i → o) und EI 90 (i ← o)	EI 90 (a ↔ b)
nach DIN 4102	F 90	F 90	F 90	W 90	F 90
Feuerwiderstands-dauer 120 Min.	R 120	REI 120			
nach DIN 4102	F 120	F 120			
Brandwand	REI 90-M	EI 90-M			

[1] RA – Raumabschluss

Die Bauteilkonstruktionen für das *Tragwerk* eines Bauwerkes müssen so beschaffen sein, dass diese Abschottungs- bzw. Ausbreitungsmaßnahmen im Brandfall nach den Schutzzielforderungen übernehmen. Dadurch wird dann nach dem Baurecht ein Übergreifen eines Brandes auf benachbarte Gebäude oder Gebäudeteile ausreichend behindert. Die Bauteile des Tragwerkes haben daher in der Regel eine eigenständige Aufgabe, nämlich den vorgegebenen Feuerwiderstand und die Standfestigkeit des Gebäudes im Brandfall möglichst lange zu gewährleisten. Tragende Bauteile von Bauwerken bestehen in der Regel aus folgenden Baustoffen oder Kombinationen, um die vorgegebenen Anforderungen zu erfüllen:

- Beton
- Stahl
- Stahlbeton
- Mauerwerk
- Glas
- Gips
- Holz
- Verbundwerkstoffe

Man stellt leider immer wieder fest, dass Abschlusswände bei Gebäuden der Nachkriegszeit bis hin zur Gegenwart Mängel aufweisen. Hierbei handelt es sich oftmals um

- unzureichende Überdachführung von Brandwänden,
- fehlende horizontale Kragplatten im Dachbereich,
- mangelhafte Stützen oder Gründungen,
- falsche Fugenausbildung bei Fertigbauteilen und deren mangelhaftes Traggerüst.

Im Ergebnis stellt man Abweichungen zu den Vorgaben der DIN 4102-4 fest.

Die Erfüllung der bauaufsichtlichen Anforderungen hinsichtlich des Brandverhaltens der verwendeten Baustoffe ist auch hier separat nachzuweisen. Die nachfolgende Tabelle zeigt eine Übersicht der gebräuchlichsten Baustoffanforderung der DIN 4102 und der DIN EN 13501.

Tabelle 4.5: Klassifizierungen des Brandverhaltens von Bauprodukten und Bodenbelägen

bauaufsichtliche Anforderung	**Zusatzanforderungen**		**europäische Klasse nach**	**Klasse nach**
	kein Rauch[1]	**kein brennendes Abfallen/ Abtropfen**	**DIN EN 13501-1**	**DIN 4102-1**
nichtbrennbar	x	x	A1	A1
	x	x	A2 s l d0	A2
schwer entflammbar	x	x	B, C - sl d0	B1[1]
		x	B, C - s3 d0	
	x		B, C - sl d2	
			B, C - s3 d2	
normal entflammbar		x	D - s3 d0	B2[2]
			E	
			D - s3 d2	
			E - d2	
leicht entflammbar			F	B3

1) vernachlässigbare Rauchentwicklung
2) Angaben über hohe Rauchentwicklung und brennendes Abtropfen/Abfallen im bauaufsichtlichen
Verwendbarkeitsnachweis und in der Kennzeichnung
s (Smoke) – Anforderungen an die Rauchentwicklung
d (Droplets) – Anforderungen an brennendes Abtropfen/Abfallen

Abb. 4.32: Denkmalgeschützte Altstadt in geschlossener Bebauung

4.9 Denkmalgerechte Bestandserfassung

Baudenkmale sind kulturelle Güter und somit Landessache. Jedes Bundesland hat ein Denkmalschutzgesetz (DSchG), das die Definitionen zum Baudenkmal regelt. Bei Brandschutzmaßnahmen im Bestand, die Fassaden oder historische Innenhöfe oder Gebäudeteile betreffen, kann auch der Schutz benachbarter Baudenkmale berührt werden. Somit kann also ein Anpassungsverlangen der geplanten Maßnahmen zwischen dem geschützten Bestand und dem Denkmal oder umgekehrt entstehen (siehe Abb. 4.32).

Ob und inwieweit ein Gebäude, Teile davon oder benachbarte Gebäude dem Denkmalschutz unterliegen, ist bei der jeweiligen Baubehörde nachzufragen. Man kann aber auch in Denkmallisten oder Denkmalbüchern die öffentlich zugängliche bzw. bei berechtigtem Interesse oder durch Vorlegen einer Vollmacht Einsicht nehmen. Selbst wenn ein entsprechender Eintrag nicht vorliegt, kann im Zuge eines Genehmigungsverfahrens die Schutzwürdigkeit eines Gebäudes festgestellt werden, was sich allein aus der Gesetzeslage ergeben kann. Der Eintrag in eine Denkmalliste ist dann nicht zwingende Voraussetzung.

Baudenkmale dürfen nur mit Erlaubnis der zuständigen Denkmalbehörde verändert oder abgerissen werden. Stellt sich bei einem Umbau- oder Modernisierungsvorhaben bzw. der Planung und Genehmigung heraus, dass es sich um ein Denkmal handelt, so wird die Denkmalbehörde über das Genehmigungsverfahren hinzugezogen. Im Übrigen sollte diese in die Brandschutzplanung mit einbezogen werden, um Probleme oder hohe Kosten zu vermeiden.

Für denkmalgeschützte Gebäude sind aber auch viele sonst verfahrensfreie Maßnahmen der Bauaufsicht unterstellt, wobei hier nur die Zustimmung der Denkmalbehörde eingeholt werden muss. Das jeweilige Landesrecht ist hier zu beachten.

Speziell für die Erfassung und Dokumentation von Baudenkmalen haben die Denkmalbehörden eigene Verfahren entwickelt, um damit den besonderen Anforderungen gerecht zu werden. Umfang und Tiefe dieser Dokumentation richten sich nach der Art des Baudenkmals, seiner bauhistorischen Bedeutung und seinem Erhaltungszustand. In der Regel werden die vom Landesdenkmalamt in Baden-Württemberg entwickelten Aufnahmeverfahren, die auch in anderen Bundesländern angewandt werden, mit den dort zugeteilten Genauigkeitsstufen in der Aufnahme unterschieden (siehe auch Denkmalpflege in Baden-Württemberg – Nachrichtenblatt der Landesdenkmalpflege, Jahrgangshefte Nr. 31–41). In bestimmten Fällen oder bei besonders bedeutenden Baudenkmalen sowie bei bau- oder kulturgeschichtlichen Ausbauten, Ausgrabungen etc. kann das Denkmalamt auch eine Bestandsaufnahme durch einen Restaurator fordern, die ist aber nicht der Regelfall.

4.9.1 Unterstützung durch Thermografie

Mithilfe der Thermografie kann der Zustand eines Gebäudes auch in Bezug auf den Brandschutz, hier speziell bei Schwachpunkten an den Außenwänden und der Gebäudehülle, bei Trennwänden und Brandwänden sowie deren Anschlüssen an andere Bauteile, beurteilt werden.

Ein weiterer wichtiger Punkt ist die Untersuchung im Bestand oder im Denkmal auf evtl. vorhandene Brandbrücken. Gerade diese unterstützen ungewollt im Gefahrenfall eine Brandweiterleitung auf andere, benachbarte Gebäude oder Bereiche.

Auch im Bereich von Elektroanlagen ist eine Überprüfung schnell und zuverlässig möglich. Durch die thermografische Technik werden wärmere Stellen sofort erfasst und es können unmittelbar vor Ort die vorhandenen Temperaturen ausgewertet werden. Auch in Schaltschränken und an anderen, schlecht einsehbaren Stellen, etwa Kabel, Klemmstellen oder Kabeltrassen, werden erhöhte Temperaturen, die zu einem Brand führen können, zerstörungslos lokalisiert. Bei z. B. isolierten Dampf- oder Heizungsleitungen ist meist ein ähnliches Gefährdungspotential vorhanden. Dies ist hier in der Regel auf Schwachstellen in der Isolierung oder an wärmeübertragenden Halterungen zurückzuführen, die dann eine Brandgefahr darstellen.

In welchem Zustand sich Bauteile oder deren Anschlüsse befinden oder welches Gefahrenpotential im Brandfall davon ausgeht, kann unter Zuhilfenahme einer thermografischen Untersuchung ermittelt werden. Die zerstörungsfreie Untersuchung der Thermografie bietet folgende Vorteile und Möglichkeiten:

- Reduzierung von Brand- und Unfallgefahren durch Brandbrücken u. a.
- Vermeidung von Folgeschäden
- Erkennen von korrodierten bzw. losen Verbindungen innerhalb kurzer Zeit
- kein direkter Kontakt zum Messobjekt erforderlich
- Untersuchung des Messobjektes unter Normallastbedingungen; durch Messung keine Ausfall- oder Stillstandzeit, z. B. in der Produktion
- Qualitätskontrolle von neuen oder reparierten Anlagenteilen möglich

- Energieeinsparung; zusätzlicher Energieverbrauch bei Verbindungen, die sich überhitzen
- Erstinspektion von neu errichteten Anlagen bzw. Anlagenteilen, Erkennung von Montagefehlern als potentiellen Fehlerquellen
- Ortung und Lagebestimmung verdeckt verlegter Leitungen
- Funktionskontrolle und Dichtigkeitsüberprüfung an Heiz- und Kühldecken sowie Fußbodenheizungen
- Überprüfung von Leitungs-, Rohr- und Anlagenisolierungen

5 Brandschutztechnische Bewertung des Bestandes

5.1 Der „Lehrter Versuch“: hilfreiche Schlussfolgerungen für den Bestand

Zur Validierung und Ergänzung der Kenntnisse, die man bereits in Bezug auf das Brandverhalten von Bauteilen unter Normbedingungen im Rahmen der Entstehung der DIN 4102 „Brandverhalten von Baustoffen und Bauteilen“ erlangt hatte, war es das Ziel, diese durch geeignete Versuche in einem Realbrandversuch zu bestätigen sowie weitere Untersuchungen in Bezug auf das Brandverhalten von Bauteilen vorzunehmen. Hierzu ging man Anfang der 1970er Jahre auf die Suche nach einem Gebäude, das zum einen zum Zeitpunkt des Versuchs als modern angesehen werden konnte und zum anderen für solche Versuche zur Verfügung stand. Die Technische Universität Braunschweig fand ca. Anfang 1973 ein zum Abbruch bestimmtes, modernes viergeschossiges Wohnhaus, das für die geplanten Brandversuche genutzt werden konnte. Dazu muss man wissen, dass das zur Verfügung stehende Haus erst im Jahr 1962 erstellt worden war und nach den Brandversuchen ca. im Dezember 1974 wegen einer Straßenumlegung abgerissen werden sollte. Das Haus stand in Lehrte bei Hannover. Der Name der Stadt hat dem Versuch als „Lehrter Versuch“ seinen Namen gegeben.

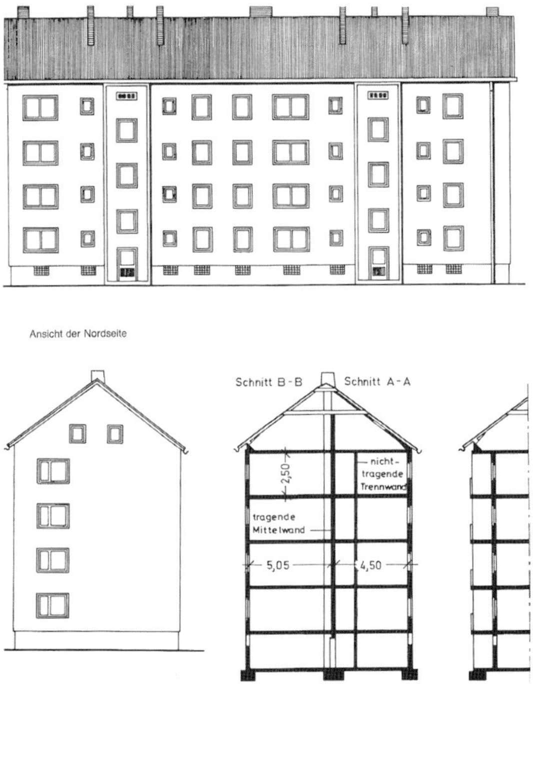

Abb. 5.1: Ansichten des Versuchshauses (Foto: Bechtold, Brandversuche Lehrte, 1978)

Die Versuchsergebnisse und Erfahrungen aus diesem Realversuch sollten dazu beitragen, praxisgerechte Vorschriften und Normen auf dem Gebiet des baulichen Brandschutzes zu erarbeiten und umzusetzen.

Da es nicht alltäglich ist, dass moderne Gebäude für Realbrandversuche zur Verfügung stehen, war eine Vielzahl von Interessengebieten und Schwerpunkten für die Versuchsziele entstanden. Unter anderem deshalb haben das Innenministerium des Landes Nordrhein-Westfalen sowie das Bundesministerium für Raumordnung, Bauwesen und Städtebau in Bonn eine finanzielle Förderung und die Leitung für das Projekt übernommen. Die eigentlichen Versuchsziele wurden gemeinsam vom Institut für Baustoffe, Massivbau und Brandschutz der Technischen Universität Braunschweig und dem Institut für Wärmetechnik und Industrieofenbau der Technischen Universität Clausthal durchgeführt.

Bei dem Versuch wurde in mehreren Wohnungen in jeweils definierten Räumen ein Brand gezündet. Im Brandraum und in den Nebenräumen wurden die Temperaturen gemessen und eine Vielzahl unterschiedlicher Messungen und Analysen durchgeführt. Insgesamt wurden drei Versuchsziele durchgeführt:

- **Versuchsziel 1: Brandentwicklung, Brandausbreitung im Gebäude und Feuerübersprung von einem in Brand geratenen Stockwerk auf das nächsthöhere**
  - Aufzeichnung der Temperaturzeitverläufe in charakteristischen Punkten in Brandräumen sowie vor der Fassade
  - Analyse von Rauchgasen
  - Bestimmung der Wärmestromschichten als Maß für die Brandintensität
  - Luftdruckmessungen im Bereich der Brandräume sowie den daneben liegenden Räumen
  - Ermittlung der Heißgasströmungsgeschwindigkeit im Bereich der Brandraumöffnungen sowie an der Gebäudefront die aufsteigenden Heißgasströme
- **Versuchsziel 2: Brandverhalten von Bauteilen in praxisgerechtem Einbauzustand**
  - Brandverhalten von Stahlbetonplatten unter Berücksichtigung der natürlichen Lagerung, insbesondere die Messung der Durchbiegung und der Horizontaldehnung der Decken in Abhängigkeit von der Branddauer und der Brandintensität sowie die Ermittlung der brandbedingten Lastumlagerung durch Messung der Stahlspannungen der über dem Mittelauflager durchlaufenden Platten und Messung von Auflagerreaktionen über nichtbelasteten Wänden. Im Weiteren sollten auf der Plattenoberseite sich einstellende Risse im Verlauf des Brandes beobachtet werden sowie die Messung der Temperaturen auf der dem Feuer abgekehrten Plattenoberseite analysiert werden.
  - Messung der Belastung des Gebrauchszustands nichttragender Wände infolge der brandbedingten Durchbiegung der darüber liegenden Decken
  - Überprüfung des Brandverhaltens von Brandschutztüren, wobei es sich um Türen mit amtlichem Prüfzeugnis handelt, in praxisgerechtem Einbauzustand unter den Bedingungen eines Gebäudebrandes

- Beobachtung des Brandverhaltens einer vorgehängten Kunststofffassade
- Messung von Temperatur und Luftdruck im Hohlraum zwischen der Stahlbetondecke des Gebäudes und abgehängten Unterdecken verschiedener Bauarten
- Beobachtung und Messung der Verschiebungen, der Rissbildung des Gebäudeteils, in dem jeweils der Brand abläuft
- Ermittlung der Temperaturerhöhung von Vergleichselementen bzw. Bauteilausschnitten zur Bestimmung des Unterschieds der Brandbeanspruchung eines Bauteils durch den Normbrand nach DIN 4102 und durch einen natürlichen Brand

- **Versuchsziel 3: Brandverhalten von Stahl- und Stahlbeton-Außenstützen**
  - Ermittlung der Temperaturerhöhung an der Oberfläche der Stahl- und Stahlbeton-Außenstützen sowie Ermittlung der Temperaturerhöhung der Bewehrung und einzelner Querschnitte der Betonaußenstützen
  - Bestimmung der brandbedingten Verformung bzw. Verlängerung und Verkrümmungen der frei verformbar aufgestellten Außenstützen
  - Bestimmung des Ausmaßes der thermisch geschädigten Zone bzw. der zermürbten Schicht der Betonaußenstützen

Auch in Bezug auf die Gestaltung von Schutzzielen sammelte man Erkenntnisse. In einem Brandraum wurde der typische Verlauf der Gasanalyse aufgezeigt, der bei allen Versuchen beobachtet werden konnte. Man stellte fest, dass der Sauerstoffgehalt sehr schnell auf 0 absank, wobei der CO_2-Gehalt auf Konzentrationen zwischen 18 und 22 % und der CO-Gehalt auf 5 bis 10 % anstieg. Die entsprechenden Streubereiche sind immer von der Art der Belüftung abhängig und variieren deshalb.

Die Ergebnisse des „Lehrter Versuchs“ lassen also ableiten, dass im Brandfall eine unmittelbare Gefahr für Menschen herrscht, und sich insoweit vor allem auf die baurechtlichen bzw. ingenieurtechnischen Schutzziele zu deren Erfüllung übertragen. Anhand dieser Ergebnisse aus dem „Lehrter Versuch“ wird klar, warum Brandschutz im Baurecht einen hohen Stellenwert genießt und warum die richtige Bauteilauswahl eine wichtige Rolle im Brandfall spielt.

Gerade bei der Beurteilung im Bestand lässt sich aufgrund der Erfahrung des Lehrter Brandversuchs und der durchgeführten Versuchsziele eine Vielzahl von Festlegungen und Ableitungen treffen. Man kann z. B. Abweichungen von materiellen Vorgaben des Baurechts in einem Bestandsgebäude qualifiziert begründen und zum einen die Erfahrungen für die Begründung einer kompensationslosen Maßnahme nutzen und zum anderen auch adäquate Kombinationsmaßnahmen ableiten.

Hierzu sind auch die in dem Brandschutzleitfaden für Gebäude des Bundes aufgezeigten Kombinationsmaßnahmen, die im Umkehrschluss auf den Erfahrungen des Lehrter Brandversuchs beruhen, bei der Bewertung im Bestand zur Beurteilung heranzuziehen (siehe Kapitel 3.9).

In den Versuchen von Lehrte wurden Temperaturentwicklungen in Einzelräumen und innerhalb einer Wohnung verfolgt sowie umfangreiche Untersuchungen zum Feuerübersprung durchgeführt. Diese Untersuchungen und Messungen dienten dazu, das Verständnis für den Brandfall, der mit

Ausbreitung von Feuer und Rauch verbunden ist, zu vertiefen und bei der Brandschutzplanung zu berücksichtigen.

Durch die Vielzahl von Messstellen innerhalb des Raumes und im Bereich der Fassade wurden Druck- und Temperaturprofile im Brandraum und vor der Fassade untersucht. Man stellte u. a. fest, dass der Druck zum einen unter der Decke stets am höchsten war (bis zu 4 mm WS) und zum anderen die Ventilationsbedingungen im Bereich des Fußbodens Unterdrücke (bis zu 2 mm WS) aufwiesen.

Für eine Veranschaulichung und weitere Verwendung der Messergebnisse des Lehrter Versuchs ist z. B. die Isothermendarstellung des Temperaturfeldes, das im Brandfall vor einer Fassade herrscht, zur Ableitung von Temperatureinwirkungen auf die Fassade bei der Brandschutzplanung im Bestand und Neubau zu berücksichtigen.

Verfügen z. B. Bestandsgebäude über mangelnde Abstandsflächen, Übereckbeeinflussungen, Schnittpunkte von Wand und Dachtraufen oder bei Wandhöhen in versetzten Geschossbauten, sind die Ergebnisse aus dem Lehrter Versuch für eine Beurteilung im Bestand eine hilfreiche Maßnahme. Aber auch durch die optimale Ausnutzung z. B. des Privilegs für Vorbauten, Dachaufbauten oder im Bereich des Schmalseitenprivilegs bei Gebäuden lassen sich anhand der Erfahrungen und Isothermenfelder oftmals entsprechende Begründungen für eine Umsetzung von geplanten Vorhaben, Änderungen oder Neubauten ableiten.

Die Fassade eines Gebäudes stellt aus brandschutztechnischer Sicht immer dann ein Problem dar, wenn diese entweder einen nennenswerten Beitrag zur Brandlast liefert bzw. wenn diese zur Brandweiterleitung beiträgt. Fassaden in Massivbauweise sind daher grundsätzlich unbedenklich. Dabei ist es nicht relevant, ob es sich um eine ein- oder zweischalige Wandkonstruktion handelt. Sowohl die Mauerziegel als auch der Außenputz liefern keinen Beitrag zur Brandlast und tragen nicht zur Brandweiterleitung über die Fassade bei.

Ein besonderes Gefahrenpotential bildet jedoch eine brennbare Fassade bzw. deren Verkleidung, sobald sie im Brandfall an der Fassade verbleibt und nicht abfällt. Neben der Befestigung der Fassade oder deren Verkleidung ist vor allem die Geometrie des Gebäudes wichtig für das Gefahrenpotential der Brandweiterleitung in darüber liegende Geschosse.

Die höchsten Wärmestromdichten vor der Fassade treten vor den aus den Fensteröffnungen herausschlagenden Flammen im Bereich oberhalb des Fenstersturzes auf und sind somit zum einen für die Tragfähigkeit des Sturzes und zum anderen für die Brandweiterleitung zum nächsten Geschoss von großer Bedeutung. Die Abb. 5.2 zeigt die im Heißgasstrom auftretenden Temperaturen vor der Fassade, die ab einer gewissen Entfernung zum Sturz etwa parallel zur Außenwand verläuft, anhand von drei unterschiedlichen Versuchsanordnungen bei Realbrandversuchen in Lehrte (siehe auch Bechtold, 1978).

Hierbei ist für die Ausdehnung des Heißgasstromes vor der Fassade die Horizontalgeschwindigkeit, mit der die Rauchgase die Brandraumöffnung

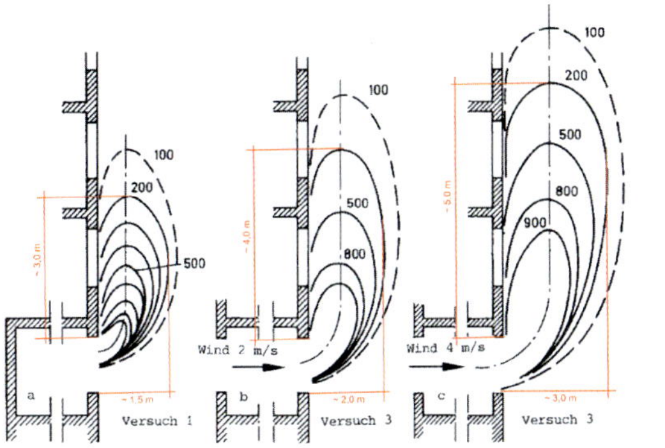

Abb. 5.2: Isothermenbild des Temperaturfeldes vor der Fassade (Quelle: Bechtold, Brandversuche Lehrte, 1978)

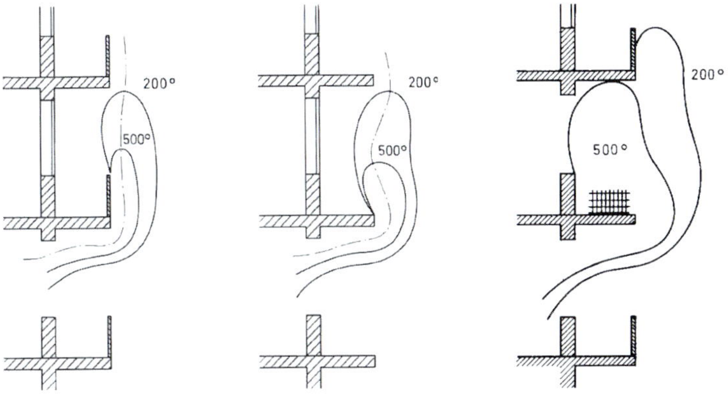

Abb. 5.3: Isothermen- bzw. Temperaturfeld im OG des über dem Brandraum liegenden Geschosses (Quelle: Bechtold, Brandversuche Lehrte, 1978)

verlassen, maßgebend. Diese bestimmt die Länge der horizontalen Strecke, nach deren Durchlaufen die Rauchgase infolge des Auftriebs in eine vertikale Bahn umgelenkt werden. Die Höhe des Feuerplumes vor der Fassade wird durch die Brandleistung im Brandraum und die Brandleistung der Verbrennung vor der Fassade bestimmt. Die ist insbesondere wichtig, wenn die über dem Brandraum befindlichen Geschosse z. B. über einen Balkon verfügen, auf dem Brandlasten (z. B. Kartons, Gartenmöbel etc.) gelagert werden, um deren Entzündung durch Heißgasströme zu berücksichtigen (siehe Abb. 5.3).

Es wurde im Weiteren festgestellt, dass mit zunehmendem Abstand von der Brandraumöffnung die Rauch- bzw. Heißgase sowohl in horizontaler als auch in vertikaler Richtung schnell abkühlen. Hierbei benötigen allerdings die Gase in vertikaler Richtung einen etwa doppelt so langen Weg, um auf die gleiche Temperatur zu kommen wie bei einer horizontalen Abkühlung.

Im Rahmen der Auswertung der Versuchsergebnisse und deren Realitätsnähe kann z. B. dann im Rahmen einer Ableitung eine Aussage zu einem evtl. stattfindenden Brandüberschlag von einem in andere Geschosse (z. B. OG) getroffen werden oder es kann eine Aussage über eine mögliche Übereckbeeinflussung, z. B. bei einer zurückliegenden Verglasung (siehe Abb. 7.18), realitätsecht abgeleitet werden. Es lässt sich somit bei Bestandsgebäuden herleiten bzw. nachweisen, dass durch fast normale bauliche Maßnahmen ein vertikaler Brandüberschlag behindert werden kann.

Abb. 5.4: Überblick über die Temperaturfelder am Gesamtgebäude inklusive Windeinfluss (Quelle: Bechtold, Brandversuche Lehrte, 1978)

Insofern kann dann z. B. anstelle einer Brandschutzverglasung im Fassadenbereich des Obergeschosses eine Verbundsicherheitsglas(VSG)-Verglasung o. Ä. eingebaut werden. Hierzu sollten allerdings noch die unmittelbaren Bereiche in der Fassade des darunter liegenden Geschosses brandlastfrei gehalten werden und die Öffnungsflächen in der Vertikale richtig platziert und dimensioniert werden. Insofern kann dann z. B. der Nachweis über die Ergebnisse und Erfahrungen des Lehrter Brandversuchs als einfacher ingenieurtechnischer Nachweisansatz erfolgen. Somit können aufgrund der dort gemachten Erfahrungen in Verbindung mit den Messwerten und Isothermen zum Zeitpunkt der maximalen Temperaturen und Heißgastemperaturen mögliche Temperatureinwirkungen auf die darüber liegenden Bauteile bzw. die Bauteile im Rahmen einer Übereckbeeinflussung abgeleitet werden, auch unter Windeinfluss (siehe Abb. 5.4).

Bei dieser Betrachtungsweise muss allerdings unterschieden werden, ob es sich um massiv erstellte Außenwandbauteile handelt bzw. diese aus nichtbrennbaren Baustoffen bestehen. Insofern hier Maßnahmen des Wärmeschutzes umgesetzt worden sind, zeigen die Isothermenfelder im Bereich der Fassade eine starke Wärmeeinwirkung.

Somit ist in diesem Fall unter Umständen von einer näheren Betrachtung oder einer sogar erhöhten Brandgefahr auszugehen.

Im Rahmen des Lehrter Versuchs erfolgten des Weiteren umfangreiche Versuchsziele zum Brandverhalten von Deckenkonstruktionen bzw. Stahlbetonplatten und Wandkonstruktionen etc. Auch diese Ergebnisse sind in die Gesetzgebung eingeflossen und können insbesondere, wie auch die Temperaturen vor der Fassade, im Rahmen der Brandschutzplanung zur Herleitung von Abweichungen bzw. Begründungen verwendet werden.

Fazit

Die Erfahrungen und Ergebnisse aus dem Lehrter Brandversuch gerade in Bestandsgebäuden zeigen sehr hilfreiche Ableitungen auf und stellen zur Begründung von z. B. Abweichungen und zur Auswahl von Kombinationsmaßnahmen u. a. eine geeignete Bewertungshilfe dar.

5.2 Temperaturverhalten von Baustoffen

Das Brand- und Temperaturverhalten von Bauteilen ist unter anderem von der Art und Anordnung der verwendeten Baustoffe im Bestand abhängig. Grundsätzlich wird auch hier zwischen nichtbrennbaren und brennbaren Baustoffen unterschieden, wobei es im Hinblick auf den Brandschutz in bestehenden Gebäuden wichtig ist, das Brandverhalten folgender Baustoffe zu berücksichtigen:

- Stahl
- Beton
- Stahl- und Spannbeton
- Holz
- Mauerwerk
- Gips

Grundsätzlich zeigen Baustoffe bei einer Temperaturbeanspruchung in einem Brandfall wesentliche Unterschiede in ihrem Brandverhalten auf. Hierzu sei noch einmal angemerkt, dass ein Baustoff sich mit steigender Temperatur ausdehnt, wobei seine Festigkeit bzw. Tragfähigkeit nach einer bestimmten Zeit abnimmt. Das ist gerade im Bestand ein Problem, da sich Bauteile im Brandfall nicht ungehindert ausdehnen können, weil sie im Normalfall in fester Verbindung mit ihren Anschlussbauteilen stehen.

Gerade die Anschlüsse der Bauteile untereinander sind in der Vergangenheit aufgrund mangelnder Erfahrung und Bauteilqualität meist nicht ordnungsgemäß hergestellt worden. Infolgedessen besteht grundsätzlich das Problem, wie der Anschluss von z. B. Wänden an ihre Decken oder Brandwänden an ihre aussteifenden Bauteile erfolgt ist. In einem Brandfall besteht die Ursache also meist darin, dass diese tragenden Konstruktionen aufgrund des Verlustes der Standfähigkeit versagen. Es ist daher von nicht unwesentlicher Bedeutung für die Standfestigkeit der brandbeanspruchten Teile, wenn diese

Abb. 5.5: Preußische Kappe mit Gussstützen

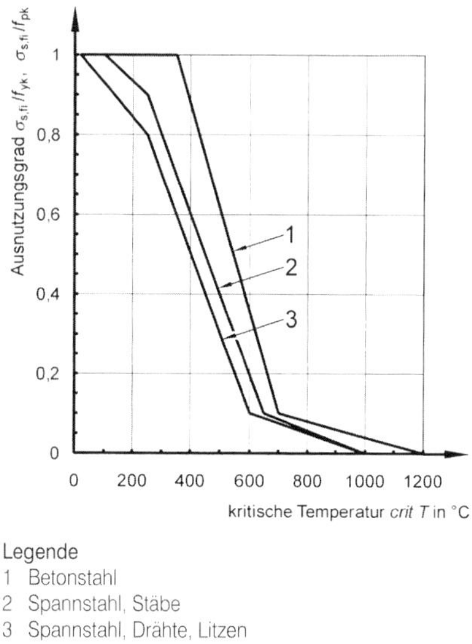

Abb. 5.6: Ausnutzungsgrad von Beton- und Spannstählen (Quelle: DIN 4102-4)

ihre Standfestigkeit über einen bestimmten Zeitraum nicht verlieren. Gerade im Bestand ist es deshalb wichtig, dass diese Bauteile, die für die Tragwerksausbildung wichtig sind, evtl. ertüchtigt bzw. durch eine konstruktive Anpassung an die heute gültigen Vorschriften herangeführt werden. Insoweit kann dann von einer risikoorientierten Erfüllung der Schutzziele im Sinne des § 3 Musterbauordnung (MBO) ausgegangen werden.

5.2.1 Stahl

Seit dem Zeitalter der Industrialisierung im 18. Jahrhundert ist Stahl ein wesentlicher, nichtbrennbarer Baustoff im Hochbau. Anfang des 19. Jahrhunderts wurden Stahlbauteile noch als feuersicher (heute vergleichbar mit feuerhemmend) eingestuft. Diese Erkenntnis hat sich jedoch im Laufe der Jahre schnell geändert, als man feststellte, dass bei einem Brand ein Stahlbauteil nach einer kurzen Zeit sehr schnell seine Tragfähigkeit verliert. Dies ist gerade dann der Fall, wenn die Streckgrenze infolge der Temperaturerhöhung in Bezug zu den im Bauteil vorhandenen Spannungen absinkt.

Grundsätzlich werden diese Bauteile so bemessen, dass vorhandene Spannungen ca. 60 % der Streckgrenze bei einer Temperatur von 20 °C ausmachen. Aufgrund dieser Auslegung fängt der Stahl bei einer Stahltemperatur von ca. 500 °C an zu fließen und beginnt kurz danach zu versagen.

Die Temperatur, bei der ein Versagen des Stahls stattfindet, wird als kritische Temperatur bezeichnet, die nach ca. 25 Min. in einem Vollbrand erreicht wird. Das bedeutet also für normale Stahlbauteile, dass diese keine Feuerwiderstandsdauer von 30 Min. erreichen und ihre Standfestigkeit nach ca. 20–25 Min. verloren geht. Hierbei ist jedoch die Erwärmung oder Wärmeeintrittsgeschwindigkeit in die Stahlbauteile von großer Bedeutung. Gerade auch in Bezug auf eventuell zu ergreifende Ertüchtigungsmaßnahmen.

Tabelle 5.1: Kritische Temperaturen bei Beton- und Spannstählen (siehe auch DIN 4102-4)

Stahlsorte		**crit *T***	**Δ *u***
Art	**Festigkeitsklasse**	**°C**	**mm**
Betonstahl	nach DIN 1045[1)]	500[1)]	0
Spannstahl, warmgewalzt, gereckt und angelassen	St 835/1030 St 885/1080	500	0
Spannstahl, vergütete Drähte	St 1080/1230 St 1325/1470 St 1420/1570	450	+5
Spannstahl, kaltgezogene Drähte und Litzen	St 1470/1670	375	+12,5
	St 1375/1570 St 1570/1770	350	+15

[1)] Betonstahl BSt 220/340, siehe Abb. 5.6
crit T = 570 °C
Δu = −7,5 mm

Nun gibt es mehrere Möglichkeiten der Ertüchtigung der Tragfähigkeit von Stahlbauteilen für den Brandfall. Diese Ertüchtigungen sind in der Regel so auszuführen, dass sie eine Beflammung der Stahloberfläche durch eine Brandschutzbekleidung mit Wärmedämmung oder durch einen dämmschichtbildenden Anstrich mit ähnlicher Wirkung verhindern. Folgende Möglichkeiten stehen für Stahlbauteile zur Verfügung:

- reaktive (dämmschichtbildende) Brandschutzbeschichtungen
- einlagige oder dreilagige Bekleidungen mit Faserzement- oder Gipskartonbauplatten
- kastenförmige oder profilfolgende Putzbekleidungen
- betonvergossene Stahlbauteile

Abb. 5.7: Totalversagen nach Vollbrand in einer Industriehalle mit Stahltragwerk

Stahl ist zwar ein nichtbrennbarer Baustoff, bei der Veränderung von Bestandsbauten müssen die Stahlbauteile allerdings sorgfältig betrachtet werden. Zum einen deshalb, weil bereits bei hohen Brandraumtemperaturen (ein Schadenfeuer kann bis zu 1.000 °C erreichen) die Festigkeit des Stahls stark zurückgeht und zum anderen aufgrund der tatsächlichen Lastausnutzung.

Bei günstigen Randbedingungen, insbesondere in eingeschossigen Gebäuden, kann bei sichtbaren Pfeilern, Stützen, Balken und Unterzügen unter bestimmten Voraussetzungen bzw. Zuständen im Bestand allerdings die Tragfähigkeit des vorhandenen Bauteils im Brandfall dennoch ausreichend sein. Die Tragfähigkeit des Bauteils im Brandfall kann z. B. für ungeschützte Stahlbauteile auch nach dem Eurocode-Rechenverfahren nachgewiesen werden. In der Regel steht hierbei eine Überbemessung im Gebrauchszustand im Mittelpunkt.

Massige Querschnitte wie etwa bei einem HEM-Profil, kombiniert mit hohen Werkstofffestigkeiten, verfügen über eine sehr gute Tragfähigkeit auch nach einer Brandeinwirkung von 30 Min. bis hin zu 60 Min. Aus diesem Grund wird Stahl auch bei der nachträglichen Tragwerksertüchtigung oder bei Abstützungen bzw. der Ergänzung oder beim Austausch von tragenden Bauteilen als einfach zu verarbeitender, beliebig formbarer Werkstoff verwendet.

Grundsätzlich ist anzumerken, dass der Nachweis aller Walzträger im Stahlbau für eine Feuerwiderstandsdauer von 30 Min. (ISO Brand) ohne zusätzliche Brandschutzmaßnahmen nur durch die Überdimensionierung der Profile erreicht werden kann. Hierbei kann z. B. für nicht dem Tragwerk

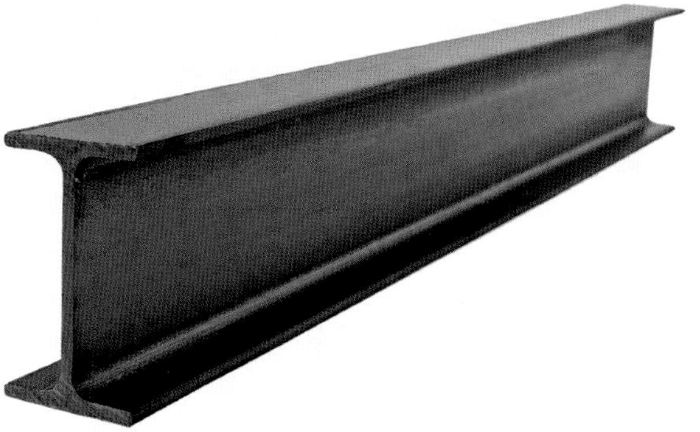

Abb. 5.8: Stahlträger mit H-Profil (Foto: © Ramona Heim/Fotolia.com)

zugeordnete Bauteile das Profil für die Bemessung im warmen Zustand reduziert werden bzw. es wird eine höhere, festere Stahlgüte (z. B. S460) gewählt. Durch eine solche Wahl kann im Allgemeinen auch gegenüber sogenannten feuerresistenten Stählen eine wirtschaftliche Lösung erzielt werden.

Im Umkehrschluss dazu muss man sich die Frage stellen, ob eine Überdimensionierung zum Erreichen einer erforderlichen Feuerwiderstandsdauer bei tragenden Bauteilen wirtschaftlich sinnvoll ist. Denn es ist zu beachten, dass z. B eine Stütze ein um ca. 60 % massiveres Profil aufweisen kann, als im kalten Zustand erforderlich ist. Insofern wird hier meist die Frage nach der Ästhetik gestellt und ob z. B. ein dämmschichtbildender Anstrich im Verhältnis nicht wirtschaftlicher wäre. Die Wirtschaftlichkeit sollte grundsätzlich von Fall zu Fall separat geprüft werden.

5.2.2 Beton

Im Brandfall werden der Beton bzw. die Betonbauteile (Normalbeton oder Leichtbeton) einer instationären Temperaturbeanspruchung ausgesetzt. Im Vollbrand werden meist nach den ersten zehn Min. im Brandraum bereits Temperaturen von 600 bis 800 °C erreicht. Nach 30 bis 40 Min. können sie bei 1.000 bis 1.200 °C liegen. Wenngleich sich die im Beton vorhandenen Temperaturen deutlich niedriger einstellen, so vollziehen sich im Baustoff unter diesen Erwärmungsbedingungen umfangreiche stoffliche Wechselwirkungen. Bedingt durch chemisch-mineralogische und physikalische Vorgänge – in Abhängigkeit von der instationären Erwärmung – verändern sich fortlaufend die Betonstruktur und damit auch die technischen Eigenschaften des Bauteils.

Die wesentlichsten Veränderungen beim Beton bestehen in thermischen Dehnungen und chemischen Umwandlungen der Gesteinskörnung sowie im Schwinden des Zementsteins. Hierdurch bedingte Gefügeschädigungen führen zu einer Abnahme der Festigkeit und zu Verformungen.

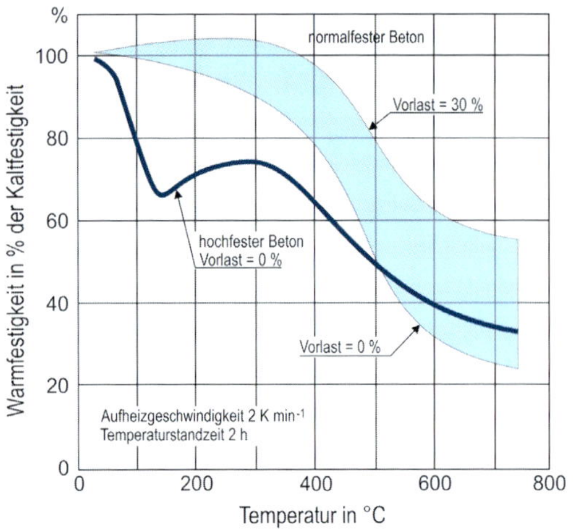

Abb. 5.9: Relative Warmfestigkeit von normalfestem und hochfestem Beton mit quarzhaltiger Gesteinskörnung – bezogen auf die Festigkeit bei Raumtemperatur

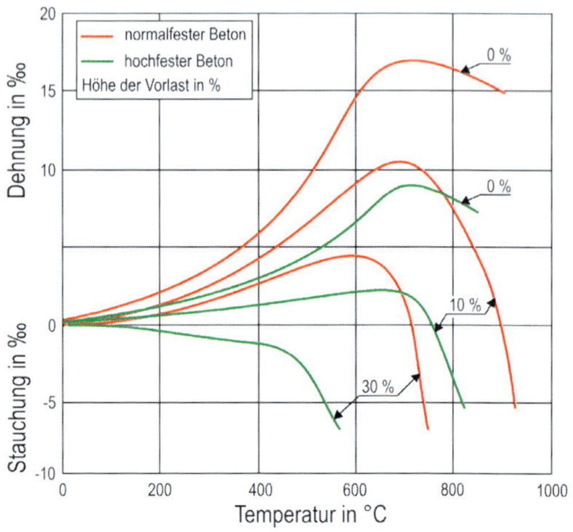

Abb. 5.10: Gesamtverformung von normalfestem und hochfestem Beton mit quarzhaltiger Gesteinskörnung bei instationärer Temperaturbeanspruchung mit unterschiedlich hoher Vorlast

Die Abb. 5.9 und 5.10 zeigen – in Abhängigkeit von der Temperaturerhöhung – den Abfall der Festigkeit sowie die thermische Dehnung bzw. Stauchung von Betonen mit quarzhaltiger Gesteinskörnung. Je nach Art und Zusammensetzung reagieren die Betonsorten unterschiedlich auf die instationäre Wärmebeanspruchung im Brandfall.

Kalksteinbeton z. B. zeigt im Vergleich zum Beton mit quarzitischer Gesteinskörnung bei mehr als 600 °C eine um bis zu 4 ‰ geringere Dehnung. Dies bewirkt einen höheren Feuerwiderstand von entsprechenden Bauteilen aus Kalksteinbeton. Bei Gebäudebränden treten infolge von Kräfteumlagerung sogenannte Zwangsbeanspruchungen auf, wenn die freie Verformbarkeit des Bauteils eingeschränkt ist. Dadurch kann sich allerdings die Gesamtverformung verringern und das Versagen des Bauteils tritt später ein.

Nach einem Brand lässt sich der Temperaturverlauf im Beton nur schätzen. Wenn die Bauteiloberflächen rußfrei sind, haben die Brandraumtemperaturen über 500 °C gelegen, da der Ruß verbrannt ist. Sind im Beton dagegen lediglich Temperaturen über knapp 300 °C aufgetreten, färbt sich der Beton an Bruchflächen leicht rosafarben. Insoweit ist dies ein guter Indikator für die Ermittlung des Temperaturverlaufs in einem Betonbauteil.

Unabhängig davon, dass man aufgrund einer augenscheinlichen Analyse nicht erkennen kann, um welche Betonklassifizierung es sich handelt, führt ab einer Temperatur von 200 °C dies zu einem Abfall der Betondruckfestigkeit, die dann bei ca. 500 °C linear auf etwa bis ca. 50 % ihres ursprünglichen Wertes absinkt. Grundsätzlich wird das Brandverhalten von Beton in erster Linie durch die Art der Zuschläge, der Rohdichte, der Festigkeit und den Feuchtigkeitsgehalt bestimmt.

Abb. 5.11: Bei der Bestandsaufnahme augenscheinlich geprüfte Bewehrungsüberdeckung

5.2.3 Stahlbeton

Stahlbeton ist ein Verbundwerkstoff, der aus Beton und Stahl hergestellt wird. Verantwortlich für das Versagen im Brandfall ist in den meisten Fällen nicht der Beton selber, sondern der in ihm liegende Bewehrungsstahl, der aus Beton und/oder Spannstahl hergestellt wird. Wenn sich dieser stark erwärmt, weil z. B. die Betondeckung im Bestand oftmals nicht ausreichend ist, ist dieser nicht mehr in der Lage, die anliegenden Zugspannungen zu übertragen. Gleich wie bei Stahlbauteilen erreicht auch der Betonstahl in der Regel seine kritische Temperatur bei 500 °C, bei der dann die Bewehrung plastisch wird und das Bauteil anfängt zu versagen bzw. seine Standfestigkeit verliert.

Eine Verbesserung des Tragverhaltens eines Betonstahlbauteils im Brandfall lässt sich vor allem durch eine dickere Betonschicht, die sogenannte Betonüberdeckung, erreichen. In verschiedenen Fällen ist aber auch ein Gips- oder Zementputzauftrag oder andere geeignete Maßnahmen, wie z. B. eine Unterdecke o. Ä., möglich (siehe Abb. 5.11).

Für die verschiedenen Feuerwiderstandsklassen sind je nach Art des Bauteils die notwendigen Querschnittsabmessungen wie Bauteildicke/-breite und die erforderliche Dicke der Betondeckung in DIN 4102-4 in umfassenden Dimensionierungstabellen angegeben. Definiert ist in der Norm die Betondeckung durch den „Achsabstand“, wie in Abb. 5.12 dargestellt. Bei mehrlagiger Bewehrung ermöglicht ein genormtes Mittelwertverfahren ein gezieltes Konstruieren, um eine Minimierung der Betondeckung zu erreichen.

Aufgrund der Erfahrungen in der Vergangenheit kann bei Beton- oder Stahlbetonbauteilen davon ausgegangen werden, dass sie in der Regel meist eine feuerbeständige Ausführung (F 90-A nach DIN 4102-4) erreichen.

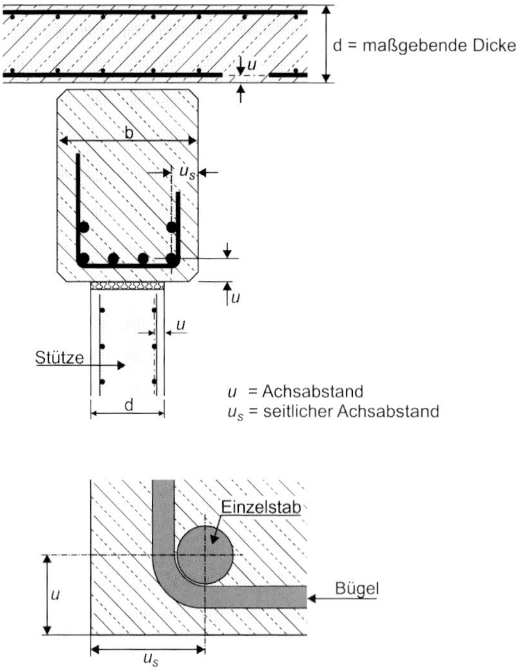

Abb. 5.12: Definitionen des Achsabstands *u* sowie des seitlichen Achsabstands u_s sowie der maßgebenden Bauteildicke/-breite

Beton- und Stahlbetonbauteile, Leichtbetonbauteile und Bauteile aus Betonmauersteinen sowie Porenbetonbauteile sind im Bestand meist so hergestellt worden, dass sie bis in die höchste Feuerwiderstandsklasse eingestuft werden können. Hierzu verfügen sie zudem über den Vorteil, dass sie ganz aus nichtbrennbaren Baustoffen der Klasse A 1 bestehen. Dies kommt bei der Klassifizierung dadurch zum Ausdruck, dass zusätzlich zur Zeitangabe der Feuerwiderstandsdauer auch Angaben zur Baustoffklasse gemacht werden, aus denen das Bauteil besteht, z. B. F 90-A.

5.2.4 Holz und Holzwerkstoffe

Holz oder Holzwerkstoffe sind als Baustoffe brennbar, wobei mit steigenden Temperaturen noch die Feuchtigkeit des Materials abnimmt. Es hat sich jedoch gezeigt, dass Bauteile aus Holz oder aus Holzwerkstoffen sich in einem Brandfall als äußerst widerstandsfähig erweisen. Der Vorteil gegenüber einem Stahlbauteil besteht darin, dass Holz seine Standfestigkeit nicht in dem gleichen plötzlichen Verlauf verliert wie ein Stahlbauteil. Dies ist in erster Linie darauf zurückzuführen, dass bei einem Brand auf der Holzoberfläche diese zwar einem Abbrand unterliegt, sich aber hier eine sogenannte Holzkohle- oder Pyrolyseschicht bildet, die eine wärmedämmende bzw. dämmende Schutzschicht darstellt.

Durch diese Holzkohle- oder Pyrolyseschicht wird das Bauteil bzw. der Bauteilkern von der weiteren thermischen Zersetzung über einen bestimmten Zeitraum verschont. Der Tragfähigkeitsverlust tritt dann ein, wenn der Querschnitt des Bauteils so abgebrannt und gering ist, dass er die Last nicht

Abb. 5.13: Weiterhin stehendes Holztragwerk nach einem Brand

mehr abtragen kann. Man kann z. B. bei brettschichtverleimten Holzstützen oder Vollholzstützen im Bestand davon ausgehen, dass diese im Normalfall eine Feuerwiderstandsdauer von 30 Min. erreichen. Die Abbrandgeschwindigkeit von Holz wird angegeben durch das Verhältnis der Abbrand- oder Verkohlungstiefe pro Zentimeter.

Tabelle 5.2: Abbrandgeschwindigkeiten für verschiedene Holzsorten (siehe Heidelberg, Bauen im Bestand, 2010)

Holzart	**Abbrandgeschwindigkeit $ß_n$ in mm/Min.**	
Brettschichtholz (BSH), verleimt	Nadelholz einschließlich Buche besteht ($_p \geq 290$ kg/m^3)	0,7
Vollholz		0,8
Vollholz	Laubholz mit Buche ($_p \geq 290$ kg/m^3)	0,5

5.2.5 Mauerwerk

Auch das Brandverhalten von Mauerwerk wurde vorwiegend in Normbrandversuchen zur DIN 4102 beurteilt. Hier ist die Ausführung von

- der Steinsorte,
- der Rohdichte und Festigkeit der Steine,
- der Ausführungsqualität von Steinen und Mörtel
- sowie der Lastausnutzung und der Art der Beanspruchung im Brandfall (ein- oder zweiseitig) abhängig.

Zusätzlich gibt es Mauerwerke im Brandschutz, die zum einen aus Kalksandstein, Porenbetonstein und zum anderen aus Leichtbetonsteinen gefertigt sind. Unterschiede im Brandverhalten zwischen Vollstein- und Hohlblocksteinen wurden fast nicht festgestellt. Das Mauerwerk hat grundsätzlich in

Abb. 5.14: Kriegsschutt als Materialquelle

brandschutztechnischer Hinsicht eine gute Wärmedämmeigenschaft und in der Regel werden hier bei einer Steinstärke von ≥ 115 mm, verputzt oder unverputzt, bzw. bei einer Dicke von 14 cm Feuerwiderstandsdauern von bis zu mehr als 180 Min. erreicht. Die genormten Angaben zu den jeweiligen Steinen lassen sich der DIN 4102-4 entnehmen.

Mitte des 19. Jahrhunderts wurden in den deutschen Ländern noch unterschiedliche Ziegel- oder Steinformate verwendet, gerade was deren Abmessungen in längerer Breite und Höhe betrifft. Zum einen findet man Angaben, die noch auf Zoll basieren, zum anderen wurden aber auch schon neuere metrische Angaben verwendet. Erst 1870 wurde in Preußen ein einheitliches Ziegelformat festgelegt, das später auch als Reichsformat bezeichnet wurde (siehe auch Preußischer Minister für Handel, Gewerbe und öffentliche Arbeiten [Hrsg.], 1870).

Bei der Untersuchung verschiedener Wände ab den 1870er Jahren wurde festgestellt, dass zum einen Kalkzementmörtel und zum anderen Zementmörtel verarbeitet wurde. Des Weiteren hat man allerdings festgestellt, dass nicht bei allen Bauwerken die vorgegebenen Mischungsverhältnisse eingehalten worden sind. So wurde z. B. auch *Sparkalk* verwendet, was im Jahre 1861 zur Folge hatte, dass dieser verboten wurde.

In Gebäuden der Nachkriegsjahre stellt man meist fest, dass oftmals Lehmmörtel sowohl für Mauerwerk wie auch für Putz verwendet worden ist. Bei der Beurteilung kann man sich an der DIN 1169 „Lehmmörtel für Mauerwerk und Schutz“ (Ausgabe 1947) orientieren. Ein Verbot zur Verwendung von Lehm bestand zum einen bei Wänden, die dünner sind als 12 cm, und zum anderen, wenn diese die Last von mehr als zwei Vollgeschossen zu tragen hatten. Weiter wurden Lehmfugen bei Bauteilen verboten, die in den UG ihre Verwendung fanden. Infolgedessen müssen bei der Beurteilung von Bauwerken gerade aus diesen Zeiten die Fugenausbildungen berücksichtigt werden und es muss entschieden werden, wie mit diesen weiter zu verfahren ist.

Ein großes Problem dabei ist sicherlich, dass in den Nachkriegsjahren meist Baustoffe und Ziegel bzw. Steine verwendet wurden, die aus Trümmern gesammelt worden sind (siehe Abb. 5.14). Oftmals verfügen diese selber schon über entsprechende Beschädigungen, die durch Putz oder andere Verkleidungen nicht mehr sichtbar sind. Daher ist bei der Beurteilung gerade von trennenden und brandschutzrelevanten Bauteilen (Brandwände etc.) eine sorgfältige Analyse durchzuführen.

Ein weiteres Problem ist bei den Anschlüssen von tragenden Wänden und deren aussteifenden Wandbauteilen zu sehen. Hier sind in den Nachkriegsbauten häufig Eigenkonstruktionen zu finden. Das Gleiche betrifft oftmals die Anschlüsse von tragenden Wänden an aussteifende Deckenbauteile. Bei der Bewertung muss auch festgestellt werden, ob es sich um schubfeste oder nichtschubfeste Deckenscheiben handelt.

In jedem Fall kann mit großer Wahrscheinlichkeit davon ausgegangen werden, dass sowohl Bauunternehmer, Architekten und Baumeister sowie Poliere, Maurer und Zimmerleute sowie Steinmetze nach den in ihrer Zeit anerkannten Regeln der Technik gearbeitet haben. Allerdings ist es auch bereits zum damaligen Zeitpunkt, vor und nach dem Krieg, in deutlichem Maße zu Abweichungen von den seinerzeit gültigen anerkannten Regeln der Bautechnik gekommen. Dies ist sicher auch auf den bereits in der Mitte des 19. Jahrhunderts auftretenden Zeitdruck zurückzuführen, der sich im Laufe der letzten Jahre noch verschlimmert hat.

5.2.6 Gips

Gips wird im Brandschutz in der Regel für folgende Anwendungsfälle verwandt:

- Stuckgipse
- Brandschutzputze
- Gipsbauplatten

Die Verwendung gipshaltiger Putze ist in der DIN 4102-4 geregelt. Hinzu kommen noch die nach DIN 18550-2 „Putz; Putze aus Mörteln mit mineralischen Bindemitteln" genormten Gipsputze der Mörtelgruppe IV. Hierbei handelt es sich normalerweise um Brandschutzputze, die als Bindemittel Anhydrit (kristallwasserfreier Gipsstein) und Kalkstein sowie teilweise mineralische Zuschläge als Füllstoff enthalten. Darüber hinaus werden noch die genormten Perlite und Vermiculitputze verwendet. Diese Putze gelten aber nur dann als wirksame Brandschutzbekleidung, wenn sie nach den Vorgaben der DIN 4102-4 verwendet werden.

Des Weiteren werden noch Gipskartonplatten nach DIN 18180 „Gipsplatten – Arten und Anforderungen" (Stand 2007) in Verbindung mit DIN EN 520 „Gipsplatten – Begriffe, Anforderungen und Prüfverfahren" verwendet. Hierbei handelt es sich um Gipskartonplatten mit geschlossener Oberfläche, die nicht brennbar sind. Sie gehören ohne weitere Nachweise in die Baustoffklasse A 2 (DIN 4102-4).

5.3 Bewertung von Bauteilen

Eine brandschutztechnische Bemessung von Bauteilen in bestehenden Gebäuden setzt, wie in Kapitel 4.8 beschrieben, zuerst eine detaillierte Bauwerksanalyse voraus, die entweder auf der Grundlage vorgefundener alter Unterlagen beruht oder einer Vorortuntersuchung. Hierbei sind die entsprechenden Schäden und Mängel zu analysieren. In der Regel stellt man bei der Bewertung fest, dass die vorhandene bauliche Situation selten den abstrakten Forderungen der Baugenehmigungen entspricht. Es sollte berücksichtigt werden, dass eine Einschätzung der vorhandenen Leistung in Bezug auf die Feuerwiderstandsdauer und die Baustoffklasse nicht nur nach den bauvorschriftlichen Vorgaben erfolgt oder nach den Vorgaben der DIN 4102-4 (Stand 1994), sondern auch anhand anderer Anwendbarkeitsnachweise analysiert werden kann. Es sollte also grundsätzlich der natürliche Einbauzustand mit berücksichtigt werden, da dieser im Ergebnis meist eine deutliche Verbesserung der brandschutztechnischen Leistungsfähigkeit des Bauteils im eingebauten Zustand gewährleistet als der normative Nachweis nach DIN 4102.

Hierbei muss noch einmal darauf verwiesen werden, dass bestehende oder historische Konstruktionen oftmals unzutreffend eingeschätzt werden, da zum einen von Anfang an die Angst vor Fehleinschätzungen besteht und zum anderen eine Unkenntnis in Bezug auf die Belange von historischen Konstruktionen bei Bewertungen vorhanden ist. Hieraus resultieren häufig erhebliche wirtschaftliche Maßnahmen, die zu einer Risikobeseitigung erforderlich sind.

Bei der Bestandsaufnahme kann meist davon ausgegangen werden, dass eine Brandbeanspruchung nach DIN 4102-2 (Stand 1977) unterstellt wird. Somit ist ein Vergleich mit materiellen Anforderungen aus den Bauordnungen bei bestehenden Gebäuden möglich. Wie schon im Kapitel 4.2 ff. beschrieben stellt sich in der Praxis die Beurteilung des bestehenden Objektes als schwierig für den Planer dar. Es fehlen oftmals konstruktives Wissen über historische Bauteile und Bauweisen sowie anwendbare Kriterien für die Instandsetzung.

Es ist wichtig zu wissen, dass Konstruktionsregelungen, die auf Normungen der DIN 4102 aus den Jahren 1934 bis 1970 basieren, infolge der heute geltenden Normungen für Neubauten von den Genehmigungsbehörden meist nicht mehr akzeptiert werden. Der Grund liegt nicht selten in der unzureichenden Kenntnis im Umgang mit den Bauteilen und den entsprechenden Normen selber. Hier sollte bei den Behörden die Akzeptanz im Umgang mit historischen Regeln und eingeführten Bestimmungen und ohne Vermischung mit den Vorschriften für Neubauten erfolgen. Im Anwendungsfall sollte deshalb auch darauf hingewiesen werden, dass bei der Bewertung, dem Austausch und der Ertüchtigung des konstruktiven Brandschutzes in einem bestehenden Gebäude auf umfangreiche Brandprüfungen und in der Praxis erfolgreich erprobte Lösungen zurückgegriffen werden kann. Auch wenn diese Lösungen älter sind, so entstammen sie immerhin einer technischen Regel (DIN 4102) und sind in der Praxis bewährt. Hierdurch wird gewährleistet, dass nach dem gegenwärtigen Stand von Wissenschaft und

Technik die baurechtlichen Schutzziele im Sinn des § 3 MBO wiederum erfüllt werden.

Hinweis

In jedem Fall ist auch bei tragenden bzw. bei bestehenden Bauteilen grundsätzlich von einem Bestandsschutz auszugehen. Im Weiteren besteht ein großes Problem darin, dass die für Neubauten konzipierten Normen nicht ohne Weiteres auf den Bestand anzuwenden sind. Das betrifft z. B. insbesondere bei Stahlbetontragwerken die Stahlgüte, die Bewehrungsform bis hin zu ganzen Konstruktionsformen.

5.3.1 Stützen und Pfeiler

Die Tragkonstruktion des Gebäudes besteht neben den Wänden und den aussteifenden Bauteilen sowie den Geschossdecken aus Stützen. Diese Stützen sind die primären Tragwerksbauteile in Bauwerken, infolgedessen kommt ihnen eine besondere Bedeutung bei der brandschutztechnischen Bewertung zu. In der Regel wird bei Bauteilen zwischen Stützen aus Holz, Stahl, Stahlbeton, Mauerwerk und Gusseisen unterschieden. Die große Problematik der Stützen besteht darin, dass sie in einem Brandfall meist von allen Seiten einer Beflammung unterliegen. Deshalb ist für Stützen fast immer die Heißbemessung maßgebend.

Bei der Bestandsbeurteilung sind daher sowohl die Stützen, ihre vorhandene alte brandschutztechnische Bekleidung und die Anschlüsse bzw. Übergänge zu anderen Bauteilen zu beurteilen. Das Brandverhalten der Baustoffe ist wie im Kapitel 5.2 beschrieben auch bei Stützen gegeben und die entsprechenden Parameter sind auch hier zu berücksichtigen.

Beton- und Mauerwerksstützen besitzen allgemein eine Feuerwiderstandsdauer von 60 Min. und je nach Ausführung sogar bis zu 90 Min. Lediglich sehr schlanke Stahlbetonstützen weisen eine deutlich geringere Feuerwiderstandsdauer auf. Auch bei Holzstützen ist wiederum entscheidend, aus welchem Material (Hartholz oder Nadelholz) diese hergestellt sind (siehe Abb. 5.15).

Oftmals findet man im Bestand in Gebäuden aus der Anfangszeit der Industrialisierung bis nach dem Krieg und bis in die 1960er Jahre unterschiedliche Formen von Gussstützen. Anfang des 19. Jahrhunderts galten diese Stützen noch als feuerfest, diese Einstufung hat sich jedoch im Laufe der Jahre (ähnlich wie bei Stahltreppen) gewandelt.

Im Weiteren wurden hierzu Erkenntnisse zum Tragverhalten von Stützen unter Brandbeanspruchung im Zusammenhang mit einer Analyse 1984 in London und 1986 bzw. 1990 bis 1992 von der TU Braunschweig und der TH Karlsruhe im Rahmen von Forschungsarbeiten untersucht (siehe auch Falkner et al., 1990).

Aufgrund der Gesichtspunkte aus den Untersuchungen der TU Braunschweig und TH Karlsruhe und weiterer Normungsarbeit stellte man, dass eine ungeschützte Gussstütze maximal eine Feuerwiderstandsdauer von

Abb. 5.15: Tragwerkskombination aus Holz (Stützen, Pfeiler, Balken)

30 Min. erreichen kann. Hierzu muss jedoch die Wanddicke d ≥ 20 mm (Profilfaktor ca. 50 m^{-1}) betragen, was sich aus der DIN 1051 „Berechnungsgrundlagen für Gusseisen im Hochbau“ ableiten lässt. In manchen Fällen ist es sogar möglich, dass eine unverkleidete und unverfolgte Gussstütze bei einer Lastausnutzung von ca. 45 % eine Feuerwiderstandsdauer von 60 Min. erreichen kann. In jedem Falle sind in der Bestandsanalyse sowohl die Lastausnutzung wie auch der Profilfaktor bzw. die Wanddicke der Gussstütze zu ermitteln (siehe Abb. 5.16).

Eine Ertüchtigungsmaßnahme für Gussstützen besteht z. B. in einem dämmschichtbildenden Anstrich, hierdurch kann eine Feuerwiderstandsdauer bis zu 90 Min. erreicht werden. Eine weitere Möglichkeit der Ertüchtigung von Gussstützen ist das Verfüllen mit Beton, was jedoch weniger wirksam ist.

Ähnlich verhält es sich mit der Einstufung von Stahlstützen, die bis zum Ende des Zweiten Weltkriegs als feuerbeständig galten. Im Rahmen der Normungsarbeit zur DIN 4102 von 1934 mussten die gleichen Stahlstützen nunmehr eine 3 cm dicke Verkleidung (Drahtgewebe mit Beton oder durch gebrannten Ton) aufweisen, um als feuerbeständig eingestuft zu werden. In dem Fall, wo Stahlstützen in einem Betonbauwerk vergossen sind und nur eine Seite des Flansches freiliegt, werden diese im eingebauten Zustand trotzdem eine Feuerwiderstandsdauer von 90 Min. erfüllen.

Allerdings empfiehlt es sich, Stahlstützen durch entsprechende Maßnahmen zu ertüchtigen. Ausnahmen sind natürlich ausgenommen. Solche Ausnahmen sind z. B. Stahltragwerke im Industriebau, wenn anhand des Nachweises nach der Industriebaurichtlinie festgestellt wird, dass das Tragwerk keine Anforderung in Bezug auf die Feuerwiderstandsdauer benötigt.

Abb. 5.16: Unbehandelte Gussstützen im Bestand aus der Jahrhundertwende

Bei der Einstufung von Holzstützen kann man ähnlich vorgehen wie bei Holzbalken in einer Decke. Für die Beurteilung einer Feuerwiderstandsdauer von 30 Min. spielen die Mindestquerschnitte der Stützen mit den zugehörigen Knicklängen eine wesentliche Rolle. In der nachfolgenden Tabelle sind die Mindestabmessungen der kleinsten Querschnitte für Holzstützen in Millimetern für F 30 zusammengefasst:

Tabelle 5.3: Mindestabmessungen der kleinsten Querschnitte in Millimetern für F 30-B

Brettschichtholz			Vollholz		
Seitenverhältnis b/d	**Knicklänge s in mm**	**mind. d[1] in mm**	**Seitenverhältnis b/d**	**Knicklänge s in mm**	**mind. d[1] in mm**
1 : 1	≤ 3,00	150	beliebig	≤ 4,00	220
	≤ 7,00	175			
2 : 1	≤ 3,00	135			
	≤ 7,00	160			

[1] gültig für $\Delta = 8{,}5$ N/mm², Abzug möglich bei $< \Delta = 8{,}5$ N/mm²

Im Bestand findet man eine Vielzahl von Stützen aus Holz und/oder Stahl, die aber gerade auch in Denkmalen sichtbar belassen worden sind. Dies ist allerdings meist nur mit zusätzlichen und kompensierenden Brandschutzmaßnahmen in dem jeweiligen Gebäude möglich.

Abb. 5.17: Holzbalken im Hallentragwerkverbund

5.3.2 Balken und Unterzüge

Neben Holzbalkendecken bestehen im Weiteren noch Balken und Unterzüge, die aus den Baustoffen Holz, Stahl, Stahlbeton und Anfang des frühen 19. Jahrhunderts und somit vereinfacht als waagerecht umgelegte Gussstützen bezeichnet werden können (siehe Abb. 5.17).

Prinzipiell kann man davon ausgehen, dass Balken und Unterzüge nichts anderes sind als umgelegte Stützen. Für Holzbalken und Stahlstützen kann man also die gleichen Parameter ableiten wie für Holzbalkendecken bzw. die anderen Stützenkombinationen. Insofern ergeben sich im Weiteren erforderliche Ertüchtigungsmaßnahmen aus den im Kapitel 5.2 dargestellten Hinweisen zum Temperaturverhalten der Baustoffe und den Hinweisen zu Stützen. Auch für Stützen kann man im Rahmen einer Bemessung nach den Eurocodes die Feuerwiderstandsdauer nachweisen, falls erforderlich.

5.3.3 Trennende Bauteile, Brandabschnittsbildung

Zu den trennenden Bauteilen bei Gebäuden im Bestand gehören zum einen tragende und zum anderen nichttragende Wände. Hierbei handelt es sich im Wesentlichen um deckentragende bzw. aussteifende Wände, Wohnungstrennwände, Trennwände zwischen Nutzungseinheiten, Treppenhauswände und Brandmauern (siehe Abb. 5.18). Je nach ihrer Stellung in einem Bestandsgebäude haben diese Wände in der Regel folgende Aufgaben:

Im Zusammenhang mit weiteren aussteifenden Wandbauteilen sowie aussteifenden Decken soll durch Wandbauteile zum einen eine Standsicherheit des Objektes gewährleistet werden und zum anderen soll durch diese trennenden Bauteile eine brandschutztechnische Trennung zwischen den verschiedenen Anforderungen mit Raumabschluss hergestellt werden. Dies bedeutet für die trennenden Bauteile im Wesentlichen, dass sie die Ausbrei-

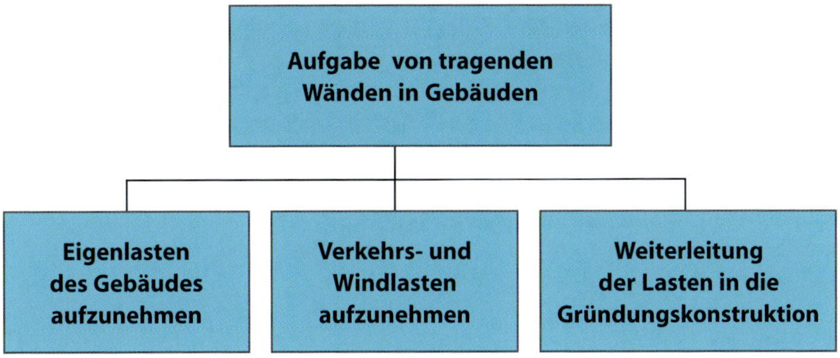

Abb. 5.18: Aufgaben von Wänden in Gebäuden

Abb. 5.19: Industriehallen von Anfang 1900 ohne Brandabschnittsbildung

tung eines Feuers und entstehenden Rauchs verhindern oder zumindest behindern müssen. Die Grundlagen für die Berechnung und Ausführung von Mauerwerk wurde bereits in der Ausgabe der DIN 1053 „Berechnungsgrundlagen für Bauteile aus künstlichen und natürlichen Steinen" in der Ausgabe 1937 fixiert, die wie die DIN 4102 im Laufe der Jahre fortgeschrieben wurde.

Sowohl im Bestand als auch im Neubau ist deshalb die wirksamste Maßnahme gegen eine Brandausbreitung die Unterteilung eines Gebäudes in horizontale und vertikale Brandabschnitte. Gerade bei bestehenden Gebäuden ist in der Vergangenheit keine Brandabschnittsteilung vollzogen worden und die Gebäude sind oft mehr als 50 oder 60, sogar bis zu 100 Meter ohne Unterteilung erstellt worden (siehe Abb. 5.19).

Die Unterteilungen, die man im Bestand zuweilen vorfindet, haben weder die Anforderungen an brandabschnittstrennende Bauteile noch können die vorgefundenen Holzverschalungs- oder Verbundkonstruktionen mit ihren Abschlüssen in Röhrenspan- oder Einfachholz als zulässige trennende Konstruktionen angesehen werden.

Gerade im Bestand, unter dem Aspekt des Bestandsschutzes, stellt sich oftmals die Frage, ob Brandwände oder feuerbeständige Wände in der Bauart Brandwand mit Feuerschutzabschlüssen (FSA) nachträglich errichtet oder eingebaut werden können, ohne dass die Originalsubstanz und der Bestandsschutz zerstört werden. Grundsätzlich sollte bei solchen Gebäuden, bei denen die Schutzziele nicht erfüllt werden oder fraglich sind, auch eine Einteilung in entsprechende Brandabschnitte und/oder Nutzungseinheiten erfolgen. Hierzu können folgende Hinweise berücksichtigt werden (siehe Heidelberg, Bauen im Bestand, 2010):

Hinweis

- In der Regel bieten sich Möglichkeiten, bestehende Wände als Brandwände anzuerkennen oder diese zu ertüchtigen bzw. an bestimmten Stellen so zu ergänzen, dass sie den Anforderungen einer Feuerwiderstandsdauer von 90 Min. erfüllen.
- Selbst unter dem Aspekt des Bestandsschutzes sollten trennende Bauteile, wie Brandwände/Trennwände, errichtet werden, auch wenn es die Ausdehnung nicht unbedingt erfordert. Dies ist oftmals der Fall zwischen Gebäuden, die über Anbauten und Hauptgebäude verfügen, wenn hier keine brandschutztechnische Trennung vollzogen wurde sowie bei fehlender Schutzzieldarstellung. Die Abschlüsse zwischen einem Altbau und einem Neubau müssten dann ebenfalls in einer feuerbeständigen Ausführung in T 90 nach DIN 4102 bzw. nach DIN EN 13501-2 „Klassifizierung von Bauprodukten und Bauarten zu ihrem Brandverhalten“ in $EI_2 90C5$ hergestellt werden.
- Die beste Möglichkeit für die Errichtung und Ergänzung von Brandwänden bietet die Sanierung, Instandsetzung, der Umbau oder die Nutzungsänderung. Hier werden z. B. bei der Instandsetzung oder Nutzungsänderung Wandflächen und deren Anschlüsse in der Regel freigelegt, wodurch der Verlauf bestehender Massivbauwände besser verfolgt werden kann, um eine entsprechende Einteilung in Brandabschnitte oder sogar Nutzungseinheiten zur Unterteilung des Gebäudes zu ermöglichen.
- Es ist in der Praxis in der Regel nicht einfach, die bestehenden Gebäude ohne entsprechende bauliche Maßnahmen in Abschnitte zu unterteilen. Es gibt dabei schon viele Beispiele von nachträglich eingebauten, bei einer Sanierung hergestellten oder durch Ergänzung entstandenen Brand-/Trennwänden. Dies gerade in älteren bestehenden Gebäuden der 50er Jahre im Bereich der Verwaltung. Bei Bränden, besonders in Verwaltungshochhäusern, haben diese nachträglichen Aufteilungen einer Totalzerstörung des Gebäudes und dem Verlust von Menschenleben bereits vorgebeugt.

Daher ist eine nachträgliche Unterteilung oder Abtrennung in Nutzungseinheiten grundsätzlich empfehlenswert. Dies kann durch den Einbau von massiven oder leichten Decken, Wänden und Feuerschutztüren, evtl. in

Abb. 5.20: Nachträgliche Abschnittsbildung im UG einer Bestandshalle

Abb. 5.21: Brandüberschlag aufgrund fehlender Trennung und zu geringer Abstandsfläche

Kombination dieser Bauteile, erfolgen. In der Regel wird zwar nicht die Qualität einer Brandwand erreicht, allerdings kann durch diese feuerbeständige Ausführung eine Feuer- und Rauchausbreitung nach den baurechtlichen Vorschriften wirksam behindert werden. Des Weiteren gibt es heutzutage Trockenbaukonstruktionen, die in der Bauart einer Brandwand nachträglich hergestellt werden können.

Dass feuerbeständige Wände z. B. in Trockenbaukonstruktion oder gemauert in Kalksandstein eine alternative Abtrennung im Brandfall sein können, zeigt sich auch daran, dass vergleichsweise Heizräume, Werkstätten oder Hausanschlussräume sowie Lagerräume in der gleichen Bauart abgetrennt werden. Auch hier geht man bei dem entsprechenden Abschluss in mindestens T 30 nach DIN 4102 davon aus, dass diese Räume, die oft als *Räume mit erhöhter Brandgefahr* (unbestimmter Rechtsbegriff) tituliert werden, in einem Brandfall durch ihre bauliche Ausführung die Ausbreitung von Feuer und Rauch ausreichend behindern.

Infolgedessen ist auch eine Ableitung dieser Konstruktion oder Ausführung auf Bestandsgebäude durchaus als sinnvoll zu erachten, obwohl diese seitens der Baubehörden des Öfteren als formell nicht ausreichend erachtet werden. Hier müssen entsprechende Abweichungen von den materiellen Anforderungen der MBO/Landesbauordnung (LBO) im Brandschutzkonzept formuliert werden. Gelingt der Nachweis einer bestehenden Wand als Brandwand nach DIN 4102-3 (siehe auch DIN 4102-4, Stand 1977) nicht, so können Trennwandkombinationen zur Unterteilung eine Gebäudes in z. B. Nutzungseinheiten oder eine Abschnittstrennung mittels zwei gegenüberliegender Trenn-

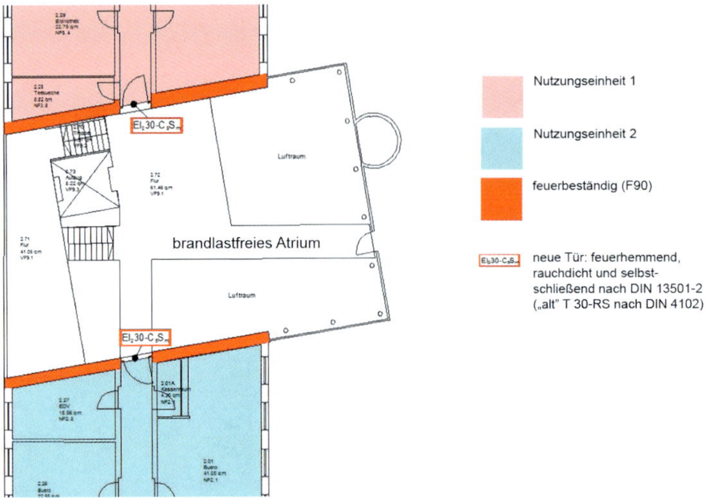

Abb. 5.22: Beispiel für eine nachträgliche Trennung im Bestand

wände (F 30) mit einem dazwischen liegenden brandlastfreien Bereich oder notwendigen Flur oder einem Atrium o. Ä. hergestellt werden. Daher kann man dann im Sinne des § 3 MBO von der Erfüllung der Schutzziele ausgehen.

Begründet werden kann dies z. B. wie folgt: Sind in einem Gebäude größere Abstände nutzungsbedingt unentbehrlich – dies kann sich z. B. aus dem Bestand oder bestimmten betrieblichen Abläufen oder aus der Art der Nutzung (Büro/Verwaltung, Industrie, Theaterbauten, Großsporthallen) ergeben –, können Abweichungen auf der Grundlage des § 67 MBO 2002 zugelassen werden. Eine Abweichung kommt allerdings auch hier nur in Betracht, wenn die zu erwartenden Gefahren von sich aus geringer sind als im Normalfall oder wenn mit der Vergrößerung der Brandabschnitte größere Gefahren durch zusätzliche Maßnahmen kompensiert werden. In den Fällen, wo keine nachträgliche bauliche Trennung erfolgen kann, oder in speziellen Fällen, so wie im Regelfall in Sonderbauten, kommen z. B. Brandmeldeanlagen, Sprinkleranlagen oder das Vorhalten einer Werksfeuerwehr zur Kompensation in Betracht (siehe auch Handlungsempfehlungen zum Vollzug der HBO 2002, 2006).

5.3.3.1 Rauchabschnittsbildung

In ähnlicher Weise wie die Brandabschnittsbildung wird auch die Rauchabschnittsbildung in Bestandsgebäuden weder in notwendigen Fluren noch in großen Gebäudeausdehnungen vorgefunden. Gerade diese wäre allerdings im Rahmen der Evakuierung von Personen eine adäquate Hilfe zur Schutzzielumsetzung, besonders in den Fällen, in denen nicht einmal eine Brandabschnittstrennung vorliegt.

In erster Folge können z. B. bestehende alte Türen im Verlauf von Fluren oder in großen Nutzungseinheiten in der Form ertüchtigt oder genutzt

Abb. 5.23: Fehlende Rauchschutztrennung (30 m) in einem notwendigen Flur

werden, dass sie zumindest als Rauchtrennung dienen. Hierzu ist meist nur die simple Nachrüstung mit einer dreiseitigen Dichtung erforderlich sowie das Anbringen einer Bodendichtung bei großen Bodenspalten (absenkbare Bodenlippe, Auflaufdichtung o. a.), um so eine Art von Rauchdichtheit „nicht nach Norm" umzusetzen. Durch den weiteren zusätzlichen Einbau von Türschließern und Dichtungen in Verbindung mit einem Fallenschloss kann man die Rauchdichtigkeit weiter verbessern, sodass man eine Behinderung der Rauchausbreitung nach den baurechtlichen Vorgaben im Sinn des § 3 MBO und der Schutzziele erreicht.

5.3.3.2 Holzfachwerkwände

Die Fachwerkwand ist eine Konstruktion, die aus einem Holzgerüst, der Ausfachung und ihrer Beschichtung besteht. In der Regel ist das Holzgerüst bzw. Holzfachwerk aus einem Hartholz wie Eiche o. Ä. Hergestellt, in manchen Fällen auch aus einem Nadelholz. Die Ausfachungen in diesen Fachwerkverbänden sind vorwiegend durch Stroh-Lehm- oder Lehmauffüllungen und in neueren Gebäuden mittels Backstein oder Naturstein ausgefüllt. Die Bekleidung des Fachwerkes muss mindestens einseitig erfolgt sein, dann können die Bauweise und Bauart nach DIN 4102-4 in die Feuerwiderstandsklasse F 30-B eingeordnet werden. Hierbei muss jedoch die Querschnittsabmessung der Hölzer mindestens 100 × 100 mm betragen (siehe Abb. 5.24).

Des Weiteren hat man bei verschiedenen Bränden dieser Fachwerkgebäude festgestellt, dass auch eine Feuerwiderstandsdauer von 60 bis 90 Min. erreicht werden kann, wenn die Ausfachung z. B. mit Lehmbatzen oder Lehmputz mit insgesamt einer Dicke von ca. 12 cm bzw. mit Kalkmörtelputz und Wärmedämmputz bei einer Dicke von insgesamt 16 cm oder durch mit Kalksteinen und Wärmedämmputz ausgefachtem Ständerwerk mit insgesamt 22 cm erreicht wird.

Abb. 5.24: Ausfachung aus Lehm und Reisig nach traditioneller Art

Abb. 5.25: Altstadt im Fachwerkstil mit erhöhtem Brandüberschlagsrisiko (Foto: © Wolfgang Cibura/Fotolia.com)

Diese Bauweisen sind jedoch nach der Norm nicht qualifiziert und können höchstens im Rahmen einer schutzzielorientierten Bewertung aus der Baustoff-/Bauteilkompensation abgeleitet werden.

Im Rahmen einer Sanierung kann eine brandschutztechnische Ertüchtigung von bestehenden Fachwerkkonstruktionen durch folgende Maßnahmen umgesetzt werden:

- Austausch von Fachwerkhölzern gegen Hartholz mit größeren Querschnitten
- Beschichtung der Fachwerkhölzer mit dämmschichtbildenden Anstrichsystemen oder mittels Beplankung
- Austausch der Ausfachungen gegen nichtbrennbare, wie Lehm, Mauerwerk, Ziegel etc.
- Verschließen der Fugen zwischen Holzfachwerk und Ausfachung mit nichtbrennbaren und formbeständigen Baustoffen

Darüber hinaus kann unabhängig von der Nachweisführung der DIN 4102 eine Nachweisführung nach Eurocode bzw. über eine Brandlastberechnung mit Rückführung auf die Feuerwiderstandsdauer erfolgen. Hier wird der Nachweis für den Brandfall erbracht, dass ein vorhandener Restquerschnitt für eine bestimmte Feuerwiderstandsdauer erreicht wird.

5.3.3.3 Wände aus Massivbauteilen

Tragende Wände aus Massivbauteilen weisen in der Regel eine Feuerwiderstandsdauer von mehr als 90 Min. auf. Hier müssen lediglich hinsichtlich ihrer Dicke ggf. notwendige Putzbekleidungen sowie ein Durchbrand im Bereich der Fugen berücksichtigt werden. Im Weiteren muss bei Wänden aus Stahlbeton die vorhandene Betonüberdeckung im Bestand überprüft werden.

Im Bestand trifft man immer wieder auf Probleme, gerade was die Verbindungsfugen von tragenden und nichttragenden Bauteilen angeht. Hier ist oftmals der Fugenfüllstoff in der Mitte aufgebrochen oder es besteht an den

Abb. 5.26: Beispiel einer nicht ordnungsgemäß verfüllten Verbindungsfuge

Abb. 5.27: Mauerwerkswand im Bestand mit eventueller Übereckbeeinflussung

Randzonen keine formbeständige Verbindung mehr zwischen den Massivbauteilen und dem Fugenfüllwerkstoff. Oftmals fehlt auch hinter der Mörteloberfläche der Auffüllwerkstoff (siehe Abb. 5.26).

Weiterhin wird darauf verwiesen, dass der Verwendbarkeitsnachweis von Fugensystemen in der Regel auch durch ein allgemein bauaufsichtliches Prüfzeugnis (abP) festgestellt wird. Die Übereinstimmungsnachweise werden mit einer Übereinstimmungserklärung des Herstellers (ÜH) bescheinigt. Es sollten also bei jeder Begehung und auch bei der Bauabnahme die Fugen zumindest einer Sichtkontrolle unterzogen werden.

Außerdem wird darauf verwiesen, dass Fugensysteme regelmäßig überprüft werden müssen. Sie haben bei wechselnden Werkstoffbedingungen und Witterungseinflüssen und Bewegungen der Bauteile nur eine begrenzte Lebensdauer. Sie sollten in einem bestimmten Rhythmus instand gesetzt bzw. ausgetauscht werden. Dies betrifft grundsätzlich Fugen für Wände und trennende Bauteile genauso wie die für Geschossdecken.

5.3.3.4 Wände aus Leicht- bzw. Systembauteilen

Die meisten Probleme bestehen in der Regel bei den nichttragenden Trennwänden, da diese oftmals nicht von Rohdecke/Rohboden bis zur Rohdecke geführt worden sind und sich im Bestand, insbesondere bei Flurtrennwänden, Probleme mit dem Raumabschluss ergeben. Die leichten Trennwände gehören im Allgemeinen zu den Ausbaukomponenten. Ihre Bewertung stellt sich meist schwieriger dar als die der Rohbaukonstruktionen, da im Bestand meist Bauteile verwendet worden sind, für die keine Nachweise vorliegen oder bestehen. Hierzu ist festzustellen, dass in den Jahren von 1960 bis Mitte der 1980er Jahre meist keine Planung für die Ausbaukomponenten vorgenommen wurde und diese im Normalfall ohne Planungsgrundlage „wild" im Gebäude oder innerhalb der Nutzungsbereiche errichtet worden sind. Bei der Bewertung der Trennwandkonstruktionen und leichten Trennwände tut man sich heute meist relativ einfach. Aufgrund der Konstruktionsweise in Ständerbauweise (Ständer, Beplankung aus Gipskarton o. Ä. mit innen

Abb. 5.28: Aufbau einer Trockenbautrennwand

Abb. 5.29: Mangelhafter Deckenanschluss bei einer Porotontrennwand

liegender Dämmung) kann man grundsätzlich davon ausgehen, dass der Nachweis der Feuerwiderstandsdauer von 30 Min. erreicht wird. Das gilt sowohl für Konstruktionen neuerer wie auch älterer Bauart sowie für die, die aus Sandwichelementen mit der Werkstoffverbundkombination aus Blech – Mineralfaser – Blech errichtet worden sind (siehe Abb. 5.28).

Das Problem der Leichtbauweise, also der Verbindung zwischen Trennwandsystem und der Unterdecken, besteht meist darin, dass im Allgemeinen die Anschlüsse zwischen der Decke und den Wänden nicht eindeutig nachweisbar sind. Es muss damit gerechnet werden, dass zum einen die Standsicherheit der Wand, aber auch die raumabschließende Wirkung der Decke bzw. die Kombination aus beidem im Bereich des notwendigen Flurs im Brandfall versagt und frühzeitig zum Einsturz führt. Deshalb ist in bestehenden Gebäuden oftmals der Nachweis der Erfüllung der Schutzziele im Sinne des § 3 MBO/LBO nicht gegeben. Insofern müssen in bestehenden Gebäuden seit ca. 1960, in denen diese Trennwand- und Unterdeckensysteme verbaut worden sind, bei einer Bestandsaufnahme diese ordnungsgemäß überprüft werden. Wie bereits im Absatz vorher erwähnt, wird sicherlich für die Einzelsysteme der Nachweis der Feuerwiderstandsdauer von 30 Min. gelingen.

Die Frage ist, wie hier in der Kombination bzw. der Verbindung und der Anschlüsse beider Elemente der Nachweis feuerhemmend erbracht werden kann. Gerade dann, wenn man feststellt, dass Unterdecken so verbaut worden sind, dass Oberlichter von Türen in notwendigen Fluren zum Teil halb im Deckenhohlraum liegen, wird dies nicht gelingen.

Für den Brandschutzplaner bedeutet das, dass er sich dieser Konstruktion annehmen muss, um die Schutzziele des Baurechts einhalten zu können. Er muss sich Gedanken machen, inwieweit man die bestehende Konstruktion ertüchtigen kann, z. B. mittels Verkleidung o. Ä., oder eine geeignete Kompensationsmaßnahme, beispielsweise durch eine Brandmeldeanlage mit Rauchmelderüberwachung o. Ä., umgesetzt werden kann.

Abb. 5.30: Unterdecke im Bestand mit Wandanschluss

In manchen Fällen gelingt eine Kompensation mittels funkvernetzter Rauchwarnmelder, dies ist jedoch im Vorfeld mit der zuständigen Bauaufsichtsbehörde abzustimmen und kann sicherlich nur in den Fällen geschehen, in denen es nicht um große Verwaltungsgebäude bzw. Sonderbauten u. Ä. geht.

5.3.4 Unterdecken

Auch Unterdecken gehören zu den Ausbaukomponenten. Hier wird unterschieden zwischen Deckenkonstruktionen, die zur Verbesserung des Brandschutzes der eigentlichen Geschossdecke dienen, und Unterdecken, die z. B. in notwendigen Fluren oder im Verlauf von Rettungswegen die Funktion aufweisen, die im Deckenhohlraum liegenden Installationen von dem Rettungsweg zu trennen. Bei diesen Unterdeckenkonstruktionen ist es ähnlich wie bei leichten Trennwandsystemen (siehe Kapitel 5.3.3.4). Auch hier findet man meist bei bestehenden Unterdecken in erster Linie Systeme neuerer Bauart. Bei den Unterdeckensystemen, die in den 1970er und 1980er Jahren verbaut wurden, sind allerdings meist entweder nur alte Prüfzeugnisse oder gar keine Anwendbarkeitsnachweise vorhanden. Bei Unterdecken ist weiter wichtig zu überprüfen, ob diese ggf. Öffnungen für Lampen, wie Einbauspots o. Ä., aufweisen, da diese im Normalfall brandschutztechnisch nicht ausreichend gekapselt sind. Auch was die Beurteilung des alten Aufhängematerials angeht, wurde meist auf Eigenkonstruktionen mittels Holzlattung oder Blechrahmenkonstruktionen zurückgegriffen und nicht, wie heute üblich, auf Kreuzroste oder entsprechende Konstruktionen, die sich bewährt haben.

Ein großes Problem sind grundsätzlich große Brandlasten in Deckenhohlräumen. Hier muss insbesondere beachtet werden, dass Zwischenräume älterer Decken zum einen meist eine Höhe von mehr als 250 mm aufweisen und zum anderen diese enormen Brandlasten in Form von Kabeln aufweisen. Hinzu kommen noch erhebliche Nachbelegungen von Kabeln, die meist noch direkt auf der Decke liegen und nicht in Kabeltrassen verlegt wurden. Zur Bewertung der Kabelbrandlast in Deckenhohlräumen und hierzu evtl. erforderlicher Kompensationsmaßnahmen kann auf die DIN VDE 0833-2 „Gefahrenmeldeanlagen für Brand, Einbruch, Überfall“ verwiesen werden.

Abb. 5.31: Wesentliche Brandlasten durch Kabel im Zwischendeckenbereich

Insofern können Brandlasten für Deckenhohlräume dann als gering eingestuft werden, wenn sie ≤ 25 MJ (7 kWh) je m² sind. Das ist in der Regel der Fall bei ca. 15 Stück NYM-Leitungen mit 3 × 1,5 mm² Querschnitt oder einem PVC-Abwasserrohr mit einem Durchmesser von DN 100 z. B. nach DIN 19531 „Rohr und Formstücke aus weichmacherfreiem Polyvinylchlorid (PVC-U) für Abwasserleitungen innerhalb von Gebäuden" bei einer Länge von ca. 1 m im Zwischendeckenbereich.

Insofern diese Voraussetzungen nicht eingehalten werden, sollten die Bereiche der Zwischendecke evtl. überwacht werden. Bei Unterdecken, die im Verlauf von Rettungswegen bzw. notwendigen Fluren verlegt worden sind, muss zuerst festgestellt werden, ob entsprechende Installationen im Deckenhohlraum vorhanden sind und um welche Art von Brandlasten es sich handelt. Dies ist deshalb wichtig, da man bei der Bewertung ableiten muss, ob die Schutzziele noch annähernd erfüllt werden oder nicht. Grundsätzlich sollten im Bereich der Deckenhohlräume nur die Leitungen verlegt werden, die für die Aufrechterhaltung und den Betrieb des notwendigen Flurs bzw. des Rettungsweges dienen. Die Bewertung der Baustoffklasse ist bei den Unterdecken hierbei auch noch entscheidend, da im notwendigen Flurbereich grundsätzlich nur eine nichtbrennbare Unterdeckenkonstruktion zulässig ist.

Bei Einstufung in die Feuerwiderstandsklasse, z. B. F 30 nach DIN 4102 gemäß der bauaufsichtlichen Anforderungen, ist gerade in alten Gebäuden festzustellen, dass auch Unterdecken aus Holzwerkstoffen eingesetzt worden sind. Diese Unterdecken aus Holzwerkstoffen stellen grundsätzlich brennbare Baustoffe im Verlauf von Rettungswegen dar, was besonders im Bereich oberhalb der Unterdecke Probleme mit deren Abschluss und Anschluss aufwirft. Insofern ist der Raumabschluss der Unterdecke gegenüber dem Deckenhohlraum bzw. dem notwendigen Flur in einem Brandfall nicht gewährleistet. In den Fällen, in denen eine Ertüchtigungsmaßnahme z. B. durch Beplankung mittels Gipskartonplatten o. Ä. nicht möglich ist oder im

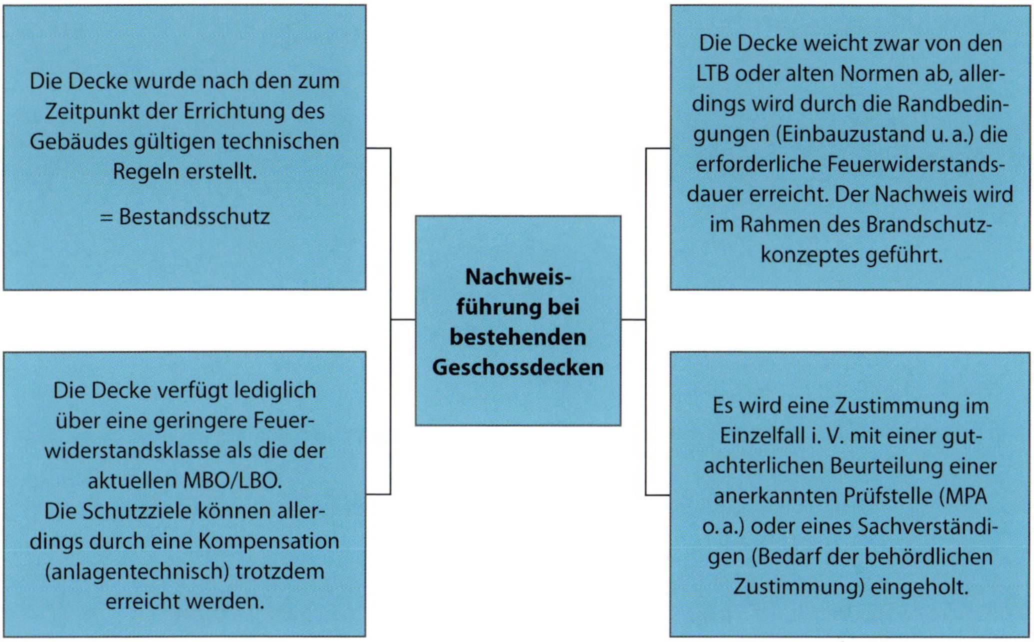

Abb. 5.32: Nachweisführung bei Geschossdecken

Rahmen der Schutzzieldefinition nicht ausreichend ist, kann auf eine Kompensationsmaßnahme zur Frühwarnung zurückgegriffen werden. Es ist dann z. B. eine Brandmeldeanlage mit Rauchwarnmeldern für die betroffenen Bereiche umzusetzen.

5.3.5 Geschossdeckenkonstruktionen

Decken müssen als tragende und raumabschließende Bauteile zwischen Geschossen im Brandfall ausreichend lange standsicher und widerstandsfähig gegen die Brandausbreitung sein. Deckenkonstruktionen haben somit grundsätzlich dieselbe abschottende Aufgabe wie Wandkonstruktionen. Diese besteht darin, den Brand in vertikaler Richtung zu behindern. Insofern wird eine Geschossdecke auch allgemein als Geschosstrenndecke bezeichnet. Die Aufgabe einer Geschosstrenndecke ist der einer Brandwand gleichzusetzen. Man findet jedoch weder in den Bauordnungen der Jahre 1934, 1960 oder heute Angaben über die mechanische Belastbarkeit von Geschossdecken ähnlich wie bei einer Brandwand. Das Problem ist im Altbestand mehr oder weniger darin zu finden, dass anstatt der geforderten feuerbeständigen Geschossdecken vielfach Ortbetondecken z. B. mit einer geringen Betonüberdeckung der Bewehrung oder andere Massiv- bzw. Holzbalkendecken hergestellt worden sind.

Eine brandschutztechnische Nachweisführung bei bestehenden Geschossdecken sollte, soweit überhaupt erforderlich, die in Abb. 5.32 aufgezeigten Punkte beinhalten. Hierbei muss allerdings die Gewissheit in Form eines statischen Nachweises bestehen, dass aus statischer Sicht keine Bedenken

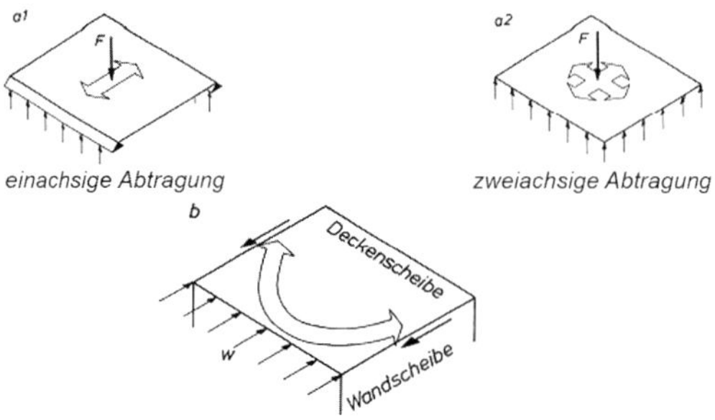

Abb. 5.33: Einbauzustände bzw. Lagerungsarten

gegen die Deckenausführung im Bestand und gegen die Zusatzbelastung durch die Ertüchtigung besteht.

Es wird in der Regel zwischen den in Abb. 5.33 dargestellten statischen Lagerungen unterschieden.

Insofern ist bei der Beurteilung von Geschossdecken der Einbauzustand der Decke in Bezug auf

- eine konstruktive Einspannung an den Endauflagern,
- die Durchlaufwirkung bzw. die Bewehrungsführung nach DIN 4102-4 (z. B. Abschnitt 2.4.5.3) nachgewiesen werden kann,
- einen Querabtrag über die vorhandene Querbewehrung vorliegt,
- die Ausführung der statisch bestimmten Lagerung,
- eine Dehnungsbehinderung bei partieller Brandbeanspruchung,
- einen Putzansatz z. B. nach DIN 4102-4 Abschnitt 3.1.6 vorliegt,
- einen Ansatz von verlorener Schalung bzw. Holzfußleisten (z. B. bei Rippendecken) evtl. aus HWL-Platten mit oder ohne Putzauftrag vorliegt,

zu überprüfen.

Eine konstruktive Randeinspannung von z. B. Plattendecken hat in der Regel einen positiven Einfluss auf die Feuerwiderstandsdauer, da hierdurch Lastumlagerungen im Brandfall erreicht werden, die dann zu einer Reduzierung der Feldmomente führen. Bei einer einseitigen Einspannung kann eine Verlängerung der Feuerwiderstandsdauer von ca. ≥ 15 Min. und bei einer zweiseitigen Einspannung sogar eine Verlängerung von ≥ 30 Min. angesetzt werden (siehe auch Wesche, 1985).

Betrachtet man im Gegensatz hierzu die konstruktive Durchlaufwirkung in Verbindung mit einer Dehnungsbehinderung über z. B. einen Zwischenauflagerbereich eines Stahlbetonunterzuges bzw. eines Halbmassivstreifens, so wird dieser bei der Dimensionierung z. B. nach DIN 4102-4 als Einfeldsystem überhaupt nicht angesetzt, obwohl diese einen erheblichen Einfluss auf die Feuerwiderstandsdauer hat. Durch die Dehnungs- und Rotationsbehinderung in den Auflagerbereichen ist eine freie Verschiebung und Verdrehung der Deckenfelder auch weitgehend auszuschließen. In dem Fall einer Rissbildung am Ende der oberen Bewehrung bleibt insofern eine weitere „Mindest"-Einspannung erhalten und die freie Verformung der Feldmitten ist weitgehend ausgeschlossen.

Die beschriebenen Erkenntnisse der Durchlaufwirkung sind im Übrigen auch auf Rippendecken übertragbar. Diese konstruktive Durchlaufwirkung kann im Vergleich mit der beidseitigen konstruktiven Randeinspannung allerdings lediglich eine Feuerwiderstandsdauer um zusätzlich 10 Min. bewirken.

Im Gegensatz hierzu kann unter Beachtung der Abhängigkeit der Seitenverhältnisse und der Bewehrungsausbildung der unterstützenden Bauteile der Querabtrag eine erhebliche Auswirkung auf die Feuerwiderstandsdauer bei z. B. Plattendecken sowie Rippendecken haben. Betrachtet man hierzu z. B. die Hinweise aus der DIN 4102-4 in Tabelle 11 in Zeile 1.3 bzw. in Tabelle 12 in Zeile 3.1.1.2, so kann man hier mit einer Reduzierung des erforderlichen Achsabstandes der Bewehrung eine Reduzierung der Feuerwiderstandsdauer von bis zu 15 mm erwirken. Insofern ist eine Prüfung im Bestand eine durchaus sinnvolle Bemessungskontrolle und mit den heute möglichen technischen Hilfsmitteln recht einfach umsetzbar. Gerade wenn man betrachtet, dass aufgrund der Erfahrungen aus dem „Lehrter Versuch" (siehe Kapitel 5.1) und aus Brandprüfungen im Labor (siehe auch Kordina/Meyer-Ottens, 1999) diese umfangreich nachgewiesen wurden. Hierbei wurde festgestellt, dass oftmals Verlängerungen der Feuerwiderstandsdauer von bis zu 60 Min. gegenüber den Bemessungsansätzen (theoretischer Art) eines statisch idealen Einbauzustandes nach DIN 4102-4 erreicht werden.

Weitere positive Merkmale sind bei der Bewertung z. B. ein Putzauftrag oder HWL-Platten, die eine Verlängerung der Feuerwiderstandsdauer von ca. 10 bis 15 Min. bewirken.

5.3.5.1 Decken aus Massivbauteilen

Auf der Grundlage umfangreicher Erfahrungen aus Normbrandprüfungen sowie aus verschiedenen Versuchsreihen, z. B. des Instituts für Baustoffe, Massivbau und Brandschutz (IBMB) bzw. der Materialprüfanstalt für das Bauwesen (MPA) an der Technischen Universität (TU) Braunschweig und des Lehrter Brandversuchs (siehe auch Bechtold, 1978) sowie anhand der DIN 4102-2 von 1977, kann auch in älteren Gebäuden die Feuerwiderstandsdauer von Deckenkonstruktionen sehr gut abgeschätzt werden. Typische Deckenbauweisen werden in der Tabelle 5.4 dargestellt.

Aufgrund der Brandprüfungen, die unter anderem an Kappendecken mit ungeschützten Stahlträgern vollzogen wurden, hat man festgestellt, dass diese eine größere Feuerwiderstandsdauer als 30 Min. aufweisen. Dies liegt in der Regel daran, dass nur die Untergurte der Stahlträger freiliegen und der Beton bei den betonvergossenen Stahlträgern eine kühlende Wirkung darauf hat. In alten Bauordnungen, wie z. B. der Preußischen Feuerpolizeiverordnung von 1928, wird darauf hingewiesen, dass Kappendecken mit freiliegenden Untergurten auch ohne zusätzliche Brandschutzmaßnahmen als feuerbeständig eingestuft worden sind. Die feuerbeständige Ausführung aus der damaligen Zeit kann nach heutiger Erfahrung gleichgesetzt werden mit einer Feuerwiderstandsdauer von ca. 60 Min. Deckenkonstruktionen erfordern

Abb. 5.34: Kappendecke im Bestand, unsaniert

Abb. 5.35: Im Bestand vorhandene Rippendecke mit 3 cm Holzunterlattung

also im Gegensatz zu Wandkonstruktionen einen höheren Aufwand sowohl in ihrer Überprüfung als auch im Rahmen der Sanierung bzw. ihrer Ertüchtigung.

Und die umfangreichen Versuchsreihen haben gezeigt, dass Ortbetondecken oder sogenannte Plattendecken im eingebauten Zustand im Bestand grundsätzlich eine Feuerwiderstandsdauer von ≥ 60 Min. aufweisen, unabhängig von der vorhandenen Beton- bzw. Bewehrungsüberdeckung.

Rippendecken mit verlorener Schalung, wie in Abb. 5.35 zu sehen, sind brandschutztechnisch günstiger zu bewerten als die ohne verlorene Schalung. Aufgrund der Holzunterlattung besteht eine Verzögerung bzw. Aufheizung der Betonkonstruktion bei einer ca. 24 mm bis 30 mm dicken Holzfußleiste, da diese erst nach ca. 30 Min. abgebrannt ist. Insoweit müssen also zuerst die Holzfußleisten mit einer Abbrandgeschwindigkeit von 0,7 m/Min. abbrennen, bevor eine Beflammung der Stahlbetonrippen von unten erfolgen kann.

Es besteht weiter die Möglichkeit, bestehende Decken durch verschiedene Maßnahmen, wie im Kapitel 5.3.5 beschrieben, z. B. durch den Auftrag von Gipsputz oder Spritzbeton zu ertüchtigen. In diesen Fällen ist natürlich auch eine höhere Feuerwiderstandsdauer von z. B. 90 Min. und mehr möglich. Hierbei sollte jedoch die statische Konstruktion im Vorfeld wegen des erhöhten Gewichts untersucht werden (siehe Abb. 5.36).

Die nachfolgende Tabelle zeigt eine exemplarische Darstellung alter Deckenbauweisen nach DIN 4102-4. Bei dieser Abschätzung der Feuerwiderstandsdauer sind z. B. der konstruktive Querabtrag, die konstruktive Randeinspannung im Vergleich mit der DIN 4102-4 in der Tabelle weitgehend in der rechten Tabellenspalte berücksichtigt. Zusätzliche Putzaufträge, die das Brandverhalten der Deckenkonstruktion noch verbessern, sind separat zu berücksichtigen.

Abb. 5.36: Im Bestand mit Spritzmörtel ertüchtigte Rippendecke mit nunmehr F 90-A

Abb. 5.37: Massivdecke nach einem Brand

Tabelle 5.4: Auszug aus der Deckenklassifizierung nach DIN 4102-4 mit Ableitungen[1] (siehe auch Rybicki/Prietz, 2011; Wesche, 2005; Falkner et al., 1990)

Deckentyp	Trägerelement, ggf. Bekleidung	Feuerwiderstandsdauer nach DIN 4102-4 (mind.)	Feuerwiderstandsdauer im Einbauzustand (mind.)
Segmentbogengewölbe, preußische Kappe, unbewehrte Betonkappendecke	Mauerwerk, Beton und Stahlträger	< 30	≥ 30 bis 50 bei Putzauftrag[2] d = ≥ 25 mm im Flanschbereich bis 90
Montagegewölbeplatten	Ziegel, Beton (Unterschale)	< 30	~ 30
Stahlträger, „Förster"-Decken	Stahl, Ziegel	< 30	≥ 30 bis 50
Stahlbeton und Stahlsteinbalken, Günther-Decke	Stahlstein, Balken und Beton, Balken und Deckenziegel	≤ 30 bis 90	≥ 30, d ≥ 115 mm ≤ 90, d ≥ 165 mm
Massivdecken Leipziger Decke Menzel-Decke	Stahlbeton und Ziegel	< 30	~ 30
Rabbitzdecke	Stahlbeton, Ziegel, Stahl mit Rabbitzputz d ≥ 25mm	90	≥ 90
Stahlbeton	Stahl und Beton	≥ 30 bis 90 Min.	60 bis 120

Fortsetzung Tabelle 5.4

Deckentyp	Trägerelement, ggf. Bekleidung	Feuerwiderstandsdauer nach DIN 4102-4 (mind.)	Feuerwiderstandsdauer im Einbauzustand (mind.)
Stahlbeton, Vollplatte ohne Putz, ohne Estrich[3]	Einfeld	30, d = ≥ 60	90, d = ≥100
	Durchlauf	30, d = ≥ 80	
Betonträgerdecke	Ziegel, Beton und Stahlbeton	< 30 bis 90	30 bis 90
Rippendecke, örtlich auf Schalung hergestellt	Stahlbeton und Holzunterlattung	< 30 bis 90	60 bis 100
	Stahlbeton mit Füllkörper	90	< 90 bis 120
Porenbeton Platten (mind. GSB 50)	mit Putz ohne Putz mit Unterdecke	30, d = ≥ 75 mm/90, d = ≥ 100 mm 30, d = ≥ 50 mm/90, d = ≥ 75 mm 30, d = ≥ 50 mm/90, d = ≥ 50 mm	

[1] Die Tabelle erhebt keinen Anspruch auf Vollständigkeit.
[2] Alternativ kann eine Ertüchtigung durch eine Beschichtung mit Dämmschichtbildner, sogenannter Brandschutzanstrich oder Vermiculite d = ≥ 5 mm erfolgen.
[3] Durch 10 mm Normalputz können 10 mm Betondicke ersetzt werden, dasselbe gilt für 4 mm Spezialputz (Vermiculite o. Ä.), allerdings gilt d ≥ 50 mm.

Buchtipp

Brandschutzatlas
Von Josef Mayr und Lutz Battran. Mit über 40 Fachautoren aus der Praxis.
ISBN 978-3-939138-01-3

In den Abb. 5.38 und 5.39 sind auszugsweise einige Deckenkonstruktionen zu sehen.

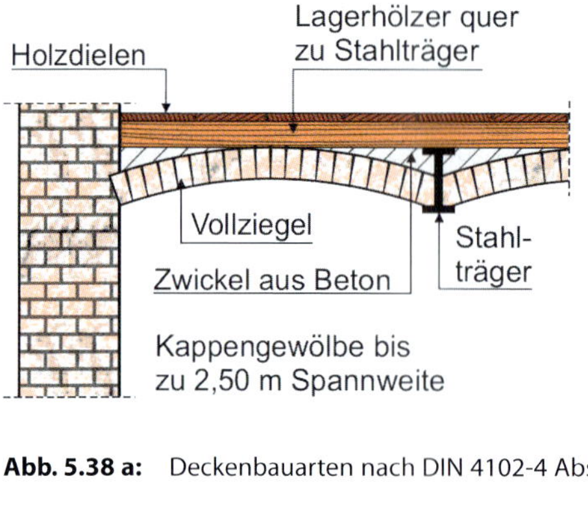

a) Segmentbogen-Gewölbe, Preußische Kappen (Bauart II)

Abb. 5.38 a: Deckenbauarten nach DIN 4102-4 Abschnitt 6.5, Bauarten I und II

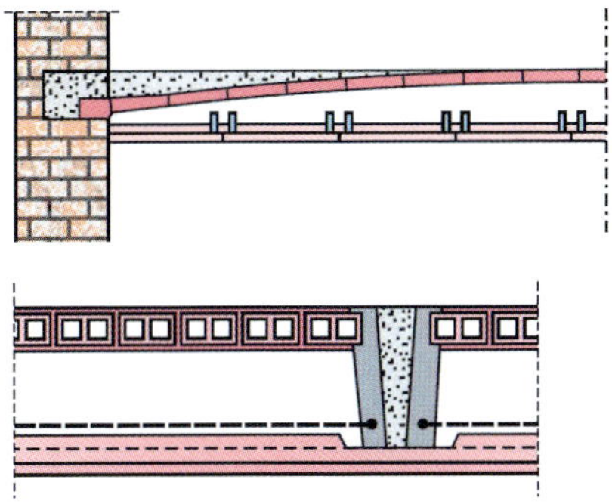

b) Montage-Gewölbeplatte (Bauart II)

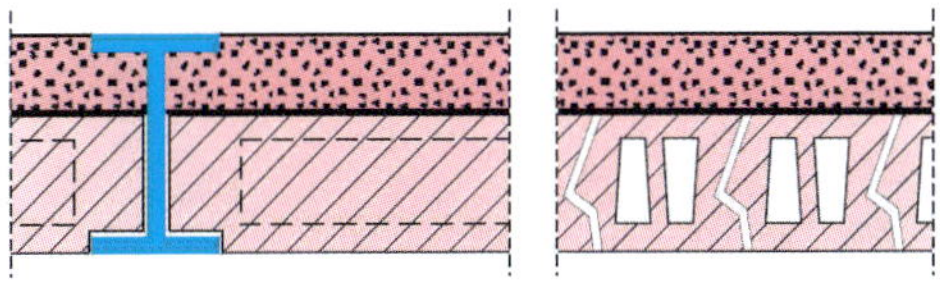

c) Stahlträgerdecke, Förster-Ziegel (Bauart I)

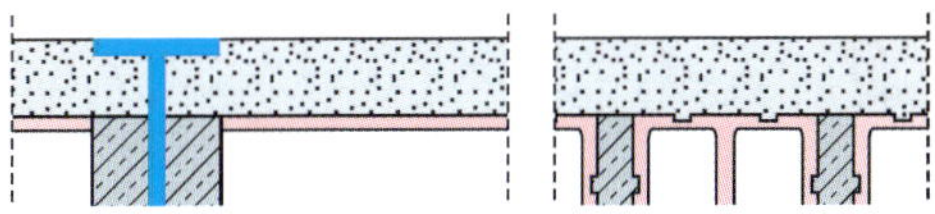

d) Stahlträgerdecke, Strahlstein-Kappen (Bauart II)

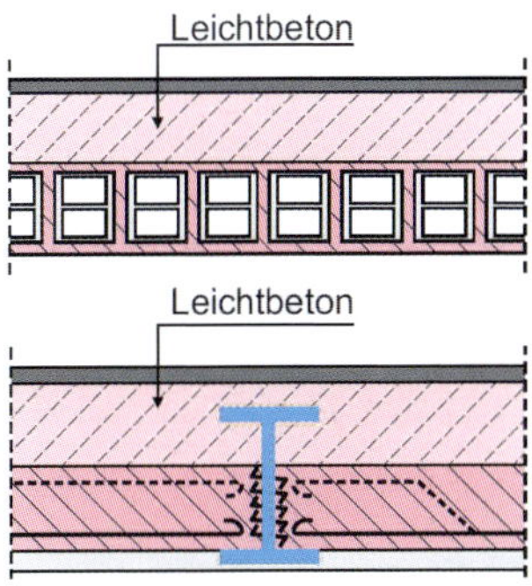

e) Massivdecken, Kleinsche Decke (Bauart II)

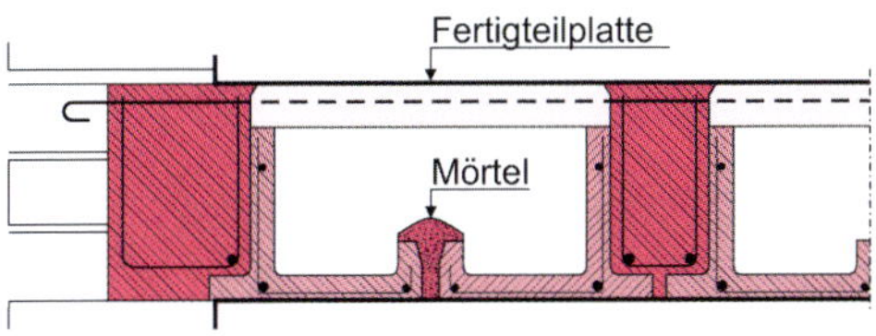

f) Massivdecke, Menzel-Decke (Bauart II)

Abb. 5.38 b–f: Deckenbauarten nach DIN 4102-4 Abschnitt 6.5, Bauarten I und II

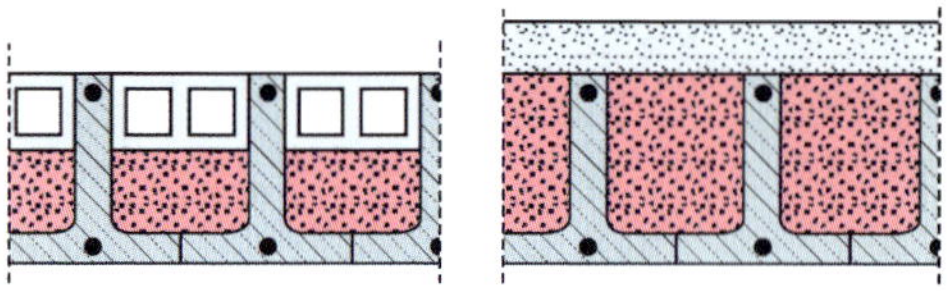

a) Stahlbeton und Stahlsteinbalken, Günther-Decke

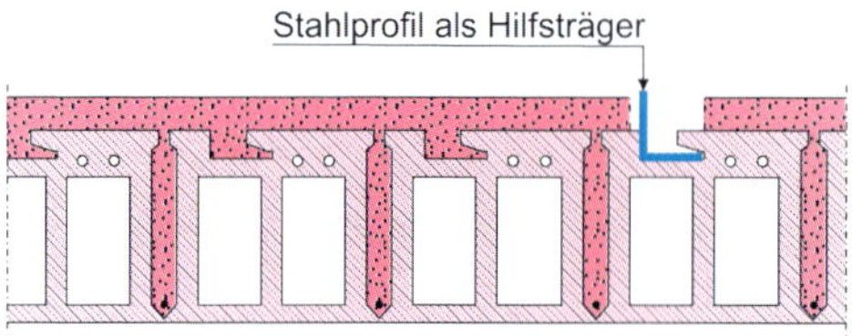

b) Massivdecken, Leipziger Decke

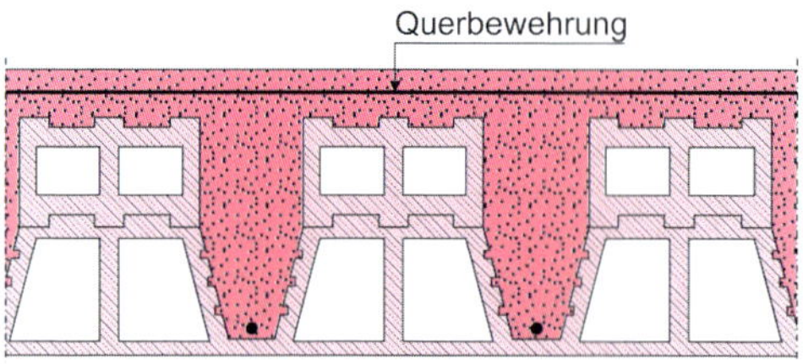

c) Massivdecke, Ackermann-Decke

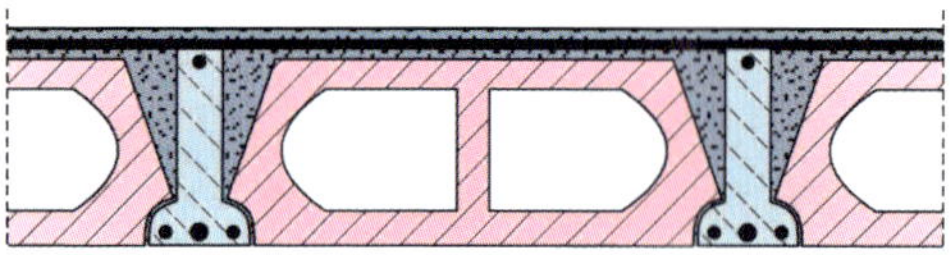

d) Massivdecke, DIN-F-Decke

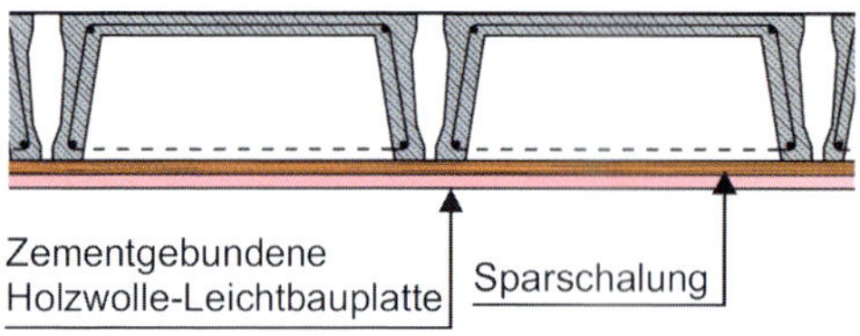

e) Kassettenplatten-Decke

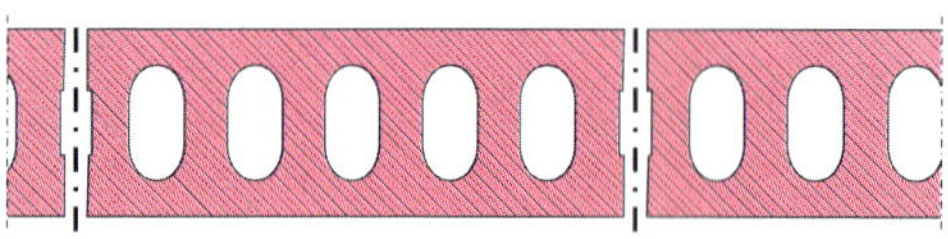

f) Spannbeton-Hohldielen

Abb. 5.39 a–f: Deckenbauarten nach DIN 4102-4 Abschnitt 6.5, Bauart III

Abb. 5.40: Offene, unsanierte Holzbalkendecke aus Eichenholz (~ 60 Min.)

5.3.5.2 Holzbalkendecken

Holzbalkendecken sind wie massive Decken, waagerechte Bauteile, die für die vertikale Trennung im Gebäude verantwortlich sind. Sie werden ebenfalls als Geschosstrenndecken bezeichnet. Im Gegensatz zu Massivdecken bestehen bei Holzdecken die tragenden Teile aus Holzbalken mit oftmals großen Querschnitten, die entweder aus Hartholz (Eiche o. Ä.) oder aus Nadelholz gefertigt wurden. Grundsätzlich haben Holzbalkendecken durch die vorhandenen Hohlräume die gleichen Probleme mit der Absetzung von Glutnestern in diesen Hohlräumen, wie dies bei der Verkleidung von Holztreppen der Fall ist.

Ein weiteres Problem liegt in den Deckenhohlräumen, in denen sich bei alten Decken meist Sägemehl oder Torf als Dämmstoff befindet und somit im Brandfall eine ungehinderte Brandausbreitung in vertikaler Richtung bzw. innerhalb der Decke in waagerechter Richtung auftreten kann. Im Bestand findet man in Decken, die ab ca. 1946 bis zum Anfang der 70er Jahre erstellt worden sind, dagegen meist Auffüllungen aus Bauschutt, Hochofenschlacke, Strohlehm auf Holzlattung/-schalung oder Sand als Dämmstoff. Hierzu kommt oft das Problem, dass an den Unterseiten der Stuck- oder Kassettendecken bzw. der unterseitigen Holzverkleidung zum einen Steckdosen verbaut wurden und zum anderen Lampen direkt befestigt sind.

Allerdings wurde in verschiedenen Brandversuchen zwischen den Jahren 1957 und 1962 am Institut für Baustoffkunde und Stahlbetonbau der Technischen Hochschule Braunschweig festgestellt, dass auch eine Holzbalkendecke durch die Umsetzung geeigneter Ertüchtigungsmaßnahmen (Dämmschichtbildender Anstrich, Verkleidung mittels Feuerschutzplatten o. Ä.) eine Feuerwiderstandsdauer von bis zu 90 Min. erreichen kann.

In den 1960er Jahren hat man dann versucht, Holzdecken auch im Rahmen von Versuchen in der DIN 4102 zu verankern. Hierbei wurde z. B. festgestellt, dass bei einem Nadelholzbalken von 30/30 cm, der über eine Lehmaus-

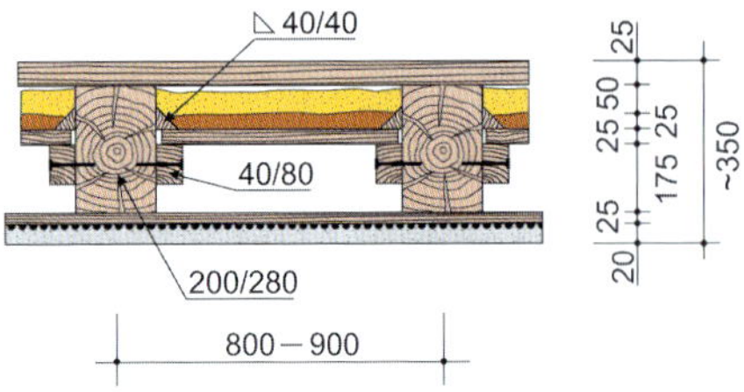

Deckenaufbau

- 25 – 45 mm Dielung (gespundet) Hobeldielen
- 50 mm Auffüllung (Strohlehm, Schutt, Sand)
- 25 mm Lehmverstrich
- 25 – 35 mm Schwartenbretter
- 80/40 mm Latten (auch 60/40)
- 25 mm Deckenschalung
- 20 mm Rohrputz

Abb. 5.41: Beispielhafter feuerhemmender Bodenaufbau (Foto: Mayr/Battran, Brandschutzatlas, Kap. 13.2)

fachung, einen Bretterboden sowie einen Spalierlattenputz verfügt, eine Feuerwiderstandsdauer von 30 bis 60 Min. erreicht wird. Voraussetzung bei der Verwendung dieser Decken ist jedoch, dass die Deckenbalken ins Mauerwerk eingelassen sind. Andernfalls besteht bei der Auflage der Deckenbalken aus Holz (genauso wie bei Stahlträger) auf Konsolen das Problem, dass diese aufgrund des fehlenden Haltes (z. B. durch Zerspringen der Konsole oder Verrutschen des Deckenbalkens) ein- bzw. herabstürzen.

Hinweis

Decken mit verdeckten Holzbalken und Einschubboden mit Lehmschlag und einer Dicke von mindestens 60 mm sowie einer Beplankung von unten oder mit unterseitigem Putz werden nach DIN 4102 als feuerhemmend eingestuft (siehe Abb. 5.41).

Eine brandschutztechnische Nachrüstung von Holzbalkendecken kann wie folgt ausgeführt werden:

- Austausch der brennbaren Aufzählungen gegen nichtbrennbare Baustoffe bzw. Dämmstoffe
- Bekleidung der Decke von unten mit Gipskarton-Feuerschutzplatten (25 mm dick) oder Herstellung einer Drahtputzdecke nach DIN 4102-4
- Einbringung von F-30-geschützten Stahlträgern als Unterstützung der tragenden Holzbalken
- Einschub einer ca. 5–6 cm dicken Stahlbetonplatte (bis F 60) bei sichtbaren Balken (14–16 cm) und Ertüchtigung der Auflagen
- Herstellung einer Unterdecke nach einem zugelassenen System (bis F 90-B)

Bei der Bewertung von Holzbalkendecken ist weiterhin bei der Bemessung zu berücksichtigen, ob bei diesen Holzbalkendecken eine Fäulnis- oder Schwammgefahr vorliegt. An diesen Holzbalkendecken tritt in alten Gebäuden oftmals durch

- aufsteigende Feuchte vom Mauerwerk,
- vorhandene oder fortwährende Feuchte vom Mauerwerk,
- von der Wetterseite eindringende Feuchte
- oder Spritzwasser und Wasserdampf durch z. B. Nass- oder Trockenräume

Abb. 5.42: Stahldachtragwerk über dem Hauptschiff des Kölner Doms

Abb. 5.43: Brand im Dach an der Anna-Amalia-Bibliothek in Weimar (Foto: Klassik Stiftung Weimar, Foto von Maik Schuck)

ein statisches Problem auf. Gerade durch die Fäulnis- und Schwammbildung wird die Standsicherheit des Bauwerkes sowohl im Gebrauchszustand als auch im Brandfall stark gefährdet. Hier besteht in jedem Falle Handlungsbedarf durch eine Sanierung der Decke.

5.3.6 Bedachung und Dächer

Für Dachkonstruktionen im Bestand gelten in der Regel die gleichen Anforderungen wie für neue Gebäude. Grundsätzlich besteht hier die Forderung nach einer harten Bedachung im Sinne der MBO/LBO und der DIN 4102. Bestehen größere Abstandsflächen zu anderen Gebäuden, sind unter Umständen auch weiche Bedachungen zulässig. Insofern bestehen bei der Bewertung von Dachkonstruktionen in bestehenden Gebäuden im Normalfall keine großen Schwierigkeiten.

Bei der Ausführung handelt es sich meist um Stahl- oder Holzkonstruktionen, die im Regelfall keine Anforderungen an die Feuerwiderstandsdauer erfordern. Einzig die Decke zwischen dem OG und im Dachraum muss unter dem Aspekt, dass eine mögliche Nutzung als Aufenthaltsraum vorliegt, eine brandschutztechnische Abtrennung entweder in feuerhemmend oder in feuerbeständig (je nach MBO /LBO) aufweisen. Es empfiehlt sich aber gerade im Bestand, grundsätzlich den Abschluss vom OG zum Dachraum mindestens feuerhemmend (F 30-B) auszuführen. Der Grund besteht darin, dass meist die Hölzer in den alten Dachstühlen und Holzbalkendecken, gerade im Denkmal oder in Fachwerkbauten, stark ausgetrocknet sind und es hier sehr schnell zu einer Entzündung und einer eventuellen Brandweiterleitung in das darunter liegende Geschoss kommen kann. Gerade dieses Kriterium der Brandweiterleitung war einer der wesentlichen Gründe für den Brand im Dach der Anna-Amalia-Bibliothek in Weimar im September 2004.

Hier hatte man neben dem Verlust des Dachstuhls auch den Verlust von wertvollen Büchern und Kulturgütern zu verzeichnen.

Abb. 5.44: Harte, nichtbrennbare Bedachung eines Industriedenkmals in Köln

„Vermutlich war es eine defekte Elektrokabelverbindung, die das verheerende Feuer in der Herzogin Anna Amalia Bibliothek Weimar ausgelöst hat. Die korrodierte Klemmverbindung einer Aluminium- und einer Kupferleitung hat längere Zeit hinter einer Wandverkleidung im Dachgeschoß geschmort, bevor die Brandmelder Alarm schlugen. Erst im Februar 2005 hat das Bundeskriminalamt in einem Gutachten das Ergebnis seiner Untersuchungen mitgeteilt.“ (Internet: http://www.anna-amalia-bibliothek.de/de/brand.html [Zugriff: 18.07.2012])

Im Weiteren trifft man in Gebäuden der Jahrhundertwende oft auf die Situation, dass die sehr großen und langen Dachräume nicht unmittelbar vom Treppenraum begangen werden können. Dies stellt sowohl für die Flucht und Rettung ein Problem dar als auch für die Durchführung von wirksamen Löschmaßnahmen.

In den Vorschriften der MBO/LBO beschränken sich Brandschutzanforderungen an Dächer und Bedachungen in erster Linie auf die Dachhaut, die als „harte Bedachung“ widerstandsfähig gegen Flugfeuer und strahlende Wärme auszuführen ist. An das Dachtragwerk werden in der Regel nur Anforderungen bei Hochhäusern (Baustoffklasse A – nichtbrennbar) gestellt (siehe Abb. 5.44).

Als harte Bedachung werden z. B. folgende Dacheindeckungen angesehen:

- Ziegeleindeckungen
- Schiefereindeckungen
- Dachpappe auf Holzschalung
- Gasbeton- oder Stahlbetonplatten
- Kiespressdach
- Kiespressdach mit Fasereinlage
- Bitumen- oder Kunststoffbahnen
- Metall- und Faserzementplatten
- Glasdächer

Abb. 5.45: Unsanierter Treppenraum im Denkmal (Foto: © Felix Pergaude/Fotolia.com)

5.3.7 Rettungswege und Treppenraum

Bei Gebäuden im Bestand ist als höchste Priorität die Überprüfung der Rettungswegsituation anzusehen. Dies sollte unter Betrachtung der allgemeinen Schutzziele der MBO/LBO erfolgen. Die Sicherstellung von Ausgängen in Erdgeschossen dürfte im Bestand in den meisten Fällen keine Probleme mit sich bringen. Hier ist im Prinzip lediglich bei Umnutzungen darauf zu achten, dass die Rettungswegentfernung und die Anzahl und Ausführung der Ausgänge sowie deren Breite im Abgleich mit den baurechtlichen Vorschriften umgesetzt sind.

Größere Schwierigkeiten ergeben sich in der Regel bei der Sicherstellung von notwendigen Treppen und Treppenräume im ersten Rettungsweg für die OG. Hier findet man im Bestand meist Holztreppen oder sogar offene Treppenanlagen. Betrachtet man hierzu weiter die Ausführung der Treppenraumwände, so wird man feststellen, dass diese im Normalfall nur der Feuerwiderstandsdauer in F 30-B nach DIN 4102 zugeordnet werden können. Die Bauvorschriften der Jahre 1960 bis 1997 fordern allerdings eine feuerbeständige Treppe in einem abgeschlossenen Treppenraum in F 90-A nach DIN 4102. Der Planer hat nunmehr die Aufgabe, sich der Situation anzunehmen und eine gesicherte Rettungswegführung nach den Schutzzielen der jeweiligen LBO zur Evakuierung umzusetzen.

Natürlich ist es im Bestand meist nicht möglich, eine vollkommene Neugestaltung der vorgefundenen Möglichkeiten herzustellen. Infolgedessen muss die vorgefundene Situation an die bereits früher wie heute geltenden Schutzziele herangeführt werden.

Grundlegend sind zuallererst Brandlasten im *Treppenraum*, soweit es geht, zu vermeiden bzw. zu entfernen. Sind hier evtl. Holzverkleidungen z. B. aus Nadelholz oder mit ungeschlossenen Oberflächen im Bestand vorhanden, so sind diese entweder zu entfernen oder mittels eines dämmschichtbildenden Anstrichs o. Ä. zu behandeln. Hierzu wird auf die Zulassungssituation und eine evtl. erforderliche Abweichung verwiesen. Für den Fall, dass zwei bauliche Rettungswege im Gebäude vorhanden sind, kann die Holzverkleidung auch im Treppenraum verbleiben, wenn jeweils der zweite bauliche Rettungsweg derart sicher ist, dass er in einem Gefahrenfall nicht ausfällt und dass auf das Rettungsgerät der Feuerwehr (Steckleiter, Drehleiter o. Ä.) nicht zurückgegriffen werden muss.

Bei der Beurteilung der Rettungswege sollten in jedem Fall folgende Parameter berücksichtigt werden:

- die Länge der Rettungswege
- die Begrenzung der Rettungswege einschließlich des Abschlusses oberhalb der Unterdecke
- die Berücksichtigung von Rauchabschnittslängen in Rettungswegen (notwendige Flure alle 30 m)
- die Abschlüsse in den Rettungswegen (Türen, Verglasungen usw.)
- Öffenbarkeit der Abschlüsse und Türschließer im Verlauf der Rettungswege
- Kennzeichnung der Rettungswege
- brennbare Verkleidungen im Verlauf von Rettungswegen
- Belüftung und Rauchableitung in Treppenräumen

5.3.7.1 Zweiter Rettungsweg

Bei bestehenden Gebäuden ist im Bestand in jedem Fall genau zu überprüfen, ob der zweite Rettungsweg in allen Nutzungseinheiten gesichert ist, d. h., es müssen zum einen entweder anleiterbare Stellen (beträgt die Brüstungshöhe mehr als 8 m über der Geländeoberfläche, ist der Einsatz einer Drehleiter (z. B. DLK 23-12) erforderlich.) in ausreichender Anzahl je Nutzungseinheit vorhanden sein oder es muss ein zweiter baulicher Rettungsweg, z. B. in Form eines weiteren notwendigen Treppenraums, einer Außentreppe, vorhanden sein oder hergestellt werden. Alternativ besteht auch die Möglichkeit, den bestehenden einzigen Treppenraum zum einen von Brandlasten zu befreien und zum anderen in der Form zu ertüchtigen, dass er in seiner Ausführung einem Sicherheitstreppenraum nahekommt. Dies kann insbesondere durch den Einbau einer Sicherheitsüberdrucklüftungsanlage (SÜLA) erfolgen.

Bei einer Anleiterbarkeit im zweiten Rettungsweg ist weiterhin zu beachten, dass die Fenster die entsprechenden Mindestmaße der LBO von 90 × 1,20 m (ab MBO 1981) aufweisen und ab einer Höhe von 1,20 m über dem Fußboden eine Ausstieghilfe vorhanden ist.

Abb. 5.46: Zweiter Rettungsweg über Rettungsgerät der Feuerwehr (Drehleiter)

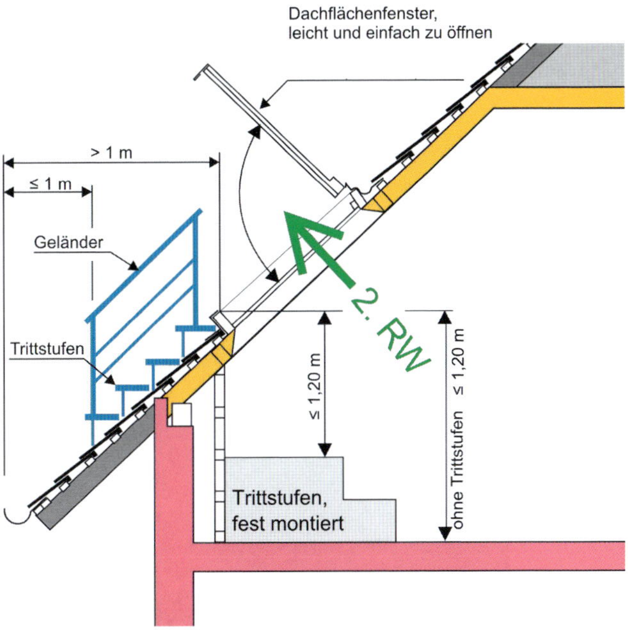

Abb. 5.47: Dachaustritt aus einem geneigten Dach (siehe auch Mayr/Battran, Brandschutzatlas, 2012)

Oftmals besteht gerade im Bereich von Dachausstiegen bei geneigten Dächern im Bestand das Problem, dass Fenster sehr weit > 1,00 m von der Traufkante entfernt liegen und sich Personen hier nicht bemerkbar machen können. Insofern sollte, soweit für die Schutzzielgestaltung erforderlich, im Bestand ein Ausstieg gemäß der Abb. 5.47 hergestellt werden, der maximal 1,00 m von der Traufkante entfernt liegt.

5.3.7.2 Holztreppen

Bei Holztreppen ist erst einmal festzustellen, aus welcher Art von Holz diese bestehen. So hat z. B. Eichen- oder Buchenholz als Hartholz gegenüber Nadelholz ein anderes, besseres Abbrandverhalten. Weiter ist zur Beurteilung des Feuerwiderstands entscheidend, welche Restfeuchte das Treppenholz aufweist. Die Restfeuchte des Holzes lässt sich im Allgemeinen recht einfach mit einem dielektrischen Feuchteindikator bei einer Eindringtiefe von 20 bis 400 mm bestimmen. Die Angabe erfolgt meist in Digits in einem Messbereich zwischen 0 (trocken) bis 200 (sehr nass).

Im Laufe der Jahre hat sich in mehreren Untersuchungen herausgestellt, dass zum einen die vielfach durchgeführten Bekleidungen der Unterseiten von Treppen und Podesten nur eine unwesentliche Verzögerung im Brandfall bewirken und zum andere die hierdurch entstehenden Hohlräume gegenteilig wirken und die Bildung von Glutnestern an diesen Stellen fördern, was

Abb. 5.48: Eichenvollholztreppe (F 30-B)

eher kontraproduktiv für die Benutzung einer solchen Treppe im Verlauf von Rettungswegen in einem Brandfall ist. Hierzu kommt zusätzlich, dass bei der vorgenannten Ertüchtigungsart durch Verkleiden in der Regel auch nicht die statisch konstruktiven Belange der Treppe im Bestand berücksichtigt werden.

Treppen, die aus Hartholz hergestellt wurden, verfügen über einen Vorteil. Allerdings ist eine Treppenanlage aus Eichenholz nicht zwingend der Feuerwiderstandsdauer von 90 Min. zuzuordnen, entspricht aber zumindest erst einmal der Baustoffklasse B. Aufgrund des Abbrandverhaltens von Eichenholz ist dieses gegenüber Nadelholz eher begünstigend. Ein grundsätzlich wichtiges Kriterium ist hierbei die Holzdicke bei jeder Holzart. Mittels dieser kann über die Abbrandgeschwindigkeit eine Restdickenbestimmung vorgenommen werden. Je dicker also das Bauteil ist, desto höher ist im Regelfall die entsprechende Feuerwiderstandsdauer anzusehen.

Grundsätzlich ist jedoch festzuhalten, dass Holztreppen in der Regel nicht als feuerbeständig (F 90 nach DIN 4102) im Sinne der MBO/LBO ausführbar sind. Eine feuerhemmende (F 30 nach DIN 4102) Ausführung nach Anforderungen der MBO z. B. kann erreicht werden durch Eichenholztreppen (mit und ohne Putzbekleidung), wenn diese über folgende Eigenschaften verfügen:

- Treppenholme d = ≥ 12,5 cm
- Treppenstufen d = ≥ 60 mm

Abb. 5.49: Ungeeignet – offene Holztreppen im Rettungsweg

Im Weiteren besteht die Möglichkeit, eine Verbesserung des Feuerwiderstandes von Holztreppen vorzunehmen durch

- Schutzanstriche,
- Verkleidung mittels GKF/GFK o. Ä. Platten,
- Aufdoppelung zur Bauteilverstärkung, z. B. der Tritt- oder Setzstufen,
- Stahlwinkel mit einer Abdeckung, als verstärktes Stufenlager in die Wangen eingearbeitet,
- Einarbeitung von Bekleidungen auf der Unterseite der Trittstufen (im Ergebnis als eine flächenseitige Bekleidung der gesamten Treppenunterseite)

Hierzu ist allerdings anzumerken, dass Anstriche oder Verkleidungen grundsätzlich nur eine Verbesserung der Holzwerkstoffe herbeiführen können, nicht aber ihr grundlegendes Brandverhalten ändern.

Offene Holztreppen ohne Setzstufen sind auch mit zusätzlichen Maßnahmen im Verlauf der Rettungswege eher ungeeignet, da eine Durchflammung ein sicheres Begehen verhindern würde.

Aufgrund dieser Sachlage ist es grundsätzlich möglich, Holztreppen ohne und mit zusätzlichen Brandschutzanstrichen oder Ertüchtigungen im Rahmen des Gesamtkonzeptes für den Brandschutz mit einer Abweichung von den materiellen Anforderungen der Bauordnungen zu erhalten.

5.3.7.3 Stahltreppen

Stahltreppen gelten nach den Bauvorschriften und der DIN 4102-1 schon immer als nichtbrennbare Baustoffe. Auch hier hat man, wie bei Holztreppen, die Möglichkeit der Ertüchtigung der Stahlwangen der Treppen z. B. durch

- Schutzanstriche,
- Verkleidung mittels GKF/GFK o. Ä. Platten.

Nach heutigen baurechtlichen Gesichtspunkten sind ungeschützte Stahltreppen lediglich als Treppen aus nichtbrennbaren Baustoffen einzuordnen, weil Stahl bei einer kritischen Temperatur von 500 °C ca. 50 % seiner Tragfähigkeit verliert.

Insofern ist bei einer Nutzung von Stahltreppen im Verlauf von Rettungswegen mit einem statischen Problem im Brandfall und einem Versagen der Treppe zu rechnen und es sind dagegen wie beschrieben geeignete Maßnahmen zu berücksichtigen. Aus diesem Grund finden Stahltreppen neben ihrer Verwendung im Industriebau (z. B. als offene Treppe innerhalb von Hallen oder zu Bühnen und Galerien etc.) ihre Anwendung meist als Außentreppe im zweiten Rettungsweg.

5.3.7.4 Treppen aus Massivbauteilen

Treppen aus Stahlbeton oder Betonsteinen gelten seit Einführung der DIN 4102 in einer Ausführung von 10 cm Dicke als feuerbeständig (F 90-A). Das Gleiche gilt für Treppen aus Eisenbeton, wenn sie mindestens 10 cm dick und in fabrikmäßigem Zustand hergestellt worden sind sowie über einen Unterputz verfügen. Wurden diese Treppen allerdings ohne Unterputz hergestellt, sind sie als feuerhemmend (F 30-A) einzustufen.

Das Gleiche gilt für Treppen, die aus genormtem Sandstein hergestellt wurden. Diese findet man meist in Denkmalen oder Bauwerken, die vom Anfang des 19. Jahrhunderts stammen. Im Gegensatz hierzu wurden Treppen aus Naturstein bereits seit Einführung der DIN 4102 von 1940 als feuerbeständige Treppen eingestuft.

5.3.7.5 Häufige Mängel im Verlauf von Rettungswegen

Grundsätzlich sind Holztreppen im Urzustand im Verlauf von Rettungswegen ein Problem, da insbesondere das Holz sehr trocken ist. Hierzu kommt oftmals noch, dass Treppenräume gerade in bestehenden Mehrfamiliengebäuden als Abstellräume für Fahrräder, Kinderwagen, Schuhe und dergleichen verwendet werden.

Diese mobilen Brandlasten bilden zum einen im Rahmen eines Brandfalls und der Brandweiterleitung eine gesonderte Problemstellung und zum anderen sind sie ein Gefahrenrisiko im Rahmen von Löscharbeiten bzw. Rettungsmaßnahmen. Gerade wenn man bedenkt, dass der Hauptangriffsweg der Feuerwehr meist der notwendige Treppenraum ist, sollte dieser aufgrund dringend erforderlicher Flucht- und Rettungsmaßnahmen sowie für Löscharbeiten jederzeit frei von mobilem Inventar sein.

Abb. 5.50: Stahltreppe in einer Hinterhofbebauung im zweiten Rettungsweg

Abb. 5.51: Stahltreppenanlage im zweiten Rettungsweg

Abb. 5.52: Sandsteintreppe – Ansicht von unten nach oben (Foto: © YOANN CIMER/Fotolia.com)

Abb. 5.53: Funktionaler Treppenraum im Bestand

Vor allem darf die Durchgangsbreite weder durch Kinderwagen noch durch ähnliche Gegenstände oder Einbauten eingeschränkt sein.

Im Weiteren entsteht durch diese mobilen Brandlasten, die oftmals einen erheblichen Kunststoffanteil besitzen, eine verstärkte Rauchentwicklung. Dieser Rauch ist vor allem bei seiner Ausbreitung ein Problem, da Türen in bestehenden Gebäuden aufgrund der fehlenden Forderung in den MBO/LBO zum Erstellungszeitpunkt des Gebäudes nicht über selbstschließende bzw. dichtschließende Eigenschaften verfügen, meist offen stehen oder die Dichtungen meist aufgrund des entwichenen Weichmachers hart sind. Somit sind die Bereiche gegen eine Rauchausbreitung gemäß dem Schutzziel nicht mehr abgesichert.

Auch Entrauchungsmaßnahmen sind meist in bestehenden Gebäuden nicht vorzufinden und auch im Rahmen eines Löschangriffs nur schwer mit dem Gerät der Feuerwehr umsetzbar. Meist sind in Treppenräumen zwar Fenster vorhanden, diese sind aber in der Regel mit Mobiliar bzw. Blumen zugestellt, sodass hier der einzige Weg der Frischluftzufuhr über die Zerstörung des Fensters in Verbindung mit einem mobilen Lüfter der Feuerwehr führt.

Im Bestand können diesbezüglich oftmals schon Hausordnungen bzw. Betriebsvorschriften bei gewerblichen Institutionen und deren Durchsetzung sinnvoll helfen, da hierdurch zumindest die Gefahr der mobilen Brandlasten im Treppenraum reduziert wird.

Ein weiteres großes Problem im Bestand sind fehlende Ausgänge von Treppenräumen direkt ins Freie. Oftmals enden Treppenräume mitten im Gebäude und es befindet sich noch mindestens ein oder mehrere Räume zwischen dem Treppenraum und dem Ausgang ins Freie. Diese Räume zwischen dem Treppenraum und dem Ausgang ins Freie erfüllen aber in der Praxis weder die Anforderungen an notwendige Treppenräume noch können geeignete Abschottungs- bzw. Brandschutzmaßnahmen wie z. B. „Bauart ähnlich der eines notwendigen Flurs“ abgeleitet werden.

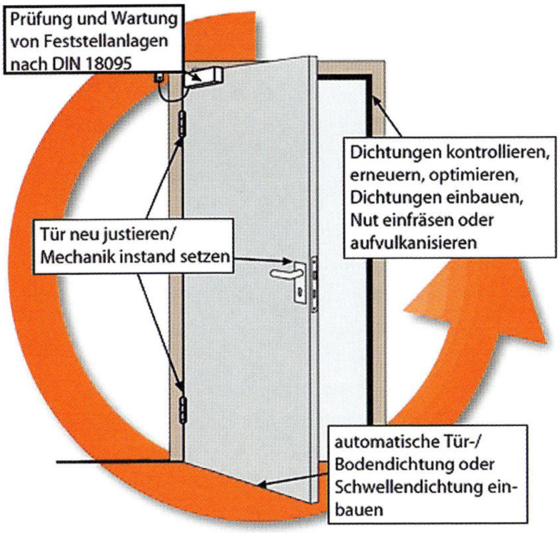

Abb. 5.54: Wartungszyklus von Abschlüssen

Es ist deshalb durchaus denkbar, dass man diese Räume im Bestand zwischen dem Treppenraum und dem Ausgang ins Freie nach den Anforderungen an notwendige Flure ausführt. Das heißt, die Umfassungsbauteile bzw. Trennwände könnte man in feuerhemmender (F 30-B) Ausführung herstellen bzw. ertüchtigen sowie die Abschlüsse in diesen Trennwänden durch T 30 oder ggf. selbstschließende und dichtschließende Türen herstellen. Durch diese Ausführung „Bauart ähnlich der eines notwendigen Flurs“ (eigene Definition des Autors) und der damit verbundenen Brandlastenfreiheit werden dann die Schutzziele im Sinne § 3 MBO erfüllt. Voraussetzung hierzu ist, dass ein zweiter Rettungsweg für das Gebäude vorhanden ist.

Eine andere Alternative im Bestand besteht bei mehreren vorhandenen Brandabschnitten darin, dass die Führung der Rettungswege in diese angrenzenden Brandabschnitte ähnlich einem Brandabschnittswechsel in Anlehnung an die Muster-Richtlinie über den baulichen Brandschutz im Industriebau (M-IndBauRL) erfolgt. Eine Änderung der Rettungswegführung sollte allerdings grundsätzlich im Vorfeld mit der Bauaufsichtsbehörde abgestimmt werden.

5.3.8 Feuerschutzabschlüsse

Feuerschutzabschlüsse (FSA) in Form von Türen sind sicherlich gerade in einem Gebäude im Bestand aufgrund ihrer Ausführung und Beweglichkeit eines der größten Risikopotentiale für eine Brandausbreitung. Aufgrund der Nutzungsflexibilität findet man auch in bestehenden Gebäuden in Bauteilen mit brandschutztechnischen Anforderungen FSA in Form von z. B. Türen oder Toren und dergleichen. Hierzu muss man zuerst einmal definieren, worin der Unterschied besteht.

Türen sind nach DIN 4102-18 einflüglige Abschlüsse für lichte Wandöffnungen bis 6,25 m² (2,50 × 2,50 m). Größere einflüglige Abschlüsse werden als Tore bezeichnet. Überschreiten allerdings einflüglige Abschlüsse die lichte

Breite 2,50 m, werden diese auch bei einer lichten Höhe von weniger als 2,50 m den Toren zugeordnet. Ist ein Flügel eines zwei- oder mehrflügligen Abschlusses kleiner als 6,25 m^2, gilt dieser wiederum als Tür. Abschlüsse von Öffnungen mit Rohbaumaßen unter 0,75 m Breite bzw. 1,75 m Höhe werden Klappen (Wand- und Deckenklappen) genannt.

Im Bestand findet man allerdings hierzu meist weder Kennzeichnungen an bestehenden Türen noch findet man eine Dokumentation. Auch aus den Unterlagen, die vom Zeitpunkt der Erstellung des Gebäudes vorliegen, ergeben sich meist keine Details zu den verwendeten Türen. Insofern kann im Allgemeinen keine konkrete Aussage im Hinblick auf die Einstufung der Türen in Bezug auf die Feuerwiderstandsklasse wie z. B. T 30 mit und ohne Rauchschutz erfolgen. Erst detaillierte Untersuchungen zu den Türen selber erlauben dann eine abgeleitete Zuordnung zu einer Klassifizierung bzw. Feuerwiderstandsdauer. Erst danach ist eine konkrete Aussage möglich, ob die jeweilige Tür das entsprechend für den Bereich bzw. das Gebäude geltende Schutzziel erfüllt. Ein geeigneter Nachweis nach DIN 4102 o. a. ist meist nicht ohne weitere Untersuchungen durch einen Sachverständigen möglich.

5.3.8.1 Grundsätzliche Anforderungen an Feuerschutzabschlüsse

Die MBO stellt seit jeher besondere Anforderungen an den Abschluss von Öffnungen in raumabschließenden und feuerwiderstandsfähigen Wänden und Decken. Es gilt hierbei der Grundsatz, dass alle Öffnungen jeweils in der gleichen Feuerwiderstandsdauer wie die Bauteile selber umzusetzen sind. Im Sinne des § 3 MBO wird dann eine Übertragung von Feuer und Rauch ausreichend behindert. Vielfach wird gerade im Bestand die Meinung vertreten, dass die Feuerwiderstandsdauer der Abschlüsse immer eine Stufe niedriger sein darf als die des Bauteils. Diese Herangehensweise ist jedoch nicht richtig. Zunächst muss davon ausgegangen werden, dass alle Öffnungen in raumabschließenden und feuerwiderstandsfähigen Wänden und Decken grundsätzlich in der gleichen Feuerwiderstandsdauer wie die des Bauteils selber zu sichern sind. Anschließend kann für jede Öffnung geprüft werden, ob und in welchem Umfang z. B. Erleichterungen (wie notwendiger Treppenraum oder notwendiger Flur) oder Abweichungen von materiellen Anforderungen im Bestand umgesetzt werden können (siehe Abb. 5.55).

In Gebäuden, die nach MBO/LBO (ohne Geltungsbereich einer Sonderbauverordnung) einzustufen sind, wie z. B. Wohngebäude und vergleichbare Gebäude, findet man im Bestand teilweise erhebliche Abweichungen von der vorgenannten Grundsatzanforderung. Ein Grund hierfür ist unter anderem, dass Türen immer zur Erschließung bzw. zur Verbindung verschiedener Räume oder Bereiche erforderlich sind. Außerdem sind in Gebäuden Türen in unterschiedlichen Arten und meist in erheblicher Stückzahl vorhanden. Häufig ist die selbstschließende Eigenschaft von Feuerschutztüren hier in der Nutzung ein Hindernis. Ebenso wird oftmals überzogen, indem überall Feststellanlagen gefordert bzw. eingebaut werden.

Abb. 5.55: Sanierter Treppenraum mit FSA

Über Türöffnungen bzw. Türen verläuft im Brandfall eigentlich der erste Angriffsweg für die Feuerwehr, weshalb insbesondere bei Türen zahlreiche Erleichterungen möglich sind. In Einzelfällen können auch besondere oder höhere Anforderungen an die Sicherung von Türöffnungen gestellt werden. In Gebäuden mit erhöhter Brandgefahr beispielsweise können Öffnungen in inneren Brandwänden z. B. in Form einer Sicherheitsschleuse notwendig sein. Öffnungen in feuerwiderstandsfähigen Installationsschächten müssen hierbei immer mit dichten Verschlüssen (mit umlaufender Zarge und Dichtung) in der gleichen Feuerwiderstandsfähigkeit wie die Schachtwände selbst verschlossen werden.

Neben der Einhaltung der baurechtlichen Anforderungen an Türen können insbesondere bei Sonderbauten zusätzlich die Berücksichtigung der Schutzziele des Nutzers oder Bauherrn erforderlich werden. Dies kann z. B. Einfluss auf Türqualitäten haben, die dann von den baurechtlichen Anforderungen abweichen, wobei allerdings die baurechtlichen Schutzziele zu beachten sind.

5.3.8.2 Schutz vor Brandrauch durch geeignete Abschlüsse

FSA werden in raumabschließenden und feuerwiderstandsfähigen Wänden sowie Decken eingebaut. Hierbei handelt es sich meist um folgende Bauteile:

- Komplextrennwände, Brandwände
- feuerbeständige, hochfeuerhemmende und feuerhemmende Trennwände sowie die von Fluren, Treppenräumen und Decken
- Schachtwände

Öffnungen in den diesen Bauteilen für Türen, Tore oder Klappen müssen *mit geeigneten und funktionsfähigen* FSA verschlossen werden.

Aus Schutzzielsicht sind immer geeignete Abschlüsse in raumabschließenden Bauteilen (Decken, Wänden etc.) umzusetzen. Diese Abschlüsse müssen je nach Lage, Anordnung und Anforderungen der jeweiligen LBO

- eine definierte Feuerwiderstandsdauer z. B. in Form einer Feuerwiderstandsklasse nach DIN 4102-5 (national) bzw. DIN EN 13501-2 (europäisch),
- eine definierte Dichtigkeit (Rauchdichtigkeit) entsprechend der jeweiligen MBO/LBO z. B. nach DIN 18095 bzw. DIN EN 13501-2

aufweisen.

Dies wird in der Regel erreicht durch Türen, die

- eine bestimmte Vollwandigkeit aufweisen,
- selbstschließend sind (ausgenommen Türen von Wohnungen und vergleichbaren Nutzungseinheiten zu notwendigen Fluren),
- weitere Eigenschaften aufweisen (z. B. nichtabschließbar, Panikverschluss).

Welche Feuerwiderstandsklasse und welche sonstigen Eigenschaften jeweils erforderlich sind, richtet sich nach den Anforderungen, die an die Feuerwiderstandsdauer der raumabschließenden und feuerwiderstandsfähigen Trennwände und Decken unter Berücksichtigung der Schutzziele im Bestand gestellt werden.

Die Zuordnung der bauaufsichtlichen Bezeichnungen von Türen mit Anforderungen an die Feuerwiderstandsfähigkeit erfolgt zu den Klassifizierungen nach DIN 4102 und für neue Abschlüsse nach DIN EN 13501-2 sowie an die Rauchdichtigkeit und Dichtigkeit zu den Klassen nach DIN 18095 und DIN EN 13501-2 und wird mit folgender Zuordnung zu den bauaufsichtlichen Anforderungen eingestuft.

Tabelle 5.5: Klassifizierung von Türen mit Bezug zur bauaufsichtlichen Anforderung

baurechtliche Anforderung	**DIN 4102-5**	**DIN EN 13501-2**	**Feuerwiderstandsdauer in Min.**
feuerhemmend	T 30	$EI_2$30-C5	≥ 30
hochfeuerhemmend	T 60	$EI_2$60-C5	≥ 60
feuerbeständig	T 90	$EI_2$90-C5	≥ 90
Die Rauchschutzfunktion wird bezeichnet durch RS nach DIN 18095 bzw. Smc nach DIN EN 13501-2.			

FSA, die auf der Grundlage nationaler Vorschriften geprüft wurden, müssen die in DIN 4102-5 und 4102-18 festgelegten Anforderungen erfüllen. Dies trifft in der Regel auf Türen im Bestand seit den 1980er Jahren zu.

Abb. 5.56: Feststellanlage in Form eines „Türhakens" zum Treppenraum

5.3.8.3 Anforderung an Feuerschutzabschlüsse aus den Bauvorschriften

FSA im Geltungsbereich deutscher Baubestimmungen müssen selbstschließend sein. Ausgenommen sind Türen von Wohnungen und vergleichbaren Nutzungseinheiten zu notwendigen Fluren. Ausnahmen oder Abweichungen können gestattet werden, wenn das Schutzziel „Behinderung von Feuer und Rauchausbreitung" auf eine andere Weise sichergestellt wird. Türen, die mit bauaufsichtlich zugelassenen Feststellanlagen ausgerüstet sind, gewährleisten in der Regel die Eigenschaft *selbstschließend* im Brandfall und erfüllen damit ebenfalls die bauaufsichtlichen Vorschriften.

Im Bestand findet man oftmals funktionierende selbstschließende Rohrrahmentüren z. B. mit Drahtspiegelglasfüllung oder vergleichbaren Ausfachungen und einem Fallenschloss, die allerdings das Schutzziel der Brand- und Rauchweiterleitung zum einen nach den Anforderungen der Vorschriften zum Erstellungszeitpunkt und zum anderen nach heutigen Gesichtspunkten ausreichend behindern. Verfügen diese Türen dann zusätzlich noch über einen betriebssicheren Türschließer oder über eine Feststellanlage, so ist gewährleistet, dass diese Türen im Brandfall mit höchster Wahrscheinlichkeit geschlossen sind. Insofern ist ein erhöhtes Gefahrenrisiko, insbesondere eine konkrete Gefahr in Verbindung mit der Verwendung dieser Abschlüsse, nicht zu erkennen.

Die Abb. 5.56 zeigt hingegen einen vorschriftswidrigen und die Brandausbreitung erheblich begünstigenden Zustand. Die Gebäudeversicherung kann im Schadenfall die Entschädigung ganz oder teilweise ablehnen. Sollen Türen aus nutzungsbedingten oder logistischen Überlegungen offen gehalten werden, so ist dies mit zugelassenen Feststellanlagen umzusetzen. Hierbei soll die Richtlinie des DIBt für neue Feststellanlagen in aktuellen Fassungen oder vergleichsweise, z. B. bei bestehenden Anlagen, die Fassung, die den Bestandsanlagen am nächsten kommt, berücksichtigt werden.

Abb. 5.57: Nachbelegtes Weichschott über einer Tür mit Defekt

FSA müssen nach den Anforderungen der MBO/LBO immer mindestens *dichtschließend* sein. Diese Eigenschaft ist gewährleistet, wenn sie über eine mindestens dreiseitig umlaufende dauerelastische Dichtung zur Behinderung des Durchtritts von Rauch verfügen. Wird in der MBO die Eigenschaft *rauchdicht* verlangt, müssen die Abschlüsse zusätzlich über eine Rauchschutzfunktion verfügen, was in der Regel durch eine vierte Türdichtung im Bodenbereich erfolgt. Hierbei stehen im Handel verschiedene Dichtungsformen (absenkbare Bodenlippe, Anschlagdichtung, Auflaufdichtung, Schleifdichtung u. a.) ggf. auch zur Nachrüstung zur Verfügung.

Ein großes Problem bei Bestandstüren ist meist nicht die Tür selber, sondern eher der Abschluss oberhalb der Tür von z. B. dem Sturz bis zur Decke. Hier bestehen in der Regel die Probleme bei Durchführungen von Rohrleitungen, von Kabelpritschen, oder der Abschluss oberhalb der Tür fehlt komplett. Infolgedessen ist diese Situation zwingend bei der Bestandsaufnahme zu prüfen und ggf. zu ertüchtigen (siehe Abb. 5.57).

FSA müssen grundsätzlich in der Lage sein, beim Auftreten von Risikosituationen ihre Schutzfunktion uneingeschränkt zu erfüllen. Deshalb wird bei Türen nach DIN 4102-18 zusätzlich ihre Dauerfunktionstüchtigkeit geprüft. Die Dauerfunktionsprüfung findet unabhängig von der Brandprüfung statt.

Die Prüfung der Eigenschaft *selbstschließend* wird bei nationaler Prüfung nach DIN 4102-18 in Form von Öffnungs- und Schließvorgängen im Zusammenspiel mit allen beteiligten Bau- und Zubehörteilen durchgeführt, ohne dass diese wesentliche Schäden aufweisen dürfen. Für diese Türen ist ein Prüfzyklus von 200.000 Öffnungs- und Schließvorgängen vorgegeben (vgl. DIN 4102-18 Abschnitt 4.1.9). Bei Wandklappen wurde die Anzahl der Prüfzyklen auf 50.000 reduziert, da hier kein regelmäßiger Gebrauch unterstellt wird.

Zweiflüglige Türen weisen unterschiedliche Prüfzyklen auf: Der Gehflügel muss die Anforderung von 200.000 Öffnungs- und Schließvorgängen erfüllen, der Standflügel lediglich 100.000 Öffnungs- und Schließvorgänge.

Es wird zudem weiter zwischen Türen mit Vollpanikausstattung und sogenannten Rechtsverkehrstüren unterschieden. Türen mit Vollpanikausstattung weisen die vorgenannten Prüfzyklen von 200.000 Öffnungs- und Schließvorgängen für Geh- und Standflügel auf.

Somit sind FSA dann dauerfunktionstüchtig, wenn sie im Laufe ihrer vorgesehenen Lebensdauer von ca. 30 Jahren die bei üblichem Gebrauch auftretenden Beanspruchungen (Öffnungs- und Schließvorgänge im Zusammenspiel mit allen beteiligten Bau- und Zubehörteilen) ohne Schäden ertragen. Hierbei entsprechen 200.000 Öffnungs- und Schließvorgänge im Prüfzyklus den geforderten 30 Jahren Gebrauchszeit, für welche die Türen in Deutschland auch nach der DIN 4102 ausgelegt sind.

Tabelle 5.6: Prüfzyklen von Abschlüssen nach DIN EN 13501-2

Kennziffer	Anzahl der ausführenden Prüfzyklen
C 5[1)]	200.000
C 4	100.000
C 3	50.000
C 2[1)]	10.000
C 1	500
C 0	0

[1)] Die Kennziffer C 5 wird für Feuerschutztüren und C 2 für Tore angewandt und entspricht somit im Prinzip auch der bisherigen nationalen Prüfpraxis.

Anforderungen an die Verschlüsse, Beschläge, Türbänder, Schließmittel, Feststellanlagen der FSA sowie deren Verbindungen mit anderen Bauteilen und deren Dauerfunktionstüchtigkeit usw. müssen erfüllt sein.

Abb. 5.58: Eichenvollholztür zu einer Nutzungseinheit (Foto: © gigi1807/Fotolia.com)

5.3.8.4 Holztüren im Bestand

Holztüren mit einer Feuerwiderstandsdauer von 30 Min. galten nach der DIN 4102 von 1940 als feuerhemmend, wenn sie z. B. aus 4 cm dickem Eichenvollholz bzw. mit Nut und Feder verleimt hergestellt und sowohl mit einer Schwelle (1 cm stark) als auch einem Rahmen (3 cm stark) aus nichtbrennbaren Baustoffen hergestellt waren. Hiergegen wurde in verschiedenen Untersuchungen sowie in mehreren Zimmerbränden festgestellt, dass sowohl Kombinationen aus Spanplatten-, Wabenkern- bzw. Röhrenspan-Türblättern im Brandfall eine Feuerwiderstandsdauer von ca. 15 bis 20 Min. aufweisen.

Insoweit können Türen aus Hartholz (Eiche und Buche) auch nach heutigen Gesichtspunkten bei einer Türblattstärke von 4 cm sicherlich eine Feuerwiderstandsdauer von ca. 30 Min. erfüllen. Insofern dann die Rahmen- oder Zargenausführungen noch über eine Anschlagdichtung verfügen, können diese Türen im Bestand nach den Schutzzielkriterien verbleiben.

Im Weiteren besteht bei Holztüren im Bestand ebenso die Möglichkeit der Nachrüstung einer Rauchschutzfunktion, wie dies bei Stahlblechtüren, Stahl- bzw. Aluminiumrahmentüren der Fall ist. Oft hilft bereits eine nachträgliche Türschwelle aus z. B. Hartholz o. Ä, wodurch die Leckrate gerade im Bodenbereich in der Form reduziert wird, dass ein Durchdringen von Rauch und Feuer nach den Schutzzielen ausreichend behindert wird.

Abb. 5.59: Alte feuerhemmende Tür mit einem Herstellungsjahr vor 1979

5.3.8.5 Alte Stahltüren nach DIN-Normen

Die Normen der DIN 18082-1 und -3 „Feuerschutzabschlüsse", in denen FSA in T 30, Stahltüren T 30-1, Bauarten A und B geregelt waren, wurden zurückgezogen. Solange diese Normen noch gültig waren, wurden die genannten FSA in der Bauregelliste (BRL) A Teil 1 lfd. Nrn. 6.1 und 6.2 aufgeführt (z. B. noch in der Ausgabe 2003). Damit waren T 30-Stahltüren, die nach diesen Normen hergestellt wurden, geregelte Bauprodukte. Ein besonderer Verwendbarkeitsnachweis wurde nicht benötigt, da die Herstellung in der DIN 18082 geregelt war. Der erforderliche Übereinstimmungsnachweis bestand in einem Übereinstimmungszertifikat einer anerkannten Zertifizierungsstelle. In Spalte 5 der BRL A Teil 1 war hierzu angegeben, dass bei wesentlichen Abweichungen von der DIN 18082 eine Zustimmung erforderlich sei. Dies bedeutet, dass alle FSA, die nicht als geregeltes Bauprodukt nach DIN 18082 hergestellt wurden (also wesentlich von dieser abwichen), immer eine Zustimmung (bzw. eine Zustimmung im Einzelfall [ZiE]) als Verwendbarkeitsnachweis benötigten.

Für bestehende FSA nach DIN 18082 besteht grundsätzlich Bestandsschutz, wenn sie zu einem Zeitpunkt eingebaut wurden, zu dem diese Norm noch galt und sie in allen Punkten den Vorgaben der DIN 18082 und der BRL A Teil 1 lfd. Nrn. 6.1 und 6.2 entsprechen und gemäß den Vorhaben eingebaut wurden. Bis Anfang der 1970er Jahre gab es hierzu mehrere Feuerschutztüren, die ebenfalls durch DIN-Normen, wie in der Tabelle zu sehen, definiert wurden.

Abb. 5.60: Alte feuerhemmende Türen (ca. 1970) im Bestand

Tabelle 5.7: Alte Feuerschutztüren nach DIN-Norm

Norm	Beschreibung	Feuerwiderstand
DIN 18081	feuerbeständige einflüglige Stahltüren	T 90-1
DIN 18082-1	feuerhemmende einflüglige Stahltüren	T 30-1
DIN 18084	feuerhemmende zweiflüglige Stahltüren	T 30-2
DIN 18105	Wohnungsabschlusstüren	T 30-ET

Als einziges „Tür"-Bauprodukt waren Türen nach DIN 18082 bis 2003 in der BRL aufgeführt. Alle anderen Normen sind inzwischen zurückgezogen worden. Eine Lebensdauer von nur knapp einem Jahr war der DIN 18105 beschieden. Türen in dieser Bauform sind heute kaum noch vorhanden.

Türen nach DIN 18081 und DIN 18084 findet man zum Teil heute oftmals nur noch in älteren Gebäuden, meistens allerdings in den UG. Der Betreiber des Gebäudes wird sich sicher auf Bestandsschutz berufen, bei diesen Türen kann man allerdings nur den Austausch empfehlen. Türen nach DIN 18082 mit einem Herstellungsjahr vor 1976 sollten ebenfalls ausgetauscht werden. Zum einen gibt es für diese Türen keine Originalschlösser mehr und zum anderen sind auch Originalbeschläge nicht mehr erhältlich. Im Weiteren fehlen bei diesen Türen die heute üblichen Rückverriegelungsbolzen, die ein Ausbeulen des Türblattes im Brandfall verhindern sollen, um das Ausbreiten von Feuer und Rauch im Sinne der Schutzzieldefinition aus § 3 MBO zu vermeiden.

Der letzte und wichtigste Grund, der für einen Austausch spricht, ist die Füllung der Türen – sie besteht aus Asbestpappe. Im Originalzustand verfügen diese Türen über Dreifallenschlösser. Diese Schlösser weisen aller-

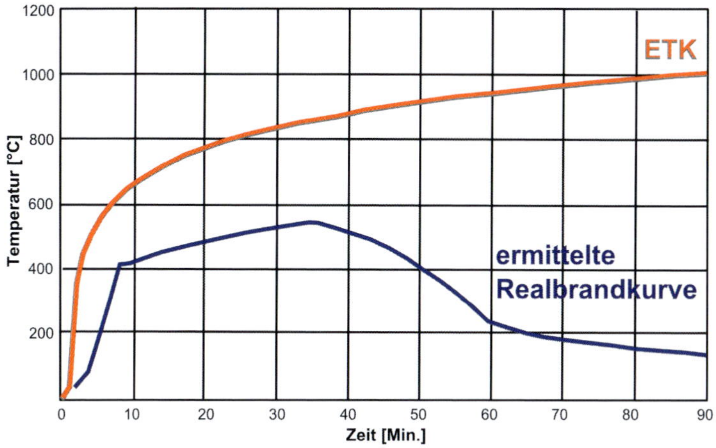

Abb. 5.61: Verhältnis von ETK und Realbrandkurve

dings keinen Wechsel auf und sind deshalb nicht mit Wechselbeschlägen kombinierbar. Eine Umrüstung auf andere Schlösser zieht in der Regel eine Veränderung am Türkörper nach sich. Hierdurch können zum einen Asbestfasern freigesetzt werden und zum anderen wäre die Veränderung wesentlich und die Tür ist dann auszutauschen. Als Zargen waren bei diesen Türen nur Z-Zargen zugelassen. Auch den heutigen Rauchschutzanforderungen genügen diese Türen in keinem Fall, allerdings muss eine Beurteilung der Türen jeweils im Einzelfall erfolgen.

5.3.8.6 Ertüchtigung von Feuerschutzabschlüssen

Anforderungen an T 30 oder T 30-RS „feuerhemmend mit oder ohne Rauchschutz“ bzw. deren Randbedingungen werden von den vorhandenen Türen im Bestand meist in keiner Weise oder nur teilweise erfüllt. Ein Austausch von angenommen ca. 100 Türen verursacht Kosten in Höhe von ca. 150.000 Euro gemäß einer Kostengrobschätzung (hausintern). Eine zeitweise Abänderung von FSA in Rauchschutzabschlüsse ist ebenso bis zu deren endgültigem Austausch möglich, wenn deren Rauschutzfunktion sichergestellt ist.

Ausnahmen können für Bestandstüren grundsätzlich gestattet werden, wenn

- das Schutzziel „Behinderung von Feuer und Rauchausbreitung“ auf eine andere Weise sichergestellt wird,
- bei dem betroffenen Gebäude keine konkrete Gefahr besteht,
- die Rettungswege des Objektes insgesamt gewährleistet sind,
- keine Aufenthaltsräume im Objekt vorhanden sind,
- von einem anderen Brandszenario (Realbrand) als von dem der Einheitstemperaturzeitkurve (ETK) ausgegangen werden kann.

Die Abb. 5.61 zeigt die Unterschiede der Brandentwicklung von Einheitstemperatur zum Realbrandszenario. Ist z. B. bei einem bestehenden FSA lediglich ein einseitiges Brandereignis zu erwarten oder sind z. B. die Brandlasten auf einer Seite des Abschlusses sehr gering (wie im notwendigen Flur oder Treppenraum), kann eine Bewertung der Türen im Bestand auch abweichend von der Einheitstemperaturkurve erfolgen. In jedem Falle sollte eine solche Bewertung durch einen erfahrenen Sachverständigen erfolgen.

Alte feuerhemmende oder T 30-Türen, die die Anforderungen an den Feuerwiderstand nach heutigen Kriterien nicht mehr erfüllen, können u. a. durch die Nachrüstung mit einem dämmschichtbildenden Streifen, z. B. PROMASEAL oder Würth, im Falzbereich ertüchtigt werden. Durch den Einbau einer vierten Dichtung im Bodenbereich, z. B. absenkbare Bodendichtung, Auflaufdichtung, Schleifdichtung, Anschlagdichtung o. Ä., wird eine Ertüchtigung der Tür zu einer artverwandten Rauchschutztür in Anlehnung an DIN 18095 vorgenommen.

Eine Beschichtung des Türblattes mit einem dämmschichtbildenden Anstrich wird grundsätzlich nicht empfohlen, da die hierzu notwendigen Vorarbeiten zum einen sehr aufwändig sind und zum anderen sich die Beschichtung ohne Vorbehandlung frühzeitig vom Türblatt ablösen wird.

Brandversuche der MPA Leipzig zeigen grundsätzlich eine Verhältnismäßigkeit bei der Ertüchtigung von bestehenden Türen, was auch aus Sicht der Wirtschaftlichkeit gesehen werden kann. Durch die vorstehend dargestellten Maßnahmen zur Ertüchtigung der Türen werden die für das Objekt definierten Schutzziele erfüllt. Aufgrund vorliegender Ergebnisse aus Brandprüfungen der MPA Leipzig und nach erfolgter Ertüchtigung können somit Bestandstüren verbleiben, sofern z. B. Falze mit dämmschichtbildenden Streifen und Obentürschließern nachgerüstet werden. Die Ersparnis gegenüber dem Austausch von 100 Türen beträgt somit also, wie zu Beginn des Kapitels 5.3.8.6 erwähnt, ca. 150.000 Euro.

Fazit

Eine sachverständige und ingenieurmäßige realistische Betrachtungsweise zum Bestandsschutz der Türen soll im Einzelfall erfolgen, da die ETK lediglich als Modell alle Unwägbarkeiten der Bauvorschriften abdeckt, nicht jedoch die schutzzielorientierte Bewertung der Türen und Verhältnisse vor Ort berücksichtigt.

5.3.8.7 Häufige Fehler und Mängel bei Feuerschutzabschlüssen

Einbaumängel sind sehr häufig. Nicht selten betreffen sie 60 % der in einem Objekt vorhandenen Feuer- und Rauchschutztüren. Im Rahmen der Schadenfeststellungen des Autors in den vergangenen zehn Jahren haben sich vor allem nachfolgende Einbaumängel wiederholt herausgestellt. Dies bedeutet allerdings nicht, dass diese in jedem begutachteten Gebäude vorkommen müssen.

- Zarge nicht korrekt hinterfüllt
- Befestigung der Zargen in Eigenkonstruktion
- Schweißarbeiten an Zarge
- Z-Zargen nicht zulassungskonform beigeputzt
- Einbau der Zargen mit „Bauch“
- Einbau der Zargen mit zu großem Bodenspalt
- Nichtzusammenpassen von Wandöffnung und Zarge

Bei Prüfmustern wird viel Wert auf die korrekt eingebaute Zarge gelegt. Nur dadurch können die Temperaturgrenzwerte an der Zarge eingehalten werden. In der Praxis ist dies nicht immer der Fall.

Ein häufiger Fehler an Feuer- und Rauchschutztüren betrifft die Türeinstellungen selber. Auch an Rauchschutztüren muss die Profilzylinderöffnung verschlossen sein und diese Abschlüsse müssen den Anforderungen nach DIN 18095 entsprechen. Türen gemäß dieser Anforderung dürfen als einflüglige Tür eine maximale Leckage von 20 m^3/h und als zweiflüglige Tür von 30 m^3/h aufweisen, andernfalls kann nicht von einer Rauchschutztür gesprochen werden.

Mängel bei der Montage führen zu Beeinträchtigungen der Rauchschutzwirkung, mengenmäßige Angaben oder Bewertungen dieser Fehler existieren selten. Nachstehend sind die drei häufigsten Fehler zu Rauchschutztüren aufgeführt:

- zu großer unterer Luftspalt (unterer Luftspalt: in der Regel maximal 8 mm bei Türen ohne Rauchschutz und maximal 10 mm bei Türen mit Rauchschutz)
- fehlender Profilzylinder in der Profilzylinderlochung des Beschlages
- Kombination beider Fehler

5.3.8.8 Verwendungsauswahl von Abschlüssen und Verglasungen

Die Anforderungen an Türen, Verglasungen und Brandschutzklappen in raumabschließenden Bauteilen werden im Abgleich mit den bauaufsichtlichen Anforderungen umgesetzt. Erleichterungen bestehen bei Türen von notwendigen Fluren zu notwendigen Treppenräumen.

Weitere Anforderungen an FSA und Rauchschutzabschlüsse:

- zweiflüglige Abschlüsse mit Schließfolgeregelung
- fehlende Schließzylinder: Verschluss durch Blindzylinder oder Schließbleche
- von innen leicht und jederzeit in voller Breite zu öffnen (evtl. Panikschloss o. Ä.)
- Seitenteile und Oberlichter in der Qualität der Tür, insgesamt maximal 2,50 m breit

Tabelle 5.8: Auszug aus Einbausituation Abschlüsse und Verglasungen (nach MBO 1996)

Einbauort Bauteil	Ausführung/ Anforderung
Türen vom Treppenraum	
ins Freie	keine Anforderung
zu Nutzungseinheiten < 200 m²	dichtschließend
zu notwendigen Fluren	RS-Türen (S_mC)
zu nicht notwendigen Fluren	T 30-RS (EI_230-$C5S_m$)
zum Kellergeschoss	T 30-RS (EI_230-$C5S_m$)
zu nicht ausgebautem Dachraum	T 30-RS (EI_230-$C5S_m$)
zu Werkstätten, Büros, Lagerräumen	T 30-RS (EI_230-$C5S_m$)
zu Nutzungseinheiten > 200 m² bis < 400 m²	T 30-RS (EI_230-$C5S_m$)
zu Räumen mit erhöhter Brandgefahr	T 30-RS (EI_230-$C5S_m$)
Verglasungen	
zwischen Treppenraum und notwendigem Flur	F 30 (EI 30)
im Eckbereich des Treppenraums	F 90 (EI 90)
Türen von notwendigen Fluren	
zu Nutzungseinheiten und Laubengängen	dichtschließend
zu Räumen mit erhöhter Brandgefahr	T 30 (EI_230-C5)
zu Sicherheitstreppenräumen	RS-Türen (S_mC)
von Stichfluren zu Büro- und Lagerräumen	RS-Türen (S_mC)
Verglasungen	
in Oberlichtern > 1,80 m über Fußboden	F 30 (EI 30)
in (notwendigen) Flurwänden	F 30 (EI 30)

5.3.9 Installationen und Leitungsanlagen

In bestehenden Fluchtwegen wie z. B. notwendigen Fluren, Treppenräumen sind Leitungsanlagen seit Entstehung der baurechtlichen Vorschriften der MBO 1960 in der Regel offen bzw. auf Putz verlegt worden. Das gilt auch für die Montage von Stromzählern, Etagenunterverteilungen und Sicherungstabletts sowie Telefon- und Gasleitungen (siehe Abb. 5.62 und 5.63).

Wenn man sich hierzu die baurechtlichen Vorschriften zum Zeitpunkt der Errichtung von Gebäuden von 1960 bis 1987 ansieht, findet man keine eindeutigen Vorgaben für die Anordnung und Führung von Leitungsanlagen in Rettungswegen. Die einzigen Formulierungen, die sich vor Einführung der

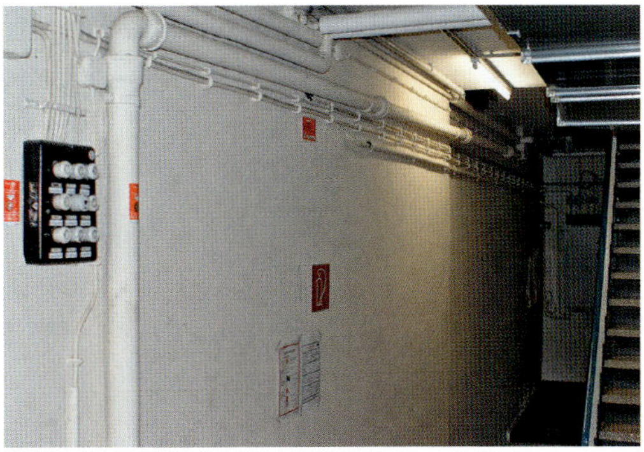

Abb. 5.62: Stromzähler im Treppenraum – betriebssicher hergestellt

Abb. 5.63: Hier ist Betriebssicherheit nicht mehr gewährleistet. (Foto: © Grischa Georgiew/Fotolia.com)

Leitungsanlagen-Richtlinie (LAR) feststellen lassen, sind die der MBO/LBO. Die Anforderung beschreibt, dass brennbare Einbauten im Verlauf von Rettungswegen nicht zulässig sind. Insofern ist man grundsätzlich angehalten, erst einmal die aus den Bauvorschriften zum Zeitpunkt der Erstellung des Gebäudes hervorgehenden Schutzziele zu erfüllen.

Was zur damaligen Zeit als normal angesehen wurde, wird gerade heute bei der Bewertung des Bestandes bzw. mit Einführung der LAR oftmals als Problem angesehen. Eine Konkretisierung zu Leitungsanlagen erfolgte erstmals mit der Einführung der LAR 1988 und mit den zugehörigen weiteren Entwicklungen in den Jahren 1993, 2000 sowie 2005.

Betrachtet man aber den Bestand von 1960 bis 1988, so findet man keine eindeutigen Vorgaben für die Verlegung von Leitungsanlagen. Infolgedessen muss man grundsätzlich zuerst einmal davon ausgehen, dass die Installationsführung der vorgenannten Leitungsanlagen im Verlauf der Rettungswege sowie in notwendigen Treppenräumen als Bestandteil des genehmigten Gebäudes (formell und materiell) anzusehen ist. Dies wird in der Regel durch die Schlussabnahme der Bauaufsicht, welche die Genehmigung der Nutzungsaufnahme beinhaltet, bestätigt.

Nunmehr wird es in bestehenden Gebäuden ebenso für den Anpassungssteller wie z. B. die Baubehörde sehr schwer nachzuweisen sein, dass zum einen Installationen bis zur Einführung der LAR (1988) nicht Bestandteil der Genehmigung waren und zum anderen diese im Laufe der Jahre nachträglich installiert worden sind.

Insoweit sind auch bei der Bestandsaufnahme diese Installationenkorrekt aufzunehmen und zu analysieren sowie zu dokumentieren. Gemäß der allgemeinen Literatur sowie aufgrund der sich aus der MBO und den Nebenvorschriften ergebenden notwendigen Betriebssicherheit von elektrischen Installationen kann man im Normalfall nicht von einer konkreten Gefahr von den Installationen ausgehen. Insofern werden unter Berücksichtigung des Bestandsschutzes keine konkreten Maßnahmen erforderlich.

Abweichungen bestehen allerdings bei Arbeitsstätten, bei denen der Arbeitgeber die Aktualisierungen des Arbeitsrechts erfüllen muss, sowie im Bereich der Sonderbauten. Hier wird, wie in Kapitel 2.2 beschrieben, eine andere Verfahrensweise erforderlich. Hier sind meist zumindest die betrieblichen und organisatorischen Anpassungsbelange fixiert.

In der Praxis stellt man allerdings oftmals eine Projektion der Vorschriften der LAR auf Gebäude fest, deren Erstellungszeitpunkt vor 1988, also vor Einführung der LAR liegt. Diese Verfahrensweise ist nicht korrekt und stellt insoweit ein Anpassungsverhalten dar. In jedem Fall sind aber bei der nachträglichen Installation von Leitungsanlagen im Bestand die jeweils gültigen Vorschriften einzuhalten.

Beispiel

Will man z. B. in einem bestehenden Gebäude mit vier bis fünf Geschossen ein einzelnes Kabel durch einen Treppenraum mit einer Holztreppe führen, in dem sich bereits zahlreiche Installation befinden, die nicht der unmittelbaren Versorgung des Treppenraums dienen, so muss man die derzeit gültigen Vorschriften der MBO/LBO und LAR einhalten.

Aus Gründen der allgemeinen Sicherheit und im Sinne des § 3 MBO sollte auch bei der Planung im Bestand möglichst die gültige LAR sowie die Lüftungsanlagen-Richtlinie (LüAR) berücksichtigt werden. Probleme bestehen hier bei Verlegung von nachträglichen Installationen ohne Berücksichtigung der gültigen Vorschriften. Gegebenenfalls kann dann eine abstrakte bzw. konkrete Gefahr durch die Nichtbeachtung der Vorschriften entstehen. Es ist insofern wichtig, eine Abgrenzung zwischen dem derzeitigen Stand und der geplanten Ausführung der Leitungsanlagen herzustellen.

Hinweis

Bei Leitungsanlagen, die im Bestand im Verlauf von Rettungswegen vorhanden sind, ist in jedem Fall deren Betriebssicherheit erforderlich und ggf. nachzuweisen.

Es muss also beachtet werden, dass gerade Leitungsanlagen in bestehenden Gebäuden ein Gefahrenpotential darstellen. Gerade deshalb ist die Betriebssicherheit der elektrischen Anlagen sehr wichtig, da diese in einem Alter von mehr als 20 Jahren nicht mehr den Schutzzielerfordernissen entsprechen. Ein weiteres Problem ist eine nicht sachgemäße Verlegung von elektrischen Leitungen, die ebenfalls ein zusätzliches Risiko darstellt. Infolgedessen sind in jedem Fall die im Bestand vorhandenen Elektroinstallation und Leitungsanlagen auf ihre Leistungsfähigkeit, Belastbarkeit und Ausführung aller Anschlüsse genau zu beurteilen. Aus diesem Grund sollten diese in bestehenden Bauwerken, besonders in Denkmalen, mengenmäßig auf das Notwendigste beschränkt werden.

Besonders im Bereich von Unterdecken und Deckenhohlräumen ist eine Wärmefreisetzung durch Leuchten bzw. deren Vorschaltgeräte ein Brandentstehungsrisiko. Wenn diese noch auf brennbaren Baustoffen wie seinerzeit auf Holzplatten angeordnet sind, kann durch die starke Wärmestrahlung ein Schwelbrand entstehen. Infolgedessen sollte im Bestand auch der Decken-

Abb. 5.64: Eingebaute Lampen in Kombination mit Lüftung und Sprinkleranlage

zwischenraum stets hinsichtlich der Anordnung der Leuchten oder Gerätschaften überprüft werden. Es darf durch die Geräte oder Leuchtmittel kein Wärmestau entstehen und in deren unmittelbarem Umfeld dürfen keine leicht entzündlichen Materialien vorhanden sein (siehe Abb. 5.64).

Zu beachten ist unbedingt, dass z. B. Vorschaltgeräte von Leuchten und Lampen im Normalbetrieb eine Temperatur von ca. 100 °C erreichen. Diese Temperatur kann allerdings bei einer Störung dieser Geräte schnell auf über 300 °C ansteigen. In diesem Fall kann auch eine unter der Decke angeordnete Löschanlage, z. B. eine Sprinkler- oder Sprühwasserlöschanlage, in dem Bereich wenig ausrichten. Der Brand wird sich innerhalb der Unterdecke ausbreiten, da die Wirksamkeit der Löschanlage nicht gegeben ist. Hinzu kommt noch ein weiteres Problem: Wasser und Elektrizität vertragen sich nicht besonders.

Im Bestand findet man in diesen Bereichen auch noch Leitungen der Lüftungsanlage, die meist Undichtigkeiten aufweisen. Durch diese zusätzliche Luftzufuhr innerhalb der Zwischendeckenräume wird die Ausbreitung eines entstehenden Brandes innerhalb des Deckenbereichs noch gefördert.

5.3.10 Abschottungen und Schächte

Im Bestand vorhandene Abschottungsmaßnahmen sind grundsätzlich zuerst dahingehend zu überprüfen, ob nicht verschlossene Öffnungen vorhanden sind. Meist erfüllen alte, mit Glaswolle hergestellte Shorts nicht die erforderliche Feuerwiderstandsdauer, was im Brandfall zu einem Problem der Brandweiterleitung oder Schwelbrandbildung führen kann. Insofern sind diese zwingend zu überprüfen und zu ertüchtigen bzw. gegen neue Schottungen auszutauschen (siehe Abb. 5.65).

Abb. 5.65: Mangelhafte Durchführung bzw. Abschottung von Kabeln

Abb. 5.66: Mangelhafter Schachtwandabschluss an einer Betondecke

Das Gleiche gilt bei Schottungen, die bereits nachbelegt worden sind oder sich aufgrund der Erfahrung als mit hohem Nachbelegungspotential erweisen. Diese findet man u. a. sehr oft in Büro- und Verwaltungsgebäuden z. B. bei der Verlegung von neuen EDV-Kabeln bzw. durch die Verlegung von Leitungen von Klimaanlagen sowie Lüftungskanälen.

Ein grundsätzliches Problem besteht in der Regel bei Installationsschächten in bestehenden Bauwerken. Hier ist oftmals festzustellen, dass neben dem bereits mangelhaft erstellten Schacht auch die Durchführung bzw. Abschottung mangelhaft oder gar nicht erst hergestellt worden ist. Das Problem besteht in der Regel auch nicht in der Ausführung der Schachtwand oder der Umfassungsbauteile des Schachtes, sondern vielmehr bei deren Anschlüssen an den Rohboden bzw. an die Rohdecke sowie bei den verwendeten Abschlüssen (siehe Abb. 5.66).

Gerade im Bereich der Anschlüsse von Schachtwänden an Betondecken ist oftmals ein Anschluss bzw. die Abdichtung der Wände an die bestehenden Decken nur mittels der Ausstopfung durch Glaswolle und in neueren Gebäuden mit Mineralwolle < 1.000 °C erfolgt. Meist ist die Form der Ausstopfung aufgrund der fehlenden Anschlüsse der Schachtwände und der damit verbundenen Bewegung dieser Wände zum einen nicht ausreichend und zum anderen meist so mangelhaft umgesetzt, dass bereits die Hälfte der Wolle in den Schacht herunterhängt. Außerdem findet man oft noch unverschlossene Öffnungen in Schächten oder Deckenhohlräumen, die in einem Brandfall zu einem Problem für das gesamte Gebäude werden.

Durch die fehlenden Abschlüsse und Abschottungen in der Schachtwand oder zu Deckenhohlräumen bzw. zu Unterdecken wird die Brandweiterleitung nicht ausreichend behindert und das Schutzziel im Sinne des § 3 MBO nicht erfüllt. Auch die Abschlüsse von Schächten selber (Türen und Klappen) weisen in der Regel Mängel auf, hier insbesondere im unteren Anschluss- bzw. im Bodenbereich. Vielfach sind in der Vergangenheit anstatt Schachttüren (mit vielseitiger Dichtung in T 90 bzw. Mindestausführung) lediglich

Abb. 5.67: Herausleitung von Kunststoffkanälen aus einem Schacht ohne Maßnahmen gegen die Brandausbreitung

Abb. 5.68: T 30-Tür mit fehlender vierter Dichtung im Bodenbereich

Standard-T 30-Türen ohne Rauchschutzfunktion eingebaut worden. Das gleiche Problem besteht bei Lüftungsleitungen, bei denen in der Regel die Anordnung bzw. Umsetzung von Lüftungsklappen völlig konzeptlos erfolgt ist. Das bedeutet, dort, wo in der Regel Brandschutzklappen nicht erforderlich sind, wurden diese eingesetzt, und dort, wo Brandschutzklappen erforderlich sind, wie z. B. im Bereich von trennenden und abschottenden Bauteilen oder Schächten, fehlen diese meist vollkommen. Insofern ist auch die Lüftungsanlage bzw. deren Kanäle im Rahmen der Bestandsaufnahme auf ihre abschottende Wirkung an den erforderlichen Stellen zu überprüfen. Gerade bei Durchführungen oder Ausleitungen aus Schächten ist dies der Fall (siehe Abb. 5.67).

Im Bereich der Installationsschächte sind sehr hohe Konzentrationen von Brandlasten zu finden, und aufgrund der meist mangelhaften Ausführung der Schächte mit falschen oder fehlenden Abschlüssen und Abschottungen kann man bei einer korrekten Bewertung der Ausführung schnell eine konkrete Gefahr im Rahmen des Baurechts ableiten. Insofern sollte schnellstmöglich bzw. umgehend Abhilfe durch entsprechende Maßnahmen erfolgen.

Hierzu ist wichtig zu wissen, dass in einem Brandfall in einem Schacht durch die vorhandenen Brandlasten und durch die Art des Brandes ein Überdruck über die gesamte Schachthöhe zu erwarten ist und dass selbst bei dem Einbau von normalen Feuerschutztüren mit Rauchschutz, die nur über eine absenkbare Bodenlippe verfügen, der untere Bereich einer sehr hohen Druckbeanspruchung ausgesetzt ist, sodass eine schutzzielbestimmte Behinderung der Brand- und Rauchausbreitung nicht gewährleistet ist. Deshalb sollten diese im Bestand vorhandenen T 30-Türen als Schachtabschlüsse möglichst mit einer Bodendichtung ausgerüstet werden. Hierbei darf allerdings keine absenkbare Bodenlippe verwendet werden, sondern es sollte eine Anschlagdichtung mittels eines Stahlwinkels o. Ä. und einer aufgesetzten Dichtung verwendet werden. Der Leitfaden des DIBt „Zulässige Änderungen an Feuerschutzabschlüssen 1995 bzw. 2009“ sollte beachtet werden.

Abb. 5.69: Eingebrachte Holzbretter anstelle eines Gitterrostes

Insofern eine Nachrüstung nicht möglich ist oder in dem Fall, dass die Tür selber bereits mit Verschleißerscheinungen behaftet ist, sollte sie durch einen Schachtabschluss T 90 nach DIN 4102 (EI 90 nach DIN EN 13501-2) ersetzt werden.

In jedem Fall ist auch im Bestand sicherzustellen, dass die vorhandenen FSA in Schächten das Schutzziel *Verhinderung der Feuer- und Rauchausbreitung und Weiterleitung* erfüllen.

Hinweis

Im Bestand trifft man oft auf eine abgeänderte Nutzung von Schächten zu Abstellräumen für Möbel, z. B. in Büro- und Verwaltungsgebäuden, und zum anderen werden hier statt begehbarer Gitterroste oftmals Holzbretter zur Montage von Leitungen und dergleichen verwendet.

Diese mobilen Brandlasten stellen im Brandfall noch ein weiteres zusätzliches Brandrisiko dar, zumal sie sich häufig noch in der Nähe von teilweise alten und defekten Kabeln oder warmen Heizverteilern befinden.

In jedem Fall ist hierbei noch die Kaltrauchweiterleitung im Brandfall über Schächte ausreichend zu behindern. Dazu sind im Bestand auch bei Schächten und Abschottungen meist Abweichungen von den geltenden bzw. ursprünglichen Vorschriften festzustellen, jedoch muss auch hier unter dem Gesichtspunkt der Schutzziele im Sinne des § 3 MBO und dem Aspekt der Verhältnismäßigkeit eine Lösung zur Erfüllung der Schutzziele herbeigeführt werden.

5.4 Beispielauswahl im Soll-Ist-Vergleich

5.4.1 Öffnungsabschlüsse/Türen

Soll	Abbildung	Ist (Beschreibung des Mangels)	Maßnahme zur Mängelbeseitigung
Schachtwandabschluss nach DIN 4102-5 in T 90 bzw. zum Zeitpunkt der Erstellung des Gebäudes T 30	 Abb. 5.70 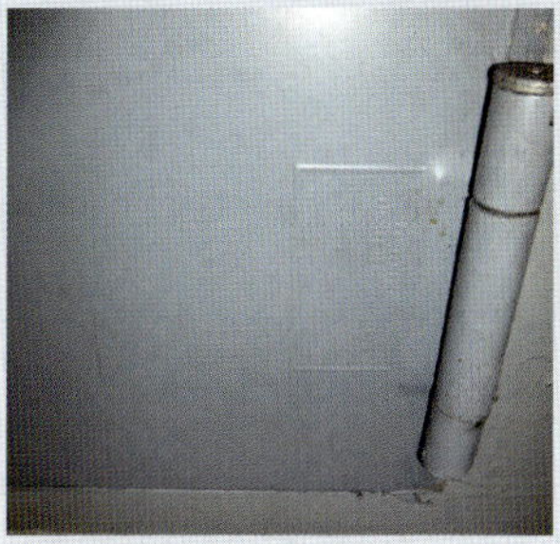 Abb. 5.71	feuerhemmende Tür älterer Bauart mit fehlender vierter Dichtung	vorhandene Tür durch eine Schachttür T 90 ($EI_2 90C5S_m$) ersetzen oder Anschlagdichtung im Bodenbereich einbauen
Notausgangstüren ins Freie sind im Sinne des § 3 MBO sowie nach Arbeitsstätten-Richtlinien (ASR) A 2.3 stets von innen leicht in Fluchtrichtung zu öffnen (Panikschloss o. Ä.)	 Abb. 5.72	Tür schlägt gegen Fluchtrichtung auf, jedoch ausreichend Platz vor der Tür zur Verfügung sowie zweiter Rettungsweg vorhanden, Panikschloss fehlt.	Panikschloss nachrüsten

Soll	**Abbildung**	**Ist (Beschreibung des Mangels)**	**Maßnahme zur Mängelbeseitigung**
Einbau der Feuerschutz(FS)-Tür gemäß Zulassung	 Abb. 5.73	formbeständiger Anschluss der Tür zum Bauteil/Sturz defekt, Abschluss T 30	instand setzen oder Tür austauschen
Notausgangstüren ins Freie nach ASR A 2.3 von innen leicht in Fluchtrichtung zu öffnen (Panikschloss o. Ä.)	 Abb. 5.74	Notausgangstür ist ausschließlich durch einen Alarmknopf gesichert, Panikschloss fehlt, drei Fluchtwegrichtungen treffen aufeinander, insofern Ausführung fraglich.	Der Alarmwächter ist durch ein Panikschloss zu ersetzen, damit die Tür jederzeit sofort zu öffnen ist und im Fluchtfall kein Rückstau entsteht.
Öffnungen in Bauteilen mit brandschutztechnischen Anforderungen sind als T 90 nach DIN 4102 ($EI_2$90-C5 nach DIN EN 13501) zu schützen.	 Abb. 5.75	T 30- anstatt T 90-Abschluss in Brandwand zum Gefahrstofflager	Tür austauschen gegen eine T 90-Tür, im anderen Brandabschnitt befindet sich ein Gefahrenstofflager.

Soll	Abbildung	Ist (Beschreibung des Mangels)	Maßnahme zur Mängelbeseitigung
T 30-Tür nach DIN 4102 als Abschluss zu Räumen mit erhöhter Brand- und Explosionsgefahr; Bodenspalt maximal 0,8 cm	 Abb. 5.76 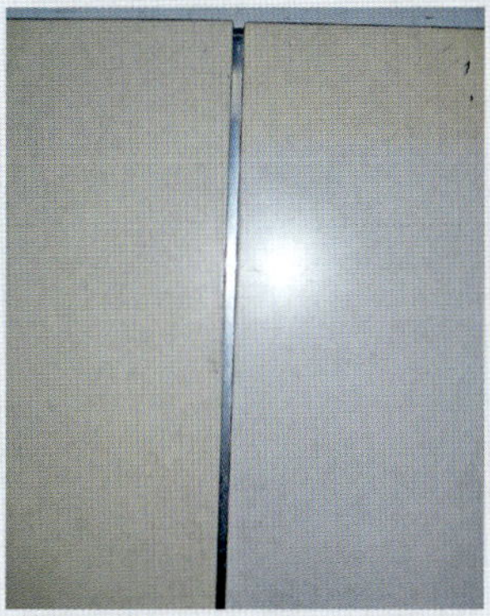 Abb. 5.77	nachträgliche Veränderung am Türblatt durch Anbau eines Aluprofils, ggf. Verlust der Zulassung, unterer Türspalt zu groß (1,8 cm); kein zugelassener Schachtabschluss	Die Zulassung der Tür bzw. die Funktionsfähigkeit der Tür als Brandschutztür ist zu überprüfen; Bodenlippe, Auflaufdichtung herstellen, ggf. Tür tauschen.
Schachtwandabschluss nach DIN 4102 T 90 zur Verhinderung der Weiterleitung von Feuer und Rauch	 Abb. 5.78  Abb. 5.79	Schachtabschluss (Schiebetür) nicht zugelassen, keine bodennahe Führung, großer Zwischenraum zur Wand, somit Gefahr von Brand- und Rauchweiterleitung durch diesen großen Bodenspalt, 2,8 cm, da im Brandfall starker Überdruck auftritt; Tür verläuft auf Hohlraumbodenfuge.	Feuerschutzvorhang mit ZiE; ggf. Austausch gegen einen T 90-Schachtabschluss, Bodenbereich in einem Streifen vor Leibung in F 90 herstellen

Soll	Abbildung	Ist (Beschreibung des Mangels)	Maßnahme zur Mängelbeseitigung
FSA-T 30-Tür nach DIN 4102-5	 Abb. 5.80  Abb. 5.81	Bodenspalt mit ca. 3,5 cm außerhalb der Toleranz	Einbau einer Bodendichtung (evtl. Stolpergefahr!) oder Tür tauschen

5.4.2 Diverse Bauteile

Soll	Abbildungen	Ist (Beschreibung des Mangels)	Maßnahme zur Mängelbeseitigung
innere Brandwand, Öffnungen unzulässig, ansonsten Brandschutzverglasung in der Klassifizierung F 90 nach DIN 4102-3	 Abb. 5.82	Verglasung ohne Anforderung (Glasbausteine) in der inneren Brandwand hergestellt	Öffnung in feuerbeständige Ausführung der Bauteile herstellen, in Mauerwerk oder Verglasung
Brandbekämpfungsabschnitte(BBA)-Trennwand, Ausführung nach DIN 4102-3 ohne Öffnungen und Unterbrechungen	 Abb. 5.83	Trennwand zwischen den Hallen 3 und 4 enthält Öffnungen bzw. Unterbrechungen.	Öffnungen fachgerecht ertüchtigen bzw. schließen oder einen T 90-Abschluss einbauen
FSA gemäß DIN 4102 T 90 oder öffnungslose Geschossdecke	 Abb. 5.84	FSA fehlt; Deckendurchbruch offen; Brandüberschlag vom UG ins darüber liegende EG	T 90-Abschluss nach DIN 4102 herstellen oder Loch fachgerecht verschließen

Soll	**Abbildungen**	**Ist (Beschreibung des Mangels)**	**Maßnahme zur Mängelbeseitigung**
Der Nachweis des Rauchabzugs (RA) kann nach Ziffer 5.6.1 IndBauRL anhand der 2-%-Regel nachgewiesen werden, alternativ kann der Nachweis einer raucharmen Schicht nach DIN 18232-2 erfolgen. In beiden Fällen erfordert dies die CO_2-Auslösung der RA-Geräte.	 Abb. 5.85	CO_2-Leitungen sowie Auslösung von zentraler Stelle wurden entfernt.	CO_2 -Leitung und Auslösung nach Vorschrift wiederherstellen
Brandwandführung 50 cm über Dach oder beidseitig auskragende Platte je 5,0 m in F 90-A nach VdS 2234	 Abb. 5.86	Brandwand nicht über Dach geführt, keine beidseitige Kragplatte vorhanden	Brandwand über Dach führen oder auskragende Platte bzw. Dachverkleidung aus F 90-A herstellen
Trennwände zu anders genutzten Räumen gemäß § 29 MBO bis unter Dachhaut	 Abb. 5.87	Anschluss an Dachhaut fehlt, Anschluss ist an Bekleidung unter Zwischenraum erfolgt; durchlaufende Stahlträger	Anschluss der Wand an Dachhaut herstellen

Soll	**Abbildungen**	**Ist (Beschreibung des Mangels)**	**Maßnahme zur Mängelbeseitigung**
Brandwandführung 50 cm über Dach oder beidseitig auskragende Platte je 5,0 m in F 90-A nach VdS 2234	 Abb. 5.88	BBA-Trennwand nicht über Dach geführt, keine auskragende Platte beidseitig, Wand verfügt nicht über eigene Standfestigkeit	BBA-Trennwand nach DIN 4102-3 umsetzen, Träger auskoppeln, evtl. verkleiden
Brandwand nach DIN-4102-7 und mit zugelassenen Abschlüssen	 Abb. 5.89	Wandverlauf unterbrochen und mit Stauschloss verschlossen; FS-Anschluss defekt	Abschluss in T 90 herstellen; Brandwand nach DIN 4102-3 ertüchtigen und Abschluss T 90 herstellen
Brandwand nach DIN 4102-7 und mit zugelassenen Abschlüssen	 Abb. 5.90	Wand mit Unterbrechungen bzw. Öffnungen vorhanden	Brandwand nach DIN 4102-3 ertüchtigen
FS-Abschluss T 90 in Trennwand zu Papierlager	 Abb. 5.91	Pendeltüre aus Kunststoff	FS-Abschluss T 90 herstellen

5.4.3 Flucht- und Rettungswege

Soll	Abbildungen	Ist (Beschreibung des Mangels)	Maßnahme zur Mängelbeseitigung
Notausgangstüren ins Freie nach ASR A 2.3 von innen leicht in Fluchtrichtung zu öffnen (Panikschloss o. Ä.)	 Abb. 5.92	Tür mit Vorhängeschloss gesichert, kein Panikschloss	Notausgänge müssen jederzeit leicht von innen zu öffnen sein. Die Notausgänge sind in der erforderlichen Ausführung mit Panikverschlüssen auszustatten.
zwei bauliche Rettungswege	 Abb. 5.93	Die Fenster ins Freie im zweiten Rettungsweg sind mit Gitterrollladen für den Einbruchschutz versehen.	Zweiter Rettungsweg ist über zusätzliche Tür ins Freie herzustellen, oder mittels organisatorischer Maßnahmen müssen offene Gitter während der Arbeitszeit vorhanden sein. Alternativ: Brandmeldeanlage zur Öffnungssteuerung im Brandfall.
Flucht- bzw. Rettungsweg ist brandlastfrei zu halten.	 Abb. 5.94	Im Wegverlauf von der Tiefgarage zum Notausgang ins Freie stehen Müllcontainer und weitere Brandlasten.	Die Müllcontainer und die Möbel sind aus dem Fluchtwegbereich zu entfernen und zu separieren.

Soll	Abbildungen	Ist (Beschreibung des Mangels)	Maßnahme zur Mängelbeseitigung
Versorgungsleitungen, wie Lüftungskanäle aus Kunststoff oder Metall, müssen, wenn sie durch Brandabschnitte laufen, abgeschottet sein.	 Abb. 5.95	Aus einem Installationsschacht verlaufen Kunststoffrohre durch den notwendigen Flur ohne Brandschutzklappe oder Verkleidung.	Abschottung durch geeignete Brandschutzklappen oder Verkleidung der Lüftungskanäle
Brandschutzklappen in Trennwand zwischen Nutzungseinheiten	 Abb. 5.96	Brandschutzklappe fehlt	Brandschutzklappe nachrüsten

5.4.4 Treppenräume und Fluchtwege

Soll	Abbildungen	Ist (Beschreibung des Mangels)	Maßnahme zur Mängelbeseitigung
Notwendige Treppenräume sind nach § 35 MBO brandlastfrei zu gestalten.	 Abb. 5.97	Im notwendigen Treppenraum werden Möbel gelagert.	Die Möbel sind zu entfernen.

Soll	**Abbildungen**	**Ist (Beschreibung des Mangels)**	**Maßnahme zur Mängelbeseitigung**
Verlegung von Leitungen gemäß LAR im notwendigen Treppenraum	 Abb. 5.98	halb durch FS-Plattenverkofferung verlegte Rohrleitung mit Fugenabdichtung in Acryl	Verlegung unterhalb der Verkofferung nach LAR, Verkofferung instand setzen gemäß Herstellervorgaben, z. B. mit Promat
jederzeit leicht von innen zu öffnender Notausgang	 Abb. 5.99	Notausgangstür zugewachsen	Bewuchs entfernen, Tür gangbar machen
jederzeit leicht von innen zu öffnende Fenster im zweiten Rettungsweg	 Abb. 5.100	Vergitterung, kraftschlüssig verbaut	Vergitterung entfernen oder umbauen, sodass jederzeit von innen leicht zu öffnen ist

Abb. 5.101: Alter Feuermelder – so sollte es nicht mehr sein.

5.5 Anlagentechnische Brandschutzmaßnahmen

Die materiellen Anforderungen der MBO bestehen in erster Linie grundsätzlich aus baulichen Brandschutzmaßnahmen. Findet man in bestehenden Gebäuden, die nach der MBO oder nach einem Brandschutzkonzept umgesetzt worden sind, anlagentechnische Maßnahmen, so kann man meist davon ausgehen, dass diese vor allem aus Kompensationsgründen hergestellt worden sind. Anlagentechnische Maßnahmen werden in erster Linie durch Sonderbauverordnungen bzw. Richtlinien, wie z. B. für Industriebauten, Versammlungsstätten, Pflege- und Betreuungseinrichtungen, Krankenhäuser, gefordert.

Da man aber gerade im Bestand häufig materielle Anforderungen der MBO kompensieren muss, greift man öfter zu anlagentechnischen Maßnahmen, wie z. B. einer Brandmeldeanlage zur Frühwarnung der im Gebäude befindlichen Personen, oder zu einer automatischen Löschanlage, um unter anderem auch fehlende Brandabschnittstrennungen oder überdimensionale Rettungswege bzw. brennbare Baustoffe im Bestand zu kompensieren. Die Maßnahmen müssen aber in ihrer Ganzheit z. B. in einem Brandschutzkonzept so dargestellt werden, dass sie die Schutzziele bzw. die Belange im Sinne des § 3 MBO erfüllen.

Wo Brandmeldeanlage und Löschanlage in erster Linie unterdimensionierte Bauteile und fehlende Brandabschnittstrennungen kompensieren, finden Entrauchungsanlagen vor allem zur Sicherung der Flucht- und Rettungswege und zur Durchführung wirksamer Löscharbeiten ihren Einsatz. Die Umsetzung von Entrauchungsanlagen sollte grundsätzlich in einem Entrauchungs-

Abb. 5.102: Ausgelöster Sprinklerkopf

konzept erfolgen, da hier neben dem eigentlichen Entrauchungsvorgang auch die angrenzenden Bereiche gegen einen möglichen Raucheintritt bzw. Rauchausbreitung geschützt werden müssen. Aus diesem Grund muss z. B. bei notwendigen Treppenräumen auf eine ausreichende Frischluftzufuhr geachtet werden. Bei Sicherheitstreppenräumen hingegen ist die dort vorhandene Überdruckanlage, die z. B. in einem Holztreppenraum nachgerüstet worden ist, so auszuführen, dass bei der Öffnung der Türen die maximalen Öffnungskräfte von 100 N nicht überschritten werden. Auch hier sollte im Rahmen eines Konzeptes die Umsetzung für Überdruckanlagen zum Nachweis der Schutzziele erfolgen.

Löschanlagen werden eingesetzt, um Brände ab dem Entstehungsfall wirksam zu kontrollieren, ihre Ausbreitung zu behindern und ggf. zu löschen. Neben den klassischen Sprinkleranlagen kommen in erster Linie Mikrowasservernebelungsanlagen bzw. Sprühwasserlöschanlagen sowie verschiedene Gaslöschtechniken (Argon, CO_2, FM 200 usw.) zum Einsatz. Daneben besteht gerade in Lager- oder Archivbereichen die Möglichkeit, eine Sauerstoffreduktionsanlage einzusetzen, bei der der Sauerstoffgehalt so weit reduziert wird, dass eine Brandentstehung und gezielte Brandausbreitung nicht erfolgen. Im Bereich des Arbeitsschutzes ist jedoch auf die entsprechenden Hinweise der Berufsgenossenschaften und der Bundesanstalt für Arbeitsschutz zu achten.

Die populärste Art der Kombinationsmaßnahme ist die Brandmeldeanlage, die vielfach für die Kombination von brennbaren Materialien in Rettungswegen oder zur Kompensation von trennenden Bauteilen im Bestand eingesetzt wird. Hierbei sollte im Bestand eine Brandmeldung immer automatisch erfolgen sowie eine Brandweiterleitung bzw. Weiterleitung der Brandmeldung z. B. an die zuständige Feuerwehr. Dies ist deshalb wichtig, um eine kurzfristige Brandbekämpfung und Fremdrettung im Gefahrenfall in einem bestehenden Bauwerk zu realisieren.

Bezogen auf die Art und Weise der Detektionssysteme, gibt es eine Vielzahl von Möglichkeiten. Von der Verwendung von Carbondioxydsensoren über die Lasererfassung, Kameraüberwachung bis hin zur Nutzung von normalen Rauchmeldern ist nach dem heutigen Stand der Technik fast keine Grenze gesetzt. In ganz kritischen Bereichen kann z. B. auch ein Rauchansaugsystem (RAS) oder Infrarotdetektion verwendet werden, das in der Regel eine Brandfrühesterkennung darstellt. Im Bereich von Denkmalen wird dies gerade in Kombination mit Lüftungsanlagen zur Frühwarnung genutzt.

Bei der Planung im Bestand muss sich der Brandschutzplaner Gedanken über die Art und Ausführung der jeweiligen Kombinationsmaßnahmen machen. Er muss entscheiden, welche Art der Kombinationsmaßnahmen bei dem entsprechenden Objekt die richtige ist. Auf jeden Fall sollten bei der Planung die einschlägigen Normen beachtet werden, wie z. B. bei Brandmeldeanlagen die DIN VDE 0833 „Gefahrenmeldeanlagen für Brand, Einbruch und Überfall", die DIN 14675 „Brandmeldeanlagen – Aufbau und Betrieb" und die DIN EN 54 „Brandmeldeanlagen" sowie bei Löschanlagen, insbesondere bei Sprinkleranlagen, die VdS CEA 4001, oder die Umsetzung nach FM-Datenblättern erfolgen.

5.6 Ingenieurtechnische Nachweismöglichkeiten

Die Anwendung von Ingenieurmethoden nimmt heute gerade bei der Ausarbeitung von Brandschutzkonzepten im Bestand einen zunehmend größeren Stellenwert ein. Dies gilt insbesondere dann, wenn Abweichungen zu bestehenden baurechtlichen Anforderungen auftreten oder wenn Regelanforderungen z. B. für Sonderbauten fehlen.

Doch was bedeutet eigentlich der Begriff: Brandschutz-Ingenieurmethoden?

- Fire Safety Engineering
  „The application of engineering principles, rules and expert judgement based on a scientific appreciation of the fire phenomena, of the effects of fire, and of the reaction and behavior of people […]" (siehe Heidelberg, Nachweisverfahren, 2010, S. 7)
- Brandschutz-Ingenieurmethoden

Anwendung von ingenieurmäßigen Prinzipien, Regeln und Beurteilung durch Brandschutzingenieure und/oder Sachverständige auf der Grundlage von wissenschaftlichen Erkenntnissen des Phänomens Feuer, der Ursache und den Auswirkungen von Bränden sowie der Reaktion und dem Verhalten von Personen ... (siehe Heidelberg, Ingenieurtechnische Nachweisverfahren, 2010)

Ein Nachweis, der mit Ingenieurmethoden geführt wird, muss grundsätzlich verständlich und nachvollziehbar sein, damit dieser von der zuständigen Genehmigungsbehörde akzeptiert wird. Ein ingenieurtechnischer Nachweis setzt somit ein breites Fachwissen voraus, das von fundierten Brandschutzkenntnissen über die Entwicklung und den Verlauf von Bränden bis zu den Anwendungsgrenzen der möglichen Verfahren bis hin zu den relevanten Schutzzielen und deren Zuordnung reicht.

Das Anwendungsspektrum erstreckt sich demzufolge auf folgende Bereiche:

- Quantifizierung der Brandgefahren und Brandauswirkungen
- Personenschutz, Rettungswesen
- Schutz von Bauwerken und Bauteilen
- Schutz und Erhalt der Umwelt und der Kulturgüter
- Schutz von Sachwerten, Sicherheitsbetrachtungen von Maßnahmen

Tabelle 5.9: Überblick über die Nachweisverfahren in anderen EU-Ländern (siehe Heidelberg, Nachweisverfahren, 2010)

	Niederlande	**Schweden**	**Italien**	**Spanien**	**Australien**	**Vereinigte Königreich**
deskriptive Bauvorschriften	DB: Bouwbesluit 2003 (Updates bis 2010) und Gebruiksbesluit	DB: Boverkets Bygg Regler – BBR 1993	verschiedenste deskriptive Bauvorschriften	„DB – SI" und Allgemeine Bauvorschrift NBE-CPI 96 gültig bis 2006	Building Code of Approved Document – Australia (BCA) B (2006)	Approves Document B (2006)
Richtlinien/ Standards zur Verwendung von Ingenieurmethoden (Performance Based Codes)	PDC: kein genereller PDC vorhanden, aber allgemein dürfen Ingenieurmethoden verwendet werden. Einige wenige Richtlinien vorhanden (Brandabschnitte > 1.000 m², Atrien, Gebäude > 70 m, Eurocodes).	PDC: kein genereller PDC vorhanden, aber gemäß BBR dürfen Ingenieurmethoden verwendet werden.	„Direttive per l'attuazione dell'approccio ingegneristico alla sicurezza antincendio" seit Mai 2007 – Richtlinie zur Verwendung von Ingenieurmethoden des Brandschutzes	„Codigo Tecnico de la Edificacion" seit 2006	implementiert im BCA (Anwendung alternativer Bemessungen, Structure, Objectives & Functional Statements etc.)	BS 9999, BS 79774, ISO/ TR 13387 sowie zahlreiche Richtlinien und Guidelines
Ingenieurmethoden werden von Brandschutzfachplanern angewendet?	ja	ja	ja, aber große Unterschiede des Wissensstandes und der praktischen Erfahrung	Fachplaner bevorzugen Standardlösungen (approved solutions) – mangelnde Erfahrung, fehlende Zuversicht der Prüfung	weitgehende Verbreitung und Anwendung von Brandschutzfachplanern	ja
Ingenieurmethoden werden von Prüfbehörden i. d. R. als Nachweis zugelassen?	ja, aber oftmals durch Hinzuziehen Dritter	ja	ja, aber große Unterschiede je nach Erfahrungs- und Wissensstand	nur vereinzelte Akzeptanz der Baubehörden (Erfahrung, Wissensstand)	weitgehende Akzeptanz der Baubehörden (auch von anderen internationalen Vorschriften)	ja *Früher:* Prüfung durch Dritte. *Heute:* großer Erfahrungsschatz und z. T. sehr detaillierte Prüfung

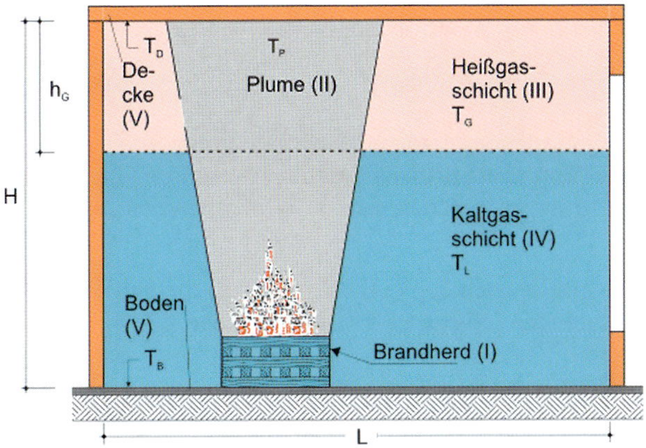

Abb. 5.103: Brandraummodell mit Geometrien

Im Rahmen der in den EU-Ländern harmonisierten „Brandschutzphilosophie" haben die Ingenieurmethoden bereits ihren festen Platz eingenommen. Einen Überblick über die Nachweisverfahren anderer EU-Länder stellt die Tabelle 5.9 dar.

Bauwerke können daher durch die Anwendung von Ingenieurmethoden zielorientiert nachgewiesen und auf die jeweilige Nutzung hin optimiert werden. Zu den ingenieurmäßigen Berechnungsmethoden zählen:

- explizite bzw. analytische Methoden bzw. Rechenverfahren
- Brandsimulationsmodelle (Wärmebilanzmodelle), unterteilt in folgende drei Gruppen:
  - Zonenmodelle
  - CFD/Feldmodelle
  - Systemcodes (behandeln die Energiefreisetzung in geschlossenen Systemen)
- Modellversuche (maßstäblich bis zum 1 : 1-Modell sowie bis hin zum Realversuch im fertigen Gebäude)

Die Anwendung erfolgt zur Nachweisführung für die

- Berechnung der Brandentwicklung in Räumen (Verbrennungsprozess),
- Berechnung der Brandausbreitung über den Brandentstehungsraum hinaus,
- Berechnung der Brandgase in Gebäuden (Menge und Zusammensetzung, raucharmer Bereich),
- Bewertung der Einwirkung von Wärme und Rauch auf Personen und Bauwerke,
- Bewertung von mechanischen Einwirkungen auf Baukonstruktionen,
- Beurteilung von Bauprodukten im Entstehungsbrand und in Bezug auf ihre Tragfähigkeit,
- Beurteilung der Brandmeldung, Aktivierung von Schutzsystemen und der Brandbekämpfung,
- Beurteilung und Berechnung von Evakuierungs- und Rettungsmaßnahmen.

Durch den Einsatz von Ingenieurmethoden im Bestand lassen sich Gebäude unabhängig von den baurechtlichen Vorschriften beurteilen. Hierdurch wird im Sinne des §§ 3, 14 MBO 2002 die Erfüllung der Schutzziele nachgewiesen.

Das bedeutet, dass man mithilfe der ingenieurtechnischen Nachweismethoden zum baulichen Brandschutz die oftmals durch unbestimmte Rechtsbegriffe definierten bauordnungsrechtlichen Schutzzielvorgaben quantifizieren kann.

Soweit man also die Nachweise nach den eingeführten Vorschriften bzw. Technischen Baubestimmungen umgesetzt hat, wird von deren Richtigkeit ausgegangen.

Als Methoden des Brandschutzingenieurwesens kommen insbesondere in Betracht:

- *Brandsimulationen*, z. B. nach Handformeln, Wärmebilanzberechnungen mittels Zonenmodellen, CFD-Modellrechnungen und physikalischen Modellen (Brand- und Rauchversuche im verkleinerten Gebäudemodell)
- *Beispiele für typische Anwendungen von Handformeln:* geometrisch einfache, quaderförmige Räume mit beschränkter Ausdehnung ohne Überströmung von Rauchgasen zwischen Räumen
- *Beispiele für typische Anwendungen von Wärmebilanzberechnungen (Zonenmodelle):* Kombination von nahezu quaderförmigen Räumen unterschiedlicher Höhe mit Überströmung von Rauchgasen
- *Beispiele für typische Anwendungen von CFD-Modellrechnungen:* komplexe Raumanordnungen oder Strömungspfade; darüber hinaus auch An-wendungen, bei denen Zulufteffekte dominant sind oder lokale Ausbreitungsphänomene des Rauches von Interesse sind
- *Beispiele für typische Anwendungen von physikalischen Modellen (Brandversuche in Prüfständen und Rauchversuche im verkleinerten Gebäudemodell):* Auslegungen von Entrauchungsmaßnahmen, bei denen Art, Anordnung und Details spezieller Entrauchungsgeräte mithilfe der anderen Modelle nicht hinreichend genau modelliert werden können (z. B. Drallabsaugung)
- *Brand- und Rauchversuche (Realversuche)*, z. B. Prüfung des Zusammenwirkens aller Komponenten (Interaktionstest)
- *Beurteilung des Brandverhaltens von Bauteilen und Tragwerken*, z. B. Behandlung nicht klassifizierter Bauteile oder von speziellen Bauteilen mit großer Entfernung zu möglichen Brandorten
- *Personenstromanalysen*, z. B. Berechnung von Evakuierungsdauern bei großen Personenzahlen zur Untersuchung der Gesamtsituation und in Einzelfällen zur Bewertung beispielsweise reduzierter Ausgangsbreiten oder verlängerter Rettungswege

6 Hinweise zum Brandschutzkonzept im Bestand

Die in Kapitel 4 und 5 aufgezeigten Analysen zeigen, dass eine fachkundige Brandschutzplanung bei komplexeren Bestandsprojekten unbedingt erforderlich ist. Vom Planer wird ein sehr tiefer Wissensstand in Bezug auf den Brandschutz und die zugehörige Bautechnik verlangt, der meist nur von Fachplanern bzw. Sachverständigen für Brandschutz erfüllt werden kann.

Die heutigen Bauwerke – insbesondere Sonderbauten – werden immer komplexer und größer. Abweichungen von den materiellen Anforderungen der rechtlichen Vorschriften kommen häufiger vor und müssen begründet und/oder kompensiert werden. Einzelne vorgeschriebene brandschutztechnische Maßnahmen sind nicht ohne Weiteres durchführbar. Eine Sachwertbetrachtung und ggf. anderweitige Sicherheitsniveaus sowie Fragen zur Wirtschaftlichkeit, die der Erfüllung der materiellen Anforderungen der Landesbauordnungen (LBOs) dienen, sind bei der Aufstellung eines Brandschutzkonzeptes in der Regel nicht berücksichtigt.

Wesentlicher Inhalt ist die Herleitung und Darstellung der brandschutztechnisch erforderlichen Mindestanforderungen nach der jeweiligen Landesbauordnung als Nachweis dafür, dass deren Schutzziele erfüllt werden.

In den im Brandschutzkonzept aufgeführten Einzelmaßnahmen aus

- vorbeugendem baulichem sowie anlagentechnischem Brandschutz,
- organisatorischem bzw. betrieblichem Brandschutz
- sowie abwehrendem Brandschutz

unter Berücksichtigung insbesondere der Nutzung, des Brandrisikos und des zu erwartenden Schadenausmaßes werden die Einzelkomponenten und ihre entsprechenden Zusammenhänge im Hinblick auf die bauordnungsrechtlichen Schutzziele beschrieben und stellen somit eine zielorientierte Gesamtbewertung für das betreffende Bauvorhaben dar. Im Weiteren muss das Brandschutzkonzept jeweils im Einzelfall für das entsprechende Gebäude aufgestellt und abgestimmt sein. Gerade wenn Ingenieurmethoden des vorbeugenden Brandschutzes zur Anwendung kommen, müssen die entsprechenden Parameter, die zur Anwendung gebracht werden sollen, mit der jeweiligen Genehmigungsbehörde abgestimmt sein. Dies trifft insbesondere Brandszenarien, Evakuierungszeiten, zulässige Personenanzahl.

Sofern also im Brandschutzkonzept Abweichungen oder Erleichterungen von materiellen Vorgaben des Bauordnungsrechtes aufgezeigt werden, sind diese zu bewerten und entsprechend zu begründen sowie eventuell zu kompensieren.

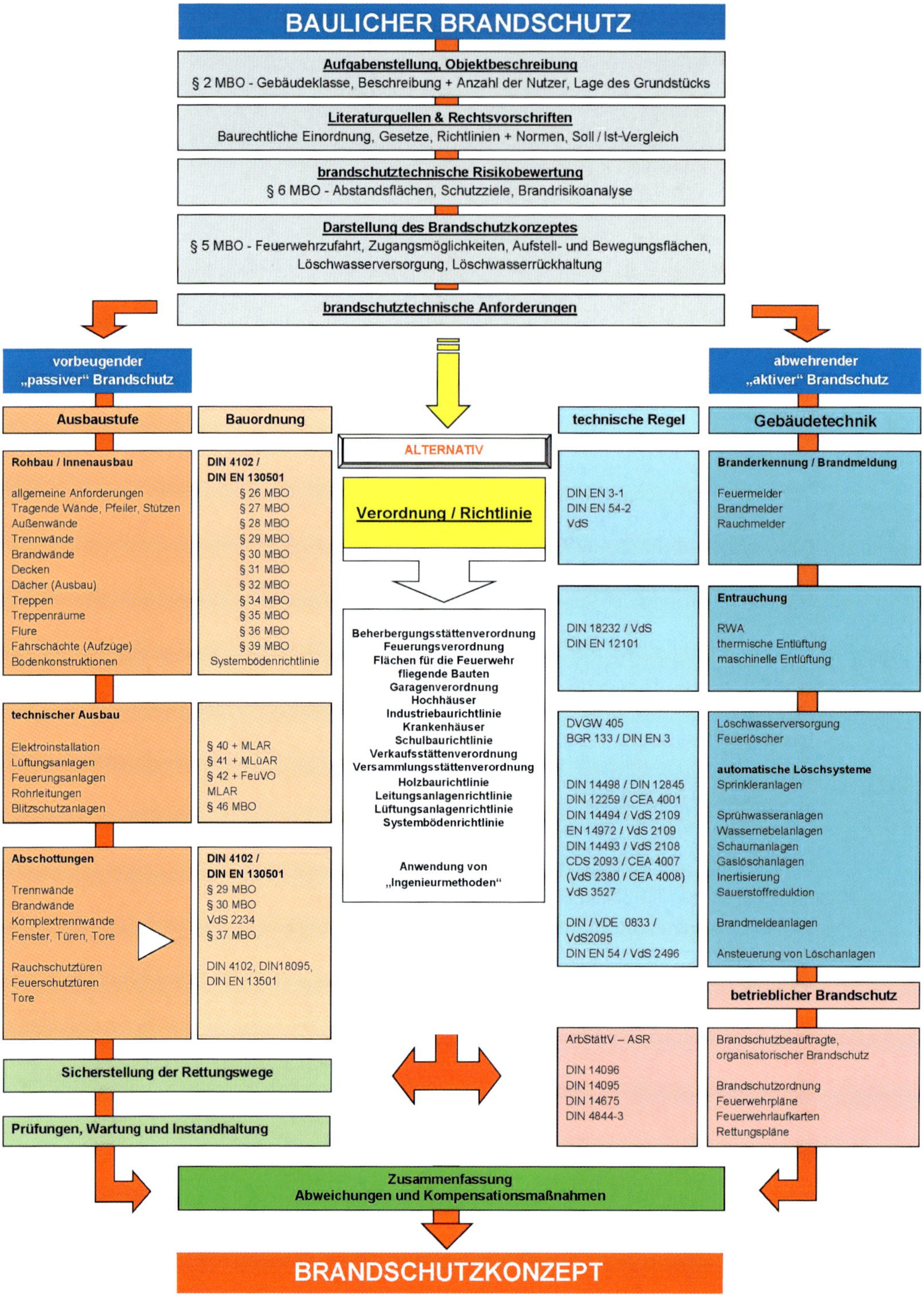

Abb. 6.1: Schematisches Verfahren nach der MBO 2002

Insbesondere dient somit das Brandschutzkonzept für die

- bauaufsichtliche Beurteilung im Genehmigungsverfahren,
- Fachplanung, Bauausführung und Koordination der Gewerke,
- Abnahme und privatrechtliche Risikobeurteilung,
- regelmäßigen Prüfungen gemäß Prüfverordnung (PrüfVO),
- Einsatzplanung der Feuerwehr,
- Nutzung und den Betrieb sowie die Dokumentation

eines Gebäudes.

In Abb. 6.1 wird die schematische Verfahrensweise nach der MBO 2002 zur Erstellung eines Brandschutzkonzeptes dargestellt. Man kann erkennen, dass neben der Bestandsbewertung und Erfassung eine Vielzahl an Einzelmaßnahmen umzusetzen ist, bis ein fertiges Brandschutzkonzept aufgestellt ist.

Die Durchführung des Brandschutzes sollte also bereits bei der Bestandsanalyse in einem möglichst frühen Stadium der Entwurfsphase abgestimmt werden. Bei den zuständigen Baubehörden sowie bei der Brandschutzdienststelle ist die Bereitschaft zur Zustimmung bei nicht eindeutig im Baurecht fixierten oder vom Baurecht abweichenden Sachverhalten einzuholen. Die Gesamtheit der Brandschutzmaßnahmen sollte dann in einem ganzheitlichen, schutzzielorientierten Brandschutzkonzept zusammengestellt werden. Brandschutzkonzepte von Bestandsgebäuden unterscheiden sich dabei von denen von neu zu bauenden Gebäuden grundsätzlich in ihrem Inhalt nicht.

Das bedeutet, dass die Schutzziele des Brandschutzes durch geeignete Maßnahmen erreicht werden und dass die Wirksamkeit der aufgezeigten Brandschutzmaßnahmen nachgewiesen ist. Diese Nachweise können mittels technischer Regelwerke (Normen) durch Versuche oder mithilfe von ingenieurmäßigen Berechnungsmethoden geführt werden. Letzteres setzt allerdings zum einen eine Zustimmung der Bauaufsichtsbehörde voraus und zum anderen eine Abstimmung mit ihr.

Der Anwendungsbereich von Brandschutzkonzepten (siehe auch Abb. 6.2) erstreckt sich demnach auf

- die Planung des Gebäudes (vorzugsweise ab Leistungsphase 1 nach der Honorarordnung für Architekten und Ingenieure [HOAI]),
- die Nutzung des Gebäudes,
- die Organisation des betrieblichen Brandschutzes,
- die Ausbildung der Mitarbeiter
- die Planung von Umbauten und Nutzungsänderungen,
- die bauaufsichtliche Beurteilung/Genehmigung,
- die Fachplanung, Bauausführung und Koordination der Gewerke, die Abnahme und die wiederkehrenden Prüfungen,
- die privatrechtliche Risikobeurteilung,
- die Brandsicherheitsschauen der Brandschutzdienststellen und die Einsatzplanung der Feuerwehr,
- die eigenständige Bauvorlage insbesondere bei Sonderbauten.

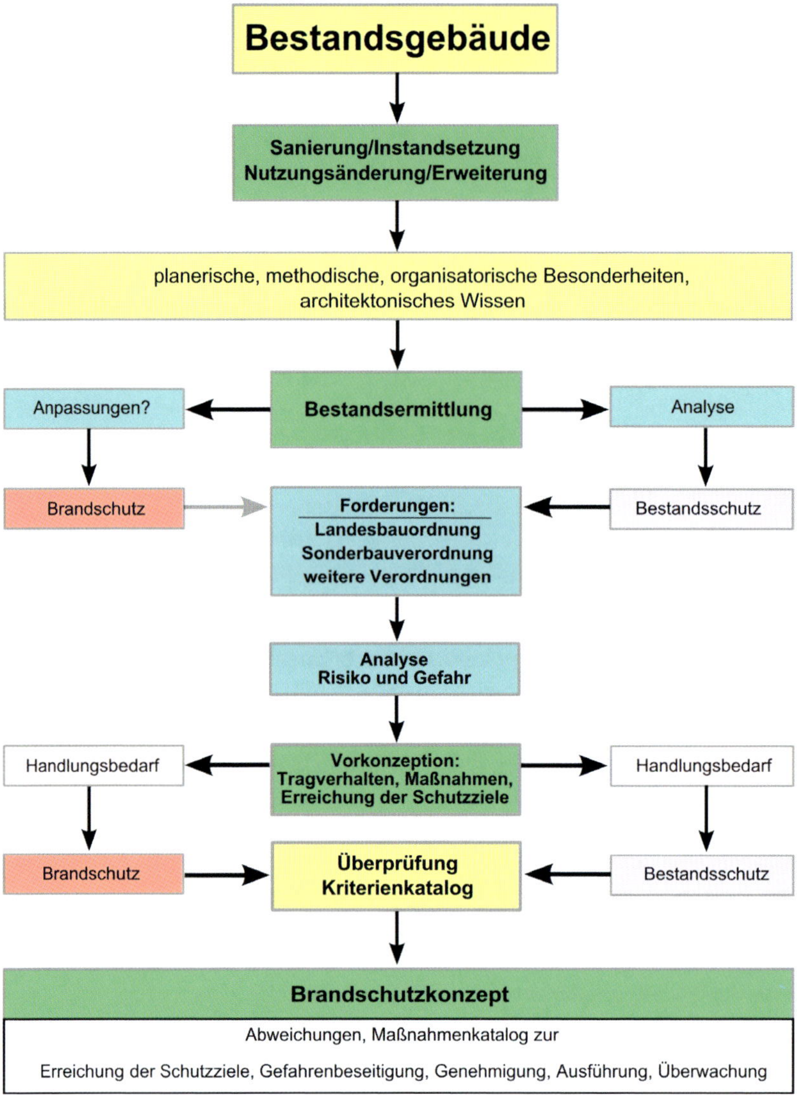

Abb. 6.2: Methodischer Ablauf zum Brandschutzkonzept

Die Gliederung kann z. B. nach den Inhalten des § 9 Bauprüfverordnung (BauPrüfVO) für Nordrhein Westfalen oder nach dem vfdb-Leitfaden 01/01:2008-04 erfolgen. Nachfolgend wird der auszugsweise Inhalt eines Brandschutzkonzeptes unter Beachtung beider Gliederungsinhalte in eigener Reihenfolge dargestellt.

Tabelle 6.1: Gliederung eines Brandschutzkonzeptes

1	Vorbemerkung
1.1	Einleitung
1.2	Anlass und Auftrag
1.3	Unterlagen und Vorgespräche
1.4	Anforderung des Sachversicherers sowie des Arbeitsschutzes
2	Liegenschafts- und Gebäudeanalyse
2.1	Lage des Grundstücks
2.2	Objektbeschreibung
2.3	Konstruktion und bauliche Merkmale
2.4	Nutzung
3	Baurechtliche Einordnung des Gebäudes
3.1	Einordnung und Anwendung der Industriebaurichtlinie (IndBauRL)
3.2	Bestandsschutz
3.3	Beurteilungsgrundlagen
3.3.1	Eingeführte Rechtsvorschriften, gesetzliche Grundlagen
3.3.2	Herangezogene Normen und Literaturquellen (Stand der Technik)
4	Brandschutztechnische Risikobewertung
4.1	Schutzziele
4.2	Besondere Schutzziele
4.3	Brandrisikobewertung
5	Kurzdarstellung der brandschutztechnischen Gesamtkonzeption
6	Abwehrender Brandschutz
6.1	Einsatzwert der Feuerwehr
6.2	Zufahrt, Aufstell- und Bewegungsflächen
6.3	Objektzugang
6.4	Gebäudefunkanlage
6.5	Löschwasserversorgung
6.6	Löschwasserrückhaltung
7	Äußere und innere Abschottung, Bauteilanforderungen
7.1	Verwendung von Baustoffen und Bauteilen
7.2	Äußere Abschottung, Abstandsflächen
7.3	Abschottungsprinzip – Brandabschnitte, Gebäudeabschnittslänge
7.4	Brandschutztechnische Anforderungen an die Tragkonstruktion
7.5	Innere Abschottung mit brandschutztechnischer Bemessung
7.6	Nichttragende und sonstige Bauteile
7.7	Decken mit brandschutztechnischer Bemessung
7.8	Bedachung
7.9	Verkleidungen, Dämmstoffe, Bodenbeläge
7.10	Systemböden, Hohlraum- und Doppelböden
7.11	Konstruktive Ausführung der brandschutztechnischen Bauteile
7.12	Anforderungen an Verschlüsse und Verglasungen

Fortsetzung Tabelle 6.1

8	System der Flucht- und Rettungswege
8.1	Anzahl der Nutzer
8.2	Evakuierungskonzept
8.3	Verlauf und Länge der Rettungswege, Bemessung
8.3.1	Rettung von Rollstuhlbenutzern
8.3.2	Hauptgänge
8.4	Fenster im Rettungsweg
8.5	Schiebetüren in Rettungswegen
8.6	Notwendige Treppe und Treppenraum
8.7	Notwendige Flure und Gänge
8.8	Rettungswegkennzeichnungen
9	Haustechnische Anlagen
9.1	Aufzüge
9.1.1	Brandfallsteuerung für Aufzüge
9.2	Blitzschutzanlage
9.3	Elektrotechnische, gebäudetechnische und sonstige Räume
9.4	Fotovoltaikanlage
9.5	Heizungsanlage
9.6	Leitungsanlagen
9.7	Lüftungsanlagen
9.8	Abschottungen, Bauteildurchführungen, Schächte
10	Anlagentechnischer Brandschutz
10.1	Sicherheitsstromversorgung/Funktionserhalt
10.2	Sicherheitsbeleuchtung
10.3	Rauch- und Wärmeableitung
10.3.1	Rauchabzugsöffnungen
10.3.2	Bereiche mit Rauch- und Wärmeabzügen
10.3.3	Zulufteinrichtungen
10.3.4	Auslöse- und Bedieneinrichtungen für Rauch- und Wärmeabzugs(RWA)-Geräte
10.3.5	Druckbelüftungsanlagen
10.4	Brandmeldeanlage (BMA)
10.4.1	Alarmierungseinrichtung der BMA zur Evakuierung im Gefahrenfall
10.4.2	Bedieneinrichtungen für die Feuerwehr
10.5	Elektroakustische Alarmierungseinrichtung (ELA)
10.6	Automatische Löschanlage
10.6.1	Wandhydranten
10.6.2	Steigleitungen
10.7	Handfeuerlöscher
10.8	Bevorratung von Sonderlöschmitteln

Fortsetzung Tabelle 6.1

11	Organisatorischer Brandschutz
11.1	Brandschutzbeauftragter
11.2	Brandschutzordnung
11.3	Unterweisung der Mitarbeiter
11.4	Flucht- und Rettungsplan
11.5	Hydrantenpläne
11.6	Feuerwehrpläne
11.7	Verwendete Stoffe, Explosionsschutz
11.8	Wiederkehrende Prüfungen, Wartung und Instandhaltung
12	Abweichungen und Kompensationsmaßnahmen
12.1	Nutzungsbeschränkungen
13	Verwendete Rechenverfahren
14	Brandschutz bei der Bauausführung
15	Umsetzung des Brandschutzkonzeptes
16	Zusammenfassung der Ergebnisse
17	Anlage: Planzeichnungen
18	Anlage: Berechnung

7 Beispiele für augenscheinliche „kurze" Bestandsaufnahmen

Am Beispiel eines Büro- und Verwaltungsgebäudes und eines Komplexes von zusammenhängenden Industriehallen soll in diesem Kapitel exemplarisch jeweils eine Bestandserfassung und eine Brandschutzkonzeption in Kurzform dargestellt werden. Die Ausführungen erheben keinen Anspruch auf Vollständigkeit.

7.1 Beispiel: Büro- und Verwaltungsgebäude, Baujahr 1987

7.1.1 Übergebene Unterlagen

Folgende Unterlagen wurden überreicht:

- Grundrisspläne zweites UG bis fünftes OG des Objektes
- brandschutztechnische Auflagen der Berufsfeuerwehr von 1981
- Zustimmung des Regierungspräsidiums Karlsruhe von 1982
- Stellungnahme zum Umbau des vierten OG der Feuerwehr von 1996
- Baugenehmigung zum Umbau des vierten OG der Stadt
- Bericht zur Brandverhütungsschau der Feuerwehr von 2011

7.1.2 Beschreibung und Dokumentation des Objektes

Das zu beurteilende Gebäude befindet sich in Heidelberg und wurde nach den vorliegenden Unterlagen im Jahr 1982 errichtet. Die Errichtung erfolgte im Zustimmungsverfahren; die Zustimmung und die brandschutztechnische Stellungnahme liegen in der Bauakte. 1995 wurde ein Umbau im vierten OG durchgeführt, für den in der Bauakte eine Baugenehmigung sowie eine brandschutztechnische Stellungnahme vorhanden sind.

Das Gebäude wird zu Büro- und Verwaltungszwecken genutzt. Der ursprüngliche Bauherr nutzt jedoch nur noch Teilbereiche, sodass zwischenzeitlich weitere Nutzer entsprechende Flächen im Gebäude angemietet haben.

Das Grundstück liegt an einer mehrspurigen Ausfallstraße mit Straßenbahnschienen und besitzt zwei Zufahrten. Eine Zufahrt, in Abb. 7.1 dargestellt, führt zum Parkplatz vor dem Haupteingang und im weiteren Verlauf über eine Rampe auf die rückwärtigen Grundstücksflächen. Die zweite, in Abb. 7.2 dargestellte Zufahrt führt über eine Rampe zum Parkplatz auf der Nordwestseite des Gebäudes.

Im Fußweg vor dem Grundstück befinden sich zwei Unterflurhydranten DN 200. Auf der gegenüberliegenden Straßenseite ist ein weiterer Unterflurhydrant DN 400 vorhanden. Die Löschwasserversorgung erscheint aufgrund der vorgefundenen Situation gesichert, im Rahmen der Erstellung des

Abb. 7.1: Ansicht von der Straßenseite aus Nordost

Abb. 7.2: Ansicht von der Straßenseite aus Nordwest

Abb. 7.3: Ansicht Bauteil Ost mit Haupteingang

Abb. 7.4: Ansicht Bauteil Nord mit Haupteingang

Brandschutzkonzeptes ist ein Nachweis des örtlichen Versorgungsunternehmens erforderlich.

Abb. 7.3 und 7.4 zeigen Außenansichten des Gebäudes vom Parkplatz vor dem Haupteingang aus, auf denen die treppenähnliche Gestaltung zu erkennen ist. Die OG sind jeweils kürzer als das darunter liegende Geschoss. Hier ist zu prüfen, ob die Decken mit der erforderlichen Feuerwiderstandsdauer zur Verhinderung einer Brandübertragung ausgeführt sind.

Weiter erkennt man auf den Bildern die Verglasung des zentralen Gebäudekerns, der die vier sternförmig angeordneten Gebäudeteile erschließt. Der Gebäudekern ist gegenüber den angeschlossenen Gebäudeteilen zurückversetzt. Es muss geprüft werden, inwieweit eine Übereckbeeinflussung an dieser Stelle gegeben ist. Die Verglasung ist augenscheinlich ohne Feuerwiderstandsfähigkeit ausgeführt, obwohl dies in der vorliegenden brandschutztechnischen Stellungnahme gefordert ist.

Der Haupteingang zum Gebäude befindet sich unter einem überdachten Gang und ist in Abb. 7.5 zu erkennen. Das Gebäude verfügt über eine Brand-

Abb. 7.5: Ansicht Haupteingang

Abb. 7.6: Ansicht Bauteil West von Süden – Teil 1

Abb. 7.7: Ansicht Bauteil West von Süden – Teil 2

Abb. 7.8: Ansicht Bauteil West von Süden – Teil 3

meldeanlage; die Edelstahlsäule mit Feuerwehrschlüsseldepot, Freischaltelement und Blitzleuchte befindet sich rechts neben dem Haupteingang. Der Windfang ist mit automatischen Schiebetüren ausgestattet. Die Eignung der Türen für die Verwendung in Flucht- und Rettungswegen entsprechend der Muster-Richtlinien über automatische Schiebetüren in Rettungswegen (M-AutSchR) sowie die Notwendigkeit einer Ersatzstromversorgung müssen geprüft und im Brandschutzkonzept dargestellt werden.

Das Gebäude verfügt über zwei UG, das EG sowie fünf OG. Die zwei UG sind in Teilen nicht unterirdisch, weil die angrenzenden Grundstücksflächen auf unterschiedlichen Geländeniveaus liegen. Die Abb. 7.6 ist vom Parkplatz auf der Nordwestseite aus aufgenommen und zeigt das erste UG auf Geländeniveau. Der Aufstellraum für den Transformator und die Mittelspannungsschaltanlage sind daher von außen zugänglich (siehe Abb. 7.7).

Das zweite UG befindet sich hier unter dem Geländeniveau. Die Gitterroste in Abb. 7.8 decken Lichtschächte für das zweite UG ab.

Abb. 7.9: Ansicht Bauteil West von Westen

Abb. 7.10: Ansicht Bauteil West von Norden

Auf der rückwärtigen Seite des Gebäudeteils befindet sich die Grundstücksfläche auf dem Niveau des zweiten UG, sodass die dort liegenden Räume von außen zugänglich sind. Die Situation ist in Abb. 7.9 zu erkennen. Rechts ist die Abfahrtsrampe zu erkennen, die die Grundstücksfläche im Südosten und Südwesten miteinander verbindet.

Die Abb. 7.10 zeigt den weiteren Treppenraum im Gebäudeteil West mit der gleichen Verglasung wie im Gebäudekern.

Die Begehung des Gebäudeinneren beginnt im vierten OG. Hier findet man in einem atriumähnlichen Treppenvorraum jeweils Abgänge in die in den vier Himmelsrichtungen angeordneten Gebäudeteile. Diese sind gegenüber diesem Treppenvorraum, wie in Abb. 7.11 zu erkennen, mit feuerhemmenden Türen älterer Bauart (Baujahr vor 1990) mit Glasausschnitt abgetrennt. Die Stahlrohrrahmentüren sind mit pulverbeschichteten Aluminiumprofilen verkleidet.

Die Türen sind augenscheinlich in einem gegenüber dem Auslieferungszustand unveränderten Zustand. Insofern die Türen im Gebäude über keine unzulässigen Anbauten und/oder Veränderungen durch Bohren, Schweißen etc. verfügen, gilt für diese Türen Bestandsschutz. Im Rahmen des Brandschutzkonzeptes müssen die Anforderungen an die Türen dargestellt und ein Soll-Ist-Abgleich durchgeführt werden. Die Türen verfügen nicht über eine Rauchschutzfunktion, die den heutigen Kriterien genügt, da eine absenkbare Bodendichtung oder eine Auflaufschiene fehlt.

Abb. 7.12 zeigt die Tür zwischen dem Treppenvorraum und dem Treppenraum. Diese ist in der gleichen Bauart ausgeführt und besitzt keine Rauchschutzfunktion.

Abb. 7.11: Brandabschnittstrennung zum Bauteil West

Abb. 7.12: Zugang zum Treppenraum im Kern

Abb. 7.13: Kopiererraum mit Feststellanlage „Feuerlöscher"

Abb. 7.14: Zugelassene Raucherkabine im Treppenvorraum

Abb. 7.13 zeigt die Tür eines Multifunktionsraums zum Treppenraum. Auch diese Tür ist als feuerhemmende Tür älterer Bauart ohne Rauchschutz ausgeführt. Der Feuerlöscher wird unzulässig als Feststelleinrichtung für die Tür verwendet. Der Brandschutzbeauftragte für das Gebäude muss derartige Situationen verhindern und anderweitig Abhilfe schaffen. Alle Türen mit Brandschutzanforderungen, die nutzungsbedingt offen gehalten werden müssen, sollten mit Feststellanlagen ausgestattet werden. Diese bewirken bei Auftreten von Rauch ein Schließen der Türen.

Die Begehung wird im dritten OG fortgeführt. Die Abtrennung der Gebäudeteile vom Gebäudekern erfolgt in allen Geschossen mit den vorgenannten Türen. Die Wände des Treppenvorraums zu den Gebäudeteilen sind aus Stahlbeton und können als feuerbeständig eingestuft werden. Brandwände sind im Bestand nicht vorhanden.

Im ersten und dritten OG des Objektes befinden sich, wie in Abb. 7.14 gezeigt, elektrisch gefilterte Raucherkabinen. Laut Betreiber sind die Aufstellung und der Betrieb mit der zuständigen Behörde und der Brandschutz-

Abb. 7.15: Brandschutzverglasung (F 90) des Treppenraumkerns

Abb. 7.16: Unterdecke im Treppenvorraum

dienststelle abgestimmt. Weiterhin sind elektrisch betriebene Wasserspender und Pflanzen aufgestellt. Das Brandschutzkonzept muss eine Festlegung hinsichtlich der Aufstellung dieser Gegenstände im Vorraum des Treppenraums enthalten.

Die Aufzüge sind in eigenen Aufzugsschächten installiert. Die Fahrschachttüren öffnen in den Vorraum des Treppenraums. Die Aufzüge stellen demnach eine Verbindung der Geschosse untereinander her. Eine Brandfallsteuerung der Aufzüge ist im Bestand nicht umgesetzt. Im Brandschutzkonzept müssen notwendige Maßnahmen für eine Ertüchtigung der Aufzüge dargestellt werden.

Der innen liegende Treppenraum verfügt in jedem Geschoss über die in Abb. 7.15 dargestellte Festverglasung zu den Vorräumen. Es handelt sich hierbei um eine doppelt ausgeführte Pyrostop-Verglasung des Typs 1/90 in der Klassifizierung feuerbeständig.

In den Vorräumen des Treppenraums und in den Fluren der Nutzungseinheiten befinden sich Installationsdecken entsprechend der Abb. 7.16. In den verbleibenden Teilen der Nutzungseinheiten sind abgehängte Rasterdecken mit integrierter Deckenbeleuchtung eingebaut.

Abb. 7.17: Beleuchtete Fluchtwegpiktogramme in älterer Ausführung

Abb. 7.18: Verglasung in einem Bauteileck – entgegen den Anforderungen aus der Baugenehmigung ohne Brandschutzqualität

Hinweis

Das Gebäude verfügt über eine elektrische Alarmierungsanlage älterer Bauart, die im Gefahrenfall manuell besprochen wird. Nach Auskunft des Betreibers soll die Funktion nicht in allen Bereichen des Gebäudes vorhanden sein. Das Brandschutzkonzept muss daher eine Aussage treffen, inwieweit eine Alarmierung mit Sprachdurchsage aufgrund der Beurteilung nach der Landesbauordnung (LBO) erforderlich ist und diese ggf. nachgerüstet bzw. ertüchtigt werden muss.

Die im Bestand vorhandenen Piktogramme zur Kennzeichnung der Flucht- und Rettungswege sind älterer Bauart, wie in Abb. 7.17 zu erkennen ist. Sie müssen erneuert werden und an die heute geltende Berufsgenossenschaftliche Vorschrift (BGV) A8 bzw. DIN 4844 „Graphische Symbole – Sicherheitsfarben und Sicherheitszeichen" angepasst werden. Für die Kennzeichnung gilt kein Bestandsschutz.

Abb. 7.18 zeigt die Verglasung des Gebäudekerns im Bereich der zurückgesetzten Fassade. Eine Übereckbeeinflussung der einzelnen Gebäudeteile auf den Treppenvorraum ist nicht auszuschließen. Die Verglasung ist tatsächlich ohne Anforderungen an die Feuerwiderstandsfähigkeit ausgeführt. Es sind Maßnahmen im Bereich der Verglasung erforderlich, die im Brandschutzkonzept dargestellt werden müssen.

Abb. 7.19: Pausenraum (Eckeinsicht)

Abb. 7.20: Pausenraum mit Teeküche

Abb. 7.21: Fenstertür im Pausenraum

Abb. 7.22: Nachträglich abgetrenntes Archiv mit ehemaligem Garagenabschluss

Im Gebäudeteil Nord befindet sich im ersten OG ein Aufenthaltsraum mit Aufwärmküche, der für deutlich weniger als 100 Personen Platz bietet (siehe Abb. 7.19 und 7.20). Der zugehörige Flucht- und Rettungsweg wird nicht von mehr als 200 Personen genutzt. Es handelt sich nicht um eine Versammlungsstätte, sodass die Versammlungsstättenrichtlinie nicht zu berücksichtigen ist.

Die Küchenzeile verfügt über haushaltsübliche Geräte sowie einen Herd mit zwei Kochplatten; ein Backofen ist nicht vorhanden. Das Essen wird im Rahmen eines Cateringvertrages angeliefert und ausgegeben.

Der Flucht- und Rettungsweg führt durch den Flur der angrenzenden Nutzungseinheit. Der zweite Rettungsweg ist über das vor dem Aufenthaltsraum liegende Vordach umgesetzt, das jederzeit über leicht zu öffnende Fenstertüren erreicht werden kann (Abb. 7.21).

Im ersten UG des Gebäudeteils Ost befinden sich ehemalige Beladeboxen für Postfahrzeuge (siehe Abb. 7.22). Die Nutzung als Lager ist hier insoweit nicht

Abb. 7.23: Nachträglich abgetrenntes Archiv

Abb. 7.24: Ansicht des Bauteils Ost von Süden

Abb. 7.25: Mittelspannungsverteiler

verändert worden. Eine Abtrennung wurde innerhalb der Einheit nachträglich mittels Trockenbauwand ergänzt, um ein Archiv ausbilden zu können. Die Abschlüsse sind als feuerhemmende Brandschutztüren T 30 ausgeführt.

Die in Abb. 7.23 dargestellte Abtrennung zeigt das Archiv.

Auf der linken Seite der Abb. 7.24 befindet sich das brandschutztechnisch abgetrennte Archiv. Auf der rechten Seite befinden sich logistische Funktionsbereiche der Telekom. Diese werden in erster Linie nur durch Mitarbeiter zur Beladung genutzt, die z. B. für die Verlegung von Erdkabeln zuständig sind. Der Bereich ist von außen zugänglich und verfügt über zu öffnende Fenster als zweiten Rettungsweg.

Die Abtrennung der Gebäudeteile (Nord, Süd, Ost, West) und des Treppenvorraums erfolgt auch im ersten UG mit den gleichen Türen wie in den OG.

Im ersten UG des Gebäudeteils Nord befinden sich die Wasch- und Sozialräume für die Mitarbeiter. An der Vorderseite des Gebäudeteils liegt ein Batterieraum. Der in Abb. 7.25 dargestellte Batterieraum verfügt über eine

Abb. 7.26: Notausstieg zum Schacht im UG mit fehlender Drückergarnitur

Abb. 7.27: Brandabschnittstrennung im UG zu Technikflächen

Unterverteileranlage. Er kann im ersten Rettungsweg über den davor liegenden Flur sowie im zweiten Rettungsweg über das Fenster unmittelbar ins Freie verlassen werden. Das erste UG liegt auf dieser Gebäudeseite auf Geländeniveau.

Die Tür ist als feuerhemmende Tür älterer Bauart ohne Rauchschutz umgesetzt. Das Baujahr der Tür ist ca. 1983 bis 1987. Unmittelbar neben dem Batterieraum befinden sich die Aufstellräume für den Transformator und die Mittelspannungsschaltanlage, über die die zentrale Stromeinspeisung erfolgt. Am Ende des Flurs im Gebäudeteil Nord befindet sich eine Tür ins Freie (siehe Abb. 7.26), die als Zugang zu einem Schacht dient. Der Schacht liegt auf der Gebäudeseite mit dem Haupteingang und ist mit Gitterrosten abgedeckt.

Es fehlt der Türdrücker, infolgedessen kann die Tür zurzeit nicht geöffnet werden.

Das UG verfügt über die bereits erwähnte Alarmierung für die Mitarbeiter, die sich in den Wasch- und Sozialräumen aufhalten können. Im ersten UG des Gebäudeteils West und Süd befinden sich Büros und zugehörige untergeordnete Nutzungen wie in den OG auch. Momentan werden diese Räume nicht genutzt; die Mietflächen sind leer. Der zweite Rettungsweg für die Nutzungseinheiten kann gemäß den vorliegenden Plänen erfasst werden.

Im Gebäudeteil Ost, den man durch eine feuerhemmende Brandschutztür T 30 betritt, befindet sich ein Serverraum. Dieser ist mit einer T 30-Tür von der sonstigen Nutzung des Bereichs als Technikflächen abgetrennt. Des

Abb. 7.28: Notausstieg zum Schacht im UG

Abb. 7.29: Brandabschnittstrennung im UG zum Verwaltungsbereich

Weiteren befinden sich in dieser Nutzungseinheit lediglich Lagerräume und untergeordnete Nutzungen als Keller.

Hier befindet sich auch keine Lüftungszentrale, infolgedessen der Flur nicht zwingend als notwendiger Flur ausgeführt werden muss. Oberhalb der Tür ist, wie in Abb. 7.27 zu erkennen, eine Brandschutzklappe als Überstromöffnung vorhanden.

Am Ende des Flurs, siehe Abb. 7.28, befindet sich ein zweiter Rettungsweg über eine Fluchttreppe ins Freie. Diese ist auch auf dem Bild zu erkennen, das vom Parkplatz aus gemacht wurde. Hier mündet diese auf den Parkplatz.

Auch im zweiten UG sind die gleichen Türen wie in den OG als Abtrennung zwischen den Gebäudeteilen und dem Treppenvorraum vorhanden. Der Treppenvorraum verfügt hier über einen direkten Ausgang ins Freie (siehe Abb. 7.29).

Im zweiten UG des Gebäudeteils West befinden sich derzeit nicht vermietete, leerstehende Büroräume. Im hinteren Teil sind ein Lastenaufzug und dahinter eine Lagernutzung für Büro- und EDV-Artikel vorhanden. Der abgesetzte Treppenraum hat hier einen Ausgang ins Freie. Das zweite UG im Gebäudeteil West befindet sich hier auf Geländeniveau, sodass Möglichkeiten einer Entfluchtung direkt ins Freie bestehen.

Im Gebäudeteil Nord befindet sich im zweiten UG der Heizungsraum, der nach der Umstellung auf Fernwärmeversorgung nur noch als Übergabestation genutzt wird. Die ursprüngliche Kesselanlage wurde zurückgebaut.

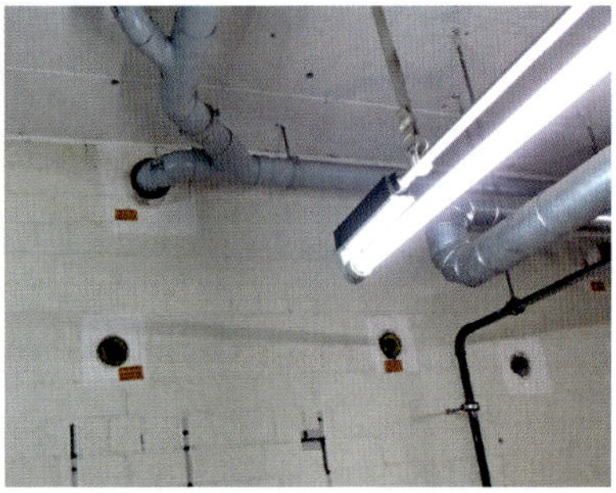

Abb. 7.30: Nicht verschlossene Öffnungen von alten Durchführungen

Abb. 7.31: Zugang zum Serverraum

Abb. 7.32: Serverraum

Neben dem Übergaberaum für die Fernwärme befindet sich der Hausanschluss für die Wasserversorgung. In der Wand zwischen Fernwärmeübergabe- und Hausanschlussraum befinden sich die in Abb. 7.30 zu erkennenden Öffnungen ehemaliger Durchführungen. Da an diese Wand keine Anforderungen hinsichtlich des Raumabschlusses bestehen, sind diese nicht zwingend zu verschließen.

Im gesamten Gebäude befinden sich keine raumlufttechnischen Anlagen. Lüftungszentralen müssen daher nicht ausgebildet werden.

Sämtliche Durchführungen von Leitungsanlagen sind mit einem Schild als Abschottung gekennzeichnet. Die Kennzeichnung der Durchführungen, die entsprechend den Erleichterungen der Leitungsanlagen-Richtlinie (LAR) ausgeführt sind, müssen jedoch nicht gekennzeichnet werden.

Im Gebäudeteil West befindet sich ein Serverraum der Telekom, der laut Auskunft des Betreibers im Jahr 2011 brandschutztechnisch auf den aktuellen Stand der Vorschriften gebracht worden ist. Der Zugang zum Serverraum erfolgt über eine T 30-RS-Tür mit ICS, wie in Abb. 7.31 zu erkennen. Der Raum ist feuerbeständig im Trockenbau von der übrigen Nutzung abgetrennt. Im Raum sind lediglich zwei 19-Zoll-Einschubschränke, eine RX 600 sowie ein normaler Siemens-EDV-Einschubschrank aufgestellt (siehe Abb. 7.32). Infolgedessen kann der Raum nicht als Serverraum, sondern als untergeordneter Raum deklariert werden.

Abb. 7.33: Lüftungs- und Klimagerät des Serverraums

Abb. 7.34: Brandmeldeunterzentrale im Nebenraum des Serverraums

Abb. 7.35: Brandmeldezentrale im Schacht im Foyer des EG

Abb. 7.36: Mangelnde Abschottung im Schacht mit Rauchmelderüberwachung nur im EG

Auf der Rückseite des Raums befindet sich ein weiterer Raum (siehe Abb. 7.33), in dem eine raumlufttechnische Anlage zur Klimatisierung und Filterung untergebracht ist. Diese Anlage wird nur für den davor liegenden Serverraum vorgehalten. Sie steht mit der übrigen Nutzung oder den übrigen Gebäudeteilen in keinem direkten Zusammenhang. Es verlaufen keine Kabel bzw. keine Lüftungskanäle oder dergleichen von dort aus in die Gebäudeteile.

Neben dem Serverraum befindet sich eine Unterzentrale der Brandmeldeanlage, wie in Abb. 7.34 zu erkennen. Die Stromversorgung mit Batterien ist ungeeignet, da der Schaltschrank nicht verschlossen werden kann, und sollte zwingend überarbeitet werden.

Die Brandmeldeanlage ist nur in dem Serverraum und der zugehörigen Lüftungsanlage vorhanden. Des Weiteren verfügt das Gebäude über eine Notbeleuchtung im Sinne der Arbeitsstätten-Richtlinien (ASR) in dem Gebäudeteil West. Dies gilt aber nur für den Bereich des Serverraums und den davor liegenden Flur bis zum Aufzug, Lastenaufzug bzw. Treppenraum.

Im EG befindet sich im Foyer ein Empfang, von dem aus die Mitarbeiter benachrichtigt werden. Im Weiteren befindet sich hier die in Abb. 7.35 gezeigte Brandmeldezentrale, die in einem installationsschachtähnlichen Raum untergebracht ist. Die Deckendurchbrüche sind nicht verschlossen.

Der Bereich selbst ist mit einem Brandmelder überwacht (siehe Abb. 7.36) und es befindet sich innerhalb dieses Installationsbereichs zusätzlich ein Druckknopfmelder. Der Sinn dieses Melders ist nicht nachzuvollziehen.

Es kann weder baurechtlich noch technisch (gemäß Verband der Elektrotechnik [VDE] 0833 bzw. DIN 14675 „Brandmeldeanlagen – Aufbau und Betrieb“) nachvollzogen werden, wie die Brandmeldung erfolgt. Es wurden bei der Begehung weder automatische noch manuelle Melder vorgefunden. Es ist davon auszugehen, dass die Unterzentrale im Serverraum auf die vorstehende Brandmeldezentrale aufgeschaltet ist. Die Grundlagen der Planung zur Festlegung des Schutzumfanges sowie die Wartungsprotokolle zu dieser Anlage müssen angefordert werden.

7.2 Kurzdarstellung der brandschutztechnischen Konzeption des Beispiels in 7.1

7.2.1 Konstruktion und bauliche Merkmale

Die für eine Bewertung erforderlichen konstruktiven Merkmale werden wie folgt zusammengefasst:

- Das Haupttragwerk besteht aus Stahlbeton.
- Die Geschosstrenndecken bestehen aus Stahlbeton.
- Das Dachtragwerk besteht aus Stahlbeton und ist mit harter Bedachung eingedeckt.

Die Gestaltung der Bau- und Anbauteile wie Außenwände, Türen, Aufbau der Bedachung etc. wird im Kapitel 7.2.4 ausführlich nach den erläuterten Regelbestimmungen der maßgeblichen Beurteilungsgrundlagen dargestellt.

7.2.2 Nutzung

Das Gebäude wird durch einen Hauptmieter genutzt; hierzu bestehen Untermietverträge für Teilbereiche des Gebäudekomplexes. Es werden folgende Nutzungsbereiche unterschieden:

- Büro- und Verwaltungsnutzung
- Sozialräume
- Archiv- und Lagerräume

7.2.3 Baurechtliche Einordnung des Gebäudes

Der Standort des zu bewertenden Objektes befindet sich in Baden-Württemberg. Die brandschutztechnische Beurteilung des Objektes erfolgt unter Beachtung des Bestandsschutzes nach der LBO für Baden-Württemberg, Stand 1995, in Verbindung mit der Allgemeinen Ausführungsverordnung des Wirtschaftsministeriums zur LBO (LBOAVO).

Es erfolgt eine Einordnung des Gebäudes als sonstiges Gebäude außer Hochhäusern gemäß § 2 Abs. 2 gemäß LBO von 1995 (LBO 2012 = Gebäudeklasse 5). Die Oberkante des Fußbodens des höchsten Aufenthaltsraums beträgt gemäß Gebäudeschnitt 13,8 m und liegt somit mindestens 7 m und maximal

22 m über der Geländeoberfläche. Die vorhandenen Nutzungseinheiten sind kleiner als 400 m².

Der Anwendungsbereich einer Sonderbauverordnung ist nicht gegeben.

Insgesamt gilt das Objekt als ungeregelter *Sonderbau* im Sinne des § 38 Abs. 2 LBO.

- Die Grundfläche des Geschosses mit der größten Ausdehnung ist größer als 1.600 m².
- Das Büro- und Verwaltungsgebäude hat eine Grundfläche von mehr als 400 m².

7.2.4 Beurteilungsgrundlagen

7.2.4.1 Eingeführte Rechtsvorschriften, gesetzliche Grundlagen

Die Beurteilung basiert insbesondere auf folgenden Vorschriften, jeweils in der aktuellen Fassung. Vorhergehende Fassungen werden zur Würdigung des Bestandsschutzes herangezogen:

- Landesbauordnung für Baden-Württemberg (LBO), Fassung 1995
- Landesbauordnung für Baden-Württemberg (LBO), Stand 05.03.2012
- Allgemeine Ausführungsverordnung zur Landesbauordnung (LBOAVO), Stand 05.02.2010
- Verwaltungsvorschrift über die brandschutztechnische Prüfung (VwV Brandschutzprüfung), Stand 10.12.2004
- Verfahrensverordnung zur Landesbauordnung (LBOVVO), Stand 27.01.2010
- Bauprüfverordnung (BauPrüfVO), Stand 10.05.2010
- Verordnung über Elektrische Betriebsräume (EltVO), Stand 28.10.1975 (Das Muster einer Verordnung über den Bau von Betriebsräumen für elektrische Anlagen (M-EltBauVO), Stand Januar 2009, kann zur Erfüllung der Schutzziele im gleichen Maße herangezogen werden.)
- Feuerungsverordnung (FeuVO), Stand 15.04.2007
- VwV Feuerwehrflächen, Stand 10.12.2004
- Liste der Technischen Baubestimmungen (Die LTB enthält technische Regeln für die Planung, Bemessung und Konstruktion baulicher Anlagen und ihrer Teile.), Fassung Dezember 2010
- Leitungsanlagen-Richtlinie (LAR), Stand November 2006
- Lüftungsanlagen-Richtlinie (LüAR), Stand November 2006
- Systemböden-Richtlinie (SysBöR), Stand November 2006

7.2.4.2 Herangezogene Normen und Literaturquellen (Stand der Technik)

Es wurde zur Beurteilung u. a. auf folgende Regelwerke, Richtlinien, Normen sowie Fachliteratur zurückgegriffen:

- Landesbauordnung für Baden-Württemberg. Kommentar. Helmut Sauter (Begr.). Band 1, Fassung 1995. Stuttgart: W. Kohlhammer Verlag
- Landesbauordnung für Baden-Württemberg. Kommentar. Helmut Sauter (Begr.). Band 1 und 2, Stand 2012. Stuttgart: W. Kohlhammer Verlag

- VGW-Arbeitsblatt W 405 Bereitstellung von Löschwasser durch die öffentliche Trinkwasserversorgung, Stand Februar 2008. Hrsg.: Deutscher Verein des Gas- und Wasserfaches
- DIN 4102-1 bis -23 und Änderungen „Brandverhalten von Baustoffen und Bauteilen“ (Die normbezogene Benennung von bauaufsichtlichen Anforderungen erfolgt nach der DIN EN 13501, die Benennung nach DIN 4102 folgt in der Klammer dahinter.)
- DIN EN 13501-1 bis -5 „Klassifizierung von Bauprodukten und Bauarten nach ihrem Brandverhalten“
- DIN EN 12101-2:2003-09 „Rauch und Wärmefreihaltung – Teil 2: Festlegungen für natürliche Rauch- und Wärmeabzugsgeräte“
- DIN 4066:1997-07 „Hinweisschilder für die Feuerwehr“
- DIN 4844-1:2012-06 „Graphische Symbole – Sicherheitsfarben und Sicherheitszeichen – Teil 1: Gestaltungsgrundlagen für Sicherheitszeichen zur Anwendung in Arbeitsstätten und in öffentlichen Bereichen“
- DIN 4844-2:2010-12 „Graphische Symbole – Sicherheitsfarben und Sicherheitszeichen – Teil 2: Registrierte Sicherheitszeichen“
- DIN 14090:2003-05 „Flächen für die Feuerwehr auf Grundstücken“
- DIN 14095:2004-05 „Feuerwehrpläne für bauliche Anlagen“
- DIN 14096-1 bis -3 „Brandschutzordnung“
- ASR A1.3 Sicherheits- und Gesundheitskennzeichnung am Arbeitsplatz
- ASR A2.3 Fluchtwege und Notausgänge, Flucht- und Rettungsplan
- ASR A3.4/3 Sicherheitsbeleuchtung, optische Sicherheitsleitsysteme
- BGV A8 Sicherheits- und Gesundheitsschutzkennzeichnung am Arbeitsplatz
- VdS CEA 4001:2010-11 VdS-Richtlinien für Sprinkleranlagen, Planung und Einbau
- Josef Mayr/Lutz Battran: Brandschutzatlas. Stand 03/2011

7.2.5 Brandschutztechnische Kurzkonzeption des Objektes

Auf der Basis der vorstehenden Analyse und der baurechtlichen Einordnung erfolgt eine risikoorientierte Gesamtbewertung des Objektes. Die erforderlichen Brandschutzmaßnahmen sind unter Berücksichtigung der bauaufsichtlichen Anforderungen umgesetzt und in der Anlage grafisch visualisiert.

Anhand der folgenden Nachweisführung wird festgestellt, ob beim beurteilten Objekt eine ausreichende Brandsicherheit im Abgleich mit den geltenden Vorschriften vorliegt. Abweichungen von den Vorschriften werden begründet bzw. durch zielgerichtete Ersatzmaßnahmen kompensiert.

7.2.5.1 Die konzeptionelle Umsetzung für das Objekt

Die tragenden und aussteifenden Bauteile des Gebäudes sowie die Decken werden im Bestand gemäß der brandschutztechnischen Bestandsbewertung unter Berücksichtigung der Anforderungen der Feuerwehr von 1981 als feuerbeständig F 90-A nach DIN 4102 eingestuft. Die nichttragenden und nichtaussteifenden Außenwände sowie Verkleidungen und Dämmungen sind gemäß der vorgenannten Bewertung aus nichtbrennbaren Baustoffen umgesetzt.

Das Gebäude ist im Bestand mit vier Brandabschnitten (BA) hergestellt worden. Die inneren Trennwände des zentralen Gebäudekerns zu den Bauteilen waren im Bestand gemäß den vorgenannten Anforderungen der Feuerwehr als Brandwände nach DIN 4102 herzustellen. Aufgrund der augenscheinlichen Art und Ausführung der Wände sowie der vorliegenden Unterlagen wird davon ausgegangen, dass diese als Brandwand mit den mechanischen Eigenschaften in F 90-A+M nach DIN 4102 erstellt worden sind. Eine genaue Klassifizierung der Wände muss, soweit zusätzlich erforderlich, im Rahmen eines statischen Nachweises (z. B. Eurocode) erfolgen. Die Wände werden nicht verändert und genießen somit Bestandsschutz; eine nachträgliche Ertüchtigung bzw. Überdachführung ist somit nicht erforderlich.

Die Türen in diesen Brandabschnittstrennwänden sind entsprechend dem Zustimmungsbescheid des Regierungspräsidiums Karlsruhe vom 12.02.1982 mit der Anforderung T 30 nach DIN 4102 umgesetzt. Diese im Bestand vorhandenen Türen, die gegenüber dem Auslieferungszustand nicht unzulässig verändert wurden, genießen Bestandsschutz. Solange diese Türen ihre Funktion als Abschluss nach DIN 4102 und unbeschädigt erfüllen, ist ein Austausch nicht erforderlich. Aufgrund der konzeptionellen Umsetzung in diesem Brandschutznachweis werden die vorgenannten Türen mit einer Rauchschutzfunktion unter Beachtung der zulässigen Änderungen an Bestandstüren des DIBt 1995 bzw. 2009 ertüchtigt bzw. ergänzt. Die bestehenden T 30-Türen zu den ehemaligen innen liegenden Treppen im Gebäudekern können unverändert verbleiben.

Im Rahmen der brandschutztechnischen Neubewertung in diesem Gesamtkonzept wird der vorhandene Gebäudekern (Achse I-J/8-9) als zentraler außen liegender Treppenraum umgesetzt. Dieser verfügt zum einen über den innen liegenden Treppenraum mit den in Fahrschächten liegenden Aufzügen und zum anderen über den ringsum angeordneten Aufzugsvorraum. An die Aufzugstüren sowie die Fahrschachtwände bestehen insoweit keine Anforderungen mehr, da die Aufzüge im Treppenraum liegen. Der Treppenraum verfügt über eigene Ausgänge ins Freie auf Geländeniveau jeweils im EG sowie im ersten und zweiten UG des Objektes.

Nach dem ehemaligen Gebäudekonzept lag die notwendige Treppe in einem eigenen innen liegenden Treppenraum, der über einen Vorflur erschlossen wurde. An den feuerbeständigen tragenden Bauteilen der Treppe (siehe brandschutztechnische Stellungnahme der Feuerwehr von 1981) werden keine Änderungen vorgenommen, obwohl gemäß den heute gültigen Vorschriften der LBOAVO eine feuerhemmende Ausführung aus nichtbrennbaren Baustoffen ausreichend ist.

Gemäß der zum Zustimmungsbescheid gehörenden brandschutztechnischen Stellungnahme der Feuerwehr von 1981 ist zur Behinderung der Übereckbeeinflussung der abgehenden Bauteile (Nord, Ost, Süd, West) auf den ehemaligen Aufzugsvorraum (heute Teil des notwendigen Treppenraums) eine feuerbeständige Brandschutzverglasung G 90 nach DIN 4102 gefordert.

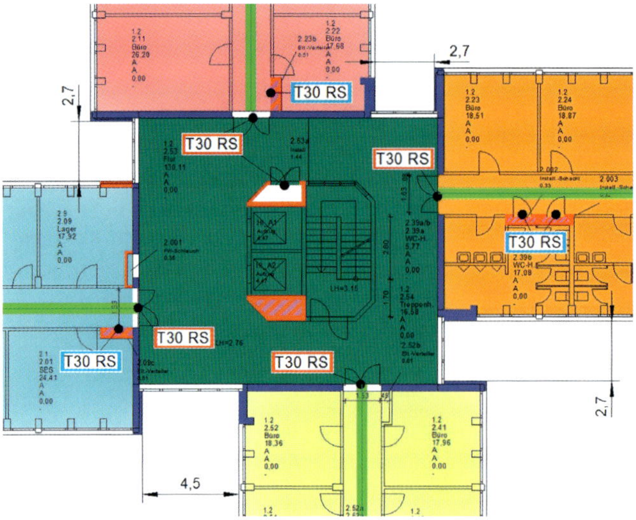

Abb. 7.37: Ausschnitt Brandschutzplan erstes OG (Quelle: Brandschutzkonzept, Heidelberg Ingenieure & Sachverständige, GmbH)

Gemäß der Bestandsbewertung wurde die Glasfassade des nunmehr notwendigen Treppenraums augenscheinlich nicht mit der geforderten Brandschutzverglasung hergestellt (siehe Abb. 7.37).

Die Glasfassade befindet sich, wie auf der Abb. 7.37 zu erkennen, jeweils in zurückliegenden Gebäudenischen. Diese werden durch beidseitige ≥ 1,5 m tiefe und ≥ 2,7 m breite feuerbeständige Außenwandscheiben ohne Öffnungen ausgebildet. Der Winkel, der sich aus einer möglichen Übereckbeeinflussung des jeweils im angrenzenden Brandabschnitt liegenden Fensters ergibt, beträgt hier ca. 152°.

Gemäß § 26 LBO in Verbindung mit § 6 Abs. 3 LBOAVO (siehe Sauter, 1995, Rdnr. 75, Seite 34 c und 35) kann bei einem Winkel > 120° bei über Eck zusammenstoßenden Gebäuden nicht mehr von der Gefahr eines Brandüberschlages ausgegangen werden. Weiterhin kann man aus den Ergebnissen des Lehrter Brandversuchs die Temperaturen vor und seitlich der Fassadenübergänge beim Objekt aus den folgenden Isothermen und Heißgastemperaturen ableiten (siehe Abb. 7.38).

Was die Verglasungen betrifft, ist festzuhalten, dass die vorhandene Ausführung in Verbund-Sicherheitsglas (VSG) als nichtbrennbarem Baustoff ausreichend ist, um einen Brandüberschlag zum angrenzenden Brandabschnitt zu behindern.

Gegen die Ausführung der vorhandenen Glasfassade ohne Anforderungen an die Feuerwiderstandsfähigkeit bestehen aus brandschutztechnischer Sicht keine Bedenken, da eine übermäßige Belastung durch Wärmestrahlung und ein damit verbundener Brandüberschlag nicht zu erwarten ist.

Die Ausgänge aus dem Treppenraum im Gebäudekern ins Freie befinden sich ebenfalls im Nischenbereich. Hiergegen bestehen aus brandschutztechnischer Sicht ebenso keine Bedenken, da zum einen die Wandscheiben

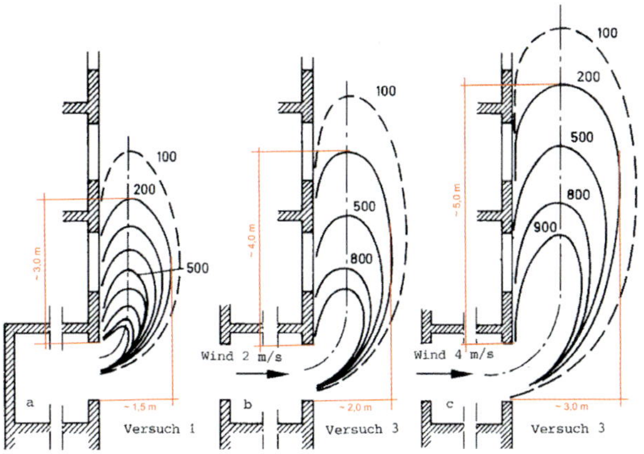

Abb. 7.38: Isothermenbild des Temperaturfeldes vor der Fassade (Foto: Bechtold, Brandversuche Lehrte, 1978)

feuerbeständig ausgeführt sind und zum anderen Ausgänge in drei verschiedenen Geschossen und in drei verschiedenen Himmelsrichtungen vorhanden sind. Im Gefahrenfall sind mindestens zwei Ausgänge ins Freie gefahrlos benutzbar.

Das Gebäude verfügt noch über einen weiteren Treppenraum im Bauteil West (Achse O-P/8.2-10.2), die Türen sind in der gleichen Bauart ausgeführt wie die Türen zum zentralen Treppenhaus im Gebäudekern. Auch diese Abschlüsse werden unter Beachtung der zulässigen Änderungen an Bestandstüren des DIBt 2009 ertüchtigt bzw. erweitert. In den Fällen, in denen dies nicht möglich ist, sind die Türen durch T 30-RS-Türen nach DIN 4102 auszutauschen.

Die Treppenräume sollen gemäß Zustimmungsbescheid des Regierungspräsidiums Karlsruhe vom 12.02.1982 im EG in einen in die OG und einen in die UG führenden Teil durch feuerbeständige Wände mit T 30-Türen getrennt werden. Nach den heute gültigen Vorschriften ist diese Forderung nicht zu begründen.

Installationsschächte sind mit feuerbeständigen Wänden und feuerhemmenden Türen aus nichtbrennbaren Baustoffen im Bestand vorhanden. Die Anforderung der brandschutztechnischen Stellungnahme der Feuerwehr ist umgesetzt. Die Türen werden, soweit nicht im Bestand vorhanden, mit einer vierseitig umlaufenden Dichtung ertüchtigt, um die Rauchweiterleitung zu behindern. Eine Entlüftung der Installationsschächte ist nach den aktuell gültigen Vorschriften dann nicht erforderlich.

Öffnungen zur Rauchableitung sind an oberster Stelle der Treppenräume mit einer Größe von 1 m² im Bestand vorhanden und verfügen über die entsprechenden Bedienelemente. Der in der brandschutztechnischen Stellungnahme der Feuerwehr geforderte freie Querschnitt von mindestens 5 % der Grundfläche der Treppenräume ist nach den aktuell gültigen Vorschriften nicht zu begründen. Im Weiteren verfügt der Treppenraum in den Glasfassaden je Seite über zwei Stück manuell zu öffnende Oberlichter.

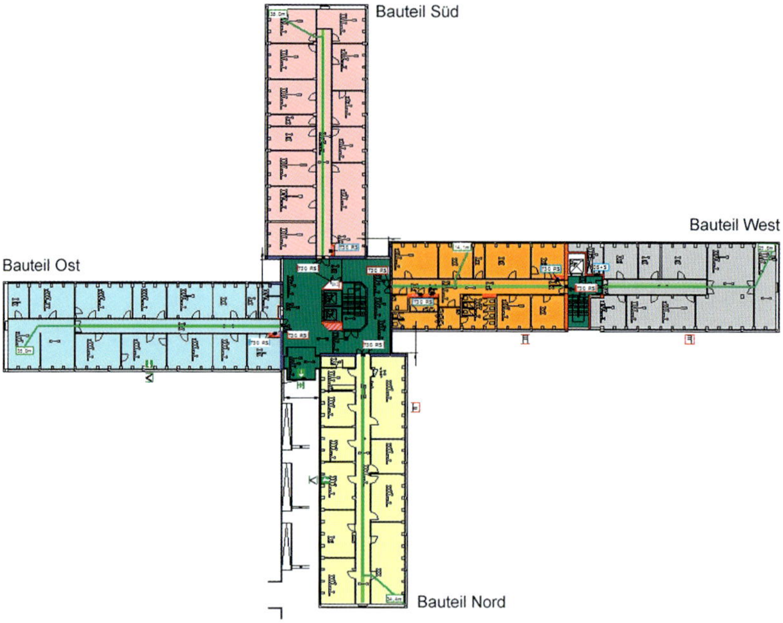

Abb. 7.39: Das EG als exemplarische Darstellung für die Geschosse des Objektes (Quelle: Brandschutzkonzept, Heidelberg Ingenieure & Sachverständige, GmbH)

Die Geschosse der jeweiligen Bauteile werden aufgrund ihrer Fläche und auf der Basis der heute gültigen Vorschriften als Nutzungseinheiten ohne notwendige Flure (NE < 400 m²) umgesetzt. Infolgedessen bestehen nach den heutigen Vorschriften des § 12 LBOAVO entgegen den Ausführungen in der brandschutztechnischen Stellungnahme der Feuerwehr keine Anforderungen an die Trennwände. Alle Nutzungseinheiten verfügen über eine direkte Anbindung an mindestens einen notwendigen Treppenraum, sodass der erste Rettungsweg für jede Nutzungseinheit im Bestand bereits baulich gesichert ist.

Der zweite Rettungsweg für Nutzungseinheiten, die nicht zu ebener Erde liegen, wird gemäß § 15 LBO über Rettungsgeräte der Feuerwehr hergestellt. Entgegen den Festlegungen aus der brandschutztechnischen Stellungnahme der Feuerwehr ist in jeder Nutzungseinheit lediglich nur mindestens ein Rettungsfenster erforderlich und vorhanden. Im Weiteren werden die jeweils an den Bauteilköpfen befindlichen begehbaren Dächer in die Evakuierung einbezogen. Die Personen aus den betroffenen Nutzungseinheiten können im Brandfall von hier aus über den (weiteren) zweiten Rettungsweg durch die Feuerwehr evakuiert werden. Die Forderung, dass jeder Raum über ein eigenes Rettungsfenster verfügen muss, ist nach den aktuellen Vorschriften somit nicht zu begründen.

Die neu gebildeten Nutzungseinheiten sind in den anliegenden Brandschutzplänen farblich gekennzeichnet (siehe Abb. 7.39), um die einzelnen Bereiche besser unterscheiden zu können.

Aus heutiger Sicht sind zum einen die vorhandene Brandmeldeanlage und zum anderen die Alarmierungsanlage nach den geltenden Vorschriften der LBO nicht erforderlich. Die Anforderung aus der brandschutztechnischen Stellungnahme der Feuerwehr kann somit in dieser brandschutztechnischen Neubewertung nicht mehr begründet werden. Gerade deshalb nicht, weil Rettungswege ausreichend im Bestand vorhanden sind.

Die Wände und Decken von Technikräumen für gebäudetechnische Anlagen und Transformatoren/Schaltanlagen sind nach der brandschutztechnischen Stellungnahme der Feuerwehr und aufgrund der Bestandsbewertung (Art und Ausführung der Wände) feuerbeständig mit T 30-Türen vorhanden. Ein statischer Nachweis für Wände ist, falls erforderlich, gesondert zu führen. Insofern keine Änderungen vorgenommen werden, können die Bauteile im Bestand unverändert verbleiben. Bei zukünftigen Änderungen sind dann die gültigen Vorschriften für Lüftungszentralen, Aufstellräume für Heizungsanlagen und elektrische Betriebsräume zu beachten und ggf. Anforderungen hieraus umzusetzen.

Gemäß der Anforderung aus der brandschutztechnischen Stellungnahme der Feuerwehr waren grundsätzlich alle Türen zu Lager- und Technikräumen in T 30 nach außen aufschlagend herzustellen. Die Anforderung wird im Abgleich zu den heute gültigen Vorschriften in den beiliegenden Brandschutzplänen dargestellt.

Das Gebäude wurde im Bestand entsprechend der brandschutztechnischen Stellungnahme der Feuerwehr mit Wandhydranten ausgestattet. Die Wandhydrantenanlage „nass/trocken“ (ehemals Ausführung II) ist zur Unterstützung der wirksamen Löscharbeiten erforderlich, zu prüfen und ggf. instand zu setzen.

Die Löschwasserversorgung ist im Objekt durch drei Unterflurhydranten in der Heidelberger Straße gesichert. Die Forderung nach zwei Überflurhydranten auf dem Grundstück in der brandschutztechnischen Stellungnahme der Feuerwehr kann mit den aktuellen Vorschriften nicht begründet werden. Gleiches gilt für die Anforderung, wonach Isolierungen an Rohrleitungen nur aus nichtbrennbaren Baustoffen zulässig sind.

Aus brandschutztechnischer Sicht werden für das beurteilte Objekt nach dieser Gesamtkonzeption keine Nutzungsbeschränkungen erforderlich. Der ursprüngliche Genehmigungszustand erfährt materiell keine wesentlichen Änderungen. Insofern sind keine weiteren Abweichungen von den Vorschriften erkennbar und statische Veränderungen werden im bestehenden Gebäude nicht vorgenommen.

7.2.6 Bewertung des Bestandsschutzes

Die baurechtlichen Vorschriften zum Erstellungszeitpunkt des Gebäudes wurden auf ihre Umsetzungsgrundlage im Zusammenhang mit den übergebenen Grundrissdarstellungen und des Protokolls zum Ortstermin geprüft.

Bei dem Gebäude handelt es sich um eine bestehende Anlage ohne Nutzungsänderung, sodass beim vorliegenden Objekt der § 76 LBO „Bestehende bauliche Anlagen" zu berücksichtigen ist.

Eine Anpassung an die heute gültigen Regelungen ist danach nur dann erforderlich wenn

- der Bauherr oder sein Verantwortlicher selbst die Anpassung im Rahmen von Sanierungen plant,
- bei dem Bauwerk eine „konkrete" Gefahr für Leib und Leben zu erkennen ist (§ 76 Abs. 1 LBO) oder
- Fehler festgestellt werden, die den Anforderungen der Bauordnung entgegenstehen, die zum Zeitpunkt der Errichtung gültig waren.

Das beurteilte Gebäude inkl. seiner tragenden Teile genießt grundsätzlich Bestandsschutz. Ein Anpassungsverlangen an die geänderte LBO oder aktuelle Sonderbauvorschriften kann nicht begründet werden und es erfolgt die Beurteilung anhand des Standes der LBO von 1995 bzw., soweit erforderlich, nach dem Stand der MBO von 1981.

Insoweit kann zum Beurteilungsstand keine konkrete Gefahr in Bezug auf den Brandschutz, die Rettungswegsituation sowie die Standsicherheit beim beurteilten Gebäude festgestellt werden. Im Objekt vorgefundene Mängel abstrakter Art sind umgehend (spätestens jedoch innerhalb von acht Wochen ab Erstellungsdatum) zu beseitigen.

7.2.7 System der Flucht- und Rettungswege

Das Schutzziel ist: Leben und Gesundheit der im Gebäude befindlichen Personen dürfen durch die bauliche Anlage nicht gefährdet werden. Im Gefahrenfall muss die Selbstrettung der Nutzer des Gebäudes möglich sein und die Rettungskräfte müssen hilflose Personen retten können.

Jede Nutzungseinheit mit Aufenthaltsräumen verfügt in jedem Geschoss über mindestens zwei voneinander unabhängige Rettungswege. Der erste Rettungsweg ist baulich hergestellt und führt in den Nutzungseinheiten, die nicht zu ebener Erde liegen, über eine notwendige Treppe mit Ausgängen auf Geländeniveau ins Freie. Der Rettungsweg ist jederzeit begehbar, die Nutzung ist im Brandfall ausreichend lange möglich, er ist belüftet und gekennzeichnet. Der zweite Rettungsweg für Nutzungseinheiten, die nicht zu ebener Erden liegen, wird im Gefahrenfall mit Rettungsgeräten der Feuerwehr (DIN 14701 „Hubrettungsfahrzeuge“, DIN 14711 „Steckleiter“, DIN 14715 „Dreiteilige Schiebleiter“) hergestellt.

7.2.7.1 Anzahl der Nutzer

Die Anzahl der Personen (Nutzer), die gleichzeitig im Gebäude sind, ergibt sich aus der Anzahl der Mitarbeiter. Der Nutzerkreis setzt sich nahezu ausschließlich aus Mitarbeitern und Besuchern des Objektes zusammen. Ein Besucher- bzw. Publikumsverkehr findet nicht bzw. nur vereinzelt statt.

7.2.7.2 Evakuierungskurzkonzept

Im Gefahrenfall findet eine Evakuierung durch Selbstrettung bzw. durch Fremdrettung zu den gekennzeichneten Sammelplätzen statt. Eine Evakuierungsübung sollte einmal im Jahr im Rahmen der Unterweisung der Mitarbeiter (evtl. durch Betriebsanweisung oder Evakuierungsplan) durchgeführt werden. Für den erfolgreichen Abschluss der Evakuierung sind Vorkehrungen ggf. in Zusammenarbeit mit der Feuerwehr zu treffen. Eine wichtige Rolle spielen die Sammelplätze. Diese müssen für die Rettungskräfte sowie für die Feuerwehr ungehindert zugänglich sein.

Besondere Aspekte des Aufbaus oder der Umgebungseinflüsse sind aus brandschutztechnischer Sicht nicht zu berücksichtigen. Konflikte zwischen Arbeitsschutz oder sonstigen Sicherheitsanforderungen sind nicht feststellbar.

Die Nutzung des Objektes unterliegt keinen besonderen Objektschutzanforderungen.

7.2.7.3 Verlauf und Länge der Rettungswege, Bemessung

Die Mindestbreiten der Rettungswege sind für den zu erwartenden Verkehr gemäß LBO/ASR umzusetzen. Rettungswege sind gemäß LBO mindestens 1 m breit und Türen im Verlauf von Rettungswegen mindestens 0,9 m breit herzustellen.

Die Personen flüchten innerhalb der Nutzungseinheiten über die allgemein zugänglichen Flächen und Verkehrswege und erreichen die im Plan ausgewiesenen Ausgänge ins Freie sowie den notwendigen Treppenraum.

Nutzungseinheiten ohne Aufenthaltsraum im UG verfügen über einen Rettungsweg ins Freie oder in einen notwendigen Treppenraum.

Die Fluchtwegentfernungen werden mit maximal 35 m (zulässig im Bestand maximal 40 m nach LBO 1995) von jeder Stelle eines Aufenthaltsraums zu einem Ausgang ins Freie oder zu einem notwendigen Treppenraum gemäß § 11 LBOAVO eingehalten.

Hinweise

- Die Fluchtwegentfernungen sind in der Lauflinie nicht durch feste Bauteile hindurch gemessen.
- Ausgänge, Notausgänge und Rettungswege sind stets freizuhalten und müssen ständig begehbar sein.
- Ausgangs- und Notausgangstüren dürfen während der Anwesenheit von Personen nur so verschlossen sein, dass sie ohne Hilfsmittel – mit einem Griff – von innen in voller Breite geöffnet werden können.
- Türen im Verlauf von Rettungswegen sollen möglichst in Fluchtrichtung aufschlagen. Eine Treppe darf nicht unmittelbar hinter einer Tür beginnen, die in Richtung der Treppe aufschlägt. Zwischen Treppe und Tür ist ein Treppenabsatz umzusetzen, der mindestens so tief ist wie die Tür breit.
- Auf Rettungswegen sowie auf Bewegungsflächen für die Feuerwehr sind das Lagern von Gegenständen sowie das Abstellen von Kraftfahrzeugen verboten.

7.2.7.4 Rettung von Rollstuhlbenutzern

Aufgrund der Nutzung des Gebäudes sowie des vorhandenen Personenaufzuges besteht grundsätzlich die Möglichkeit, dass sich Personen mit eingeschränkter Mobilität im Gebäude aufhalten. Da es sich um ein Büro- und Verwaltungsgebäude handelt, kann jedoch davon ausgegangen werden, dass es keine überdurchschnittliche Anzahl von mobilitätseingeschränkten Personen gibt. Die organisatorischen Brandschutzmaßnahmen zur Unterstützung der Rettung dieser Personen sind daher ausreichend. Diese sind im Rahmen einer Brandschutzordnung zu verankern.

Im EG können sich Rollstuhlbenutzer ohne fremde Hilfe durch die Ausgänge auf Geländeniveau ins Freie in Sicherheit begeben.

Bei der Ausführungsplanung der Zugangstüren zu den notwendigen Treppenräumen ist zu berücksichtigen, dass Personen mit eingeschränkter Mobilität (Rollstuhlbenutzer) diese passieren können.

7.2.7.5 Fenster im Rettungsweg

Es ist mindestens ein Fenster jeder Nutzungseinheit als notwendiges Fenster im zweiten Rettungsweg umgesetzt. Fenster, die der Menschenrettung (zweiter Rettungsweg über Rettungsgeräte der Feuerwehr) dienen, müssen als notwendige Fenster gemäß § 13 LBOAVO von innen jederzeit leicht und ohne fremde Hilfsmittel zu öffnen sein. Sie sind im Lichten mindestens 0,9 m × 1,2 m groß. (Abweichende Maße bei im Bestand vorhandenen Fenstern bis minimal 0,6 m Breite und 0,9 m Höhe im Lichten sind allerdings nicht vorhanden.)

Bei einer Brüstungshöhe über 1,20 m über der Fußbodenoberkante ist eine Ausstiegshilfe umgesetzt Die Öffnung wird mit dem Rettungsgerät der Feuerwehr ohne Einschränkungen erreicht.

7.2.7.6 Schiebetüren in Rettungswegen

Die im Bestand vorhandene automatische Schiebetüranlage im Haupteingang verfügt neben einer Zulassung für den Einbau im Verlauf von Rettungswegen auch über eine Bescheinigung über die Einhaltung der M-AutSchR.

7.2.8 Abweichungen und Kompensationsmaßnahmen

Das Brandschutzkonzept verfolgt die Sicherung und Umsetzung der vorstehend definierten Schutzziele des Brandschutzes. Das primäre Schutzziel ist der Personenschutz und eine schnellstmögliche Evakuierung des Objektes.

Es sind keine Abweichungen von den geltenden Richtlinien festzustellen. Folgende Abweichungen von den Vorschriften und Anforderungen wurden festgestellt:

Tabelle 7.1: Abweichungen und Kompensationen

Bauteil	Schutzziel	Anforderung	Abweichung	Kompensation
Treppenraum im Gebäudekern	Schutz von Leben und Gesundheit, Eigen- und Fremdrettung	keine Beeinträchtigung durch Wärmestrahlung	§ 26 LBO i. V. m. § 6 Abs. 3 LBOAVO Verglasung ohne Anforderung an Feuerwiderstandsfähigkeit	Nachweis der Lage der Verglasung außerhalb der Übereckbeeinflussung von 120° anhand Sauter, Kommentar zur LBO BW, 1995, Rdnr. 75, Seite 34 c und 35 sowie Ableitung anhand der Isothermen und Heißgastemperaturen aus dem Lehrter Versuch

Gegen die Abweichungen bestehen keine Bedenken, da

- die notwendige Breite der Flucht- und Rettungswege nicht eingeschränkt wird,
- eine weitgehend brandlastarme Möblierung erfolgt,
- ortskundige Personen ständig anwesend sind,
- geeignete Selbsthilfeeinrichtungen zur Bekämpfung von Entstehungsbränden vorhanden sind.

Die festgelegten Schutzziele werden durch die dargestellten Kompensationsmaßnahmen gleichwertig im Sinne des § 3 LBO in Verbindung mit § 15 LBO erfüllt.

Weitere Abweichungen von den Vorschriften waren nicht zu erkennen.

7.2.9 Zusammenfassung

Zur Gesamtbewertung des Objektes im aktuellen Planungsstand wurde das vorstehende Brandschutzkonzept als Nachweis aufgestellt. Beurteilungsgrundlage war im Wesentlichen die LBO für Baden-Württemberg.

Im Sinne einer ganzheitlichen Betrachtung und der grundlegenden Anforderungen aus § 15 LBO bestehen *keine* brandschutztechnischen Bedenken, wenn *jede* der im Brandschutzkonzept aufgeführten Sicherheits- und Schutzmaßnahmen umgesetzt wird. Ein möglicher Entstehungsbrand kann dadurch frühzeitig erkannt und lokal eingegrenzt werden. Er kann sich aufgrund der geringen Dichte von Brandlasten und der umgesetzten Maßnahmen nur langsam ausbreiten. Im Brandfall können wirksame Lösch- und Rettungsmaßnahmen durchgeführt werden.

Die vorangegangenen Betrachtungen sind ausschließlich für das beurteilte Objekt gültig. Es wird empfohlen, das Brandschutzkonzept zum Bestandteil der Baugenehmigung zu erheben.

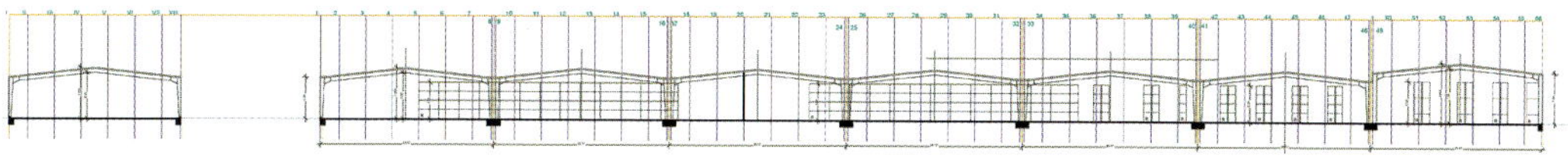

Abb. 7.40: Ansichten des Bestandsgebäudes

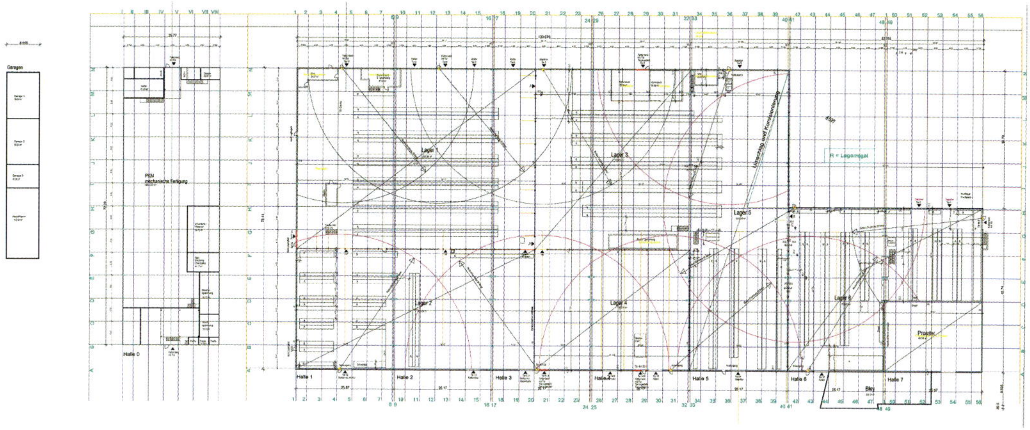

Abb. 7.41: Grundriss des Bestandsgebäudes

7.3 Beispiel Industriehallen, Baujahr 1970 bis 1972

7.3.1 Beschreibung und Dokumentation des Objektes

Bei dem Ortstermin am 26. März 2012 werden die Bestandshallen des Objektes Nummer 1096 begangen, um die erforderlichen Maßnahmen zur Umsetzung des Brandschutzkonzeptes festzulegen. Es handelt sich um die beurteilten Hallen Nummer 1 bis 7.

Zunächst werden die Hallen 6 und 7 begangen, die im Brandschutzkonzept als Brandbekämpfungsabschnitt (BBA) 4 umgesetzt sind. Das Tragwerk der Hallen besteht aus ungeschützten, geschweißten Vollwandträgern aus Stahl. Der BBA 4 wird durch eine bestehende Wand aus Porenbeton vom BBA 3 getrennt. Die Stützen der Wand sind aus bewehrtem Stahlbeton und können in die Feuerwiderstandsklasse F 90-A eingestuft werden. Die Porenbetonsegmente sind zwischen den Stützen eingebaut. Aufgrund der Ausbildung der Wand und der entsprechenden Stützen wird die Wand in die Feuerwiderstandsklasse F 90-A eingestuft.

Abb. 7.42: Hallentrennwand

Abb. 7.43: Durchgeführte Rohrleitungen

Die Trennwand zwischen den Brandbekämpfungsabschnitten muss ertüchtigt werden. Sie ist nicht über Dach geführt. Das bestehende Dach wird beidseitig unterhalb der Pfetten in einer Breite von 2,50 m feuerbeständig verkleidet, um eine Brandweiterleitung zu verhindern. Die Trennwand ist zwischen den Stahlstützen der Halle errichtet, sodass das Tragwerk der Hallen nicht in die Trennwand eingreift, wie in Abb. 7.42 zu erkennen.

Abb. 7.43 zeigt Rohrleitungen und Kabel, die durch die Trennwand in den benachbarten BBA geführt werden. Die Leitungsanlagen müssen brandschutztechnisch abgeschottet werden. Eventuell ist ein Rückbau der Leitungen möglich, wenn diese nicht mehr benötigt werden.

In der Mitte des BBA 4 befindet sich ein Treppenabgang in den unter dem gesamten Gebäude verlaufenden Fluchttunnel, der nur noch für Installationen genutzt wird. Der Abgang ist aus Mauerwerk hergestellt und trennt den Tunnel brandschutztechnisch von den Hallen 6 und 7. Die vorhandene Tür wird durch eine neue T 90-Tür ersetzt (siehe Abb. 7.44).

Im Weiteren sind in den Hallen Rauch- und Wärmeabzüge vorhanden, die ähnlich wie Jalousieklappen aus der Lüftungstechnik ausgeführt sind. Diese Rauchabzüge sind nicht mehr funktionsfähig. Sie müssen, soweit möglich, wieder in Betrieb genommen und einer Inbetriebnahmeprüfung unterzogen werden. Alternativ ist der Austausch der vorhandenen Öffnungen gegen Rauch- und Wärmeabzugsgeräte unter wirtschaftlichen Gesichtspunkten zu prüfen. Im Dach befinden sich weiterhin Belichtungsöffnungen, die im Brandfall für die Wärmeableitung und thermische Entlastung des Tragwerkes angesetzt werden. Die Belichtungsöffnungen bestehen aus transparenten Wellplatten und einer unterseitigen Verkleidung mit einer transparenten Platte. Im Rahmen der Umsetzung ist zu prüfen, ob die Schmelztemperatur tatsächlich < 300 °C beträgt. Die unterseitige Verkleidung wird entfernt, um die thermische Einwirkung auf die Wellplatte nicht zu verzögern. Die Ausführung der Belichtungsöffnungen und der Öffnungen zur Rauchableitung sind in Abb. 7.45 dargestellt.

Abb. 7.44: Abgang zu einem Verbindungsgang unter den Hallen

Abb. 7.45: Bestehende Öffnungen zur Rauchableitung

Abb. 7.46: Trennwandanschluss an das Dach

Abb. 7.47: Trennwandbereich der Hallen mit fehlendem Abschluss zur Verhinderung des Brandüberschlages

Ein Teil der Halle 7 ist durch eine gemauerte Ziegelwand abgetrennt, der derzeit untervermietet ist. Die Wand wurde nachträglich errichtet, sodass Unterlagen über die Ausführung vorhanden sein müssen. Diesen Unterlagen könnten Informationen entnommen werden, ob z. B. Mauerwerksanker verwendet worden sind, um die Standsicherheit der Wand im Brandfall aufrechtzuerhalten. Es handelt sich hier lediglich um eine raumabschließende Wand ohne Standsicherheit. Oberhalb der Wand verlaufen die Pfetten des Daches aus ungeschütztem Stahl (siehe Abb. 7.46) Hier sollten zur Verhinderung einer Brandweiterleitung auf den Nachbarbereich die Pfetten mit Mineralwolle 1.000 °C oder Brandschutzplatten auf einer Breite von beidseitig mindestens 1 m verkleidet werden.

Im BBA 3 ist das Tragwerk der Hallen ebenfalls solitär errichtet worden (siehe Abb. 7.47). Infolgedessen ist auch hier im Brandfall nicht damit zu rechnen, dass das Tragwerk der Halle bzw. des Daches die Wand beschädigt oder

Abb. 7.48 Trennwandbereich der Hallen mit fehlendem Abschluss

Abb. 7.49: Zu ertüchtigender BBA-Trennwandbereich

zerstört. Eine ausreichende Standsicherheit der Trennwand zwischen BBA 4 und BBA 3 im Brandfall ist somit gewährleistet.

Die in Abb. 7.48 gezeigte Außenwand der Halle 5 wird im Bereich der Übereckbeeinflussung zwischen den BBA auf einer Breite von mindestens 5 m feuerbeständig und ohne Öffnungen hergestellt. Die Giebelwand der Halle 6 kann hierfür nicht herangezogen werden, da sich im Bereich der 5 m sowohl eine Notausgangstür als auch die Wärmeableitungsöffnungen befinden. Die Beschädigungen und Öffnungen der Wand werden in der gleichen Qualität wie die Wand selbst verschlossen, hierfür kann Mörtel der Gruppe III o. Ä. verwendet werden.

Auch im BBA 3 sind die zuvor beschriebenen Rauch- und Wärmeabzüge mit Jalousien vorhanden, die wieder in Betrieb zu nehmen und einer erneuten Erstprüfung zu unterziehen sind. Die Einfachverglasung in den Giebeln der Hallen sind im Brandschutzkonzept als Wärmeabzüge angesetzt. Die Ausführung als einfache U-Verglasung und eine ermittelte äquivalente Branddauer $t_ä > 30$ Min. lassen einen Ansatz der Wärmeabzugsflächen zu 100 % zu. Hier sind keine weiteren Maßnahmen erforderlich.

Zwischen den BBA 3 und BBA 2 existiert eine Trennwand in der zuvor beschriebenen Ausführung als feuerbeständige Wand in Porenbeton mit Stahlbetonstützen. Das Dachtragwerk der Halle 3 verläuft hier jedoch vom BBA 3 ohne zusätzliche statische Unterstützung in den BBA 2 (siehe

Abb. 7.50: Trennwandrückseite

Abb. 7.51: In den Führungen beschädigtes Brandschutztor

Abb. 7.49 und 7.50). Im Brandfall wird das ungeschützte Stahltragwerk der Halle thermisch belastet, sodass es die Tragfähigkeit verlieren kann, was zum Einsturz des Tragwerkes der Halle 3 führt. In der Folge kann die Trennwand beschädigt und/oder zerstört werden. Die Problematik besteht in erster Linie darin, dass die Wand ca. 2,5 m entfernt vom Hochpunkt des zusammengeführten Sattelgipfels umgesetzt worden ist.

Die Trennung der BBA kann wie folgt umgesetzt werden: Die Dachträger werden im Bereich der Wand getrennt und durch beidseitig angeordnete Unterstützungen abgefangen. Damit wird das Dachtragwerk statisch von der Trennwand entkoppelt. Alternativ kann das Dachtragwerk durch eine wirksame Verkleidung bzw. mit einem dämmschichtbildenden Anstrich ertüchtigt werden, um eine Feuerwiderstandsdauer von 60 Min. zu erreichen. Das Dachtragwerk wird in die Brandsicherheitsklasse SK_b2 eingestuft, sodass die erforderliche Feuerwiderstandsdauer deutlich geringer ist als die ermittelte äquivalente Branddauer $t_ä$. Die beidseitige Verkleidung des Daches verhindert auch hier eine Brandweiterleitung, die aufgrund der fehlenden Überdachführung zu befürchten ist.

In der Trennwand zwischen dem BBA 2 und dem BBA 3 befinden sich zwei Brandschutztore. Ein Brandschutztor ist neueren Baujahrs und teilweise beschädigt (siehe Abb. 7.51). Dieses Tor kann durch Instandsetzungsmaßnahmen wieder in einen ordnungsgemäßen Zustand versetzt werden, der die raumabschließende Funktion erfüllt. Im Gegensatz hierzu ist das andere

Abb. 7.52 Einfachverglasung in der Giebelseite

Abb. 7.53: Paneele ohne Feuerwiderstandsdauer in der Trennwand unmittelbar neben dem alten Brandschutztor

Abb. 7.54: Paneele ohne Feuerwiderstandsdauer in der Trennwand

Abb. 7.55: Teilweise unverschlossene Fugen und beschädigte Bauteile in BBA-Trennwänden

Tor aufgrund des Alters und der Beschädigungen durch einen neuen Feuerschutzabschluss zu ersetzen.

Der Anschluss der Trennwand zwischen BBA 2 und BBA 3 an die Außenfassade ist mangelhaft, wie in Abb. 7.52 gezeigt. Die Einfachverglasung in der Giebelseite der Halle 3 läuft ohne Unterbrechung vor der Wand durch. Der Raumabschluss muss hier durch eine einseitige Ausmauerung auf einer Breite von mindestens 1 m hergestellt werden.

Die in der Trennwand zwischen den BBA 1 und BBA 2 in einem Feld eingebrachten Paneele werden durch Porenbetonpaneele ausgetauscht, damit die Wand die Feuerwiderstandsdauer von 90 Min. erreicht (siehe Abb. 7.53). Das in der Abbildung dargestellte Brandschutztor wird ausgetauscht.

Die Pfetten (siehe Abb. 7.54), die über der Trennwand zwischen den BBA 1 und BBA 2 bzw. BBA 3 durchlaufen, werden durch die beidseitige Verkleidung auf einer Breite von 2,5 m geschützt.

Abb. 7.56: Beschädigte Bauteile in BBA-Trennwandstützen

Abb. 7.57: Teilweise Öffnungen und Verwendung verschiedener Materialien bei Trennwänden

Durchführungen in der Trennwand zwischen dem BBA 2 zum BBA 3 müssen entsprechend den gültigen Vorschriften geschottet werden (siehe Abb. 7.55).

Die Brandbekämpfungsabschnittstrennwände müssen im gesamten Gebäude hinsichtlich der in Abb. 7.56 dargestellten Fugen untersucht werden, die sich aufgrund von Setzungen geöffnet haben. Die Fugen werden mit Mineralwolle 1.000 °C ausgestopft und verputzt.

In der Trennwand zwischen den BBA 1 und BBA 2 ist nachträglich eine Toröffnung mit KS Steinen zugemauert worden. Die in Abb. 7.57 gezeigte Wand ist mangelhaft und hat im oberen Bereich eine größere Öffnung. Die Mauer muss in der Qualität der Trennwand hergestellt werden.

Im weiteren Verlauf weist die Wand in verschiedenen Bereichen diverse Beschädigungen und freiliegende Bewehrungsstäbe auf. Diese Stellen sind in der weiteren Umsetzung zu ertüchtigen, damit die Feuerwiderstandsdauer von 90 Min. im Brandfall gewährleistet wird.

Der BBA 1 verfügt über ein solitär errichtetes Dachtragwerk aus ungeschütztem Stahl. Eine zerstörende Wirkung auf die Trennwand zu den BBA 2 und BBA 3 ist nicht gegeben.

Die Kennzeichnung der Flucht- und Rettungswege, der Feuerlöscher und weiterer Einrichtungen für den Brandschutz sind im Bestand nicht oder nur mangelhaft vorhanden. Die Kennzeichnungen müssen entsprechend den Vorgaben im Brandschutzkonzept ergänzt werden. Die Ausstattung der Hallen mit geeigneten Feuerlöschern (Anzahl, Löschmittel, Größe) wird überprüft und die erforderlichen Feuerlöscher werden ergänzt. Es sind u. a. fahrbare Großfeuerlöscher erforderlich.

Abb. 7.58: Ungeeignete Tür als Notausgang

Abb. 7.59: Stahltreppe zum Sozial- und Meisterbereich

Die Halle 1 verfügt nicht über einen geeigneten Ausgang ins Freie, der als Notausgang deklariert werden kann. Neben der Tür in der Abb. 7.58 ist mindestens ein weiterer Notausgang erforderlich.

Entgegen den Ausführungen im bestehenden Brandschutzkonzept ist die in Abb. 7.59 dargestellte Treppe nicht aus Holz ausgeführt. Es handelt sich um eine Stahltreppe aus nichtbrennbaren Baustoffen. Die Verkleidung ist aus Holz hergestellt, die im Rahmen der Umsetzung ohne Weiteres entfernt werden kann. Gleiches gilt für den darüber liegenden Galeriebereich (siehe Abb. 7.60), der nachträglich eingebaut wurde und heute nicht mehr genutzt wird.

Die im Anschluss an die Galerie befindlichen Sozialräume befinden sich auf einer Stahlbetondecke, die auf einem Tragwerk aus Stahlträgern (IPE 240) aufliegt.

Die im BBA 2 als Notausgang gekennzeichneten Falttore aus Stahl öffnen ins Freie. Der vorgefundene Verriegelungsmechanismus (siehe Abb. 7.61) entspricht nicht den bauaufsichtlichen Anforderungen, die Türen lassen sich nicht leicht und ohne Probleme öffnen. Angesichts des allgemeinen Zustands der Tore wird empfohlen, diese gegen Falttore aus Aluminiumprofilen und Kunststoff (vgl. Abb. 7.58) auszutauschen. Ein einfaches Panikschloss bzw. ein abgeänderter Hebelmechanismus kann in Türen eingebaut werden, die sonst funktionstüchtig sind. Da an die Türen keine weitergehenden Anforderungen bestehen, ist hier die Zulassung nicht weiter relevant.

Die in Abb. 7.62 dargestellte Außentür kann ertüchtigt werden. Der vor dem Ausgang liegende Bereich ist nicht ordnungsgemäß befestigt und verfügt über eine Trittstufe.

Auf der Rückseite des Gebäudes sind die in Abb. 7.63 und 7.64 dargestellten Tore instand zu setzen bzw. auszutauschen. Die Tore sind im unteren Bereich beschädigt.

Abb. 7.60: Mit Holz verkleideter Galeriebereich

Abb. 7.61: Als Notausgang gekennzeichnete Falttore

Abb. 7.62: Mit Panikschloss zu ertüchtigende Notausgangstür

Abb. 7.63: Defekte Falttore als Notausgang mit Schlupftür

Abb. 7.64: Defekte Falttore als Notausgang mit Schlupftür

8 Checklisten baurechtliche Gegebenheiten

Die in diesem Fachbuch abgedruckten Checklisten stehen auf der Internetseite *www.feuertrutz.de* des Feuertrutz Verlags zum Download zur Verfügung. Für den Zugriff benötigen Sie Login-Daten, die Sie auf Seite 9 finden.

Checkliste: **Brandschutz zur Bestandsaufnahme der baurechtlichen Gegebenheiten**		
Bauherrin/Bauherr:		
Grundstück (Ort, Straße, Hausnummer):		
Gemarkung(en):	Flur(en):	Flurstück(e):
Gebäudetyp		
❑ Gebäude/Gefahrenklasse: Anzahl Geschosse über Erdreich: Anzahl Kellergeschosse:		
❑ Hochhaus		
❑ Hochregal		
Nutzung		
❑ Wohngebäude		
❑ Bürogebäude		
❑ landwirtschaftliches Betriebsgebäude		
❑ Produktionsstätte		
❑ Lager		
❑ Verkaufsstätte/Geschäftshaus		
❑ Versammlungsstätte		
❑ Gaststätte/Vergnügungsstätte		
❑ Garage mit mehr als 1.000 m² Nutzfläche		
❑ sonstige Nutzung:		

1.1 Tragende Wände, Pfeiler und Stützen					
Bauteile	**verwendete Baustoffe**	**Feuerwiderstandsklasse/ Baustoffklasse (nach DIN 4102)**		**Abweichung (§ 76 MBO) erforderlich?**	
		erforderlich	**vorhanden**	**ja**	**nein**
tragende und aussteifende Wände, Pfeiler und Stützen		❑	❑	❑	❑
in Kellergeschossen		❑	❑	❑	❑
in Geschossen im Dachraum, über denen Aufenthaltsräume möglich sind		❑	❑	❑	❑
in Geschossen im Dachraum, über denen Aufenthaltsräume nicht möglich sind		❑	❑	❑	❑

1.2 Außenwände					
Bauteile	**verwendete Baustoffe**	**Feuerwiderstandsklasse/ Baustoffklasse (nach DIN 4102)**		**Abweichung (§ 76 MBO) erforderlich?**	
		erforderlich	**vorhanden**	**ja**	**nein**
nichttragende Außenwände sowie nichttragende Teile von Außenwänden		❑	❑	❑	❑
Oberflächen von Außenwänden, Außenwandbekleidungen und Dämmstoffe in Außenwänden		❑	❑	❑	❑

1.3 Trennwände					
Bauteile	**verwendete Baustoffe**	**Feuerwiderstandsklasse/ Baustoffklasse (nach DIN 4102)**		**Abweichung (§ 76 MBO) erforderlich?**	
		erforderlich	**vorhanden**	**ja**	**nein**
Trennwände nach MBO/LBO		❑	❑	❑	❑
Trennwände in obersten Geschossen von Dachräumen		❑	❑	❑	❑

1.4 Gebäudeabschlusswände					
Bauteile	**verwendete Baustoffe**	**Feuerwiderstandsklasse/ Baustoffklasse (nach DIN 4102)**		**Abweichung (§ 76 MBO) erforderlich?**	
		erforderlich	**vorhanden**	**ja**	**nein**
Gebäudeabschlusswände nach MBO/ LBO		❑	❑	❑	❑

1.5 Gebäudetrennwände					
Bauteile	**verwendete Baustoffe**	**Feuerwiderstandsklasse/ Baustoffklasse (nach DIN 4102)**		**Abweichung (§ 76 MBO) erforderlich?**	
		erforderlich	**vorhanden**	**ja**	**nein**
Gebäudetrennwände nach MBO/LBO		❑	❑	❑	❑

1.6 Brandwände (bei Gebäuden, die nicht Wohngebäude sind)					
Bauteile	**verwendete Baustoffe**	**Feuerwiderstandsklasse/ Baustoffklasse (nach DIN 4102)**		**Abweichung (§ 76 MBO) erforderlich?**	
		erforderlich	**vorhanden**	**ja**	**nein**
		❑	❑	❑	❑
		❑	❑	❑	❑

1.7 Decken					
Bauteile	**verwendete Baustoffe**	**Feuerwiderstandsklasse/ Baustoffklasse (nach DIN 4102)**		**Abweichung (§ 76 MBO) erforderlich?**	
		erforderlich	**vorhanden**	**ja**	**nein**
Decke über		❑	❑	❑	❑
Decke über		❑	❑	❑	❑
Decke über		❑	❑	❑	❑
Decke über		❑	❑	❑	❑
Decke über		❑	❑	❑	❑
Decke über Kellergeschossen		❑	❑	❑	❑
Decken im Dachraum, über denen Aufenthaltsräume möglich sind		❑	❑	❑	❑
Decken im Dachraum, über denen Aufenthaltsräume nicht möglich sind		❑	❑	❑	❑

1.8 Dächer allgemein					
Bauteile	**verwendete Baustoffe**	**Feuerwiderstandsklasse/ Baustoffklasse (nach DIN 4102)**		**Abweichung (§ 76 MBO) erforderlich?**	
		erforderlich	**vorhanden**	**ja**	**nein**
harte Bedachung/ weiche Bedachung		❑	❑	❑	❑
geplanter/vorhandener Aufbau der Dachhaut/Art der Dämmung		❑	❑	❑	❑

1.9 Dächer von Anbauten, die an Wänden mit höherliegenden Fenstern oder Türen anschließen					
Bauteile	**verwendete Baustoffe**	**Feuerwiderstandsklasse/ Baustoffklasse (nach DIN 4102)**		**Abweichung (§ 76 MBO) erforderlich?**	
		erforderlich	**vorhanden**	**ja**	**nein**
		❑	❑	❑	❑
		❑	❑	❑	❑

1.10 Treppen					
Bauteile	**verwendete Baustoffe**	**Feuerwiderstandsklasse/ Baustoffklasse (nach DIN 4102)**		**Abweichung (§ 76 MBO) erforderlich?**	
		erforderlich	**vorhanden**	**ja**	**nein**
		❑	❑	❑	❑
		❑	❑	❑	❑

2.0 Treppenräume					
Bauteile	**verwendete Baustoffe**	**Feuerwiderstandsklasse/ Baustoffklasse (nach DIN 4102)**		**Abweichung (§ 76 MBO) erforderlich?**	
		erforderlich	**vorhanden**	**ja**	**nein**
Wände		❑	❑	❑	❑
oberer Abschluss		❑	❑	❑	❑
Öffnungen in Treppenräumen (z. B. Türen)		❑	❑	❑	❑
Öffnungen in Treppenräumen (z. B. Fenster je Geschoss von mind. 0,5 m², die geöffnet werden können)		❑	❑	❑	❑

2.1 Notwendige Flure und Gänge						
Bauteile		**verwendete Baustoffe**	**Feuerwiderstandsklasse/ Baustoffklasse (nach DIN 4102)**		**Abweichung (§ 76 MBO) erforderlich?**	
			erforderlich	**vorhanden**	**ja**	**nein**
innerhalb des Gebäudes	Wände		❑	❑	❑	❑
	Decken		❑	❑	❑	❑
	Brüstungen		❑	❑	❑	❑
	Öffnungen		❑	❑	❑	❑
offene Gänge (z. B. Laubengänge)	Wände		❑	❑	❑	❑
	Decken		❑	❑	❑	❑
	Brüstungen		❑	❑	❑	❑
	Öffnungen		❑	❑	❑	❑
notwendige Flure erforderlich in Büro- und Verwaltungsbereichen < 400 m²			❑	❑	❑	❑

2.2 Lüftungsanlagen, Installationsschächte und Installationskanäle					
Bauteile	**verwendete Baustoffe**	**Feuerwiderstandsklasse/ Baustoffklasse (nach DIN 4102)**		**Abweichung (§ 76 MBO) erforderlich?**	
		erforderlich	**vorhanden**	**ja**	**nein**
		❑	❑	❑	❑
		❑	❑	❑	❑

2.3 Feuerschutzabschlüsse (Türen, Klappen, Tore)					
Bauteile	**verwendete Baustoffe**	**Feuerwiderstandsklasse/ Baustoffklasse (nach DIN 4102)**		**Abweichung (§ 76 MBO) erforderlich?**	
		erforderlich	**vorhanden**	**ja**	**nein**
		❑	❑	❑	❑
		❑	❑	❑	❑

2.4 Löschwasserversorgung
Baugebietsausweisung
Löschwasserbedarf nach Angabe/ Vorgabe durch die Behörde (m^3/h)
Löschwasserbereitstellung aus öffentlicher Trinkwasserversorgung (m^3)
Löschwasserbereitstellung durch andere Maßnahmen
Löschwasserteich (m^3)
Löschwasserbrunnen (m^3)
offenes Gewässer (m^3/h)
Schwimmbecken (m^3)
Zierteich (m^3)
sonstige Löschwasserbereitstellung (m^3)

2.5 Brandschutztechnische Einrichtungen		
Feuerlöschanlage (Sprinkleranlage/automatische Löschanlage) vorhanden in den Zeichnungen dargestellt		
Alarmierungsanlage (interne Alarmierung) vorhanden vorgesehene Art der Alarmierung:		
Brandmeldeanlage vorhanden Art der Brandmeldeanlage: nichtautomatischer Melder automatischer Melder		
2.6 Rauch- und Wärmeableitung		
Rauchabzüge bei Treppenräumen – Rauch- und Wärmeabzugsanlagen, z. B. nach VdS-Richtlinie oder nach DIN 18232		
Gebäudeteil	wirksame Öffnung in % der Grundfläche	Auslösevorrichtungen
		von Hand automatisch
		von Hand automatisch
2.7 Sicherheitsbeleuchtung		
vorhanden		
in Dauerschaltung		
in Bereitschaftsschaltung nach DIN VDE 0108		
2.8 Rettungswegbeschilderung		
vorhanden		
Art:		

2.9 Zugänge und Zufahrten auf den Grundstücken
Flächen für die Feuerwehr (Durchgänge, Zufahrten, Aufstellflächen, Bewegungsflächen) Feuerwehrumfahrt vorhanden im Lageplan dargestellt
3.0 Besondere Brandschutzmaßnahmen

9 Checkliste: Erfassung der Gebäudeparameter

I. Angaben zum Objekt und zum Ortstermin		
Datum:		Uhrzeit:
Teilnehmer		
❑ Bauherr	❑ Architekt	❑ Bauleiter
Bemerkungen:		

II. Baustellenadresse
Bauvorhaben/Projekt
Straße/Hausnummer
Postleitzahl/Ort
Gebäudeart
Gebäudeteil
Geschossanzahl

III. Bauherr/Auftraggeber		
Anrede	❑ Herr	❑ Frau
Vorname/Nachname		
Straße/Hausnummer		
Postleitzahl/Ort		
Telefon, Fax		
E-Mail		

IV. Brandschutzplanung	
Büro/Firma	
zuständig	
Straße/Hausnummer	
Postleitzahl/Ort	
Telefon/Festnetz	
Fax	
Telefon/Mobil	
E-Mail	
Bemerkungen:	

1 Nutzungsbedingte Vorgaben
1.1 Nutzungsart
❑ Wohnen
❑ Büro
❑ Gewerbe, Dienstleistung
❑ Sonstiges
1.2 Nutzungsintensität
Anzahl erkennbarer Brandabschnitte:
Anzahl Nutzungseinheiten:
Personen pro Nutzungseinheit:

1.3 abzuleitende zusätzliche statische Belastungen
❑ keine
1.4 abzuleitende zusätzliche randschutztechnische Belastungen
❑ keine
2 Gebäudetechnischer Ausstattungsstandard
2.1 Heizung
❑ einfacher Standard
❑ mittlerer Standard
❑ hoher Standard
2.2 Klima/Lüftung
❑ einfacher Standard
❑ mittlerer Standard
❑ hoher Standard
2.3 Elektroinstallation
❑ einfacher Standard
❑ mittlerer Standard
❑ hoher Standard
3 Gebäudetechnischer Ausstattungsstandard
3.1 Veränderung des Gebäudeschnittes
❑ nicht gewünscht
❑ erforderlich
3.2 Veränderung der Grundrissgestaltung
❑ nicht gewünscht
❑ erforderlich

3.3 Veränderung der Fassadengestaltung
❑ nicht gewünscht
❑ erforderlich
3.4 Veränderung der Dachform
❑ nicht gewünscht
❑ erforderlich
3.5 Sonstige Veränderungen
4 Bestandsuntersuchung
4.1 Bestandsuntersuchung
❑ Baugeschichte des Bauwerkes
❑ statisch-konstruktive Untersuchung
❑ bauphysikalische Untersuchung
4.2 Schaden- und Zustandsanalyse
❑ Lokalisierung der Schäden
❑ Erfassung der Schadenart und des -umfangs
❑ Ermittlung der Schadenursachen
❑ Ermittlung der Schadenauswirkungen auf das Bauwerk
❑ Standardsicherheitsnachweis
4.2 Schadenbeseitigung, Instandsetzung
❑ Erhaltung der Funktions- und Standsicherheit
❑ Beseitigung konstruktiver und statischer Mängel oder Schäden
❑ Beseitigung bauphysikalischer Mängel oder Schäden
❑ Ermittlung der Schadenauswirkungen auf das Bauwerk

5 Hinweis auf Grenzen der Bauwerksveränderungen
5.1 Baurechtliche Rahmenbedingungen
❑ Bestimmungen des Bebauungsplanes
❑ Planungsrechtliche Festlegung nach § 9 Baugesetzbuch (BauGB)
❑ Baunutzungsverordnung (BauNVO)
❑ Landesbauordnung
❑ eingeführte Technische Baubestimmungen
❑ örtliche Gestaltungssatzungen
❑ Auflagen der Behörden
❑ Sonstiges:
5.2 Baukonstruktive Rahmenbedingungen
❑ Belastbarkeitsgrenzen
❑ bauphysikalische Einschränkungen

9.1 Checkliste: Außenwände/Innenwände

Bestandsaufnahme	
Maßnahmen der Bestandserfassung	❑ Erfassung des Tragwerkkonzeptes ❑ Untersuchung des Wandaufbaus ❑ Überprüfung der Gesamtporosität ❑ Untersuchung von verdeckten oder freiliegenden Fachwerkhölzern ❑ Überprüfung des Tragwerkes im Hinblick auf Nutzungsänderungen ❑ Abgleich der Bausubstanz mit bauphysikalischen Anforderungen im Hinblick auf Nutzungsänderungen ❑ Abgleich Planungsrecht/Denkmalschutz bei Fassadenänderungen
Bemerkungen:	

Alter der Bauteile	❑ wie das Gebäude	❑ zwischenzeitlich erneuert
Jahr der Erneuerung		

Material und Konstruktion	❑ Mauerwerk aus Mauerziegeln
	❑ Mauerwerk aus Leichtziegeln
	❑ Mauerwerk aus Kalksandsteinen
	❑ Mauerwerk aus Betonsteinen
	❑ Mauerwerk aus Leichtbetonsteinen
	❑ Mauerwerk aus Porenbetonsteinen
	❑ Mauerwerk aus Natursteinen
	❑ Ortbeton (Normalbeton)
	❑ WU-Beton
	❑ Betonfertigteile
	❑ Fachwerk
Bemerkungen:	

Wandbauart	❑ einschalig
	❑ einschalig mit außen liegender Wärmedämmung
	❑ einschalig mit innen liegender Wärmedämmung
	❑ zweischalig mit Luftschicht
	❑ zweischalig mit Kerndämmung
	❑ zweischalig mit Luftschicht und Wärmedämmung
Bemerkungen:	

Oberflächen	❑ beidseitig nicht verputzt
	❑ innenseitig verputzt, außen Sichtmauerwerk
	❑ beidseitig verputzt
	❑ innenseitig verputzt, außen hinterlüftete Wetterschale
	❑ innenseitig verputzt, außen direkt aufgebrachte Bekleidung
Bemerkungen:	

Stürze	❑ Stahlbeton	❑ Profilstahl
	❑ Mauerwerk (scheitrechter Bogen)	❑ tragender Rollladenkasten
Bemerkungen:		

Vorhandener Brandschutz			
Feuerwiderstandsklasse	❑ F 30-A	❑ F 60-A	❑ F 90-A
	❑ F 120-A	❑ F 180-A	

9.2 Zustandsanalyse

Optischer Gesamteindruck		
optische Mängel	❑ sehr stark	❑ deutlich sichtbar
	❑ mäßig	❑ geringfügig

Gebrauchstauglichkeit		
Gebrauchsmängel	❑ sehr stark	❑ deutlich sichtbar
	❑ mäßig	❑ geringfügig
Bemerkungen:		

Rissbreite	mind. ____________ mm	mind. ____________ mm
Risstiefe	mind. ____________ mm	mind. ____________ mm

Form der Rissflanken	❑ V-förmig	❑ parallel	❑ annähernd parallel
Oberflächen-prüfverfahren	❑ Wischprobe Annässen und Kratzprobe	❑ Kratzprobe	❑ Klopfprobe
Bemerkungen:			

Prüfergebnis Wandoberfläche innen	❑ Abrieb	❑ Kratzspuren
	❑ Oberfläche erweicht stark	❑ geringes Kreiden
	❑ starkes Kreiden	❑ hohler Klang
Bemerkungen:		

9.3 Anforderungen an den Brandschutz (MBO/LBO)

maßgebliche Gebäudeart	❑ freistehendes Wohngebäude mit nicht mehr als einer Wohnung
	❑ Wohngebäude mit nicht mehr als zwei Wohnungen
	❑ Gebäude geringer Höhe
	❑ andere Gebäude (außer Hochhäusern)
	❑ Gebäudeklasse nach MBO 2002
Bemerkungen:	

Feuerwiderstandsklasse	❑ F 30-A	❑ F 60-A	❑ F 90-A
	❑ F 120-A	❑ F 180-A	
Bemerkungen:			

9.4 Instandsetzungsmaßnahmen

Vorbehandlung	❑ lose Schichten und Teile entfernen
	❑ Hohlstellen entfernen und beiputzen
	❑ putzfestigend grundieren
	❑ Sinterschichten mechanisch entfernen
	❑ aufsteigende Feuchtigkeit ursächlich beseitigen
	❑ feuchte Wandbaustoffe austrocknen lassen
	❑ Ausblühungen, Salzablagerungen abbürsten
	❑ offene Mörtelfugen schließen
	❑ hydrophobierende Vorbehandlung
	❑ Risssanierung mit rissüberbrückendem System
	❑ putztechnische Risssanierung
Bemerkungen:	

9.5 Checkliste: Geschossdecken

Bestandsaufnahme	
Maßnahmen der Bestandserfassung	❑ Erfassung des statischen Konzeptes
	❑ Substanzanalyse des Bauteils
	❑ Überprüfung der Tragfähigkeit
	❑ Überprüfung der vorhandenen Durchbiegung
	❑ Überprüfung der Tragfähigkeitseinschränkungen
	❑ Überprüfung der Tragfähigkeit im Hinblick auf zusätzliche Verkehrslasten bei Nutzungsänderung
	❑ Überprüfung der Schallschutzanforderungen zwischen unterschiedlichen Nutzungseinheiten
	❑ Überprüfung des konstruktiven Feuchteschutzes
	❑ Überprüfung der Brandschutzanforderungen aufgrund geänderter Vorschriften oder Nutzungsänderungen
	❑ Sonstiges

Alter der Bauteile	❑ wie das Gebäude	❑ zwischenzeitlich erneuert

Jahr der Erneuerung ______________________________

Material und Konstruktion	
Deckenkonstruktion	❑ Stahlbeton-Massivplattendecke
	❑ Stahlsteindecke
	❑ Stahlbetonbalkendecke
	❑ Plattenbalkendecke
	❑ Stahlbetonrippendecke
	❑ Holzbalkendecke
	❑ Gewölbedecke
Bemerkungen:	

Deckenauflager	❑ zweiseitig	❑ dreiseitig	❑ allseitig
Bemerkungen:			

Deckeneinschub (Holzbalkendecken)	❑ Wickelboden mit Lehmauffüllung	❑ Leichtbetonauffüllung
	❑ Leichtbauplatten	❑ Hohlziegelkörper
Bemerkungen:		

Deckenauflage	❑ Verbundestrich	❑ schwimmender Estrich
Bemerkungen:		

Untersicht	❑ Deckenputz
	❑ Deckenbekleidung direkt an der Rohdecke montiert
	❑ abgehängte Unterdecke
Bemerkungen:	

Vorhandener Brandschutz			
Feuerwiderstandsklasse	❑ F 30-A	❑ F 60-A	❑ F 90-A
	❑ F 120-A	❑ F 180-A	
Bemerkungen:			

Schadenaufnahme	
Geschossdecken	❑ Korrosion an Stahlträgern
	❑ Durchfeuchtungen an raumseitigen Oberflächen
	❑ Putzabplatzungen an raumseitigen Oberflächen
	❑ Korrosionsschäden an Betondecken
	❑ Betonabplatzungen an der Unterseite
	❑ Fäulnisbildung an Balkenköpfen
	❑ Insektenbefall an Holzkonstruktion
	❑ Pilz-/Schwammbefall an Holzkonstruktion
	❑ Einschubmaterial feucht oder marode
	❑ Unebenheit bzw. Verformung der Deckenfläche
	❑ Rissbildung an Innenwänden
	❑ defekter Dielenbelag
Bemerkungen:	

9.6 Checkliste: Dachdeckungen

Alter der Bauteile	❑ wie das Gebäude	❑ zwischenzeitlich erneuert

Material und Konstruktion		
Dachform	❑ Satteldach	❑ Walmdach
	❑ Krüppelwalmdach	❑ Mansarddach
	❑ Zeltdach	❑ Pultdach
Bemerkungen:		

Dachneigung ________________ Grad

Dachstuhl	❑ Sparrendach
	❑ Pfettendach
	❑ Kehlbalkendach
Bemerkungen:	

Dachraumnutzung	❑ nicht ausgebaut (Abstellraum, Speicher)
	❑ ausgebaut (Wohnzwecke)
Bemerkungen:	

Dachdeckung	❑ Dachziegel (Tondachziegel)	
	❑ Biberschwanzziegel	❑ Hohlpfannen
	❑ Falzziegel	❑ Mönch- und Nonnenziegel
	❑ Dachsteine (Betondachsteine)	
	❑ Biberformat	❑ Falzsteine
Bemerkungen:		

Schiefer
❑ Altdeutsche Deckung
❑ Deutsche Schuppenschablonendeckung
❑ Deutsche Deckung mit Bogenschnitt
❑ Spitzwinkeldeckung
Bemerkungen:

Faserzement-Dachplatten	
❑ Deutsche Deckung	❑ Doppeldeckung
❑ Waagerechte Deckung	❑ Spitzschablonendeckung
Bemerkungen:	

❑ Hohlschindeln	❑ Bitumenschindeln
❑ Reet-/Strohdachdeckung	❑ Bitumenwellplatten
❑ Faserzement-Wellplatten	❑ Kupferdeckung
❑ Zinkblechdeckung	
Bemerkungen:	

Wärmedämmstoff	❑ Mineralfaser	❑ Hartschaum
	❑ Holzwolle-Leichtbau-platten	❑ Mehrschicht-Leichtbau-platten
Bemerkungen:		

Dampfsperrschicht	❑ vorhanden	❑ nicht vorhanden
Bemerkungen:		

Anforderungen an den Brandschutz (MBO)

Anforderungen der MBO	❑ erfüllt	❑ nicht erfüllt
Bemerkungen:		

Feuerwiderstandsklasse	❑ F 30-A	❑ F 30-B	❑ F 60-A
	❑ F 90-A	❑ F 120-A	❑ F 180-A
Bemerkungen:			

9.7 Checkliste: Wichtige Unterlagen für Gebäudebetreiber

Brandwände		
Dieser Teil gilt bis auf die Überdachführung auch für Decken/Wände feuerbeständig abgetrennter Räume		
ja	**nein**	
❑	❑	Risse an oder in der Wand sind nicht festzustellen (z. B. Setzrisse).
❑	❑	Alle Durchgangsöffnungen sind mit T 90-Feuerschutzabschlüssen geschützt.
❑	❑	Alle sonstigen Wanddurchbrüche sind mindestens feuerbeständig geschützt; diese Abschottungsmaßnahmen (z. B. S 90 für Kabeldurchführungen und R 90 für Rohrleitungen) sind in Ordnung.
❑	❑	Fugen in der Wand sind nicht beschädigt und in Ordnung.
❑	❑	Eine Überbrückung der Überdachführung der Wände mit brennbaren Materialien (z. B. Dacheindeckung) ist ausgeschlossen.
❑	❑	Alle bei der letzten Überprüfung festgestellten Mängel sind beseitigt.

Dächer		
ja	**nein**	
❑	❑	Ist der Oberflächenschutz durch Bekiesung (vollflächig bzw. streifenförmig beiderseits der feuerwiderstandsfähigen Wände) noch flächendeckend?
❑	❑	Sind Öffnungen (z. B. Sicken der Trapezprofilbleche) im Anschlussbereich zu Wänden vollständig mit nichtbrennbaren Baustoffen verschlossen?
❑	❑	Sind die Schutzmaßnahmen für die Dachdurchbrüche (z. B. Aufsetzkranz, Randeinfassung aus Stahlprofilen, Feuerschutzklappen) in Ordnung?

Feuerschutzabschlüsse		
ja	**nein**	
❑	❑	Verwendbarkeitsnachweis für den Feuerschutzabschluss (FSA) (DIN-Norm, allgemeine bauaufsichtliche Zulassung [abZ], Zustimmung im Einzelfall [ZiE] von der obersten Baubehörde) liegt (in Kopie) vor.
❑	❑	FSA werden ständig geschlossen gehalten oder verfügen über entsprechend zugelassene Feststellanlagen.
❑	❑	keine Keile oder sonstigen Materialien zum Blockieren des FSA in direkter Nähe feststellbar
❑	❑	während der betriebsfreien Zeit ist der FSA immer geschlossen
❑	❑	Zufahrbereich wird von Lagerungen freigehalten; Schließbereich von FSA nicht mit Material verstellt.
❑	❑	Hinweise auf beiden Seiten vorhanden, dass im Schließbereich keine Materialien abgestellt werden dürfen, der Aufenthalt von Personen im Schließbereich verboten ist und die FSA nur so lange geöffnet bleiben dürfen, wie betriebsbedingt notwendig
❑	❑	Schließbereich des FSA durch Beschriftung, Fußbodenmarkierung oder andere Maßnahmen deutlich gekennzeichnet
❑	❑	Verankerung der Zargen in der durchbrochenen Wand nicht herausgerissen oder locker
❑	❑	Türblatt liegt in der vorgeschriebenen Weise in der Zarge (keine Spalte, Abstand zwischen Zarge und Türblatt nicht zu groß oder zu klein).
❑	❑	keine Rostschäden oder mechanischen Beschädigungen an Zarge und Türblatt feststellbar
❑	❑	keine durch den FSA am Boden erzeugte Schleifspuren festzustellen
❑	❑	Schließzylinder in den FSA vorhanden
❑	❑	Streifen aus im Brandfall aufschäumenden Baustoffen (z. B. Palusol) im Bereich der Zarge und des Türblattes sind noch fest, haben sich nicht gelöst, verschoben oder sind sonst wie beschädigt worden.
❑	❑	Sind Veränderungen am FSA vorgenommen worden? Sind diese Änderungen (z. B. nachträgliche Bekleidung der Türblätter oder Zargen, aufgeschweißte Stange, nachträglich angebrachte elektrische Türöffner, Türschließer [weil die Bänder müde geworden sind], Durchbohrungen des Türblattes zulässig (siehe auch VdS 2097-4)?
❑	❑	Kennzeichnung des FSA mit dem nach dem Verwendbarkeitsnachweis vorgeschriebenen Schild vorhanden und lesbar
❑	❑	selbsttätiges, vollständiges Schließen des FSA, und zwar aus jedem Öffnungswinkel heraus, ohne jegliche fremde Hilfe
❑	❑	Schließfolgeregler bei zweiflügligen Türen in Ordnung, nicht beschädigt, funktioniert
❑	❑	weiches Schließen des FSA ohne größere Erschütterungen
❑	❑	Wurden alle bei der letzten Prüfung festgestellten Mängel beseitigt?

Rauchschutztüren		
ja	**nein**	
❑	❑	Sind die Dichtungen in der Zarge bzw. im Türblatt vorhanden und noch elastisch? Sind diese Dichtungen richtig an vorgesehener Stelle angebracht?

Feuerschutzabschlüsse im Zuge bahngebundener Förderanlagen		
ja	**nein**	
❑	❑	Die abZ für den Förderanlagenabschluss liegt (in Kopie) vor.
❑	❑	Abnahmeprotokoll über die Prüfung der einwandfreien Funktion der Förderanlagenabschlüsse im Zusammenwirken mit der Feststellanlage durch einen anerkannten Sachverständigen liegt vor und die Prüfplakette ist angebracht und lesbar.
❑	❑	monatliche Überprüfung des Abschlusses auf Betriebsbereitschaft fristgerecht erfolgt
❑	❑	jährliche Überprüfung auf die störungsfreie Arbeitsweise im Zusammenwirken mit der Förder- und Feststellanlage (Prüfungen nur durch Fachmann oder eine hierfür ausgebildete Person, Prüfbuch)
❑	❑	keine mechanischen Beschädigungen oder Korrosionserscheinungen am FSA erkennbar
❑	❑	Wurden alle bei der letzten Überprüfung festgestellten Mängel beseitigt?

Feststellanlagen		
ja	**nein**	
❑	❑	Die abZ für die eingebaute Feststellanlage liegt (in Kopie) vor.
❑	❑	Die Abnahme der Feststellanlage durch eine Fachkraft ist erfolgt, die Kennzeichnung der Feststellanlage ist gemäß der Zulassung angebracht und lesbar.
❑	❑	Manuelle Handauslösung für die Feststellanlage ist vorhanden.
❑	❑	Manuelle Auslöseeinrichtung führt zum Schließen des FSA.
❑	❑	keine Unterbrechung des Schließvorganges durch nochmaliges Drücken des Handauslösers
❑	❑	Brandmelder sind auf beiden Seiten des FSA angeordnet und ihre Anzahl entspricht der Vorgabe der DIBt-Richtlinie (siehe auch VdS 2097-4).
❑	❑	Melder der Feststellanlage nicht beschädigt (Sichtkontrolle)
❑	❑	Feststelleinrichtung (z. B. Magnetkontakte) in Ordnung

❑	❑	Energieversorgung nicht beschädigt (Kabel, Leitung, Batterie/Sichtkontrolle)
❑	❑	Monatliche Funktionskontrolle auf einwandfreies Schließen der Feststellanlage ist erfolgt und im Prüfbuch eingetragen.
❑	❑	jährliche Überprüfung der Feststellanlage auf ordnungsgemäße Arbeitsweise und störungsfreies Zusammenwirken aller Bauteile, sofern in der Zulassung keine kürzere Frist genannt ist
❑	❑	Wurden alle seit der letzten Überprüfung festgestellten Mängel beseitigt?

Brandschutzverglasungen		
ja	**nein**	
❑	❑	Ist der Zwischenraum zwischen der Verglasung und dem umschließenden Bauteil vollständig mit nichtbrennbaren Baustoffen verschlossen?
❑	❑	Sind die Gläser in Ordnung?
❑	❑	Sind die Rahmen und Glashalteleisten in Ordnung und ordnungsgemäß befestigt?

Abschottung für Kabeldurchführungen		
ja	**nein**	
❑	❑	Die abZ für die eingebaute Kabelabschottung liegt (in Kopie) vor. vor
❑	❑	Ist die Abschottung selbst (z. B. Platte aus Mineralwolle für Weichschott) in Ordnung?
❑	❑	Ist der Zwischenraum zwischen der Abschottung und dem umschließenden Bauteil vollständig mit nichtbrennbaren Baustoffen verschlossen?
❑	❑	Sind Öffnungen in der Abschottung für die erfolgte Nachbelegung zulassungsgemäß verschlossen?
❑	❑	Sind die Brandschutzbeschichtungen der Kabeltrasse beiderseits der Abschottung in Ordnung?
❑	❑	Der Schutz gegen Durchtritt ist bei Deckenschotts vorhanden und in Ordnung.

Rohrleitungen		
ja	nein	
❑	❑	Die abZ für die eingebaute Rohrabschottung liegt (in Kopie) vor.
❑	❑	Ist das Medium in der Rohrleitung geändert worden? Ist die Rohrabschottung für das Medium und für die verwendete Rohrleitung geeignet?
❑	❑	Ist der Zwischenraum zwischen der Abschottung und dem umschließenden Bauteil vollständig mit nichtbrennbaren Baustoffen verschlossen?
❑	❑	Sind die Rohrmanschetten und Rohrummantelungen in Ordnung und ordnungsgemäß befestigt?

Lüftungsleitungen		
ja	nein	
❑	❑	Die abZ für die Brandschutzklappe liegt (in Kopie) vor.
❑	❑	Lüftungsleitungen entsprechen der DIN-Norm oder ein allgemeines bauaufsichtliches Prüfzeugnis (abP) für die Lüftungsleitungen liegt (in Kopie) vor.
❑	❑	Brandschutzklappe ist gemäß der Zulassung eingebaut, z.B. unmittelbar an der Wand oder der Decke.
❑	❑	Kennzeichnung der Brandschutzklappen gemäß der Zulassung angebracht und lesbar
❑	❑	Revisionsöffnungen für die Brandschutzklappen und Lüftungsleitungen sind gut erreichbar.
❑	❑	regelmäßige Wartung der Brandschutzklappe (z.B. monatlich, halbjährlich oder jährlich mit Prüfbuch je nach den Vorgaben der Zulassung und der bauordnungsrechtlichen Vorschrift)
❑	❑	keine Korrosionsschäden festzustellen
❑	❑	keine Verschleißschäden oder mechanische Beschädigung der Brandschutzklappe von außen feststellbar
❑	❑	Bewegliche Teile der Brandschutzklappe sind gut geschmiert und nicht durch Verunreinigungen am Schließen gehindert.
❑	❑	Brandschutzklappe schließt dicht.
❑	❑	Ersatzschmelzlote vorhanden
❑	❑	keine Bildung von brennbaren Ablagerungen in den Lüftungsleitungen
❑	❑	Verunreinigungen von außen, Ablagerungen, z.B. von Staub, im Bereich der Brandschutzklappe nicht feststellbar
❑	❑	keine Schäden an Leitungen, Leitungsdurchführungen und Isolierungen feststellbar
❑	❑	Wurden alle bei der letzten Überprüfung festgestellten Mängel beseitigt?

Manuelle Brandmeldung		
ja	**nein**	
❑	❑	Druckknopfmelder sind gut sichtbar und leicht zugänglich.
❑	❑	Standorte sind mit Hinweisschildern gekennzeichnet.
❑	❑	Druckknopfmelder sind nicht beschädigt.
❑	❑	Korrosionserscheinungen an Meldern sind nicht feststellbar.
❑	❑	Druckknopfmelderglas ist nicht beschädigt.
❑	❑	Signaleinrichtungen sind in Ordnung, nicht defekt (interner Notruf).

Automatische Brandmeldung		
ja	**nein**	
❑	❑	Hinweisschilder zur Bedienung der Brandmelderzentrale durch die Feuerwehr sind vorhanden.
❑	❑	Gute Zugänglichkeit zur Brandmelderzentrale ist gewährleistet.
❑	❑	Regelmäßige Kontrolle der Betriebslampen der Brandmelderzentrale wird durchgeführt.
❑	❑	Installationsattest des Errichters liegt vor.
❑	❑	Betriebsbuch ist vorhanden; alle Vorkommnisse sind aufgezeichnet.
❑	❑	Eine Analyse von Fehlalarmen/Falschalarmen ist erfolgt; Abhilfemaßnahmen sind getroffen worden.
❑	❑	Es sind keine Veränderungen in der Raumnutzung oder in der Raumgestaltung vorgenommen worden.
❑	❑	Die Wartung erfolgt ausschließlich durch eine anerkannte Errichterfirma.
❑	❑	Alle bei der letzten Überprüfung festgestellten Mängel sind beseitigt.

Sprinkleranlagen, Sprühwasser-Löschanlagen, Schaumlöschanlagen		
ja	**nein**	**tägliche Sichtkontrollen**
❑	❑	Wasserstand im Vorrats-, Zwischen-, Hoch-, Druckluftwasser- und Schaummittelbehälter ist ausreichend.
❑	❑	Druck in der Betriebswasserleitung ist in Ordnung.
❑	❑	Druck im Druckluftwasserkessel ist in Ordnung.
❑	❑	Druck vor und nach den Alarmventilen ist in Ordnung.
❑	❑	Undichtigkeiten sind nicht festzustellen.
❑	❑	Heizeinrichtungen (während der Heizperiode) in der Löschanlagenzentrale, im Bereich von Nassanlagen usw. sind funktionsfähig.
ja	**nein**	**wöchentliche Kontrollen**
❑	❑	Ein Probealarm an jeder Alarmventilstation mit Überprüfung der mechanischen und elektrischen Alarmeinrichtungen wird durchgeführt.
❑	❑	Die betriebsbereite Stellung aller Absperrarmaturen, Stellung, Sicherung und Überwachung der Absperrschieber wird inspiziert (Plomben, Riemen) und ist gegen Verstellung durch Unbefugte gesichert.
❑	❑	Der Wasserstand von Pumpenauffüllbehältern wird kontrolliert und ist in Ordnung.
❑	❑	Der Druck vor dem Alarmventil bei Anlagen, die direkt aus dem öffentlichen Netz oder dem Betriebswassernetz gespeist werden, ist in Ordnung (Entleerungsventil DN 50 am Alarmventil ist vollständig zu öffnen, nicht bei Trockenalarmventilen, bei denen die Entleerung oberhalb des Ventils erfolgt).
❑	❑	Der Druck im Rohrnetz von Trockenanlagen ist in Ordnung (der Luftdruck im Sprinklerrohrnetz darf das am Manometer oder im Abnahmezeugnis angegebene Maximum nicht über-, das Minimum nicht unterschreiten; der Druck darf innerhalb einer Woche maximal 0,5 bar fallen).
❑	❑	Die Funktionsfähigkeit der automatischen und manuellen Starteinrichtungen von Pumpen wird überprüft, ausgenommen hiervon sind Schaummittelpumpen; bei Dieselmotoren wird der Pumpenprobelauf bis zum Erreichen der Betriebstemperatur durchgeführt.
❑	❑	Bei Schaumlöschanlagen, die direkt aus dem Betriebswassernetz gespeist werden, wird der Fließdruck geprüft.

ja	nein	**monatliche Kontrollen**
❑	❑	Funktionsbereitschaft der Pumpen (außer Schaummittelpumpen) und ihrer Antriebe überprüft? (Pumpenaggregate sind einem Probebetrieb bei Nennfördermenge von mindestens 15 Min. (Elektromotor) bzw. 30 Min. (Dieselmotor) zu unterziehen. Bei Elektromotorbetrieb werden Stromaufnahme und bei Dieselmotorbetrieb Drehzahl, Öldruck und Kühlwassertemperatur in der Endphase des Probebetriebs gemessen. Dies gilt auch für Dieselmotoren von Ersatzstromaggregaten. Wird ein Elektromotor bei Netzausfall von einem Ersatzstromaggregat versorgt, so ist auch die Umschaltautomatik zu überprüfen.
❑	❑	bei Dieselmotoren Batteriezustand und Funktionsfähigkeit der Batterieladegeräte geprüft (die Wartungsvorschriften des Batterieherstellers sind zu beachten)
❑	❑	Kraftstoffvorratsmenge bei Dieselmotoren und Ölstände bei Pumpen, Kompressoren, Dieselmotoren in Ordnung
❑	❑	Zustand des Rohrnetzes, der Sprinkler, der Düsen und der Rohraufhängungen in Ordnung (in der kalten Jahreszeit ist besonders auf die Frostsicherheit zu achten)
❑	❑	Funktionsprobe der automatischen Auffüll- und Nachspeisevorrichtungen für Zwischen-, Pumpenauffüll- und Hochbehälter durchgeführt
❑	❑	Funktionsprobe der Überwachungsanlage durchgeführt
❑	❑	Funktionsprobe der Strömungsmelder durchgeführt
❑	❑	Zulässige Lagerhöhen und Mindestabstände zwischen Sprinklern bzw. Düsen und Lagergut werden eingehalten.
❑	❑	Funktionsfähigkeit der Alarmübermittlung zu den Alarmierungsstellen in Ordnung
❑	❑	bei Sprinkleranlagen mit Zumischung von Schaummitteln eine Funktionsprobe der Zumischeinrichtung und deren Armaturen ohne Wasser und Schaummittel durchgeführt
ja	**nein**	**halbjährliche Kontrollen**
❑	❑	Funktionsprobe der Trockenalarmventilstationen sowie der Schnellöffner oder Schnellentlüfter und Ventilstationen von Sprühwasserlöschanlagen durchgeführt
❑	❑	Gängigkeit der Schieber überprüft
❑	❑	Sichtprüfung der Steinfänger durchgeführt
❑	❑	Bei Sprinkleranlagen mit Zumischung von Schaummitteln wird eine Funktionsprobe der Schaummittel-Zumischeinrichtung mit Wasser ohne Verwendung von Schaummittel durchgeführt (Ziel der Kontrolle ist die Überprüfung der Funktion aller mechanischen und elektrischen Komponenten der Schaummittel-Zumischeinrichtung ohne Zumischung von Schaummittelkonzentrat).

❑	❑	Überprüfung der Schaummittelbehälter und Bauteile, die dauernd mit Schaummitteln in Berührung stehen, auf äußerlich erkennbare Anzeichen eines Defektes, z. B. Undichtigkeit und Verkrustungen an Dichtungen, durchgeführt
❑	❑	Überprüfung der mechanisch zu bewegenden Bauteile auf Leichtgängigkeit durchgeführt
ja	**nein**	**jährliche Kontrollen**
❑	❑	Durchschlagsprobe der Trockenalarmventilstationen, der Schnellöffner oder Schnellentlüfter sowie der Ventilstationen von Sprühwasser-Löschanlagen durchgeführt (jedoch nicht während der Frostperiode!)
ja	**nein**	**Sonstiges**
❑	❑	jährliche Qualitätsprüfung des Schaummittels durch den Hersteller
❑	❑	keine Verschmutzung der Sprüheinrichtungen wie Sprinkler, Löschdüsen mit Farbe, Staubansammlungen, Fasern
❑	❑	Verwendung von höhergradigen Sprinklern nur, soweit erforderlich
❑	❑	keine Korrosion der Rohrleitungen feststellbar, Zustand der Schutzanstriche in Ordnung
❑	❑	Überprüfung der Betriebsverhältnisse auf Einhaltung der Auslegungskriterien für die Feuerlöschanlage vorgenommen (z. B. Einhaltung der Lagerhöhe, keine Veränderung der Brandbelastung, keine Zunahme von glutbrandbildenden Stoffen in CO_2-geschützten Bereichen), keine baulichen Änderungen festzustellen, die Auswirkungen auf das Rohrnetz haben
❑	❑	Aufhängungen der Rohrleitungen in Ordnung
❑	❑	keine verbogenen/beschädigten Rohrleitungen feststellbar
❑	❑	keine Installation von anlagenfremden Gegenständen, z. B. Kabel, Wasserrohre, Lüftungskanäle, Bühnen an Rohrleitungen
❑	❑	alle fünf Jahre regelmäßige Prüfung und ggf. Reinigung der Vorrats-, Zwischen-, Druckluftwasser- und Hochbehälter und, falls erforderlich, Erneuerung des Korrosionsschutzes
❑	❑	regelmäßige amtliche Überprüfung der Druckluftwasserbehälter entsprechend der Druckbehälterverordnung
❑	❑	Nach 25 Jahren Kontrolle des gesamten Rohrnetzes, Durchspülung und Abpressen des Rohrnetzes. Beseitigung von verengten Rohrquerschnitten (Inkrustierungen), ggf. je nach Richtlinien stichprobenartig. Stichprobenartige Überprüfung der Kenndaten der eingebauten Sprinkler durch die VdS-Laboratorien, Ausstellung eines neuen Installationsattestes und Einreichung bei VdS
❑	❑	Wurden alle bei der letzten Überprüfung festgestellten Mängel beseitigt?
❑	❑	Betriebsanleitung für die Anlage ist in der Anlagenzentrale oder z. B. bei den Ventilstationen vorhanden.
❑	❑	Abnahme- und Revisionszeugnisse, Wartungs- und Prüfbescheinigungen liegen vor.

Inertgas- und Pulverlöschanlagen		
ja	**nein**	**tägliche Sichtkontrollen**
❑	❑	Sämtliche Anlagenanzeigen werden überprüft und sind in Ordnung (Hinweis: der maximale Abstand der Kontrollen darf an Sonn- und Feiertagen 3 Tage nicht überschreiten) Anmerkung: Wird die Betriebsbereitschaft der Anlage analog VdS 2093 Richtlinien für CO^2- Feuerlöschanlagen – Planung und Einbau, Abschnitt 13, selbsttätig überwacht, kann auf die täglichen Kontrollen verzichtet werden. In diesem Fall sind entsprechende Kontrollen aber mindestens wöchentlich vorzunehmen
ja	**nein**	**wöchentliche Kontrollen**
❑	❑	Betriebsstellung der Armaturen in Ordnung
❑	❑	Funktionsbereitschaft der Zusatzaggregate (z. B. Kühlaggregate) überprüft und in Ordnung
❑	❑	Überprüfung der Energieversorgung: Betriebsbereitschaft des elektrischen Netzes, der Druckversorgung und der Auslösegewichte (jeweils nach Anlagenart) in Ordnung
❑	❑	Löschmittelgewicht, Löschmitteldruck, Schwundmeldung, Gewicht oder Druck des Treibmittels (jeweils nach Anlagenart) überprüft und in Ordnung
❑	❑	Schutzbereich: bei Raumschutzanlagen Kontrolle sowohl auf unzulässige Öffnungen als auch auf einwandfreie Funktion selbstschließender FSA durchgeführt und in Ordnung
ja	**nein**	**monatliche Kontrollen**
❑	❑	Zustand der Branderkennungselemente, der Alarmmittel und der Düsen auf Verschmutzung und Beschädigung hin überprüft und in Ordnung
ja	**nein**	**Sonstiges**
❑	❑	Bei Pulverlöschanlagen wird jährlich eine Probe aus dem Löschmittelbehälter entnommen und untersucht.

Hinweis: Besondere betriebliche Gegebenheiten können es erforderlich machen, dass Notstromaggregate und Alarmsysteme in kürzeren Zeitabständen zu prüfen sind.

Funkenlöschanlagen		
ja	**nein**	
❑	❑	keine Verschmutzung der Funkendetektoren und der Löschköpfe in der Absaugleitung
❑	❑	gute Zugänglichkeit zu den Funkendetektoren und den Löschköpfen für Revisions- und Wartungszwecke
❑	❑	Betriebs- und Prüfbuch vorhanden
❑	❑	Einhaltung der vorgeschriebenen Service- und Wartungsintervalle (z. B. herstellerseitig)
❑	❑	Abnahme- und Revisionszeugnisse der Technischen Prüfstelle der VdS liegen vor.
❑	❑	keine Korrosionserscheinungen an den Löschwasserzuleitungen feststellbar
❑	❑	Löschwasserleitungen frostsicher verlegt oder mit Begleitheizungen ausgerüstet
❑	❑	keine Veränderungen der Absauggeschwindigkeit
❑	❑	keine Anbackungen in der Absaugrohrleitung festzustellen
❑	❑	keine Veränderung der abgesaugten/ transportierten Materialien
❑	❑	Alle bei der letzten Überprüfung festgestellten Mängel sind beseitigt.

Feuerlöscher		
ja	**nein**	
❑	❑	Feuerlöscher befinden sich alle noch an ihren Standorten.
❑	❑	Feuerlöscherart ist für den Arbeitsplatz/-bereich geeignet.
❑	❑	Feuerlöscher sind nicht benutzt und nicht beschädigt, Plombe in Ordnung.
❑	❑	Feuerlöscherkenndaten wie Hersteller, Gebrauchsanleitung, Zulassungskennnummer, zugelassene Brandklasse und DIN 14406 erkennbar
❑	❑	Feuerlöscherstandorte sind gut sichtbar und frei zugänglich.
❑	❑	Feuerlöscherstandorte sind durch Hinweisschilder gekennzeichnet.
❑	❑	Feuerlöscher werden regelmäßig geprüft, Prüfplakette ist vorhanden.

❑	❑	Feuerlöscher sind in leicht erreichbarer Höhe aufgehängt (auch für kleinere Personen).
❑	❑	Beschäftigte sind in der Handhabung der Feuerlöscher unterwiesen.
❑	❑	Die letzte Prüfung des Feuerlöschers durch einen Sachkundigen war vor < 2 Jahren.
❑	❑	Die Anzahl und Art der Feuerlöscher entspricht den Regeln für die Ausrüstung von Arbeitsstätten mit Feuerlöschern (VdS 2001 bzw. Berufsgenossenschaftliche Regel für Sicherheit und Gesundheit bei der Arbeit [BGR] 133).

Wandhydranten, Steigleitungen, Löschwasserleitungen		
ja	**nein**	
❑	❑	Einspeisestelle für die Feuerwehr in die Steigleitung ist nicht mit Material verstellt und frei zugänglich.
❑	❑	Korrosionen an den Anschlussleitungen oder an den wasserzuführenden Anlagenteilen sind nicht festzustellen.
❑	❑	Anschlusskupplungen für die Feuerwehr sind nicht beschädigt.
❑	❑	Steigleitungsanschluss für die Feuerwehr ist gekennzeichnet.
❑	❑	Wandhydrantenzuleitungen, Steigleitungen sind dicht.
❑	❑	Steigleitungen sind nicht beschädigt (z. B. Dellen, Knicke).
❑	❑	Prüfbescheinigung der letzten Prüfung liegt vor (letztes Prüfdatum ....).
❑	❑	Wandhydrantenkästen sind gut sichtbar und leicht zugänglich.
❑	❑	Wandhydranten sind durch Hinweisschilder gekennzeichnet.
❑	❑	Plomben in Ordnung
❑	❑	Wandhydranten werden regelmäßig gewartet.
❑	❑	Schlauch mit angeschlossenem Strahlrohr ist vorhanden.
❑	❑	Strahlrohr ist frei von Ablagerungen im Rohr, Strahlrohrmündung nicht verklebt.
❑	❑	Beschädigungen am Schlauch oder am Strahlrohr sind nicht feststellbar.
❑	❑	Ventil kann geöffnet werden, um Schmutzwasser zu entfernen.
❑	❑	Eine ausreichende Wasserlieferung sowie Ruhe- und Fließdruck sind geprüft und für in Ordnung befunden worden.
❑	❑	Geht das Strahlrohr leicht auf den Schlauch?
❑	❑	Alle bei der letzten Überprüfung festgestellten Mängel wurden beseitigt.

Rauch- und Wärmeabzugsanlagen Achtung: Viele Rauch- und Wärmeabzugsanlagen besitzen Öffnungssysteme, die nur für den einmaligen Gebrauch ausgelegt sind. Von daher sollte bei einer betrieblichen Kontrolle die Anlage niemals probeweise ausgelöst werden. Daneben gibt es auch andere Bauarten (z. B. Betrieb über Druckluft und Umschaltventil).		
ja	**nein**	
❑	❑	Auslöseeinrichtungen von den Zugangstüren her leicht zugänglich
❑	❑	Auslöseeinrichtungen in Ordnung, keine äußere Beschädigung erkennbar
❑	❑	Anzeigeschild „Rauchklappe auf/zu" vorhanden
❑	❑	Bedienungsanleitung/RWA-Hinweisschild vorhanden
❑	❑	RWA-Geräte alle geschlossen
❑	❑	Steuerleitungen nicht korrodiert/beschädigt (Sichtkontrolle)
❑	❑	RWA-Kuppel dicht und keine sichtbaren Beschädigungen (Sichtkontrolle)
❑	❑	Glasfass oder Schmelzlote in Ordnung/nicht beschädigt, nicht mit Farbe übertüncht oder verschmutzt (Sichtkontrolle, sofern möglich)
❑	❑	Installationsattest und Wartungsbescheinigungen liegen vor.
❑	❑	Betriebsbuch für die RWA ist vorhanden.
❑	❑	Wurden alle bei der letzten Überprüfung festgestellten Mängel beseitigt?

Feuerungs- und Erhitzungsanlagen		
ja	**nein**	
❑	❑	Aufstellung und Betrieb entsprechen den Verordnungen und technischen Regeln.
❑	❑	Vorgeschriebene Prüfungen sind durchgeführt (Datum der letzten Prüfung ....).
❑	❑	Der ordnungsgemäße Betrieb ist sichergestellt; Anlagen arbeiten ohne Störung.
❑	❑	Sicherheitseinrichtungen werden regelmäßig kontrolliert.
❑	❑	Mindestabstände zu brennbaren Stoffen sind eingehalten.
❑	❑	Feuer- und Erhitzungsanlagen werden von brennbaren Stoffen freigehalten (z. B. keine Lagerung brennbarer Stoffe in Heizräumen, Einhaltung von Sicherheitsabständen).
❑	❑	Die Brennstoffversorgungseinrichtungen werden regelmäßig kontrolliert (Öllagerräume, Gasversorgungen, Flüssiggaslager).

❑	❑	Eine standsichere Aufstellung von Flüssiggasflaschen ist gewährleistet.
❑	❑	Gasbefeuerte Wärmestrahlgeräte werden ordnungsgemäß betrieben (Sicherheitsabstände zu brennbaren Stoffen, auch Baustoffen, sind vorhanden).
❑	❑	Ortsfeste und ortsveränderliche Warmlufterzeuger sind fachgerecht montiert bzw. aufgestellt.

Maschinelle Einrichtungen		
ja	**nein**	
❑	❑	Eine regelmäßige Sichtkontrolle aller maschinellen Einrichtungen wird durchgeführt. (Leckagen, Beschädigungen usw.)
❑	❑	Technische Einrichtungen, z. B. Motoren, Kabelanlagen, elektrische Schalteinrichtungen, sind frei von brennbaren Staubablagerungen.
❑	❑	Prozesswärmeanlagen arbeiten ohne Mängel (z. B. Wärmeträgerölanlagen, Dampfkesselheizungen).
❑	❑	Folienschrumpfeinrichtungen sind in Ordnung und werden regelmäßig kontrolliert.
❑	❑	Die vorgeschriebenen Prüfungen an technischen Einrichtungen erfolgen in regelmäßigen Zeitabständen (Dampf-, Druckluftkessel, Kompressor- und Verdichteranlagen, Zu- und Ablufteinrichtungen usw.).
❑	❑	An Beschichtungs- und Trocken-/Trocknungsanlagen werden Ablagerungen brennbarer Stoffe regelmäßig beseitigt, z. B. Farbreste usw.
❑	❑	Fördereinrichtungen sind ohne Mängel (z. B. Transportbänder, Redler, Becherwerke etc.).
❑	❑	Sicherheitseinrichtungen zur Unfallverhütung werden regelmäßig überprüft und sind in Ordnung.
❑	❑	Ölbetriebene Betriebseinrichtungen sind in Ordnung (keine Ölverluste – Leckagen – in Hydraulikanlagen).
❑	❑	Vorgeschriebene regelmäßige Prüfung der Flüssigkeiten (Flüssigkeitsstand) ist erfolgt.
❑	❑	Tauchbäder sind mängelfrei und in Ordnung (Härteanlagen, Galvanik).

Brennbare feste Stoffe		
ja	**nein**	
❑	❑	Sind Bereiche möglicher Zündquellen (elektrische Geräte, Heizanlagen etc.) frei von brennbaren Stoffen?
❑	❑	Brennbare Abfallstoffe, auch selbstentzündliche Stoffe, werden aus den Produktions- und Lagerbereichen nach Arbeitsschluss entfernt.

❑	❑	Die Lagerung größerer Mengen brennbarer Verpackungen erfolgt in abgetrennten Räumen.
❑	❑	Der Tagesbedarf, z. B. an Verpackungsmaterial, wird in den Betriebsräumen eingehalten.

Brennbare Flüssigkeiten		
ja	**nein**	
❑	❑	Der Tagesbedarf in den Betriebsräumen wird eingehalten.
❑	❑	Die ordnungsgemäße Aufbewahrung erfolgt in dafür vorgesehenen Sicherheitsschränken.
❑	❑	Die Lagerung erfolgt in einem feuerbeständig abgetrennten Raum.
❑	❑	Eine zulässige Mengenschwelle ist vorhanden.
❑	❑	Entsprechende Auffangvorrichtungen sind vorhanden und nutzbar.
❑	❑	Zu- und Ablufteinrichtungen zur Verhinderung einer explosionsfähigen Atmosphäre sind funktions- und betriebsfähig (evtl. Ersatzstromversorgung).
❑	❑	Ein Rauchverbot ist erlassen und durch Aushang bekannt gemacht worden.
❑	❑	Der Zutritt zum Lagerraum ist nur für Berechtigte möglich und ist ordnungsgemäß verschlossen.

Brennbare Gase		
ja	**nein**	
❑	❑	Eine regelmäßige Sichtkontrolle der Betriebseinrichtungen für brennbare Gase wird regelmäßig durchgeführt (Produktionseinrichtungen, Lagerräume).
❑	❑	Die einschlägigen „Technischen Regeln für brennbare Gase" werden beachtet; Sicherheitsvorschriften werden eingehalten.
❑	❑	Die vorgeschriebenen Prüfungen für Verbrauchsanlagen werden fristgerecht durchgeführt.
❑	❑	Die sichere Aufbewahrung und der Betrieb von Druckgasbehältern ist gewährleistet. (Lagerräume, Abtrennungen, Zündquellen, Zutrittssicherungen gegen Unbefugte)
❑	❑	Die Prüfung der Kontroll- und Sicherheitseinrichtungen, z. B. Gaswarneinrichtungen, Be- und Entlüftung, wurde ohne Beanstandung durchgeführt.
❑	❑	Eine ordnungsgemäße Kennzeichnung von gasführenden Rohrleitungen ist vorhanden.
❑	❑	Explosionsschutzeinrichtungen sind vorhanden und funktionstüchtig (Datum der letzten Prüfung ....).

Blitzschutzanlage		
ja	**nein**	
❑	❑	Blitzschutzanlagen auf allen Gebäuden vorhanden
❑	❑	Auffangeinrichtungen in Ordnung und nicht beschädigt
❑	❑	Beschädigungen oder Fehler an der äußeren Blitzschutzanlage sind nicht festzustellen.
❑	❑	keine Korrosionen an den Auffangeinrichtungen und Leitern und dadurch hervorgerufene Querschnittsveränderungen vorhanden
❑	❑	Schutzanstriche in Ordnung
❑	❑	fester Sitz aller Verbindungen
❑	❑	ausreichende Verbindung von Teilen der Blitzschutzanlage mit der baulichen Anlage
❑	❑	Verbindung der Blitzschutzerdung mit dem Potentialausgleich der baulichen Anlage
❑	❑	Zustand der Überspannungsschutzeinrichtung in Ordnung
❑	❑	Strom führende Leitungen sind von MSR-Leitungen getrennt verlegt, sie führen nicht in der Nähe der Blitzschutzanlagen vorbei (Gefahr von Induktionen).
❑	❑	Ist ein Potentialausgleich vorhanden?
❑	❑	Wurden alle bei der Prüfung der Anlage festgestellten Mängel beseitigt?
❑	❑	Wurde die Blitzschutzanlage seit der Inbetriebnahme schon einmal überprüft?
❑	❑	Kennmelder bei Ableitern nach jedem Gewitter regelmäßig überprüft und ggf. ausgewechselt
❑	❑	Überprüfung des Zustandes der Erdungsanlage durch Messung des Gesamtwiderstandes und der Einzelwiderstände an den einzelnen Erdleitungen
❑	❑	Prüfbescheinigungen liegen vor.

Schutz gegen Brandstiftung		
ja	**nein**	
❑	❑	Zaunanlagen und Außenbeleuchtung sind in Ordnung.
❑	❑	Türen und Fenster werden nach Arbeitsschluss verschlossen.
❑	❑	Einbruchmeldeanlage wird bei Betriebsschluss aktiviert.
❑	❑	Brandmelder- und Feuerlöschzentralen sind gegen den Zutritt von Unbefugten geschützt.
❑	❑	Beleuchtung von Gebäuden, Freiflächen und Außenbereichen ist während der Dunkelheit eingeschaltet.
❑	❑	Betriebsgelände wird außerhalb der Betriebszeit (ständig) bewacht.
❑	❑	Tore werden ständig überwacht.
❑	❑	Zugangskontrolle (Mitarbeiter, Fremdfirmen, Besucher) erfolgt lückenlos.
❑	❑	Schlüssel werden sicher aufbewahrt.
❑	❑	tägliche Abfallbeseitigung aus den Betriebsräumen und sichere Aufbewahrung bzw. sicherer Verschluss leicht entflammbarer Stoffe in Ordnung
❑	❑	Brennbare Abfälle werden in im Freien aufgestellten geschlossenen Containern oder anderen Behältnissen gesammelt. Hinweis: Der Abstand der Abfallsammelstelle sollte mindestens 10 m von Gebäuden entfernt liegen.
❑	❑	keine Lagerung brennbarer Materialien auf Rampen, unter Vordächern oder direkt am Gebäude
❑	❑	keine Lagerung brennbarer Materialien im unmittelbaren Bereich der Außenumzäunung (empfohlener Mindestabstand: 5 m)
❑	❑	keine Aufbewahrung von Geldbeträgen im Unternehmen in der betriebsfreien Zeit (z. B. Kaffeekasse)
❑	❑	Werkzeuge werden sicher verschlossen.

Gaswarnanlagen		
ja	**nein**	
❑	❑	Werden geeignete Gaswarngeräte eingesetzt?
❑	❑	Werden nur Geräte verwendet, für die messtechnische Gutachten der Bundesanstalt für Materialprüfung (BAM) oder der Deutschen Montan Technologie, Prüfstelle für Grubenbewetterung (DMT) vorliegen?
❑	❑	Wird eine regelmäßige Kalibrierung der Gaswarngeräte auf die Umgebungsbedingungen vorgenommen?
❑	❑	Befindet sich der Alarmpunkt der Geräte weit unterhalb der unteren Explosionsgrenze?
❑	❑	Sind keine Korrosionen an den Anlagenteilen feststellbar (Sichtkontrolle)?
❑	❑	Eine mechanische Beschädigung an Messeinrichtungen und Leitungen ist nicht feststellbar. (Sichtkontrolle)
❑	❑	keine Verschmutzung der Sensoren durch Staubablagerungen (Sichtkontrolle)
❑	❑	Keine Veränderung der betrieblichen Gegebenheiten seit Einbau der Sensoren bzw. ggf. Überprüfung der Funktionssicherheit hat stattgefunden.
❑	❑	Unterlagen über Betrieb, Einsatzort, Messstellen, Alarmpunkte, Typenbezeichnung usw. sind vorhanden.
❑	❑	Protokoll über die Funktionsprüfung nach den Unfallverhütungsvorschriften (UVV) 2 § 26 a liegt vor (vor Inbetriebnahme und mindestens jährliche Überprüfung der Funktionsfähigkeit durch einen Sachkundigen).
❑	❑	Wurden alle bei der letzten Überprüfung festgestellten Mängel beseitigt?

Explosionsdruck-Entlastungseinrichtungen		
ja	**nein**	
❑	❑	Ist die Lebensdauer der eingesetzten Berstscheiben bekannt?
❑	❑	keine Korrosion oder Verwitterungserscheinungen feststellbar
❑	❑	keine Ablage von Material auf der Berstscheibenöffnung oder der Explosionsklappe
❑	❑	Stand von Regenwasser oder Schnee auf der Druckentlastungsöffnung (bei horizontaler Druckentlastungsfläche)?
❑	❑	Druckentlastung so, dass durch den Explosionsdruck keine Nachbaranlagen oder Personen gefährdet werden
❑	❑	keine Farbanstriche an den beweglichen Teilen bei Explosionsklappen

❑	❑	keine zusätzlichen Anbauten oder Überbauten festzustellen, z. B. Befestigung von Seilen, Überquerung durch Rohre oder Leitungen oder sogar Überdachungen
❑	❑	keine Veränderung der Prozessbedingungen
❑	❑	Wurden alle seit der letzten Überprüfung festgestellten Mängel beseitigt?

Lüftungsanlagen		
ja	**nein**	
❑	❑	Überwachung der Lüftungsanlage funktionsfähig
❑	❑	Ventilator nicht verschmutzt
❑	❑	keine mechanische Beschädigung des Ventilators feststellbar (z. B. Schleifspuren)
❑	❑	keine Korrosionen an den Anlagenteilen feststellbar
❑	❑	keine Veränderung der Prozessbedingungen
❑	❑	regelmäßige, stichprobenartige Messung der Konzentration z. B. in Ecken, Bodenvertiefungen, Toträumen
❑	❑	Bedingungen für elektrische Anlagen in explosionsgefährdeten Bereichen sind eingehalten.
❑	❑	Alle bei der letzten Überprüfung festgestellten Mängel sind beseitigt.

Explosionsunterdrückung		
ja	**nein**	
❑	❑	keine Veränderung der Prozessbedingungen
❑	❑	Prüf- und Wartungsbuch vorhanden
❑	❑	keine mechanischen Beschädigungen an den Löschmittelbehältern feststellbar (Sichtkontrolle)
❑	❑	keine Korrosionserscheinungen an den Anlagenteilen feststellbar (Sichtkontrolle)
❑	❑	Aufhängevorrichtung der Löschmittelbehälter in Ordnung (Sichtkontrolle)
❑	❑	gute Erreichbarkeit der Löschmittelbehälter sichergestellt
❑	❑	Wurden die bei der letzten Überprüfung festgestellten Mängel beseitigt?

Inertisierung		
ja	**nein**	
❑	❑	keine Veränderungen der Betriebsbedingungen
❑	❑	keine Veränderung der Prozessbedingungen
❑	❑	keine Veränderung der eingesetzten Stoffe
❑	❑	Prüfbuch für Wartungen vorhanden

10 Checkliste: Brandschutztüren/Rauchschutztüren

Qualitätskontrolle und Maßnahmen zur Bestandserfassung

Allgemeine Überprüfung
1. Aufschlagrichtung
❑ in Fluchtrichtung
❑ entgegen Fluchtrichtung (vor der Tür muss eine freie Fläche von mindestens 0,9 × 0,9 m vorhanden sein)
2. Ausführung
❑ einflügig
❑ zweiflügig
❑ zweiflügig mit Geh- und Bedarfsflügel
3. Ist auf dem Kennzeichnungsschild die Feuerwiderstandsklasse angegeben?
❑ T 30
❑ T 60
❑ T 90
❑ keine
❑ andere ....
4. Verfügt die Tür über eine Rauchschutzfunktion?
❑ absenkbare Bodendichtung inkl. Auflaufschiene bei Teppichboden
❑ Anschlagdichtung
❑ Auflauf-/Schleifdichtung
❑ keine
❑ andere ....

5. Zustandsanalyse – optische Mängel und Gebrauchstauglichkeit
❑ sehr stark beansprucht, viele optische Mängel, nicht funktionsfähig
❑ deutlich beansprucht, einige optische Mängel, bedingt funktionsfähig
❑ mäßig beansprucht, kaum optische Mängel, funktionsfähig
❑ geringfügig beansprucht, keine optischen Mängel, voll funktionsfähig
6. Beschädigungen an den Türen
beschädigte Stellen kennzeichnen, ggf. mit Anmerkungen in folgender Legende
Legende:
Mängelbeschreibung:
7. Alter der Bauteile
❑ Material und Konstruktion wie das Gebäude (Typenschild/Hammereinschlag)
❑ zwischenzeitlich erneuert Jahr der Erneuerung: ....
8. Verfügt die Tür augenscheinlich über Originalbeschläge?
❑ ja
❑ nein
9. Ist die Tür augenscheinlich komplett (Türblatt, Zarge, Schließmittel, Bänder) von einem Hersteller geliefert?
❑ ja
❑ nein
10. Verfügt die Tür über einen ...?
❑ Profilzylinder (Ziffer 11 und Ziffer 12 sind zu beachten)
❑ Blindzylinder
❑ keine

11. Sind Panikschlösser vorhanden an Türen, im Verlauf von Rettungswegen, die aufgrund der Nutzung verschlossen sein müssen?
❑ ja
❑ nein
12. Sind folgende Anbauten vorhanden/erforderlich?
❑ Antipanikstange
❑ Druckstange
❑ keine
13. Werden die Brandschutztüren regelmäßig überprüft?
❑ ja
❑ nein
14. Werden die Prüfungen in einem Prüfbuch dokumentiert?
❑ ja
❑ nein
15. Liegt ein gültiger Verwendbarkeitsnachweis bzw. eine Errichter-/Einbaubestätigung vor?
❑ ja
❑ nein
Prüfung der Zarge
16. Welcher Zargentyp ist eingebaut?
❑ Z-Zarge
❑ Eckzarge
❑ Z-Zarge mit Ergänzungszarge
❑ Eckzarge mit Ergänzungszarge
❑ Umfassungszarge
17. Ist der Mörtelkasten im Bereich der Rückverriegelung und des Schließblechs vorhanden?
❑ ja
❑ nein

18. Sind die Türzargen „optisch“ korrekt eingebaut und befestigt?
❑ ja
Oder ist einer der folgenden Einbaumängel zu erkennen?
❑ Zarge nicht korrekt hinterfüllt
❑ Befestigung der Zargen in Eigenkonstruktion
❑ Z-Zargen nicht beigeputzt
❑ Einbau der Zargen mit „Bauch“
❑ Einbau der Zargen mit zu großem Bodenspalt → Feuerschutztüren maximal ~ 14 mm → Rauchschutztüren maximal ~ 15 mm
❑ Wandöffnung und Zarge passen nicht zusammen
❑ Zarge ist zum Fußboden abgedichtet
19. Dichtheitsprüfung
❑ Es ist mindestens eine dreiseitige Dichtung vorhanden (links/rechts/oben).
❑ Es ist ein Brandschutzstreifen (dämmschichtbildend) anstatt einer Dichtung vorhanden.
Prüfung des Türblattes
20. Erfassung des Materials
❑ Aluminium
❑ Holzbauteile
❑ Stahlbauteile
❑ Holz mit Kunststoffbeschichtung
❑ anderes Material
21. Qualität der Verglasung im Türblatt
❑ Normalglas
❑ Verbundsicherheitsglas
❑ Drahtspiegelglas
❑ Feuerschutzverglasung (G oder F gemäß Kennzeichnung an einer der Ecken im Glas)
22. Verfügt die Türe über ein Kennzeichnungsschild oder eine „fh“-Stempelung?
❑ ja
❑ nein

23. Türblattdicke ist geringer als das gängige Maß von 2 cm. **Ein Sachverständiger sollte in diesem Fall die Türe begutachten.**
24. Über wie viele Rückverriegelungsbolzen verfügt die Tür?
❑ keine Rückverriegelungsbolzen
❑ ein Rückverriegelungsbolzen
❑ zwei Rückverriegelungsbolzen
❑ drei Rückverriegelungsbolzen
Hinweis: Alte „fh"-Türen weisen mindestens ein bis zwei Rückverriegelungsbolzen auf, neuere T 30-Türen weisen mindestens zwei bis drei Rückverriegelungsbolzen auf.
25. Optische Bestimmung der Tür anhand der Fallenschlösser
❑ Alte „fh"-Türen verfügen in der Regel über drei Fallenschlösser.
❑ Neuere T 30-Türen verfügen in der Regel über nur ein Fallenschloss.
26. Liegt der Bodenspalt (Abstand) innerhalb der zulässigen Größe?
❑ zwischen mindestens 6 mm und maximal 14 mm
❑ **Bodenspalt außerhalb der vorgenannten Toleranzabstände!** **Ein Sachverständiger sollte in diesem Fall die Türe begutachten.**
Selbstschließende Tür
27. Verfügt die Tür über einen Obentürschließer?
❑ Scherentürschließer
❑ Gleitschienentürschließer
❑ Federbandschließer (bei alten „fh"-Türen mittig angeordnet)
❑ keinen
❑ andere ....
28. Verfügt die Tür über einen Türschließer oder eine Feststellanlage?
❑ Handauslösung vorhanden
❑ Rauchmelderauslösung in Türsturzhöhe
❑ mit zusätzlichem Deckenrauchmelder (erforderlich > 1,00 m Abstand Türsturz bis Decke)
❑ keine

29. Erforderliche Instandsetzungsmaßnahmen
❑ Verglasung abdichten
❑ Verglasung erneuern
❑ Baukörperanschluss ❑ neu vermörteln ❑ mit Brandschutzschaum verschließen ❑ beiputzen
❑ Kastenriegelschloss einbauen/erneuern
❑ Falzdichtung erneuern
❑ Bodendichtung erneuern
❑ Türschließer erneuern
❑ Bandseitensicherung erneuern
❑ Beschlagteile erneuern
❑ Schloss erneuern
❑ Zylinder/Blindzylinder einbauen
Notizen

10.1 Wartungsumfang bei Feuerschutzabschlüssen (Kurzform)

Verantwortlich für die Durchführung von Wartungsarbeiten an Feuer- und Rauchschutztüren ist der Betreiber eines Objektes. Über die Wartung sollte ein Prüfbuch geführt werden, obwohl es gesetzlich nicht vorgeschrieben ist. Die Wartungsvorgaben des Türherstellers sind verbindlich. Liegen hierzu keine Angaben vor, sollten folgende Schritte durchgeführt werden:

1. Inhalt des Kennzeichnungsschildes erfassen
2. Türblatt auf Beschädigungen oder Ausbeulungen prüfen
3. bei Stahltüren prüfen, ob die Türfüllung abgesackt ist
4. Zarge auf Beschädigungen prüfen
5. Wandanschluss und Sitz der Zarge prüfen
6. Sicherungsbolzen der Tür prüfen (sofern vorhanden), ggf. festziehen oder erneuern
7. Befestigung des Schlosses prüfen
8. prüfen, ob die Schlossfalle in die Zargenöffnung einrastet (Falleneingriff mindestens 6 mm)
9. ggf. Falle fetten
10. Prüfung der Panikfunktion (sofern vorhanden)
11. Sitz des Beschlages oder der Drückergarnitur prüfen, ggf. nachziehen
12. Befestigung des Oben- oder Bodentürschließers prüfen
13. Schließgeschwindigkeit, Schließkraft und Endschlag prüfen, ggf. nachstellen
14. Schließfunktion prüfen, bei Oben- und Bodentürschließer muss die Tür aus jedem Öffnungswinkel sicher schließen (hierzu auch Vorgaben des Türschließerherstellers beachten).
15. Türbänder nachstellen, ggf. Bandbolzen fetten
16. Federspannung des Federbandes prüfen, ggf. nachstellen
17. Schließfunktion prüfen, Federbänder müssen die Tür aus einem Öffnungswinkel von 30° bis 180° sicher schließen.
18. Dichtungen auf Anpressdruck und Geschmeidigkeit prüfen (sofern vorhanden), die Dichtung sollte am Türblatt umlaufend anliegen und angedrückt sein.
19. dämmschichtbildenden Baustoff prüfen
20. Auslösefunktion der absenkbaren Dichtung prüfen (sofern vorhanden)
21. flächige Anlagen der Bodendichtung auf der Anlagefläche prüfen (sofern vorhanden)
22. Sitz des Türelementes prüfen, bei abgesacktem Türelement Bandeinstellung korrigieren. Bei Rohrrahmentüren sollte in diesem Fall die Klotzung der Füllung (in der Regel Glas) überprüft und ggf. korrigiert werden.

Für diese Arbeiten ist kein aufwändiges Messwerkzeug erforderlich. Um die Schließkraft vor Ort zu prüfen, ist in der Regel eine Federwaage ausreichend.

Die Überprüfung des Türsitzes (Wartungsschritt 22) ist gerade bei Rohrrahmentüren wichtiger Bestandteil der Wartung. Falsch geklotzte Glasfüllungen rufen nach einiger Zeit eine Verformung des Rahmens hervor. Dieser Vorgang wird als Absacken bezeichnet und soll korrigiert werden.

11 Abkürzungsverzeichnis

A 1, A 2	Klassifizierung des Brandverhaltens von Baustoffen (nichtbrennbar, kein Beitrag zum Brand)
a. a. R. d. T.	allgemein anerkannte Regeln der Technik
AB	in den wesentlichen Teilen aus nichtbrennbaren Baustoffen
ABC-Pulver	Löschpulver für die aufgeführten Brandklassen
abP	allgemeines bauaufsichtliches Prüfzeugnis
abZ	allgemeine bauaufsichtliche Zulassung
ADL	anleiterbare Stelle mit Drehleiter (Autodrehleiter – Schweiz)
ArbSchG	Arbeitsschutzgesetz
ArbStättV	Verordnung über Arbeitsstätten
ARGEBAU	Arbeitsgemeinschaft der für das Bau-, Wohnungs- und Siedlungswesen zuständigen Minister und Senatoren der Länder
ASR	Arbeitsstätten-Richtlinien
ATL	anleiterbare Stelle mit tragbarer Leiter
AufzV	Verordnung über Aufzugsanlagen
AV/AVO	Ausführungsverordnung
AW	Außenwand
B 1, B 2, B 3	Klassifizierung des Brandverhaltens von Baustoffen (brennbar, sehr begrenzter Beitrag zum Brand)
BA	Brandabschnitt
BauGB	Baugesetzbuch
BauNVO	Verordnung über die bauliche Nutzung der Grundstücke
BauO	Bauordnung
BauO Bln	Bauordnung Berlin
BauO LSA	Bauordnung des Landes Sachsen-Anhalt
BauO NW/NRW	Bauordnung Nordrhein-Westfalen
BauPG	Bauproduktengesetz
BauPrüfVO	Verordnung über bautechnische Prüfungen
BayBO	Bayerische Bauordnung
BBA	Brandbekämpfungsabschnitt
BehStättVO	Verordnung über den Bau von Beherbergungsstätten
BGB	Bürgerliches Gesetzbuch
BgbBO	Brandenburgische Bauordnung
BMA	Brandmeldeanlage
BMZ	Brandmeldezentrale
BPR	Bauproduktenrichtlinie der EU
BRL	Bauregelliste
BS	Brandschutz

BSB	Brandschutzbeauftragter
BSchulR	Muster für bauaufsichtliche Richtlinien für Schulen
BSN	Brandschutznachweis
BSO	Brandschutzordnung
BSK	Brandschutzklappe
BW	Brandwand
BWEW	Brandwandersatzwand
c	clothing (selbstschließende Eigenschaft bei Türen u. a.) nach DIN EN 13501
crit. T	kritische Temperatur
DIBt	Deutsches Institut für Bautechnik
DIN	Deutsches Institut für Normung e. V.
DIN V	DIN-Vornormen
DIN VDE	VDE-Bestimmungen als Deutsche Norm
DS	dichtschließend
DSB	dämmschichtbildende Beschichtungen
DVGW-W	Kennung für Arbeitsblätter aus dem Bereich Wasser des Deutschen Vereins des Gas- und Wasserfaches
DVO	Durchführungsverordnung
E	Étanchéité (Raumabschluss)
E 30, E 60	Funktionserhalt elektrischer Kabelanlagen nach DIN 4102
EG	Erdgeschoss
EltBauVO	Verordnung über den Bau von Betriebsräumen für elektrische Anlagen
ETK	Einheitstemperaturzeitkurve
Ex-Schutz	Explosionsschutz
F	Klassifizierung des Brandverhaltens von Baustoffen (brennbar, leicht entflammbar, keine Leistung festgestellt) nach DIN EN 13501
F 30, F 60	Feuerwiderstandsklasse von Wänden, Decken, Stützen, Balken, Verglasungen nach DIN 4102 usw.
fb	feuerbeständig
FBF	Feuerwehrbedienfeld
fh	feuerhemmend
FSA	Feuerschutzabschlüsse
FSD	Feuerwehrschlüsseldepot
FSE	Freischaltelement
FSK	Feuerwehrschlüsselkasten, auch FSD genannt
G 30, G 60	Feuerwiderstandsklasse von Verglasungen nach DIN 4102
GaVO	Verordnung über den Bau und Betrieb von Garagen und Stellplätzen
GBl.	Gesetzblatt
GFK	Gefahrenklasse
GD	Grundlagendokument (GD 2: Brandschutz)
GefStoffV	Verordnung zum Schutz vor gefährlichen Stoffen
GG	Grundgesetz
GKL	Gebäudeklasse
GKB	Gipskarton-Bauplatten

GKF	Gipskarton-Feuerschutzplatten
GKP	Gipskarton-Putzträgerplatten
HBauO	Hamburger Bauordnung
HBO	Hessische Bauordnung
hf, hfh	hochfeuerhemmend
HGB	Handelsgesetzbuch
HHR	Hochhausrichtlinie
HOAI	Honorarordnung für Architekten und Ingenieure
I	Isolation (Wärmedämmung unter Brandeinwirkung), Klassifizierung des Feuerwiderstandes nach DIN EN 13501
I_1, I_2	Isolation (Ergänzung zu ≈ I), Klassifizierungskriterien nach DIN EN 13501
I 30, I 60	Feuerwiderstandsklasse von Installationsschächten und -kanälen nach DIN 4102
K 1 bis K 4	Sicherheitskategorie (Industriebaurichtlinie)
K 30, K 60	Feuerwiderstandsklasse von Brandschutzklappen in Lüftungsleitungen nach DIN 4102
k. A.	keine Anforderungen im Vorschriftenwerk genannt
KG	Kellergeschoss
KhBauVO	Richtlinien/Verordnung über den Bau und Betrieb von Krankenhäusern
KLAR	Richtlinie über den Brandschutz bei der Lagerung von Sekundärstoffen aus Kunststoff (Kunststofflager-Richtlinie)
KT, KTW	Komplextrennwand
L 30, L 60	Feuerwiderstandsklasse von Lüftungsleitungen nach DIN 4102
LBO	Landesbauordnung
LBOAVO	Ausführungsverordnung zur Landesbauordnung
LöRüRl	Löschwasser-Rückhalte-Richtlinie
LTB/ETB	Liste der (eingeführten) Technischen Baubestimmungen
LTW, lt. TW.	leichte Trennwand
LüAR	bauaufsichtliche Richtlinie über die brandschutztechnischen Anforderungen an Lüftungsanlagen
M	mechanical (mechanische) Einwirkung auf Wände durch Stoßbeanspruchung, Klassifizierung des Feuerwiderstandes nach DIN EN 13501
MBO	Musterbauordnung
MBeVO	Muster-Beherbergungsstättenverordnung
MF	Mineralfaser-Platten
MFeuVO	Muster-Feuerungsverordnung
M-HFHHolzR	Muster-Richtlinie über brandschutztechnische Anforderungen an hochfeuerhemmende Bauteile in Holzbauweise
M-IndBauRL	Muster-Industriebaurichtlinie
MLAR	Muster-Richtlinie über brandschutztechnische Anforderungen an Leitungsanlagen

M-LüAR	Muster-Richtlinie über brandschutztechnische Anforderungen an Lüftungsanlagen
MPA	Materialprüfanstalt
MRA	maschinelle Rauchabzugsanlagen
MSchulbauR	MSchulR
MSchulR	Muster-Richtlinie über bauaufsichtliche Anforderungen an Schulen
MVStättV	Muster-Versammlungsstättenverordnung
MVkVO	Muster-Verkaufsstättenverordnung
NA	Notausgang
nb	nichtbrennbar
NBauO	Niedersächsische Bauordnung
NE	Nutzungseinheit
ne	normal entflammbar
n. e.	nicht erforderlich
NG	Normalgeschoss
NRA	natürliche Rauchabzugsanlagen
nT	notwendige Treppe
nTR	notwendiger Treppenraum
OBB	Oberste Bau(aufsichts)behörde
OFF	Oberkante, Oberfläche Fertigfußboden
OG	Obergeschoss
OK	Oberkante
OLG	Oberlandesgericht
PrüfVO	Prüfverordnung
R	Résistance (Tragfähigkeit), Klassifizierung des Feuerwiderstandes nach DIN EN 13501
R 30, R 60	Feuerwiderstandsklasse von Rohrummantelungen und Rohrabschottungen nach DIN 4102
RA	Rauchabzug
RAS	Rauchansaugsystem
Rd.Erl., RdErl	Runderlass
RDA	Rauchschutz-Druckanlagen
RDT, rdT	rauchdichte Tür
RS, RST	Rauchschutztür (DIN 18095)
RW	Rettungsweg
RWA	Rauch- und Wärmeabzugsanlage
RWL	Rettungsweglänge
S	selbstschließend
S 30, S 60	Feuerwiderstandsklasse von Kabelabschottungen nach DIN 4102
SD	Schlüsseldepot
se	schwer entflammbar
SKb	Brandsicherheitsklasse
S_m	Smoke (Begrenzung der Rauchdurchlässigkeit), Klassifizierung des Feuerwiderstandes nach DIN EN 13501
SprZ, SPZ	Sprinklerzentrale
SVBau	Sachverständigenverordnung Bau
SysBöR	Richtlinie über brandschutztechnische Anforderungen an Systemböden

$t_ä$	äquivalente Branddauer
T 30, T 90	Feuerwiderstandsklasse von Feuerschutzabschlüssen nach DIN 4102
TAB	technische Anschlussbedingungen zur Aufschaltung von Brandmeldeanlagen
TGA	technische Gebäudeausrüstung
TPrüfVO	technische Prüfverordnung
TR	technische Regel
TÜV	Technischer Überwachungsverein
TVO	Technische Durchführungsverordnung zur Bauordnung
TW	Trennwand
u	Achsmaß der Betonüberdeckung der Bewehrung
U/..., .../U	uncapped (Rohrende offen), Klassifizierungskriterium nach DIN EN 13501
UA	Profilbezeichnung für Metallständer (U-Aussteifungsprofil)
U/A-Wert	Verhältniswert (Profil-)Umfang zu (Profil-)Fläche
UG	Untergeschoss
ÜH	Überflurhydrant
UK	Unterkante
UVV	Unfallverhütungsvorschriften
UW	Profilbezeichnung für Metallständer (U-Wandprofil)
Ü-Zeichen, ÜZ	Übereinstimmungszeichen
VB	vorbeugender Brandschutz
VDE	Kennung für das VDE-Vorschriftenwerk
VG	Vollgeschoss
VV	Vollzugsverordnung, Verwaltungsvorschrift
VVB	Verordnung zur Verhütung von Bränden
VVBauO	Vollzugsverordnung zur Bauordnung
W	Radiation (Begrenzung des Strahlungsdurchtritts), Klassifizierung des Feuerwiderstandes nach DIN EN 13501
W 30, W 60	Feuerwiderstandsklasse nichttragender Außenwände nach DIN 4102
WA	Wärmeabzug
WDVS	Wärmedämmverbundsystem
WGK	Wassergefährdungsklasse
Z	allgemeine bauaufsichtliche Zulassung
ZiE	Zustimmung im Einzelfall

12 Literatur- und Quellenverzeichnis

Alle nicht besonders gekennzeichneten Abbildungen/Tabellen sind vom Autor, Ralf Heidelberg, erstellt worden.

12.1 Normen

DIN 277-1:2005-02 Grundflächen und Rauminhalte von Bauwerken im Hochbau - Teil 1: Begriffe, Ermittlungsgrundlagen

DIN 277-2:2005-02 Grundflächen und Rauminhalte von Bauwerken im Hochbau - Teil 2: Gliederung der Netto-Grundfläche (Nutzflächen, Technische Funktionsflächen und Verkehrsflächen)

DIN 277-3:2005-04 Grundflächen und Rauminhalte von Bauwerken im Hochbau - Teil 3: Mengen und Bezugseinheiten

DIN 1045-2:2008-08 Tragwerke aus Beton, Stahlbeton und Spannbeton - Teil 2: Beton - Festlegung, Eigenschaften, Herstellung und Konformität - Anwendungsregeln zu DIN EN 206-1

DIN 1051:1937 Berechnungsgrundlagen für Gußeisen im Hochbau

DIN 1053-1 Mauerwerk - Teil 1: Berechnung und Ausführung

DIN 1055:1934 Einwirkungen auf Tragwerke

DIN 1169:1947-06 Lehmmörtel für Mauerwerk und Putz

DIN 1356-6:2006-05 Technische Produktdokumentation - Bauzeichnungen - Teil 6: Bauaufnahmezeichnungen

DIN 4066:1997-07 Hinweisschilder für die Feuerwehr

DIN 4102:1934-08 Widerstandsfähigkeit von Baustoffen und Bauteilen gegen Feuer und Wärme

DIN 4102:1940-11 Widerstandsfähigkeit von Baustoffen und Bauteilen gegen Feuer und Wärme

DIN 4102-1:1977-09 Brandverhalten von Baustoffen und Bauteilen - Teil 1: Baustoffe; Begriffe, Anforderungen und Prüfungen

DIN 4102-2:1977-09 Brandverhalten von Baustoffen und Bauteilen - Teil 2: Bauteile; Begriffe, Anforderungen und Prüfungen

DIN 4102-3:1977-09 Brandverhalten von Baustoffen und Bauteilen - Teil 3: Brandwände und nichttragende Teile; Begriffe, Anforderungen und Prüfungen

DIN 4102-4:1978-09 Brandverhalten von Baustoffen und Bauteilen - Teil 4: Zusammenstellung und Anwendung klassifizierter Baustoffe, Bauteile und Sonderbauteile

DIN 4102-5:1977-09 Brandverhalten von Baustoffen und Bauteilen - Teil 5: Feuerschutzabschlüsse, Abschlüsse in Fahrschächten und gegen Feuer widerstandsfähige Verglasungen; Begriffe, Anforderungen und Prüfungen

DIN 4102-6:1977-09 Brandverhalten von Baustoffen und Bauteilen - Teil 6: Lüftungsleitungen; Begriffe, Anforderungen und Prüfungen

DIN 4102-7:1977-09 Brandverhalten von Baustoffen und Bauteilen – Teil 7: Bedachungen; Begriffe, Anforderungen und Prüfungen

DIN 4102-18:1991-03 Brandverhalten von Baustoffen und Bauteilen – Teil 18: Feuerschutzabschlüsse; Nachweis der Eigenschaft „selbstschließend“ (Dauerfunktionsprüfung)

DIN 4108-1:1981-08 Wärmeschutz im Hochbau – Teil 1: Größen und Einheiten

DIN 4844-1:2012-06 Graphische Symbole – Sicherheitsfarben und Sicherheitszeichen – Teil 1: Gestaltungsgrundlagen für Sicherheitszeichen zur Anwendung in Arbeitsstätten und in öffentlichen Bereichen

DIN 4844-2:2010-12 Graphische Symbole – Sicherheitsfarben und Sicherheitszeichen – Teil 2: Registrierte Sicherheitszeichen

DIN 13025-1:1991-04 Krankentragen mit Laufrollen; Maße, Anforderungen, Prüfung

DIN 14090:2003-05 Flächen für die Feuerwehr auf Grundstücken

DIN 14094-1:2004-01 Feuerwehrwesen – Notleiteranlagen – Teil 1: Notleiter mit und ohne Rückenschutz, Haltevorrichtung, Podeste

DIN 14095:2004-05 Feuerwehrpläne für bauliche Anlagen

DIN 14096-1:2000-01 Brandschutzordnung – Teil 1: Allgemeines und Teil A (Aushang); Regeln für das Erstellen und Aushängen

DIN 14096-2:2000-01 Brandschutzordnung – Teil 2: Teil B (für Personen ohne besondere Brandschutzaufgaben); Regeln für das Erstellen

DIN 14096-3:2000-01 Brandschutzordnung – Teil 3: Teil C (für Personen mit besonderen Brandschutzaufgaben); Regeln für das Erstellen

DIN 14406-4:2009-09 Tragbare Feuerlöscher – Teil 4: Instandhaltung

DIN 14675:2012-04 Brandmeldeanlagen – Aufbau und Betrieb

DIN 14701-1:1989, 2003 und 2006 Hubrettungsfahrzeuge – Teil 1: Zweck, Begriffe, Sicherheitseinrichtungen, Anforderungen

DIN 14701-2:1989 und 2003 Hubrettungsfahrzeuge –Teil 2: Drehleitern mit maschinellem Antrieb; ersetzt durch DIN EN 14043

DIN 14711:2001 Steckleiter; ersetzt durch DIN EN 1147

DIN 14715:2001 Dreiteilige Schiebleiter; ersetzt durch DIN EN 1147

DIN 18065:2011-06 Gebäudetreppen – Begriffe, Messregeln, Hauptmaße

DIN 18081-1 bis -3:1969 Feuerbeständige einflüglige Stahltüren, T 90-1

DIN 18082-1 bis -3:1984 und 1991-10 Feuerschutzabschlüsse, Stahltüren T 30-1

DIN 18084:1969 Feuerhemmende zweiflüglige Stahltüren, T 30-2

DIN 18090:1977-01 Aufzüge; Fahrschacht-Dreh- und Falttüren für Fahrschächte mit Wänden der Feuerwiderstandsklasse F 90

DIN 18091:1993-07 Aufzüge; Schacht-Schiebetüren für Fahrschächte mit Wänden der Feuerwiderstandsklasse F 90

DIN 18092:1992-04 Aufzüge; Vertikal-Schiebetüren für Kleingüteraufzüge in Fahrschächten mit Wänden der Feuerwiderstandsklasse F 90

DIN 18093:1987-06 Feuerschutzabschlüsse; Einbau von Feuerschutztüren in massive Wände aus Mauerwerk oder Beton, Ankerlagen, Ankerformen, Einbau

DIN 18095-1:1988-10 Türen; Rauchschutztüren – Teil 1: Begriffe und Anforderungen

DIN 18095-2:1991-03 Türen; Rauchschutztüren – Teil 2: Bauartprüfung der Dauerfunktionstüchtigkeit und Dichtheit

DIN 18095-3:1999-06 Rauchschutzabschlüsse – Teil 3: Anwendung von Prüfergebnissen

DIN 18105:1984-01 Einbruchhemmende Türen

DIN 18180 Gipsplatten – Arten und Anforderungen

DIN 18230-1:2010-09 Baulicher Brandschutz im Industriebau – Teil 1: Rechnerisch erforderliche Feuerwiderstandsdauer

DIN 18230-2:1999-01 Baulicher Brandschutz im Industriebau – Teil 2: Ermittlung des Abbrandverhaltens von Materialien in Lageranordnung – Werte für den Abbrandfaktor m

DIN 18232-2:2007-11 Rauch- und Wärmefreihaltung – Teil 2: Natürliche Rauchabzugsanlagen (NRA); Bemessung, Anforderungen und Einbau

DIN 18232-5:2003-04 Rauch- und Wärmefreihaltung – Teil 5: Maschinelle Rauchabzugsanlagen (MRA); Anforderungen, Bemessung

DIN 18234-1:2003-09 Baulicher Brandschutz großflächiger Dächer – Brandbeanspruchung von unten – Teil 1: Begriffe, Anforderungen und Prüfungen; Geschlossene Dachflächen

DIN 18234-2:2003-09 Baulicher Brandschutz großflächiger Dächer – Brandbeanspruchung von unten – Teil 2: Verzeichnis von Dächern, welche die Anforderungen nach DIN 18234-1 erfüllen; Geschlossene Dachflächen

DIN 18234-3:2003-09 Baulicher Brandschutz großflächiger Dächer – Brandbeanspruchung von unten – Teil 3: Begriffe, Anforderungen und Prüfungen, Durchdringungen, Anschlüsse und Abschlüsse von Dachflächen

DIN 18234-4:2003-09 Baulicher Brandschutz großflächiger Dächer – Brandbeanspruchung von unten – Teil 4: Verzeichnis von Durchdringungen, Anschlüssen und Abschlüssen von Dachflächen, welche die Anforderungen nach DIN 18234-3 erfüllen

DIN 18550-2 Putz; Putze aus Mörteln mit mineralischen Bindemitteln

DIN 19531-10:1999-12 Rohr und Formstücke aus weichmacherfreiem Polyvinylchlorid (PVC-U) für Abwasserleitungen innerhalb von Gebäuden – Teil 10: Brandverhalten, Überwachung und Verlegehinweise

DIN 31051:2011-12 Grundlagen der Instandhaltung

DIN EN 54-1:2011-06 Brandmeldeanlagen – Teil 1: Einleitung

DIN EN 54-2:2012-02 Brandmeldeanlagen – Teil 2: Brandmelderzentralen

DIN EN 54-16:2008-06 Brandmeldeanlagen – Teil 16: Sprachalarmzentralen

DIN EN 54-24:2008-06 Brandmeldeanlagen – Teil 24: Komponenten für Sprachalarmierungssysteme – Lautsprecher

DIN EN 520:2009-12 Gipsplatten – Begriffe, Anforderungen und Prüfverfahren

DIN EN 1125:2008-04 Schlösser und Baubeschläge – Paniktürverschlüsse mit horizontaler Betätigungsstange für Türen in Rettungswegen – Anforderungen und Prüfverfahren

DIN EN 1364-1:2011-11 Feuerwiderstandsprüfungen für nichttragende Bauteile – Teil 1: Wände

DIN EN 1364-3:2011-11 Feuerwiderstandsprüfungen für nichttragende Bauteile – Teil 3: Vorhangfassaden

DIN EN 1634-1:2012-07 Feuerwiderstandsprüfungen und Rauchschutzprüfungen für Türen, Tore, Abschlüsse, Fenster und Baubeschläge – Teil 1: Feuerwiderstandsprüfung für Türen, Tore, Abschlüsse und Fenster

DIN EN 1990:2010-12 Eurocode 0: Grundlagen der Tragwerksplanung

DIN EN 1991:2010-12 Eurocode 1: Einwirkungen auf Tragwerke

DIN EN 1992:2010-12 Eurocode 2: Bemessung und Konstruktion von Stahlbeton- und Spannbetontragwerken

DIN EN 1993:2010-12 Eurocode 3: Bemessung und Konstruktion von Stahlbauten

DIN EN 1994:2010-12 Eurocode 4: Bemessung und Konstruktion von Verbundtragwerken aus Stahl und Beton

DIN EN 1995:2010-12 Eurocode 5: Bemessung und Konstruktion von Holzbauten

DIN EN 1996:2011-04 Eurocode 6: Bemessung und Konstruktion von Mauerwerksbauten

DIN EN 1999:2011-11 Eurocode 9: Bemessung und Konstruktion von Aluminiumtragwerken

DIN EN 12101-2:2003-09 Rauch und Wärmefreihaltung – Teil 2: Festlegungen für natürliche Rauch- und Wärmeabzugsgeräte

DIN EN 12101-3:2010-06 Rauch- und Wärmefreihaltung – Teil 3: Bestimmungen für maschinelle Rauch- und Wärmeabzugsgeräte

DIN EN 12101-6:2005-09 Rauch- und Wärmefreihaltung – Teil 6: Festlegungen für Differenzdrucksysteme, Bausätze

DIN EN 12845:2009-07 Ortsfeste Brandbekämpfungsanlagen – Automatische Sprinkleranlagen – Planung, Installation und Instandhaltung

DIN EN 13306:2010-12 Instandhaltung – Begriffe der Instandhaltung

DIN EN 13501-1:2010-01 Klassifizierung von Bauprodukten und Bauarten zu ihrem Brandverhalten – Teil 1: Klassifizierung mit den Ergebnissen aus den Prüfungen zum Brandverhalten von Bauprodukten

DIN EN 13501-2:2010-02 Klassifizierung von Bauprodukten und Bauarten zu ihrem Brandverhalten – Teil 2: Klassifizierung mit den Ergebnissen aus den Feuerwiderstandsprüfungen, mit Ausnahme von Lüftungsanlagen

DIN EN 15269-1:2010-07 Erweiterter Anwendungsbereich von Prüfergebnissen zur Feuerwiderstandsfähigkeit und/oder Rauchdichtigkeit von Türen, Toren und Fenstern einschließlich ihrer Baubeschläge – Teil 1: Allgemeine Anforderungen

DIN EN 60849:1999-05 Elektroakustische Notfallwarnsysteme

DIN VDE 0108:1989-10 Starkstromanlagen und Sicherheitsstromversorgung in baulichen Anlagen für Menschenansammlungen

DIN VDE 0108-2 für Versammlungsstätten

DIN VDE 0108-3 für Geschäftshäuser und Ausstellungsstätten

DIN VDE 0108-4 für Hochhäuser

DIN VDE 0108-5 für Gaststätten und Hotels

DIN VDE 0108-6 für geschlossene Großgaragen

DIN VDE 0108-7 für Arbeitsstätten

DIN VDE 0108-8 für Fliegende Bauten als Versammlungsstätte

DIN VDE 0833-2:2009-06 Gefahrenmeldeanlagen für Brand, Einbruch, Überfall – Teil 2: Festlegungen für Brandmeldeanlagen

12.2 Rechtsvorschriften

Allgemeine Ausführungsverordnung des Ministeriums für Verkehr und Infrastruktur zur Landesbauordnung (LBOAVO) v. 05.02.2010, GBl. 2010, S. 24

Allgemeines Gesetz zum Schutz der öffentlichen Sicherheit und Ordnung in Berlin (Allgemeines Sicherheits- und Ordnungsgesetz – ASOG Bln) v. 14.04.1992. GVBl., S. 604, 15.12.2007

ASR A1.3 – Technische Regel für Arbeitsstätten. Sicherheits- und Gesundheitskennzeichnung. Ausgabe: April 2007. GMBl. Nr. 33 v. 16.07.2007, S. 674

ASR A2.3 – Technische Regel für Arbeitsstätten. Fluchtwege und Notausgänge, Flucht- und Rettungsplan. Ausgabe: August 2007. GMBl. Nr. 45, S. 902

ASR A3.4/3 – Technische Regel für Arbeitsstätten. Sicherheitsbeleuchtung, optische Sicherheitsleitsysteme. Ausgabe: Mai 2009. GMBl. Nr. 32, S. 684

Baugesetzbuch (BBauG) v. 23.09.2004, Bundesgesetzblatt I, S. 2414

Bauordnung für Berlin (BauO Bln) v. 29.09.2005, GVBl., S. 315, 10.07.2011

Bauordnung für das Land Nordrhein-Westfalen (BauO NW) v. 25.06.1962, GVBl. 1962, S. 373 ff.

Bauordnung für das Land Nordrhein-Westfalen (BauO NW) v. 27.01.1970, GVBl. 1969, S. 860

Bauordnung für das Land Nordrhein-Westfalen – Landesbauordnung (BauO NW) v. 26.06.1984, GVBl. 1984, S. 419 ff.

Bauordnung für das Land Nordrhein-Westfalen – Landesbauordnung (BauO NW) v. 07.03.1995, GVBl. 1995, S. 218 ff.

Bauordnung für das Land Nordrhein-Westfalen – Landesbauordnung (BauO NRW) v. 01.03.2000, GVBl. 2000, S. 256 ff.

Bayerische Bauordnung (BayBO) v. 17.02.1901 [online]. Internet: http://www.stadtgrenze.de/s/bbo/baybo1901/baybo1901.htm [Zugriff: 14.08.2012]

Bayerische Bauordnung (BayBO) v. 02.07.1982, GVBl., S. 419

Brandenburgische Bauordnung (BbgBO) v. 17.09.2008, GVBl. I/08, [Nr. 14], S. 226

Erste Verordnung zur Durchführung der Bauordnung für das Land Nordrhein-Westfalen v. 16. Juli 1962, GVBl. 1962, S. 459

Gesetz über Aufbau und Befugnisse der Ordnungsbehörden (Ordnungsbehördengesetz – OBG) v. 13.05.1980. GV. NRW. S. 528

Gesetz über das Inverkehrbringen von und den freien Warenverkehr mit Bauprodukten zur Umsetzung der Richtlinie 89/106/EWG des Rates vom 21. Dezember 1988 zur Angleichung der Rechts- und Verwaltungsvorschriften der Mitgliedstaaten über Bauprodukte und anderer Rechtsakte der Europäischen Gemeinschaften (Bauproduktengesetz – BauPG) v. 28.04.1998, Bundesgesetzblatt I, S. 812

Gesetz über die Durchführung von Maßnahmen des Arbeitsschutzes zur Verbesserung der Sicherheit und des Gesundheitsschutzes der Beschäftigten bei der Arbeit (Arbeitsschutzgesetz – ArbSchG) v. 07.08.1996, Bundesgesetzblatt I, S. 1246

Gesetz zum Schutz der Kulturdenkmale (Denkmalschutzgesetz – DSchG) v. 06.12.1983, GBl. 1983, S. 797

Gesetz zum Schutz vor schädlichen Umwelteinwirkungen durch Luftverunreinigungen, Geräusche, Erschütterungen und ähnliche Vorgänge (Bundes-Immissionsschutzgesetz – BImSchG) v. 15.03.1974, Bundesgesetzblatt I, S. 3830, 26.09.2002

Landesbauordnung für Baden-Württemberg (LBO) v. 08.08.1995, GBl., S. 617

Landesbauordnung für Baden-Württemberg (LBO) v. 05.03.2010, GBl., S. 357

Nachbarrechtsgesetz (NachbG NRW) v. 15.04.1969, GV. NRW., S. 190

Niedersächsische Bauordnung (NBauO) v. 03.04.2012, Nds. GVBl., S. 46

Ordnungsbehördengesetz (OBG) v. 13.05.1980, GV. NW, S. 528

Preußische Einheitsbauordnung (PrEBO) v. 25.04.1919

Richtlinie des Rates vom 21.12.1988 zur Angleichung der Rechts- und Verwaltungsvorschriften der Mitgliedstaaten über Bauprodukte (89/106/EWG), zuletzt geändert durch die Verordnung (EG) Nr. 1882/2003 des Europäischen Parlaments und des Rates vom 29.09.2003

Richtlinie über brandschutztechnische Anforderungen an Leitungsanlagen (Leitungsanlagen-Richtlinie) v. 29.11.2006. Gemeinsames Amtsblatt, Nr. 13, S. 859, Vorschriftensammlung der Gewerbeaufsicht Baden-Württemberg

Sächsische Bauordnung, Fassung: 1900

Strafgesetzbuch (StGB) v. 13. November 1998, Bundesgesetzblatt I, S. 3322

Verfahrensverordnung zur Landesbauordnung. Verordnung der Landesregierung, des Ministeriums für Verkehr und Infrastruktur und des Umweltministeriums über das baurechtliche Verfahren (LBOVVO) v. 13. November 1995, GBl. 1995, S. 794, Stand: 27.01.2010

Verordnung des Innenministeriums über Waren- und sonstige Geschäftshäuser (Geschäftshausverordnung – GHVO) v. 15.08.1969. GBl., S. 229

Verordnung des Ministeriums für Verkehr und Infrastruktur über elektrische Betriebsräume (EltVO) v. 28.10.1975, GBl., S. 788

Verordnung des Umweltministeriums über die bautechnische Prüfung baulicher Anlagen (Bauprüfverordnung – BauPrüfVO), Stand: 10.05.2010. GBl. 2010, S. 446

Verordnung des Wirtschaftsministeriums über den Bau und Betrieb von Versammlungsstätten (Versammlungsstättenverordnung – VStättVO) v. 28.04.2004, GBl., S. 311

Verordnung über Bau und Betrieb von Sonderbauten (Sonderbauverordnung – SBauVO) v. 17.11.2009, GV. NRW. S. 644

Verordnung über den Bau von Gast- und Beherbergungsstätten (Gaststättenbauverordnung – GastBauV) v. 13.08.1986, GVBl., S. 304

Verordnung über den Betrieb von baulichen Anlagen (Betriebs-Verordnung – BetrVO) v. 10.10.2007, GVBl., S. 516

Verordnung über die bauliche Nutzung der Grundstücke (Baunutzungsverordnung – BauNVO) v. 23.01.1990, Bundesgesetzblatt I, S. 132

Verordnung über die Honorare für Architekten- und Ingenieurleistungen (Honorarordnung für Architekten und Ingenieure – HOAI) v. 11.08.2009, Bundesgesetzblatt I, Nr. 53, 17.08.2009

Verordnung über die Prüfung technischer Anlagen und wiederkehrende Prüfungen von Sonderbauten – Prüfverordnung (PrüfVO NRW) v. 24.11.2009, GV. NRW., S. 723

Verordnung über einen energiesparenden Wärmeschutz bei Gebäuden (Wärmeschutzverordnung – WärmeschV) v. 16.08.1994, Bundesgesetzblatt I, S. 2121

Verordnung über energiesparenden Wärmeschutz und energiesparende Anlagentechnik bei Gebäuden (Energieeinsparverordnung – EnEV) v. 24.07.2007, Bundesgesetzblatt I, S. 1519

Verordnung über Sicherheit und Gesundheitsschutz bei der Bereitstellung von Arbeitsmitteln und deren Benutzung bei der Arbeit, über Sicherheit beim Betrieb überwachungsbedürftiger Anlagen und über die Organisation des betrieblichen Arbeitsschutzes (Betriebssicherheitsverordnung – BetrSichV) v. 27.09.2002, Bundesgesetzblatt I, S. 3777

Verordnung zur Berechnung der Wohnfläche (Wohnflächenverordnung – WoFlV) v. 25.11.2003, Bundesgesetzblatt I, S. 2346

Verwaltungsverfahrensgesetz (VwVfG) v. 23.01.2003, Bundesgesetzblatt I, S. 102

Verwaltungsvorschrift des Innenministeriums über die brandschutztechnische Prüfung im baurechtlichen Verfahren (VwV Brandschutzprüfung) v. 22.08.1989, GABl., S. 10, 10.12.2004

Verwaltungsvorschrift des Innenministeriums über Flächen für Rettungsgeräte der Feuerwehr auf Grundstücken (VwV Feuerwehrflächen) v. 10.12.2004, GABl. 2005, S. 10

Verwaltungsvorschrift zur Landesbauordnung (VV BauO NRW) v. 12.10.2000, MBI. Nr. 71 v. 23.11.2000, S. 1432 ff.

12.3 Literatur

Bargstädt, Hans-Joachim; Hegewald, Antje: Bestandsanalyse und Anwendung (Skript). Weimar: Bauhaus Universität, 2009

Bargstädt, Hans Joachim; Hegewald, Antje; Schäfer, Ronald: Zukunft Bauen im Bestand, in: BundesBauBlatt 12 (2009), S. 18–20

Battis, Ulrich: Öffentliches Baurecht und Raumordnungsrecht. 5., neu bearb. Aufl. Stuttgart: Kohlhammer Verlag, 2006

Bauregelliste A (BRL), Teil 1–3, v. 26.03.2012. Ausgabe: 2012-01. Hrsg.: Deutsches Institut für Bautechnik (DIBt)

Bechtold, Rolf: Brandversuche Lehrte. Brandversuche an einem zum Abbruch bestimmten, viergeschossigen modernen Wohnhaus in Lehrte. Bonn: Bundesminister für Raumordnung, Bauwesen und Städtebau, 1978

Bekanntmachung des Wirtschaftsministeriums über die Liste der Technischen Baubestimmungen (LTB) v. 07.12.2010, Az.: 4-2601.1/42

Berger, Walter: Zur Charakterisierung des Brandverhaltens von Werkstoffen, in: Sonderdruck aus VFDB-Zeitschrift 2 (1980), Stuttgart: Kohlhammer Verlag, S.45–47

BGV A8 – Sicherheits- und Gesundheitsschutzkennzeichnung am Arbeitsplatz. Ausgabe: 2002. Hrsg.: Berufsgenossenschaft der Gas-, Fernwärme- und Wasserwirtschaft

Bielefeld, Bert; Wirths, Mathias: Entwicklung und Durchführung von Bauprojekten im Bestand. Analyse, Planung, Ausführung. Wiesbaden: Vieweg+Teubner Verlag, 2010

Brandschutzleitfaden für Gebäude des Bundes [online]. Stand: Juli 2006. Berlin: Bundesministerium für Verkehr, Bau und Stadtentwicklung (Hrsg.). 3. Auflage. Internet: http://www.bmvbs.de/cae/servlet/contentblob/31014/publicationFile/471/brandschutzleitfaden-fuer-gebaeude-des-bundes.pdf [Zugriff: 24.08.2012]

Brandschutztagung am 23. Juni 2009, veranstaltet durch die Ingenieurakademie West e.V., Tagungsband, S. 86

Brenner, Michael: Öffentliches Baurecht. 3., neu bearbeitete und erweiterte Auflage. Heidelberg: C. F. Müller Verlag, 2009

Bub, Heinrich (Hrsg., Verf.); Kordina, Karl (Hrsg.); Zwingmann, Ruth (Hrsg.); Hosser, Dietmar; Kersken-Bradley, Marita; Schneider, Ulrich: Eine Auslegungssystematik für den baulichen Brandschutz, Berlin: E. Schmidt Verlag, 1982

Bundesarbeitskreis Altbauerneuerung (Hrsg.); Institut für Bauforschung: Bauen im Bestand. Schäden, Maßnahmen und Bauteile. Katalog für die Altbauerneuerung. 2. akt. und erw. Aufl. Köln: Verlagsgesellschaft Rudolf Müller, 2008

Cramer, Johannes; Breitling, Stefan: Architektur im Bestand. Planung, Entwurf, Ausführung. Basel, Boston, Berlin: Birkhäuser Verlag, 2007

Denkmalpflege in Baden-Württemberg. Nachrichtenblatt der Landesdenkmalpflege. Esslingen: Landesamt für Denkmalpflege im Regierungspräsidium Stuttgart (Hrsg.), 2002–2012 (31.–41. Jg)

Dolderer, Michael: Das Baugesetzbuch 1998. Neuerungen im Baurechtsvollzug und die gemeindliche Planungshoheit, in: Neue Zeitschrift für Verwaltungsrecht (NVwZ) (1998), Heft 6, S. 567–570

Donath, Dirk: Bauaufnahme und Planung im Bestand. Grundlagen, Verfahren, Darstellung, Beispiele. Wiesbaden: Vieweg+Teubner Verlag, 2008

DVGW-Arbeitsblatt W 405. Bereitstellung von Löschwasser durch die öffentliche Trinkwasserversorgung. Stand: Februar 2008. Hrsg.: Deutscher Verein des Gas- und Wasserfaches e. V.

Eike von Repgow: Sachsenspiegel. Cod. Pal. germ. 164, fol. 2r:, 1220–1235

Entscheidungshilfen der Berliner Bauaufsicht. Stand: 10.02.2012. Hrsg.: Senatsverwaltung für Stadtentwicklung

Falkner, H.; Nause, P.; Rohling, A.: Brandverhalten von gußeisernen Stützen. Abschlußbericht. Stuttgart: Fraunhofer-IRB-Verlag, 1990

Gädtke, Horst; Czepuck, Knut; Johlen, Markus; Plietz, Andreas; Wenzel, Gerhard: BauO NRW. Kommentar. 12., überarb. Aufl. Neuwied: Werner Verlag, 2011

Gohrke, Thomas; Brehsan, Godo: Bestandsschutz für Bauvorhaben aus DDR-Zeiten, in: Landes- und Kommunalverwaltung, Bd. 9 (1999), 10, S. 396–399

Handlungsempfehlungen zum Vollzug der HBO 2002 (HE-HBO) vom 22. Januar 2004 [online]. StAnz. S. 746. Stand: August 2006. Wiesbaden: Hessisches Ministerium für Wirtschaft, Verkehr und Landesentwicklung (Hrsg.). Internet: http://www.brandschutz-kleinmann.de/download/HE-HBO_2006.pdf [Zugriff: 24.08.2012]

Hankammer, Gunter: Schäden an Gebäuden. Erkennen und Beurteilen. 2., aktualisierte und erw. Aufl. Köln: Verlagsgesellschaft Rudolf Müller, 2008

Harlfinger, Thomas; Schönfeld, Frauke; Ringel, Johannes: Rechtliche Rahmenbedingungen beim Bauen im Bestand in der Innenstadt. Norderstedt: Books on Demand, 2006

Heidelberg Ingenieure & Sachverständige GmbH: Bauen im Bestand (Skript). Köln, 2010

Heidelberg Ingenieure & Sachverständige GmbH: Belange des Bestandsschutzes (Skript). Köln, 2011

Heidelberg Ingenieure & Sachverständige GmbH: Brandschutz und Bestand (Skript). Köln, 2011

Heidelberg Ingenieure & Sachverständige GmbH: Ingenieurtechnische Nachweisverfahren (Vortrag). Köln, 2010

Heidelberg Ingenieure & Sachverständige GmbH: Nachweisverfahren in EU-Ländern (Vortrag). Köln, 2010

Heidelberg Ingenieure & Sachverständige GmbH: Risikomanagement und Betreiberverantwortung (Skript). Köln, 2011

Hilfe für Anna Amalia. Der Brand [online]. Weimar: Klassik Stiftung Weimar. Internet: http://www.anna-amalia-bibliothek.de/de/brand.html [Zugriff: 25.07.2012]

Hinweise und Beispiele zum Vorgehen beim Nachweis der Standsicherheit beim Bauen im Bestand. Stand: 07.04.2008. Hrsg.: Fachkommission Bautechnik der ARGEBAU

Hosser, Dietmar (Hrsg.): Leitfaden Ingenieurmethoden des Brandschutzes. 2. Aufl. Altenberge, Braunschweig: vfdb 2009

Jäde, H.: Aktuelle Fragen des Bauordnungsrechts, in: Thüringer Verwaltungsblätter (ThürVBl.) (2004), S. 197–205

Jonas, Walter: Einsatzgrenzen von Drehleitern und tragbaren Leitern in Abhängigkeit der zu rettenden Personenzahl, in: DFV-Fachempfehlung (2000), Nr. 3

Kastner, Richard H.: Altbauten. Beurteilen, Bewerten. 2. Aufl. Stuttgart: Fraunhofer-IRB-Verlag, 2004

Kiel, Michael: Transparenter Brandschutz, in: Bauphysik 23 (2001), 2

Klingelhöfer, Hans Georg; Klose Arnold: Vorbeugender baulicher Brandschutz. Ratingen: Promat GmbH, o. J.

Kordina, Karl; Meyer-Ottens, Claus: Beton-Brandschutz-Handbuch. 2. Aufl. Düsseldorf: Verlag Bau und Technik, 1999

Leistungsbild und Honorierung. Leistungen für Brandschutz. 2., vollst. überarb. und erw. Auflage. AHO-Schriftenreihe, Heft 17, Juni 2009

Mayr, Josef; Battran, Lutz: Handbuch Brandschutzatlas. 2. Aufl. Köln: Feuertrutz GmbH Verlag für Brandschutzpublikationen, 2011

Mayr, Josef; Battran, Lutz: Brandschutzatlas. Loseblattwerk. Köln: Feuertrutz GmbH Verlag für Brandschutzpublikationen, 2012

Mehl, Friedrich: Brandschutz (Vorträge, Skripte). Dresden: EIPOS, 2009, 2010

Menzel, Carl August: Die hölzernen Dachverbindungen. Reprint der Originalausgabe, Halle, 1842. Holzminden: Reprint-Verlag Leipzig, 2000

Merkblatt Bauen im Bestand, Brandschutz. Fassung: Januar 2008. Hrsg.: Deutscher Beton- und Bautechnik-Verein e. V.

Musterbauordnung (MBO), Fassung: 1960

Musterbauordnung (MBO), Fassung: 1980

Musterbauordnung (MBO), Fassung: 1981

Musterbauordnung (MBO), Fassung: 1984

Musterbauordnung (MBO), Fassung: 1993

Musterbauordnung (MBO), Fassung: 1996

Musterbauordnung (MBO), Fassung: 1997

Musterbauordnung (MBO), Fassung: 2002

Muster einer Verordnung über den Bau und Betrieb von Garagen (Muster-Garagenverordnung – M-GarVO). Fassung: Mai 2008. Hrsg.: Fachkommission Bauaufsicht der ARGEBAU

Muster einer Verordnung über den Bau und Betrieb von Krankenhäusern (Krankenhausbauverordnung – KhBauVO). Fassung: Dezember 1976. Hrsg.: Fachkommission Bauaufsicht der ARGEBAU

Muster einer Verordnung über den Bau von Betriebsräumen für elektrische Anlagen (EltBauVO) v. 22./23.01.1987. Fassung: Januar 2009. Hrsg.: Fachkommission Bauaufsicht der ARGEBAU

Muster-Feuerungsverordnung (MFeuV). Stand: September 2007. Hrsg.: Fachkommission Bauaufsicht der ARGEBAU

Muster-Leitungsanlagen-Richtlinie (MLAR). Fassung: November 2005. Hrsg.: Fachkommission Bauaufsicht der ARGEBAU

Muster-Richtlinien über automatische Schiebetüren in Rettungswegen (M-AutSchR). Fassung: Dezember 1997. Hrsg.: Fachkommission Bauaufsicht der ARGEBAU

Muster-Richtlinie über bauaufsichtliche Anforderungen an Schulen (Muster-Schulbau-Richtlinie – MSchulbauR). Fassung: April 2009. Hrsg.: Fachkommission Bauaufsicht der ARGEBAU

Muster-Richtlinie über brandschutztechnische Anforderungen an hochfeuerhemmende Bauteile in Holzbauweise – M-HFHHolzR. Fassung: Juli 2004. Hrsg.: Fachkommission Bauaufsicht der ARGEBAU

Muster-Richtlinie über brandschutztechnische Anforderungen an Lüftungsanlagen (Muster-Lüftungsanlagen-Richtlinie – M-LüAR). Fassung: September 2005. Hrsg.: Fachkommission Bauaufsicht der ARGEBAU

Muster-Richtlinie über brandschutztechnische Anforderungen an Systemböden (Muster-Systembödenrichtlinie – M-SysBöR). Fassung: September 2005. Hrsg.: Fachkommission Bauaufsicht der ARGEBAU

Muster-Richtlinie über den Bau und Betrieb Fliegender Bauten (M-FlBauR). Fassung: Mai 2007. Hrsg.: Fachkommission Bauaufsicht der ARGEBAU

Muster-Richtlinie über den Bau und Betrieb von Hochhäusern (Muster-Hochhaus-Richtlinie –MHHR). Fassung: April 2008. Hrsg.: Fachkommission Bauaufsicht der ARGEBAU

Muster-Richtlinie über den baulichen Brandschutz im Industriebau (Muster-Industriebaurichtlinie – M-IndBauRL). Fassung: März 2000. Hrsg.: Fachkommission Bauaufsicht der ARGEBAU

Muster-Richtlinie über den Brandschutz bei der Lagerung von Sekundärstoffen aus Kunststoff (Muster-Kunststofflager-Richtlinie – MKLR). Fassung: Juni 1996. Hrsg.: Fachkommission Bauaufsicht der ARGEBAU

Muster-Richtlinien über elektrische Verriegelungssysteme von Türen in Rettungswegen (M-EltVTR). Fassung: Dezember 1997. Hrsg.: Fachkommission Bauaufsicht der ARGEBAU

Muster-Richtlinien über Flächen für die Feuerwehr (M-RFfdF). Fassung: Februar 2007. Hrsg.: Fachkommission Bauaufsicht der ARGEBAU

Muster-Verordnung über den Bau und Betrieb von Beherbergungsstätten (Muster-Beherbergungsstättenverordnung – MBeVO). Fassung: Dezember 2000. Hrsg.: Fachkommission Bauaufsicht der ARGEBAU

Muster-Verordnung über den Bau und Betrieb von Verkaufsstätten (Muster-Verkaufsstättenverordnung – MVkVO). Fassung: September 1995. Hrsg.: Fachkommission Bauaufsicht der ARGEBAU

Muster-Verordnung über den Bau und Betrieb von Versammlungsstätten (Muster-Versammlungsstättenverordnung – MVStättV). Fassung: Juni 2005. Hrsg.: Fachkommission Bauaufsicht der ARGEBAU

Nause, P.: Berechnungsgrundlagen für das Brandverhalten von Druckgliedern aus hochfestem Beton. Braunschweig: Technische Universität, Diss., Heft 176, 2004

Neuenfeld, Klaus: Handbuch des Architektenrechts. Stuttgart: Kohlhammer Verlag, 1969

Ortloff, Kartsen-Michael: Die Entwicklung des Bauordnungsrechts, in: Neue Zeitschrift für Verwaltungsrecht (NVwZ) (2004), S. 934–942

Peine, Franz-Joseph: Öffentliches Baurecht: Grundzüge des Bauplanungs- und Bauordnungsrechts unter Berücksichtigung des Raumordnungs- und des Fachplanungsrechts, 4., vollst. neu bearb. Aufl. Tübingen: Mohr Siebeck, 2003

Petzold, Frank: Computergestützte Bauaufnahme als Grundlage für die Planung im Bestand. Weimar: Bauhaus Universität, 2004

Pieper, Klaus: Sicherung historischer Bauten. Berlin; München: Ernst & Sohn Verlag, 1983

Preußischer Minister für Handel, Gewerbe und öffentliche Arbeiten (Hrsg.): Zirkularerlaß über die Einführung des neuen Ziegelformates vom 13. Oktober 1870, in: Deutsche Bauzeitung, 1870, 4. Jahrgang

Prütting, Hanns; Wegen, Gerhard; Weinreich, Gerd: BGB. Kommentar. 5., neu bearb. und erw. Aufl. Köln: Luchterhand, 2010

Randelzhofer, Albrecht; Wilke, Dieter: Die Duldung als Form flexiblen Verwaltungshandelns. Berlin: Duncker und Humblot, 1981

Richtlinie zur Bemessung von Löschwasser-Rückhalteanlagen beim Lagern wassergefährdender Stoffe (LöRüRL). Fassung: August 1992. Hrsg.: Fachkommission Bauaufsicht der ARGEBAU

Richtlinie zur Berechnung der Mietfläche für gewerblichen Raum (MF/G). Stand: 1. Mai 2012. Hrsg.: Gesellschaft für Immobilienwirtschaftliche Forschung (gif)

Richtlinie zur Berechnung der Mietfläche für Wohnraum (MF/W). Stand 1. Mai 2012. Hrsg.: Gesellschaft für Immobilienwirtschaftliche Forschung (gif)

Richtlinie zur Berechnung der Verkaufsfläche im Einzelhandel (MF/V). Stand 1. Mai 2012. Hrsg.: Gesellschaft für Immobilienwirtschaftliche Forschung (gif)

Rom. Grundwissen antikes Rom. Plan des alten Rom [online]. Das Fach- und Kulturportal der Goethezeit. Internet: http://www.goethezeitportal.de/wissen/projektepool/goethe-italien/rom/antikes-rom/plan-altes-rom.html

Rybicki, Rudolf; Prietz, Frank: Faustformeln und Faustwerte für Tragwerke im Hochbau. 5., akt. Aufl. Köln: Werner Verlag 2011

Sachverständigenkommission Flughafen Düsseldorf: Analyse des Brandes am 11. April 1996, Empfehlungen und Konsequenzen für den Rhein-Ruhr-Flughafen Düsseldorf, Teil I und Teil II. Staatskanzlei NW, Düsseldorf, April 1997

Sauter, Helmut (Begr.): Landesbauordnung für Baden-Württemberg. Kommentar. Band 1. Stuttgart: W. Kohlhammer Verlag, 1995

Sauter, Helmut (Begr.): Landesbauordnung für Baden-Württemberg. Kommentar. Band 1 und 2. Stuttgart: W. Kohlhammer Verlag, 2012

Schleich, J. B; Cajot, L.: Brandsicherheitskonzept unter Berücksichtigung von Naturbrand. Esch/Alzette, Luxemburg: EGKS-Projekt 7215-PA/PB/PC-057, ARBED-Recherches, 2001

Schneider, Ulrich: Ingenieurmethoden im Brandschutz. 2. Aufl. Köln: Werner Verlag, 2009

Schneider, Ulrich: Ingenieurmethoden im baulichen Bandschutz. Grundlagen, Normung, Brandsimulationen, Materialdaten und Brandsicherheit. 6., neu bearb. Aufl. Renningen: expert-Verlag, 2011

Schulte, Bernd H.: Die Reform des Bauordnungsrechts in Deutschland – Vorzüge und Mängel, in: Deutsches Verwaltungsblatt (DVBl.) (2004), Nr. 15, S. 925 ff.

Schwenk, Herbert: „... in Asche versank deine Schönheit“. Verheerende Brände in Berlin und Cölln im 14. Jahrhundert, in: Berlinische Monatsschrift (1998), Heft 1, S. 4–10

Sendler: Bestandsschutz im Wirtschaftsleben, in: WiVerw (1993), S. 235 ff.

Technische Regeln für Gefahrstoffe (TRGS) [online]. Internet: http://www.baua.de/de/Themen-von-A-Z/Gefahrstoffe/TRGS/TRGS.html [Zugriff: 08.08.2012]

Technische Regeln für Betriebssicherheit (TRBS) [online]. Internet: http://www.baua.de/de/Themen-von-A-Z/Anlagen-und-Betriebssicherheit/TRBS/TRBS.html [Zugriff: 08.08.2012]

The illustrated London news. London: William Little, 1842–2003

Unabhängige Sachverständigenkommission beim Ministerpräsidenten

des Landes Nordrhein-Westfalen zur Prüfung von Konsequenzen, Bericht – Teil II, Empfehlungen zum Brandschutz für Flugplätze in Nordrhein-Westfalen und andere Sonderbauten für große Menschenansammlungen; Juli 1997; S. 4–15

Usemann, K. W.; Linden, Gerd (Hrsg.): Brandschutz in der Gebäudetechnik. Grundlagen, Gesetzgebung, Bauteile, Anwendung, Beispiele. Düsseldorf: VDI-Verlag, 1991

VDI-Richtlinie 3822 – Schadenanalyse, Begriffe, Grundlagen, Begriffe. Ausgabe: 2004. Hrsg.: Verein Deutscher Ingenieure

VdS 2093 – CO_2-Feuerlöschanlage, Planung und Einbau. Ausgabe: 2009-06. Hrsg.: VdS

VdS 2095 – Automatische Brandmeldeanlagen, Planung und Einbau. Ausgabe: 2010-05. Hrsg. VdS

VdS 2109 – Sprühwasser-Löschanlagen, Planung und Einbau. Ausgabe: 2012-06. Hrsg. VdS

VdS CEA 4001 – Sprinkleranlagen, Planung und Einbau. Ausgabe: 2010-11. Hrsg.: VdS

VdS CEA 4020 – Natürliche Rauch- und Wärmeabzugsanlagen (NRA), Planung und Einbau. Hrsg. VdS

vfdb 01/01 – Brandschutzkonzept (Richtlinien der Vereinigung zur Förderung des Deutschen Brandschutzes). Ausgabe: 1999-07. Hrsg.: vfdb

Vollzug der Bayerischen Bauordnung. Oberste Baubehörde im Bayerischen Staatsministerium des Innern [online]. Internet: http://www.stmi.bayern.de/imperia/md/content/stmi/bauen/rechtundtechnikundbauplanung/_baurecht/rundschreiben/rs_brandschutz_gebaeude.pdf [Zugriff: 24.08.2012]

Wagner: Das neue Städtebaurecht – Bau- und Raumordnungsgesetz 1998, in: Bayerische Verwaltungsblätter (BayVBl.) (1998), S. 161 ff.

Wegweisende Brandschutztechnik am Reichstagsgebäude in Berlin, in: ARCONIS 4 (1999), 4, S. 6–9

Werner, Ulf-Jürgen: Bautechnischer Brandschutz. Planung, Bemessung, Ausführung. Basel; Boston; Berlin: Birkhäuser Verlag, 2004

Wesche, Jürgen: Brandschutz bei der Sanierung bestehender Bausubstanz, in: bausubstanz 45 (1991), 9, S. 635–639

Wesche, Jürgen: Brandschutzkonzepte bei der Sanierung von Gebäuden unter Denkmalschutz. Ratingen: Promat GmbH, 1996

Wesche, Jürgen: Brandverhalten von Stahlbetonplatten im baupraktischen Einbauzustand. Braunschweig: Schriftenreihe des iBMB/MPA an der TU Braunschweig, Heft 63, 1985

13 Stichwortverzeichnis